感謝您購買旗標書，
記得到旗標網站
www.flag.com.tw
更多的加值內容等著您…

<請下載 QR Code App 來掃描>

● FB 官方粉絲專頁：旗標知識講堂

● 旗標「線上購買」專區：您不用出門就可選購旗標書！

● 如您對本書內容有不明瞭或建議改進之處，請連上旗標網站，點選首頁的 聯絡我們 專區。

若需線上即時詢問問題，可點選旗標官方粉絲專頁留言詢問，小編客服隨時待命，盡速回覆。

若是寄信聯絡旗標客服 email，我們收到您的訊息後，將由專業客服人員為您解答。

我們所提供的售後服務範圍僅限於書籍本身或內容表達不清楚的地方，至於軟硬體的問題，請直接連絡廠商。

學生團體　　訂購專線：(02)2396-3257 轉 362
　　　　　　傳真專線：(02)2321-2545

經銷商　　　服務專線：(02)2396-3257 轉 331
　　　　　　將派專人拜訪
　　　　　　傳真專線：(02)2321-2545

國家圖書館出版品預行編目資料

超有料！職場第一高效的 Excel X AI 自動化工作術 /
施威銘研究室作. -- 臺北市：旗標科技股份有限公司,
2025.04　　面；　　公分

ISBN 978-986-312-826-7(平裝)

1.CST: EXCEL (電腦程式)
2.CST: 人工智慧　　3.CST: 辦公室自動化

312.49E9　　　　　　　　　　　　　114002417

作　　者／施威銘研究室

發 行 所／旗標科技股份有限公司
　　　　　台北市杭州南路一段15-1號19樓

電　　話／(02)2396-3257(代表號)

傳　　真／(02)2321-2545

劃撥帳號／1332727-9

帳　　戶／旗標科技股份有限公司

監　　督／陳彥發

執行企劃／張根誠

執行編輯／張根誠、林佳怡

美術編輯／林美麗

封面設計／陳憶萱

校　　對／張根誠、林佳怡

新台幣售價：599 元

西元 2025 年 4 月 初版

行政院新聞局核准登記－局版台業字第 4512 號

ISBN 978-986-312-826-7

Copyright © 2025 Flag Technology Co., Ltd.
All rights reserved.

本著作未經授權不得將全部或局部內容以任何形式重製、轉載、變更、散佈或以其他任何形式、基於任何目的加以利用。

本書內容中所提及的公司名稱及產品名稱及引用之商標或網頁，均為其所屬公司所有，特此聲明。

書附檔案下載

　　為減少您演練時手動輸入的不便,我們將絕大多數的提示語 prompt 整理成文字檔,您可以直接複製內容,再貼到 ChatGPT 或其他生成式 AI 平台上使用,同時也提供操作書中部分範例所需的檔案 (少數檔案有隱私爭議不便提供,還請見諒)。請連至以下網址下載,依照網頁指示輸入關鍵字即可取得檔案:

https://www.flag.com.tw/bk/st/F5036

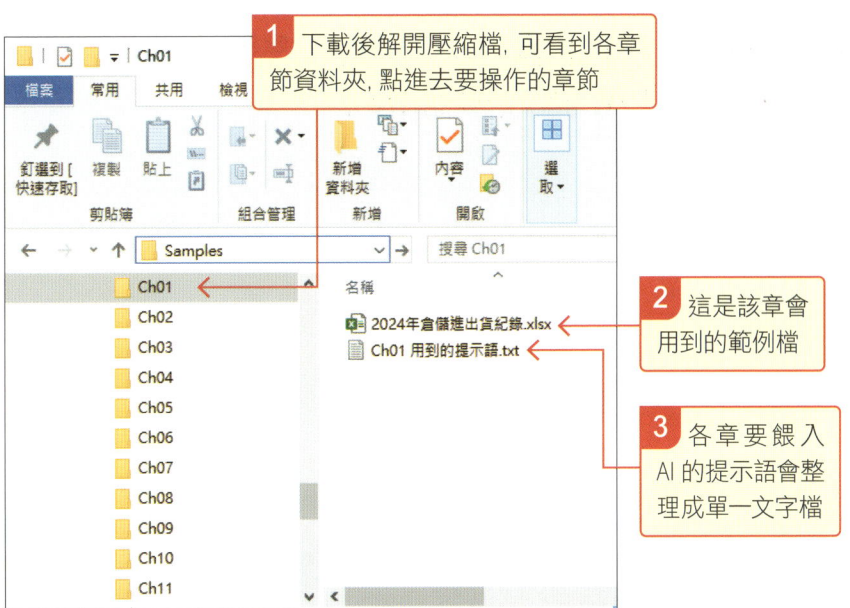

1 下載後解開壓縮檔,可看到各章節資料夾,點進去要操作的章節

2 這是該章會用到的範例檔

3 各章要餵入 AI 的提示語會整理成單一文字檔

操作 Excel × AI 工具的注意事項

　　本書的目標是讓讀者可以「**零花費**」使用 AI 工具來解決 Excel 難題。雖然少部份 AI 工具都有付費機制,但本書會儘量挑選**免費額度高**、**免費試用天數長**的工具,用來應付本書的範例多半綽綽有餘。若遇到實在得付費的情況,也會在內文建議其他的替代方案 (詳見各章內容)。

目錄

序章 AI 時代的「新」Excel 自動化工作術！

第一篇 例行性的 Excel 資料處理工作，用 AI 讓效率翻倍！

Chapter 1 【Excel 資料整理】AI
自動移轉資料、生成函數抓漏填欄位⋯，
各種 AI 用法輕鬆搞定！

1-1 請 AI 全自動整理「跨」Excel 工作表
　　的繁雜資料..1-2
　　　任何需求都可以「無腦」丟 Excel 檔給 AI
　　　自動處理嗎？..1-6

1-2 不能上傳檔案？複製 Excel 資料
　　貼給 AI 自動整理..1-8
　　　貼純文字資料給 AI 聊天機器人自動整理....................1-9
　　　取回 AI 自動整理完的資料.......................................1-12

1-3 請 AI 生成函數、公式輔助整理資料............1-16
　　　描述需求、請 AI 生成函數、公式，
　　　不懂還可以繼續問！...1-16
　　　實用技巧：描述問題時，截圖給 AI 最快！..............1-21

1-4 讓 AI 進駐 Excel，當助手、
自動整理資料通通行！..................................1-23
　　取得 Microsoft 365 Copilot AI 助理................1-23
　　使用 Microsoft 365 Copilot AI 快速完成
　　資料整理工作..1-26
　　其他第三方的 Excel 內建 AI 助理
　　(Spreadsheet AI、GPT for work AI)................1-32

1-5 用內建功能整理資料時卡關？
問 AI 怎麼點、怎麼設..................................1-36
　　例：問 AI 聊天機器人「某效果用 Excel 怎麼做？」....1-36

Chapter 2　【Excel 資料篩選】AI
自動生成函數 / 公式、內建篩選工具卡關…通通 AI 搞定！

2-1 不知如何下手篩 Excel 資料？
丟檔案直接請 AI 篩....................................2-2
　　省麻煩，AI 直接解決 Excel 資料篩選問題！..........2-3
　　取回 AI 處理完的資料...................................2-5
　　「跨 Excel 檔」、「跨工作表」的資料篩選工作，
　　照樣請 AI 自動化完成...................................2-6

2-2 任何 Excel 內建篩選功能 + 函數組合技，
卡關就問 AI...2-10
　　先一窺正規 Excel 書教的篩選解法....................2-10
　　請 AI 提示如何解決 Excel 資料篩選問題.............2-13
　　跟 AI 提示如何用「某某」功能完成任務.............2-15
　　請 AI 重新生成新的函數、公式........................2-18
　　任何微不足道的 Excel 操作卡關都儘管問 AI！......2-20

2-3 重要查表函數 (VLOOKUP、INDEX、
MATCH…) 不會用，call AI 幫忙寫..............2-22
　　提供篩選需求給 AI 生成公式...........................2-23
　　寫函數寫到一半卡住，給局部資訊請 AI 補完.......2-26

Chapter 3 【Excel 資料彙總計算】AI
報表彙總不再卡關，請 AI 一鍵算出來！

- 3-1 請 AI 生成彙總公式的前置要點 3-2
- 3-2 再複雜的彙總、計算條件，
AI 都能幫你生成函數輕鬆解決！ 3-5
- 3-3 用 AI 輕鬆解決「跨工作表」的 Excel
彙總計算工作 3-10

第二篇　Excel × AI 讓資料分析更自動化、更高效！

Chapter 4 【Excel 圖表製作、分析】AI
畫圖表、圖表分析，請 AI 幫忙超省時！

- 4-1 再也不用亂選！AI 幫你精準挑選
Excel 圖表類型 4-2
  - 先一覽 Excel 內建圖表製作功能 4-3
  - 請 AI 建議最佳的圖表呈現方式 4-5
- 4-2 AI 助攻 Excel 圖表繪製 - 全自動生成、
跟 Excel 搭配樣樣通！ 4-7
  - 做法 (一)：純 AI 自動完成圖表繪製工作 4-7
  - 做法 (二)：Excel、AI 搭配使用，
繪製圖表更有彈性！ 4-10
- 4-3 連報告都幫我們一鍵自動生成的圖表 AI 4-17
  - 請 AI 先發想圖表，再回頭優化 Excel 數據 4-18
  - 微調圖表範本內容 4-20
  - 寫報告的救星！請 Graphy AI 幫忙一鍵分析 4-23
  - 抓現成的 Excel 圖表請 AI 分析 4-26

Chapter 5 【Excel 樞紐分析】AI
操作苦手沒關係，請 AI 協助完成海量資料分析

- 5-1 分析前的資料清理：
  請 AI 清理資料不一致的問題 5-2
  - 大致瀏覽一下資料是否一致 5-3
  - 請 AI 聊天機器人自動解決資料不一致的問題 5-5
- 5-2 請 AI 直接生成分析後的資料 5-13
- 5-3 Excel 樞紐分析表操作卡關？
  請 AI 輕鬆排除問題 5-15
  - 任何樞紐分析欄位調整需求都可以問 AI 5-21
- 5-4 請 AI 合併多個工作表並建立樞紐分析 5-23

Chapter 6 【Excel 市調分析】AI
用 AI 輔助設計並自動分析問卷

- 6-1 用 AI 一分鐘完成問卷設計 6-2
  - 請 AI 幫忙設計問卷內容 6-2
  - 詢問 AI 有什麼線上問卷工具 6-5
  - 請 AI 生成填問卷要掃描的 QR Code 6-11
- 6-2 用 Excel × AI 做樞紐分析統計問卷 6-15

Chapter 7 【Excel 進階商業分析】AI
自動化資料探勘助手，從規劃到執行更高效！

- 7-1 請 AI 當你的 Excel 商業分析總規劃師 7-3
  - Data Analysis & Report AI 的基本用法 7-4
  - 直接餵 Excel 資料給 AI，取得分析方向 7-6
- 7-2 各種 Excel 商業分析工作，
  都請 AI 自動做！ 7-9

資料清洗請 AI 自動做最快！...7-9
　　　請 AI 提供 Excel 內各項分析工作的操作建議...........7-12
　　　用 AI 快速分析 Excel 資料得出結論.............................7-14

第三篇　用 AI 輔助生成常用的 Excel 商用表單
AI 規劃表單、AI 優化表單、AI 生成函數功能

Chapter 8　Excel×AI 製作產品目錄及訂購單
AI 自動整理與生成訂購單功能，更快更省力！

- 8-1 請 AI 將雜亂的文字檔整理成產品目錄、並自動完成美化..8-3
　　　請 AI 生成公式，計算各類產品合計金額 8-6
　　　請 AI 協助優化表格配置 8-9
- 8-2 請 AI 協助製作訂購單－生成表單架構、生成函數／公式、自動完成保護措施 8-10
　　　請 AI 協助規劃訂購單的架構 8-11
　　　請 AI 生成「判斷是否符合折扣條件」的 IF 公式......8-12
　　　其他可請 AI 協助改善的訂購單設計 8-14

Chapter 9　Excel×AI 計算員工升等考核成績
AI 生成表單判斷功能，跨工作表也能輕鬆處理！

- 9-1 請 AI 協助完成考核中複雜的判斷工作 9-3
　　　請 AI 自動分析資料，判斷筆試成績是否合格 9-3
　　　請 AI 生成函數判斷筆試成績是否合格 9-5
　　　請 AI 生成公式，統計合格／不合格的人數 9-7
- 9-2 請 AI 協助製作個員考核成績查詢表單 9-8
　　　請 AI 協助快速建立「跨」工作表的考核查詢表單.....9-9
　　　請 AI 生成公式，顯示升等訊息 9-13

Chapter 10　其他 Excel×AI 商用表單生成實例
行政／銷售／總務／財會／人事…，各類表單用 AI 協助輕鬆生成

10-1　Excel × AI 結算每月員工出缺勤時數　10-2
　　請 AI 設計請假單內用到的查表、計算公式　10-3
　　請 AI 輔助做樞紐分析，製作出缺勤統計表　10-6

10-2　Excel × AI 員工考績計算　10-8
　　請 AI 協助進行考績前的出缺勤彙整工作　10-9
　　請 AI 協助跨工作表計算考績分數　10-10

10-3　Excel × AI 計算業務員的業績獎金　10-13
　　計算第一階段獎金　10-14
　　請 AI 生成 IF、LOOKUP 公式計算第二階段獎金　10-15
　　請 AI 優化執行錯誤的公式　10-16

10-4　Excel × AI 年度預算報表製作　10-17
　　VLOOKUP 查表、SUMIF 彙整預算，
　　通通請 AI 協助生成公式　10-18

10-5　Excel × AI 計算資產設備的折舊　10-20
　　傳統的 Excel 處理做法　10-21
　　請 AI 協助說明折舊知識＋生成函數／公式　10-22

**10-6　Excel × AI 計算人事薪資、勞健保、
　　　　勞退提撥**　10-25

Chapter 11　更方便的 Excel×AI 商用表單製作技巧
以零用金支出自動化整合表單為例

**11-1　超方便的「AI 函數」！
　　　 瞬間合併多個表格來完成表單**　11-3
　　認識 Spreadsheet AI 提供的超強 AI 函數　11-4
　　用 AI 函數自動合併多個關聯表格資料　11-7

**11-2　用 AI 函數「跨工作表」合併關聯表格
　　　 來完成表單**　11-11

第四篇　自動化無極限！打造跨平台、跨工具的 Excel 自動化流程

Chapter 12　用 AI 輕鬆生成 VBA 程式
一鍵解決一連串重複性工作

12-1 複雜的表單按鈕建立工作，請 AI 協助搞定 12-2
請 AI 協助建立測試用按鈕 12-5
修改按鈕上的顯示文字 12-10

12-2 請 AI 幫忙寫程式，查表、預覽、列印一鍵搞定 12-11
請 AI 幫忙寫 VBA 程式 (一)：一鍵自動查表、將所有員工的薪資單轉成 PDF 12-11
請 AI 幫忙寫 VBA 程式 (二)：一鍵自動查表、列印所有人的薪資單 12-16

Chapter 13　Excel 跨平台流程串接 (一)
免程式搞定 Excel 協作自動通知機制

突破 AI 瓶頸！

13-1 打造 Excel 報表更新後的自動通知機制 13-3
將 Excel 報表上傳到微軟 OneDrive 雲端硬碟 13-3
使用 Microsoft 帳戶登入 Power Automate 雲端平台 13-6
設計自動化雲端流程 (1/2) - 設定什麼情況下觸發 Excel 自動化流程 13-7
設計自動化雲端流程 (2/2) - Excel 更新後，自動寄發郵件通知 13-11

13-2 確認 Excel 自動化通知流程是否正常運作 13-16

Chapter 14　Excel 跨平台流程串接 (二)
全自動擷取網站資料到 Excel

突破 AI 瓶頸！

14-1 熟悉自動化桌面流程工具 14-3

　　在電腦上安裝 Power Automate Desktop 14-3

　　安裝擴充功能 (用於操控網頁瀏覽器) 14-4

　　開啟 Power Automate Desktop 並登入帳戶 14-5

　　認識自動化流程設計工具的介面 14-8

14-2 開始打造 Excel 自動化流程：跨頁面抓網頁資料 14-10

　　1. 自動化流程範例說明 14-11

　　2. 啟動流程設計工具建立第一個動作：
　　　 自動啟動 Edge 瀏覽器 14-12

　　3. 自動點擊第 1 個網頁連結 14-17

　　4. 自動抓取第 1 個連結的網頁資料 14-19

　　5. 自動點擊 + 抓取第 2、3 個連結的網頁資料 14-23

　　6. 自動關閉瀏覽器 14-24

　　7. 自動啟動 Excel 並寫入資料 14-24

　　8. 自動存檔、關閉 Excel 14-28

　　確認 Excel 自動化流程是否正確運作 14-28

Appendix A　本書常用 AI 工具的取得說明

　　A-1　AI 聊天機器人快速上手 A-2
　　A-2　GPT 商店的使用介紹 A-6

Appendix B　跟 AI 溝通前一定要懂的 Excel 基礎知識

　　B-1　具備 Excel 基礎知識，與 AI 互動會更順利 B-2
　　B-2　與 AI 聊天機器人互動的注意事項 B-5

序章 AI 時代的「新」Excel 自動化工作術！

　　Excel 一直都是職場上使用率很高的工具，從基本的資料輸入、篩選、彙總計算，到進階的圖表製作、樞紐分析、市調統計、行政／財會／銷售各領域的商用表單製作...等，職場上用到 Excel 的工作實在是五花八門。也因此，市面上的 Excel 書自然也是「滿坑滿谷」，讀都讀不完！

　　問題是，很多時候職場上的 Excel 狀況題來的又急又快，不見得有時間等我們「練功」，更關鍵的問題是：**AI 當道，我們還需要像以前那樣一本書一本書學、一招一招學、一個函數一個函數研究…，按部就班地學 Excel 嗎？**

　　當然不用！身處 AI 時代，傳統的做法顯然太低效了！

AI First！生成函數 / 公式、做自動化… 各種 Excel 難題通通請 AI 解決！

　　本書中，各章將羅列職場上最常遇到的 Excel 需求/難題：

Excel 函數、公式撰寫	幾乎各章場景都會用到
Excel 資料整理	Ch01
Excel 資料篩選	Ch02
Excel 資料彙總計算	Ch03
Excel 圖表製作、分析	Ch04
Excel 樞紐分析	Ch05
Excel 市場調查與統計分析	Ch06
Excel 進階商業分析	Ch07
Excel 各種商用表單製作 (行政／銷售／總務／財會／人事)	Ch08～Ch11
Excel 各種工作流程自動化	Ch12～Ch14

　　每一章的問題都可在市場上看到 Excel 專書，很顯然地，以往想解決各章問題，就得靠厚厚的一本書。如果您的目標是累積自我能力，學這些都很好。但如果目標是擺在解決職場上遇到各種 Excel 難題，「**慢慢學 VS 快快解決**」，顯示後者才是優先該做的！

考量到這一點，本書將採用 AI First 思維，將帶您一律從「**解決 Excel 問題**」的角度出發，因應不同情境教您選擇合適的 AI 工具、合適的 AI 技巧來解決 Excel 問題。你會發現，**這與傳統 Excel 書的思維完全不同**，有時候學會某一招 AI 技巧就可以一瞬間解決 Excel 問題，效率會提升的**超有感**，保證您用過就回不去！例如：

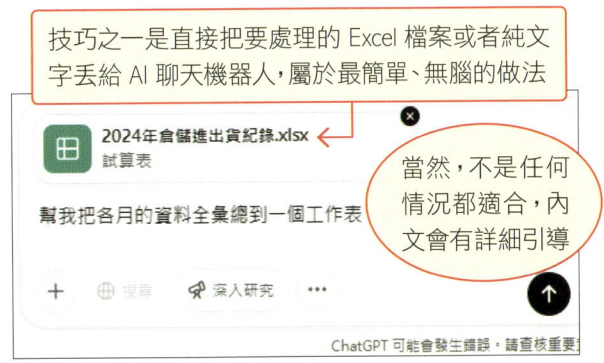

公式 + 函數是 Excel 的**超級重點功能**，以往得靠大量範例演練來上手，跟著本書學會用 AI 輕鬆生成，還可順道學函數知識！

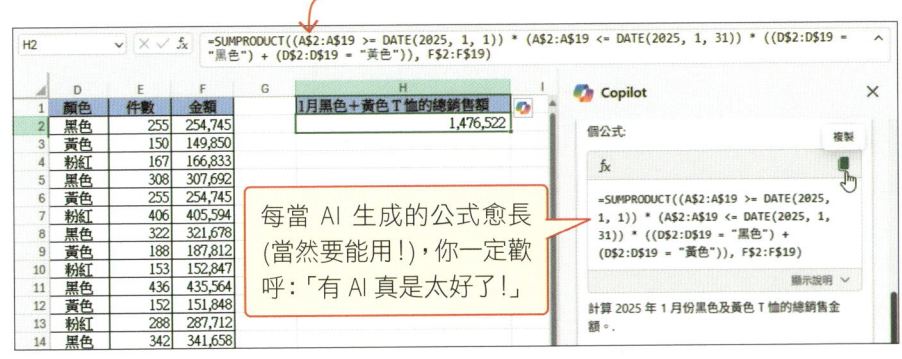

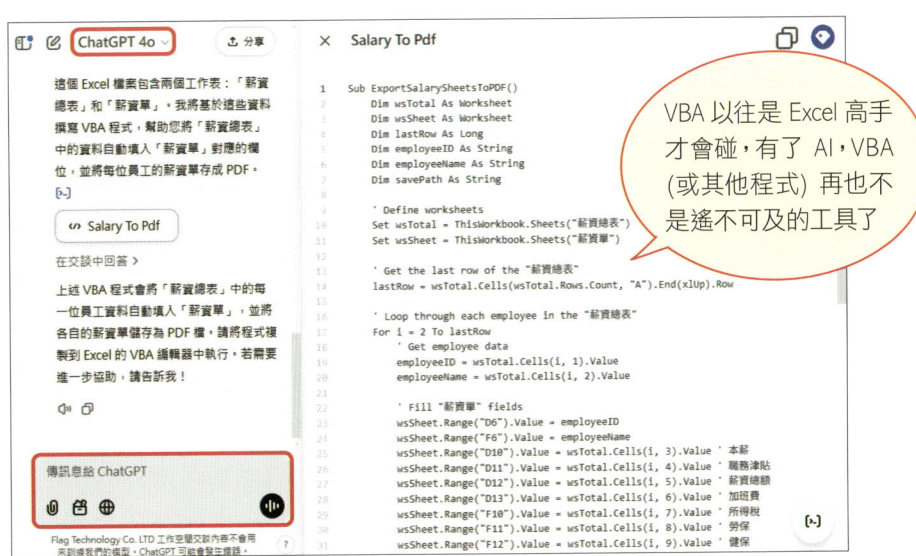

13

不限 ChatGPT！活用各種 AI 工具「見招拆招！」

依經驗，打開瀏覽器就可以直接使用的 **AI 聊天機器人** 會是多數人 (包括本書) 最常用的 Excel 問題解決助手！有一個重要因素是 **免費**。除此之外，本書也會介紹某些情況下 **效率更佳** 的 AI 工具，讓您學會後能夠見招拆招，完美應對各種 Excel 難題：

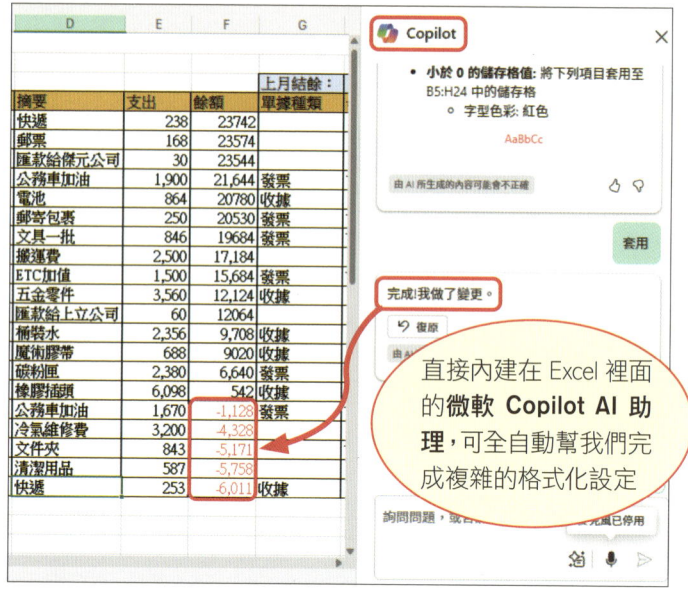

直接內建在 Excel 裡面的 **微軟 Copilot AI 助理**，可全自動幫我們完成複雜的格式化設定

有些 AI 工具還有「獨門絕活」，例如同樣內建在 Excel 裡面的 **Spreadsheet AI** 精心設計了 **AI 函數**，可幫我們瞬間合併多個表格來完成表單

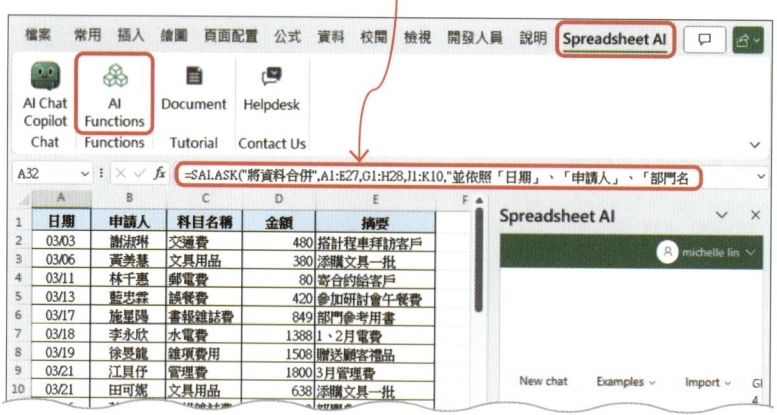

未來，隨著 AI 技術不斷推陳出新，勢必還會更簡便的 AI 解法問世 (如現在發展中的 AI 代理人技術，以後搞不好動動嘴巴 AI 就幫我們通通做好了 😊)。而在那天來臨之前，不妨跟著後續各章節，紮穩自己的 AI 工作思維，起點就從 **為自己打造高效的 Excel × AI 自動化工作流程** 開始吧！

PART
01 例行性的 Excel 資料處理工作，
用 AI 讓效率翻倍！

CHAPTER

【Excel 資料整理】AI

自動移轉資料、生成函數抓漏填欄位…，
各種 AI 用法輕鬆搞定！

1-1　請 AI 全自動整理「跨」Excel 工作表的繁雜資料
1-2　不能上傳檔案？複製 Excel 資料貼給 AI 自動整理
1-3　請 AI 生成函數、公式輔助整理資料
1-4　讓 AI 進駐 Excel，當助手、自動整理資料通通行！
1-5　用內建功能整理資料時卡關？問 AI 怎麼點、
　　 怎麼設

在 Excel 中，常需要做的繁瑣工作之一就是**整理表格／數據**，例如把多個工作表的資料彙總到單一工作表、表格中有漏填欄位希望可以快速找出來、想要修改儲存格的格式…等等，說到 Excel 資料整理工作，那可真是五花八門。

以往面對這類工作，通常就是用**各種 Excel 函數、內建功能**來處理，但不論是買一本又一本的 Excel 書、或者上網學，這些技巧都需要一段時間摸索、學習，現在有了 AI 一切都不一樣了，在很多情況下，搞不好學會某一招 AI 技巧就可以解決很多資料整理需求！考量到這點，本章不會像傳統 Excel 書羅列一堆你或許壓根不會遇到的整理情境，而會把重點擺在**當遇到類似的 Excel 資料整理需求時，該如何請 AI 幫忙**；當然也會介紹萬一操作 AI 卡關、或結果跟預想不同時該如何因應。

> **TIP** 本書剛起步，我們也會利用本章，將序章提到的幾個常用 AI 解法演練一遍，紮穩讀者的 **Excel×AI 工作術基本功**。你會發現，這與傳統 Excel 書「逐一介紹功能或函數，按部就班帶你慢慢學」的方式完全不同喔！

1-1 請 AI 全自動整理「跨」Excel 工作表的繁雜資料

使用 AI 支援上傳 .xlsx 檔的 AI 聊天機器人（如 ChatGPT、Copilot、Grok… 等）

請看到右頁上圖這個 Excel 資料整理範例。當手邊有一大筆 Excel 資料依不同「月份」，切割存放在「2024/7」、「2024/8」…多個工作表內，我們希望這些資料能通通匯整在同一個工作表內，才好做分析：

	A	B	C	D	E	F	G
1	日期	產品編號	產品名稱	入庫數量	出庫數量	庫存餘額	
2	2024-01-01	P001	A4影印紙	205	127	78	
3	2024-01-01	P005	便利貼	488	99	389	
4	2024-01-01	P002	黑色墨水匣	135	84	51	
5	2024-01-01	P012	刀片	314	61	253	
6	2024-01-01	P011	螢光筆	157	122	35	
7	2024-01-01	P013	記事本	117	53	64	
8	2024-01-01	P009	資料夾	425	129	296	
9	2024-01-02	P008	記號筆	126	112	14	
10	2024-01-02	P011	螢光筆	391	83	308	
11	2024-01-02	P013	記事本	167	149	18	
12	2024-01-02	P012	刀片	419	53	366	
13	2024-01-02	P006	牛皮紙信封	362	156	206	
14	2024-01-02	P004	白板筆	175	114	61	
15	2024-01-03	P015	辦公椅	338	237	101	
16	2024-01-03	P008	記號筆	239	155	84	
17	2024-01-03	P010	文件盒	254	221	33	
18	2024-01-03	P006	牛皮紙信封	298	125	173	
19	2024-01-03	P014	訂書機	392	175	217	
20	2024-01-03	P002	黑色墨水匣	283	122	161	
21	2024-01-04	P010	文件盒	207	81	126	

工作表標籤：2024-01 | 2024-02 | 2024-03 | 2024-04 | 2024-05 | 2024-06

> 目前各月份全散在不同工作表內，想要全部集中到同一個工作表，怎麼做比較快呢？

像這樣瑣碎的 Excel 整理工作，難度不高，但就是得一直重覆做！一般情況下，您或許悶著頭就開始複製、開新工作表貼上、複製、開新工作表貼上…但萬一資料很多呢 (本例已經不少了！)，即便您想加速，可能也一時不知如何下手。以後，**有這種「不知如何下手」的 Excel 問題都請想到 AI！**

該用哪種 AI 工具呢？如序章提到的，ChatGPT、Copilot、Gemini…這些 **AI 聊天機器人**會是多數人 (包括本書) 最常用的 Excel 問題解決助手，如果還不熟悉請先參考**附錄 A** (在本書最後面) 快速了解一下。本例由於打算把 .xlsx 檔案直接餵給 AI，必須找個支援上傳 .xlsx 檔的 AI 聊天機器人才行，這裡就以 ChatGPT 來操作 (本書大部分情況下都會用 ChatGPT 來示範)！

1 首先備妥您希望 AI 聊天機器人處理的檔案，直接拖曳到對話框，然後告知希望 AI 幫我們如何處理：

2 接著要做的事就是「等」，若一切順利，本例所使用的 ChatGPT 可能三兩下就能解決問題，甚至提供處理後的 Excel 檔案讓我們下載（如果沒有，也可以跟它繼續聊，試著請它提供）：

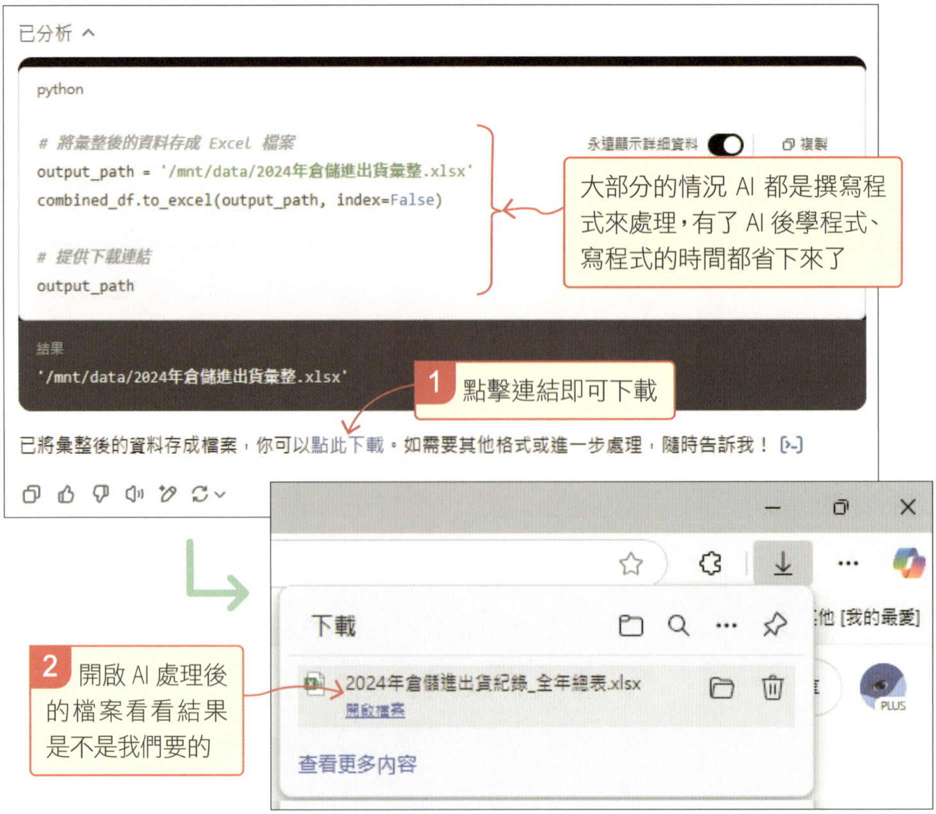

1-4

	A	B	C	D	E	F	G	H	I	J
215	2024-01-31	P014	訂書機	162	121	41	2024-01			
216	2024-01-31	P006	牛皮紙信封	474	324	150	2024-01			
217	2024-01-31	P010	文件盒	361	322	39	2024-01			
218	2024-01-31	P003	包裝膠帶	254	78	176	2024-01			
219	2024-01-31	P009	資料夾	355	341	14	2024-01			
220	2024-01-31	P012	刀片	127	109	18	2024-01			
221	2024-01-31	P002	黑色墨水匣	500	441	59	2024-01			
222	2024-01-31	P011	螢光筆	364	96	268	2024-01			
223	2024-02-01	P007	長尾夾	421	171	250	2024-02			
224	2024-02-01	P012	刀片	245	121	124	2024-02			
225	2024-02-01	P014	訂書機	385	328	57	2024-02			
226	2024-02-01	P002	黑色墨水匣	306	165	141	2024-02			
227	2024-02-01	P009	資料夾	149	92	57	2024-02			
228	2024-02-01	P011	螢光筆	486	59	427	2024-02			
229	2024-02-02	P010	文件盒	413	143	270	2024-02			
230	2024-02-02	P015	辦公椅	231	171	60	2024-02			
231	2024-02-02	P003	包裝膠帶	118	82	36	2024-02			
232	2024-02-02	P007	長尾夾	424	175	249	2024-02			
233	2024-02-02	P013	記事本	178	153	25	2024-02			

▲ 本例非常順利！可以看到各月的資料都自動集結到一張工作表內囉！幾百筆的資料，AI 一下子就處理好了

AI 聊天機器人沒有提供 Excel 檔案給我下載？

您實際操作就知道，在許多情況下，**AI 聊天機器人並沒有固定的解法** (它回答給您的內容一定跟本書示範的不一樣)，甚至在嘗試的過程中也可能失敗。例如本例 AI 也有可能只幫我們合併好資料，秀在瀏覽器中，我們得再手動貼回 Excel。但別忘了，AI 聊天機器人最大的好處是**可以跟它「聊」**，我們可以送出「請整理成 Excel 檔案給我下載」的需求，請它一步到位全都做好，那就很省事了。

此外，AI 工具的選擇也非常多樣化，光是 AI 聊天機器人就有 ChatGPT、Gemini、Copilot…等等，若某 AI 聊天機器人的回答怎麼試都不順，換一個就行了！(不過，本例示範的是上傳 .xlsx 檔給 AI，支援度最佳應該就是 ChatGPT 了)

> **無法上傳附件給 AI 聊天機器人？**
>
> 針對上傳檔案給 AI 聊天機器人，筆者普遍都是用 ChatGPT 來操作。不過提醒讀者，免費版 ChatGPT 用戶雖然可以使用檔案上傳功能，但會有**用量的限制**，當您對話到一半時，可能會出現**無法繼續使用**的訊息：
>
> ┌─ 通知我們進階功能的使用達到上限 ─┐
> │ (此例的上傳附件就屬於進階功能)   │
>
> ```
> 你已達到 GPT-4o. Free 方案的使用上限
> 回應將使用其他模型，直到你的使用上限於 晚上9:50 後. 重設為止     [取得 Plus] [×]
> ```
>
> ┌─ 告知大約何時 ─┐   ┌─ 點擊這裡可以關閉通知訊息，雖然可以繼 ─┐
> │ 會開放使用   │   │ 續以舊模型來對話，但就無法上傳檔案   │
>
> 當您遇到使用上述的使用限制通知時，可以先嘗試重新整理網頁，依筆者測試有時可以繼續用。若真的被限用了而您又很急，可以改用其他支援上傳 Excel 檔的 AI，或改用後續幾節介紹的 AI 解法。

任何需求都可以「無腦」丟 Excel 檔給 AI 自動處理嗎？

經過以上示範，讀者應該感受到用 AI 整理 Excel 資料有多「威」。當然，與 Excel 相關的工作五花八門，**絕對不是**所有的事都可以像這樣不管三七二十一直接把檔案丟給 AI 整理，就算您硬丟，也不太可能 100% 成功。例如若檔案結構過於複雜 (例如：工作表中有多表格、合併儲存格很多…等)，AI 有可能連一開始的讀取資料就會失敗，更不用談後續了。

更重要的是，手邊的檔案也不見得全都適合直接丟給 AI，例如有隱私資料外洩的顧慮。此外，這樣的做法由於是 AI 重新讀取資料做整理，也勢必會破壞 Excel 檔原本設好的儲存格公式、樣式…等，重設這些也得花時間。也因此，除了本節的無腦做法外，**一定也要學後續其他 Excel × AI 解法**，往後才知道如何「見招拆招」解決問題。

怕隱私外洩？！限制 AI 取用你的對話內容

也許你有聽聞，開瀏覽器使用 AI 聊天機器人時，網站都會將你的對話、提供的資料保存下來，之後再當作重新訓練 AI 模型的資料集來使用。這是許多 AI 公司行之有年的做法。若您擔心隱私外洩，ChatGPT 有提供關閉此功能的服務，不讓 OpenAI 自由取用對話資料：

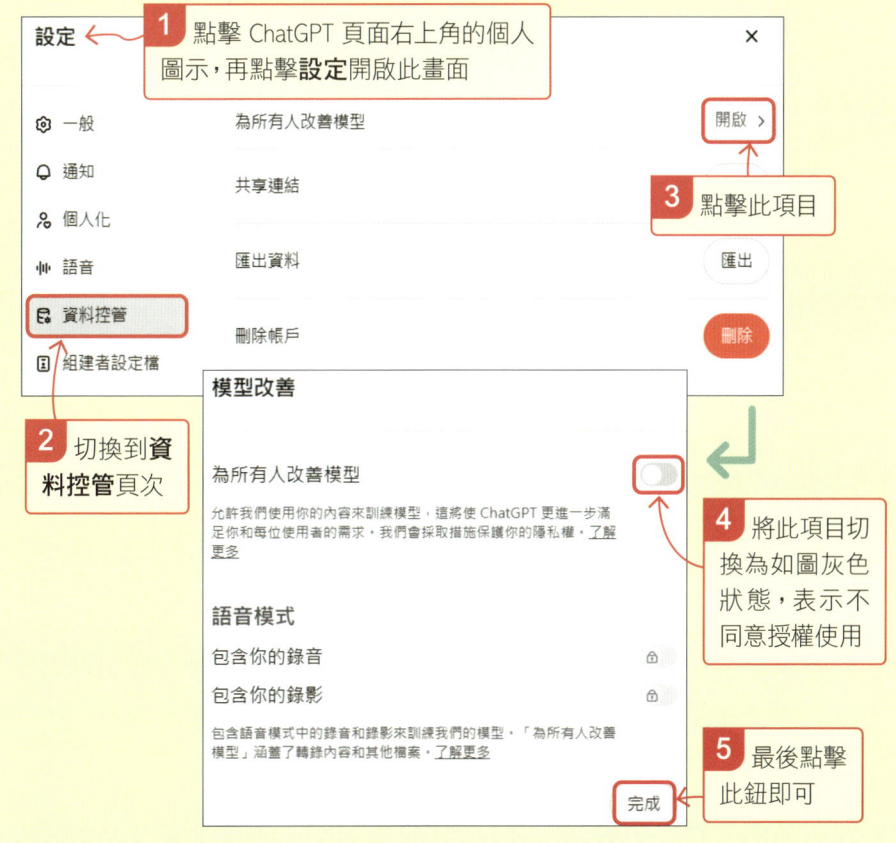

當然，如果您還是有疑慮，那就不要把檔案上傳給 AI 聊天機器人，改用下一節的技巧用文字互動就好。如此一來也就有了變通空間。例如可提供經過修改或虛構的資料 (將真實姓名改為「A 公司」或「某產品」) 給 AI，只要確保 AI 能理解您的需求並給出正確的回應即可。

1-2 不能上傳檔案？複製 Excel 資料貼給 AI 自動整理

使用AI AI 聊天機器人
(ChatGPT、Copilot、Gemini…都可以)

　　如果無法用前一節「上傳 .xlsx 檔案給 AI」的方式請 AI 幫我們「全自動」整理 Excel 資料，替代的做法通常就是回到 Excel 內，看是要利用函數、或者其他 Excel 內建功能來處理，而 AI 此時就會轉為「**輔助**」的角色，成為我們操作 Excel 遇到問題時的幫手，這部分會在 1-3 節～1-5 節詳細說明。

　　但那此之前，我們**先不要輕言捨棄請「AI 自動化整理資料」這條路**，怎麼說呢？由於 AI 聊天機器人最大的強項就是處理文字資料，因此，我們當然也可以把 Excel 內需要整理的資料**複製下來變成純文字**，再貼給 AI 聊天機器人幫我們自動整理。

　　當然，一定要先**思考手邊的資料適不適合這樣做**。例如前一節那個多工作表彙整的例子很明顯就不適合，因為光複製資料給 AI 就很花時間。依筆者經驗，符合以下幾點的 Excel 資料比較適合「貼給 AI 自動做」這一招：

- **資料量不大**：如果表格只有幾十、幾百列，直接複製貼上通常沒問題。如果是數萬、數十筆以上的大型表格就很考驗電腦效能，光貼到瀏覽器可能就會耗盡資源。

- **欄位結構單純**：若原始的表格資料很單純 (例如每列是每筆紀錄，欄位之間沒有複雜的關聯)，AI 就很好理解並幫我們自動處理。反之，如果工作表內有多個表格，或者欄位之間有複雜計算關係，複製成純文字後應該就全亂了，也不用談後續了。

- **既有的表格格式不重要**：若您的 Excel 檔原本設好滿滿的公式，表格的樣式也設計的很精緻，貼純文字給 AI 自動處理也就意味著原本

的 Excel 公式、樣式會通通消失，若對這一點有顧慮，也不適合用這個方法。

- **需求簡單、明確**：如果你要 AI 做的整理工作是「檢查每一列有無漏填」、「幫每列資料加上註記」…，這些需求都可以透過文字描述搭配純文字資料來完成。而像「多表格合併」、「跨欄位比對整理」…這種在不同表格或不同欄位之間互相比對、甚至重新組合資料的工作，光描述給 AI 理解就很吃力，也不適合用複製資料的方法。

貼純文字資料給 AI 聊天機器人自動整理

底下就舉一個滿足上述要點的單純 Excel 表格，示範提供資料給 AI 自動整理，以及可能遇到的狀況。跟 AI 的互動，同樣是描述清楚要完成什麼事，萬一結果不符預期也別擔心，繼續跟它溝通就可以了。

假設我們手邊有如下密密麻麻的表單，需要**檢查是否有漏填的欄位**。這個表格的結構以及我們的需求都很單純，就適合「轉成純文字貼給 AI」這一招：

	A	B	C	D	E	F
1					客戶基本資料	
2		姓名	生日	手機號碼	地址	確認結果
3		謝辛如	1998/02/22	0956-324-312	台北市松山區民生東路五段89號	
4		許伯弘	2002/08/11	0935-963-854	新北市永和區中正路128巷7號	
5			1983/05/08	0954-071-435	台中市西屯區福星路21號	
6		王俊傑	1992/05/10	0913-410-599	台北市大安區建國南路二段98號	
7		李佩珊	1995/02/12	0972-371-299	新北市板橋區文化路一段66號	
8		張志文	2008/08/29	0933-250-036	台中市南區復興路三段59號	
9		黃雅雯	2008/12/05	0934-750-620		
10		吳柏翰	2011/12/30	0954-647-127	桃園市中壢區和平路19號	
20		劉明哲	1986/01/16	0931-464-962	彰化市彰鹿路120號	
21		陳建華	2008/07/02		新北市汐止區中山路38號	
22		楊雅惠	1998/06/02	0936-914-483	桃園市成功路二段133號	
23		曾國豪	2011/06/07	0921-841-340		
24		林明潔	2013/01/03	0968-575-278	台中市北區五權路565號	
25		陳欣婷	2005/11/28	0912-315-877	台南市東區崇德路12號	
26		連浩然	2014/05/28	0913-765-496	新北市土城區承天路65號	

> 如同前面說的，設好的表單樣式在 AI 處理後會消失，本例就先不在意了

> 本例是希望確認每一筆資料是否都有填寫，若該列有一項沒填就在 F 欄顯示訊息，方便識別或再補填

1-9

整理這樣的 Excel 表單，最下策就是一筆一筆看、並手動在最後的確認結果欄留下註記。如果資料量很多，這樣做顯然很花時間也很傷眼睛，來試著貼資料給 AI 自動整理吧！

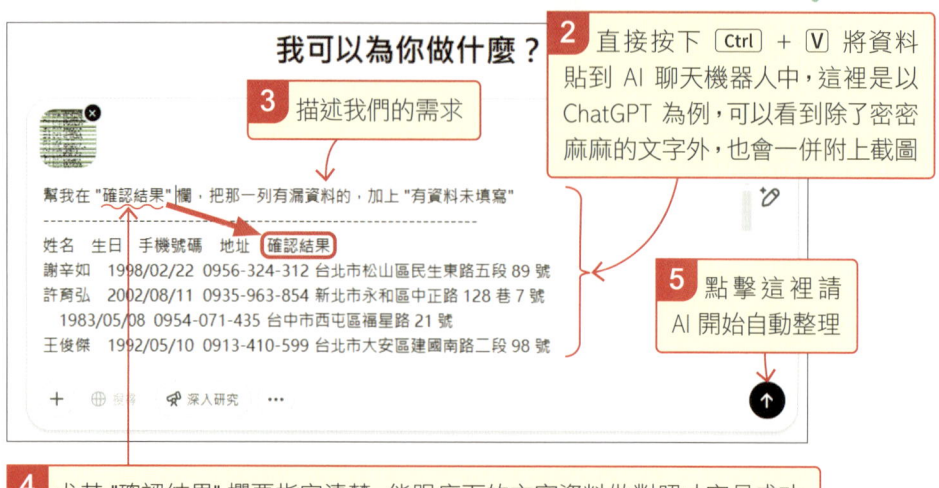

1 首先開啟您想整理的 Excel 表單資料，將表格範圍 (本例是 B2:F27) 選取後複製下來

標題跟整理工作無關就不要複製，而且這種跨多欄的資料很容易造成 AI 的識別阻礙

2 直接按下 Ctrl + V 將資料貼到 AI 聊天機器人中，這裡是以 ChatGPT 為例，可以看到除了密密麻麻的文字外，也會一併附上截圖

3 描述我們的需求

5 點擊這裡請 AI 開始自動整理

4 尤其 "確認結果" 欄要指定清楚，能跟底下的文字資料做對照才容易成功

1-10

分析中 ^

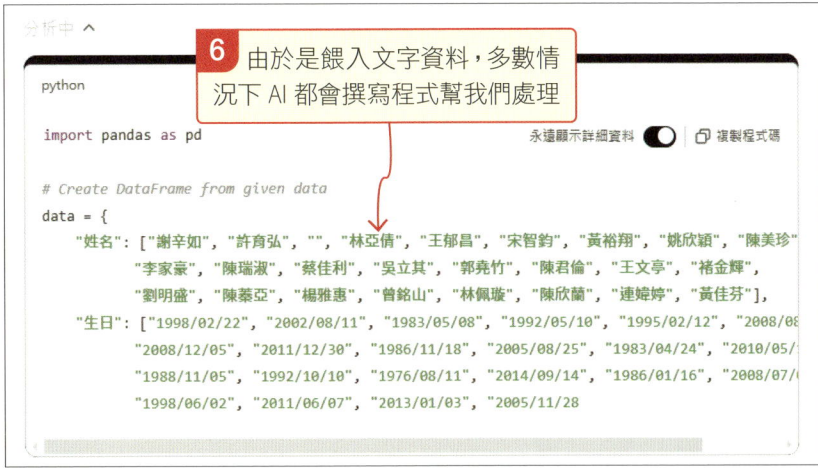

6 由於是餵入文字資料，多數情況下 AI 都會撰寫程式幫我們處理

python　　永遠顯示詳細資料　複製程式碼

```python
import pandas as pd

# Create DataFrame from given data
data = {
    "姓名": ["謝辛如", "許育弘", "", "林亞倩", "王郁昌", "宋智鈞", "黃裕翔", "姚欣穎", "陳美珍"
        "李家豪", "陳瑞淑", "蔡佳利", "吳立其", "郭堯竹", "陳君倫", "王文亭", "褚金輝",
        "劉明盛", "陳蓁亞", "楊雅惠", "曾銘山", "林佩璇", "陳欣蘭", "連嫜婷", "黃佳芬"],
    "生日": ["1998/02/22", "2002/08/11", "1983/05/08", "1992/05/10", "1995/02/12", "2008/0
        "2008/12/05", "2011/12/30", "1986/11/18", "2005/08/25", "1983/04/24", "2010/05/
        "1988/11/05", "1992/10/10", "1976/08/11", "2014/09/14", "1986/01/16", "2008/07/
        "1998/06/02", "2011/06/07", "2013/01/03", "2005/11/28
```

TIP 這個階段，AI 會自動一筆一筆讀入資料給程式處理，因此過程會比較耗時，但我們也只需要等，可以先去做其他事，靜待 AI 處理完成即可。

以下是加上「有資料未填寫」的確認結果欄內容，已幫你標註哪幾列有欄位...

自動整理好了！AI 自動幫有遺漏資料的那一列做好註記了，看起來沒問題，還很貼心的附註是什麼資料沒填

姓名	生日	手機號碼	地址	
謝辛如	1998/02/22	0956-324-312	台北市松山區民生東路五段...號	
許育弘	2002/08/11	0935-963-854	新北市永和區中正路 128 巷 7 號	
	1983/05/08	0954-071-435	台中市西屯區福星路 21 號	有資料未填寫（姓名缺漏）
王俊傑	1992/05/10	0913-410-599	台北市大安區建國南路二段 98 號	
李佩珊	1995/02/12	0972-371-299	新北市板橋區文化路一段 66 號	
張志文	2008/08/29	0933-250-036	台中市南區復興路三段 59 號	
黃雅雯	2008/12/05	0934-750-620		有資料未填寫（地址缺漏）
吳柏翰	2011/12/30	0954-647-127	桃園市中壢區延平路 19 號	

TIP 若您很認真，想去了解 AI 背後做了什麼事，可以去研究本頁上圖所看到的程式內容。

取回 AI 自動整理完的資料

接下來的工作就是**把 AI 整理好的資料匯回 Excel**。直覺的想法應該是 Copy 表格內容貼回 Excel，但請養成習慣：**不要老想手動！** 若資料量不小，複製來複製去也很花時間 (而且，本例筆者在操作時還遇到無法複製網頁內容的窘境)。別忘了聊天機器人是可以溝通的，前一節 AI 不就直接生成 Excel 檔案給我們下載了，連複製、貼上的工夫都省了！(至於跟 AI 繼續聊或者直接手動複製網頁回 Excel 哪個比較快，您可以自己評估)。

1 本例直接下提示語請 AI 提供下載連結：

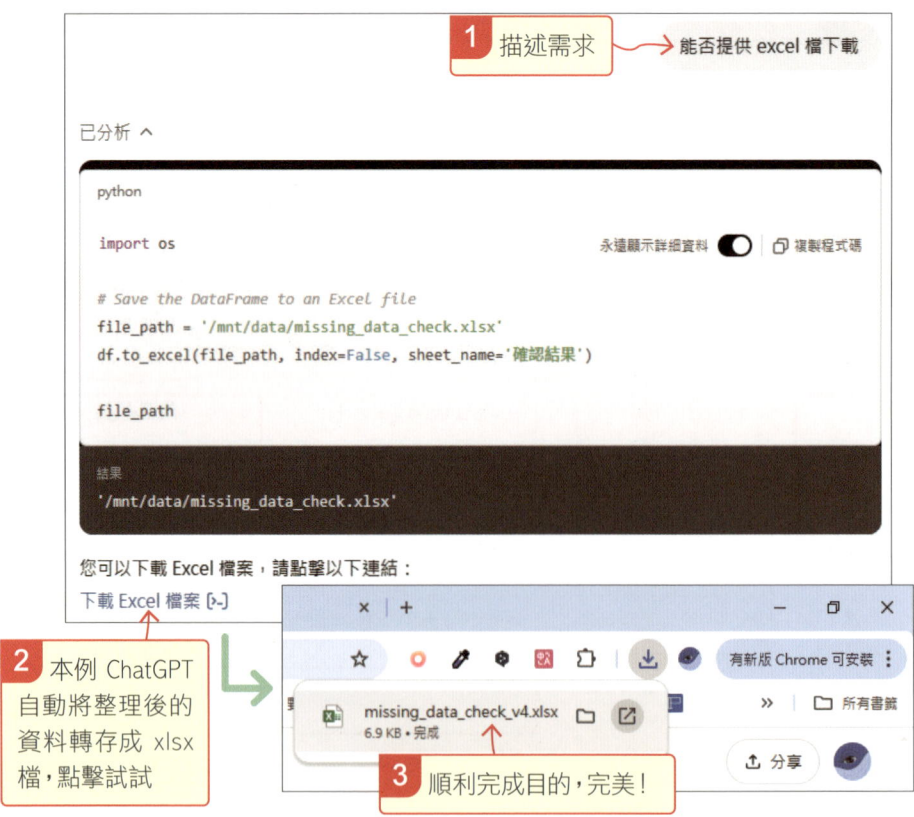

TIP 依經驗，下載連結可能點擊後無法下載，若請 AI 重新生成後還是不行，可以換個聊天機器人試試。

	A	B	C	D	E
1	姓名	生日	手機號碼	地址	確認結果
2	謝辛如	1998/02/22	0956-324-312	台北市松山區民生東路五段 89 號	
3	許育弘	2002/08/11	0935-963-854	新北市永和區中正路 128 巷 7 號	
4		1983/05/08	0954-071-435	台中市西屯區福星路 21 號	有資料未填寫
5	王俊傑	1992/05/10	0913-410-599	台北市大安區建國南路二段 98 號	
6	李佩珊	1995/02/12	0972-371-299	新北市板橋區文化路一段 66 號	
7	張志文	2008/08/29	0933-250-036	台中市南區復興路三段 59 號	
8	黃雅雯	2008/12/05	0934-750-620		有資料未填寫
9	吳柏翰	2011/12/30	0954-647-127	桃園市中壢區延平路 19 號	
10	許書婷	1995/11/19		新竹市東區關新路 97 號	有資料未填寫
22	曾國豪	2011/06/07	0921-841-340		有資料未填寫
23	林明潔	2013/01/03	0968-575-278	台中市北區五權路 565 號	
24	陳欣婷	2005/11/28	0912-315-877	台南市東區崇德路 12 號	
25	連浩然	2014/05/28	0913-765-496	新北市土城區承天路 65 號	
26	黃佳芳	1979/05/13	0923-812-346	高雄市鳳山區新富路 115 號	

▲ 取得 AI 自動處理完的檔案了！

2 如同上圖，本例在 AI 聊天機器人 (ChatGPT) 的幫助下，得到了一個新的 Excel 表單，由於原表單是美化設計過的，如果希望新表單也能套用美化後的格式，收尾的步驟很簡單，將原始表單的表單樣式複製到新的表單即可：

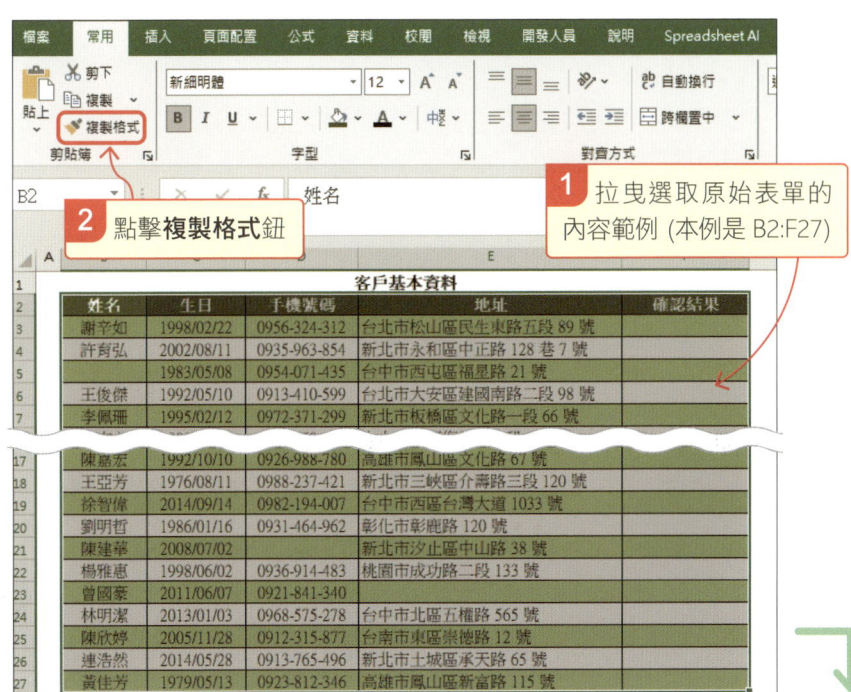

1 拉曳選取原始表單的內容範例 (本例是 B2:F27)

2 點擊**複製格式**鈕

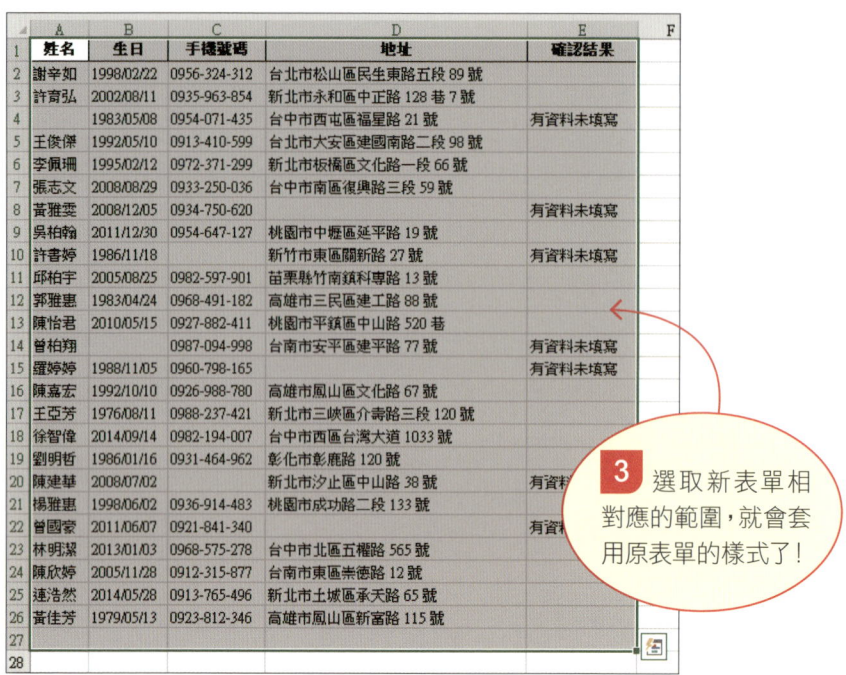

STOP！任何整理工作都優先丟給 AI 做！

還沒養成善用 AI 的習慣嗎？其實，我們連上述工作都不必手動操作！儘管在 Excel 內複製格式很方便，但萬一不是簡單的複製格式呢？而是一時不曉得操作哪個陌生功能。老話一句，盡情試試 AI 的能耐吧！

1 本例先把希望 AI「觀摩」的結果圖（已設好表格樣式）附上去，筆者是在 Windows 上以 FastSone、HyperSnap 軟體的「截取區域」功能把要的範圍截下來

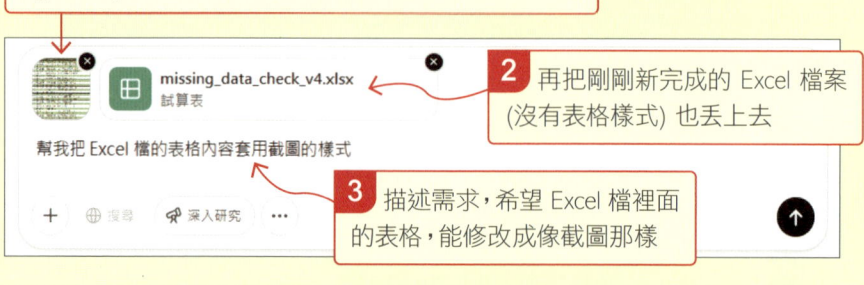

2 再把剛剛新完成的 Excel 檔案（沒有表格樣式）也丟上去

3 描述需求，希望 Excel 檔裡面的表格，能修改成像截圖那樣

以 ChatGPT 為例，本例 AI 是分步驟來進行，先讀入 Excel 檔的內容，再分析圖片的「長相」，最後一樣是撰寫程式來處理：

> 點擊連結來下載即可 (若下載失敗，可繼續跟 AI 溝通，或者換個 AI 聊天機器人)

我已經按照您提供的樣式更新了 Excel 表格，您可以下載處理好的檔案：下載檔案。如果有其他需求，請告訴我！

> 若結果不是您要的，可以請 AI 繼續處理

不對，各欄應該是一黃一白

已分析 ∧

> 我們的萬能 AI 助理繼續工作中 😊

```python
# Redefine alternating column styles
for col_idx, col in enumerate(sheet.iter_cols(min_row=2, max_row=sheet.max_row, min_col=1,
    # Apply alternating colors: yellow for odd columns, white for even columns
    fill ...
```

結果
'/mnt/data/styled_alternating_missing_data_check.xlsx'

我已經更新了 Excel 表格，現在是每列的顏色交錯顯示（黃白相間）。您可以下載新的檔案：下載檔案。如果還需要調整，請隨時告訴我！

> 哈！又幫我們修改好樣式，完成了！

建議讀者在剛開始學習 Excel × AI 工作術時，都能像這個範例一樣，哪怕是您多麼熟悉、再簡單不過的 Excel 操作，只要有一丁點手動操作、會花點時間的工作，您都能隨時思考：**這件事能不能叫 AI 做**？多習慣去用 AI，這是提升 Excel 工作效率的重要一步！

隨著熟悉度提高，您就會體會到，AI 不僅能完成單一任務，還可以串聯多個任務，以前面的例子來説，就是整理 Excel 資料 (標註漏空欄位) + 美化表格 + 提供 Excel 檔下載，一次搞定！

1-3 請 AI 生成函數、公式輔助整理資料

使用 AI AI 聊天機器人
(ChatGPT、Copilot、Gemini…都可以)

Excel 函數可以說是整理表格資料的利器,延續上一節的「檢查資料漏填」例子,在 Excel 上普遍的做法是用函數檢查每一列是否有漏填的欄位,例如本例可以用**設定條件判斷的 IF 函數**和**用來計算範圍內非空值數量的 COUNTA 函數**,組合成公式來做檢查,然後在最後的 "確認結果" 欄顯示檢查的結果。

但萬一您對 Excel 不是很熟,光知道該挑這兩個函數出來、進一步撰寫公式,可能就會花一大堆時間,來看 AI 如何「顛覆」以往的 Excel 函數學習法吧!

📊 描述需求、請 AI 生成函數、公式,不懂還可以繼續問!

怎麼開始呢?您不用傷腦筋該如何提供 AI 方向 (例如提示它 "請用函數來解決"),**都不用!** 只有一個重點,就是跟 AI 聊天機器人**描述清楚我們的需求**,這非常重要,包括表格的資料範圍、以及我們希望在哪個目標儲存格得到什麼樣的結果都要講清楚。想更萬無一失的話,能**截圖**給 AI 聊天機器人參考最好。

1 我們先試著用**文字**來描述需求 (**截圖**的做法最後再試,因為有些免費的 AI 聊天機器人會限制單日的圖片上傳用量,不是您隨時想用都可以用)。先回顧一下本例的需求。

	A	B	C	D	E	F
1					客戶基本資料	
2		姓名	生日	手機號碼	地址	確認結果
3		謝辛如	1998/02/22	0956-324-312	台北市松山區民生東路五段 89 號	
4		許育弘	2002/08/11	0935-963-854		
5			1983/05/08	0954-071-435		
6		王俊傑	1992/05/10	0913-410-599		
7		李佩珊	1995/02/12	0972-371-299		
8		張志文	2008/08/29	0933-250-036		
9		黃雅雯	2008/12/05	0934-750-620		
10		吳柏翰	2011/12/30	0954-647-127	桃園市中壢區延平路 19 號	
11		許書婷	1986/11/18		新竹市東區關新路 27 號	
12		邱柏宇	2005/08/25	0982-597-901	苗栗縣竹南鎮科專路 13 號	
13		郭雅惠	1983/04/24	0968-491-182	高雄市三民區建工路 88 號	
14		陳怡君	2010/05/15	0927-882-411	桃園市平鎮區中山路 520 巷	
15		曾柏翔		0987-094-998	台南市安平區建平路 77 號	

希望確認每一格是否都有填寫，若有一項沒填就在 F 欄留下註記

解決問題的環境若回到 Excel (而不是餵給 AI 自動處理)，也不用擔心表單樣式會受影響了

2 以本例來說，是使用以下的提示語 (prompts)：

檢查 B3~E27 欄位是否都有輸入資料。若有空白的儲存格，在 F3~F27 標示 "有資料未填寫"

儘量描述清楚欄位的位置

或者

使用 Excel 函數，檢查 B3~E27 欄位是否都有輸入資料。如有空白的儲存格，需要在 F3~F27 標示 "有資料未填寫"

若您大概知道可以用函數來解決，可以加這段，這樣 AI 的回答就會鎖定在函數，不會回答的很廣泛，導致一時不知該用哪個解法

TIP 撰寫提示語時，務必**清楚描述欄位範圍與條件**，例如明確指出「檢查 B3:E27 範圍內的每個儲存格」，而非模糊的「我想判斷 F 欄前面的資料有沒有漏」敘述。同時，也要清楚說明**判斷條件** (例如要找出有空白的格子) 與**執行動作** (例如 "在對應 F 欄標示「有資料未填寫」")，確保 AI 可以正確理解並執行任務。

> AI 提供的解答，清楚告訴我們在 F3 儲存格貼上以下公式

> 很多 AI 聊天機器人都會提供複製功能，找到後並點擊就可以複製公式 (若沒有，手動複製網頁上的公式也很快)

> 在 Excel 中，您可以使用以下的方法來完成這項檢查並在 F3~F27 中標示結果：
>
> 1. 在 F3 中輸入以下公式，然後向下填滿至 F27：
>
>    ```excel
>    =IF(COUNTA(B3:E3)<COLUMNS(B3:E3),"有資料未填寫","")
>    ```
>   [複製程式碼]
>
>   說明：
>   - `COUNTA(B3:E3)`：計算範圍 B3 到 E3 的非空白儲存格數量。
>   - `COLUMNS(B3:E3)`：計算範圍 B3 到 E3 的總欄數 (在這裡為 4)。
>   - 如果範圍內的非空白儲存格數量小於總欄數，表示有空白儲存格，顯示「有資料未填寫」。否則，保持空白。
>
> 2. 檢查結果：
>   - 如果 B3:E3 有空白儲存格，F3 會顯示「有資料未填寫」。
>   - 如果所有儲存格都有值，F3 會保持空白。
>
> 您可以將公式複製並應用到 F3 到 F27，方便地檢查每一列是否有資料未填寫。

> AI 也有解釋公式內容

上圖讀者也看到了，AI 聊天機器人不只給我們答案，還貼心地提供函數和公式的說明 (就是怕您不會用😊)，**完美取代了以往 Excel 函數書、網路上函數教學文的地位** (而且不懂還可以繼續問！)

TIP　以上圖 AI 生成的公式來說，因為每一列都是 4 格 (B、C、D、E 這 4 欄)，AI 的解法是判斷哪些列 "有資料" 的儲存格小於 4 個，小於 4 個就表示該列有空白的儲存格 (資料未填)。本書的精神是**優先解決 Excel 問題**，AI 給的函數、公式細節讀者可以再慢慢研究。

也再次提醒讀者，**AI 回答的內容不是 100% 正確喔！**AI 聊天機器人最擅長的就是生成文字，但也有生成虛構、錯誤內容的可能。如果 AI 所生成的函數、公式失效了，有時候執行後並不會有什麼錯誤訊息 (只是你要的結果沒出現)，此時最快的做法就是**請 AI 生成另一個公式給我們試試**。

③ 而 AI 聊天機器人在提供解法時，也可能以「純文字」來做回應，如下圖：

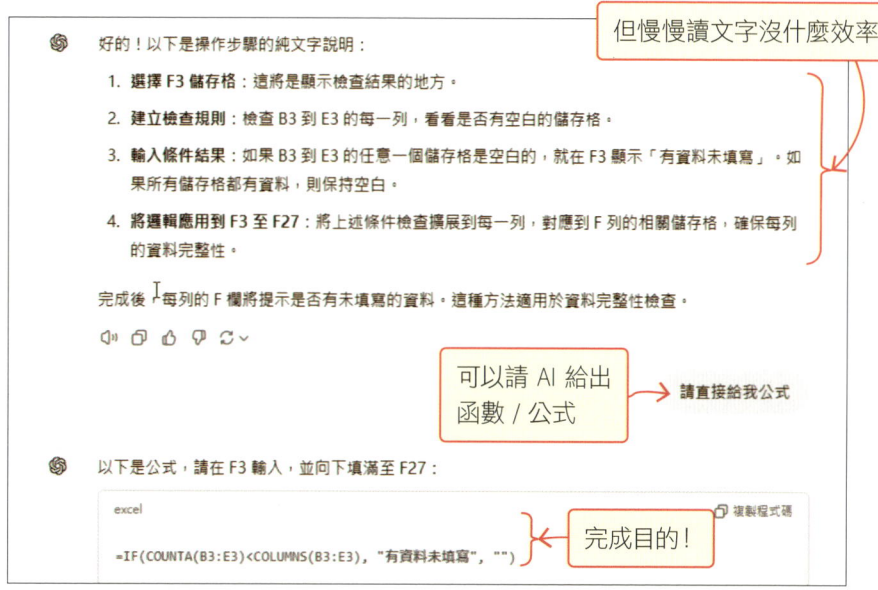

④ 此外，由於 AI 聊天機器人給的公式可能跟本書示範的不一樣，甚至您每次操作時得到的答案也可能不一樣，不過只要試過能完成任務就沒差。若您問 AI 聊天機器人有沒有其他的函數解法，它也會提供你新的公式：

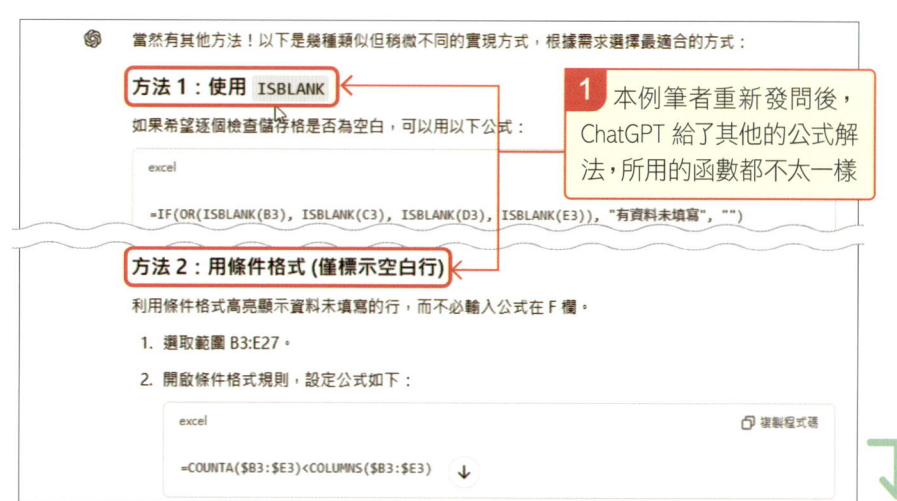

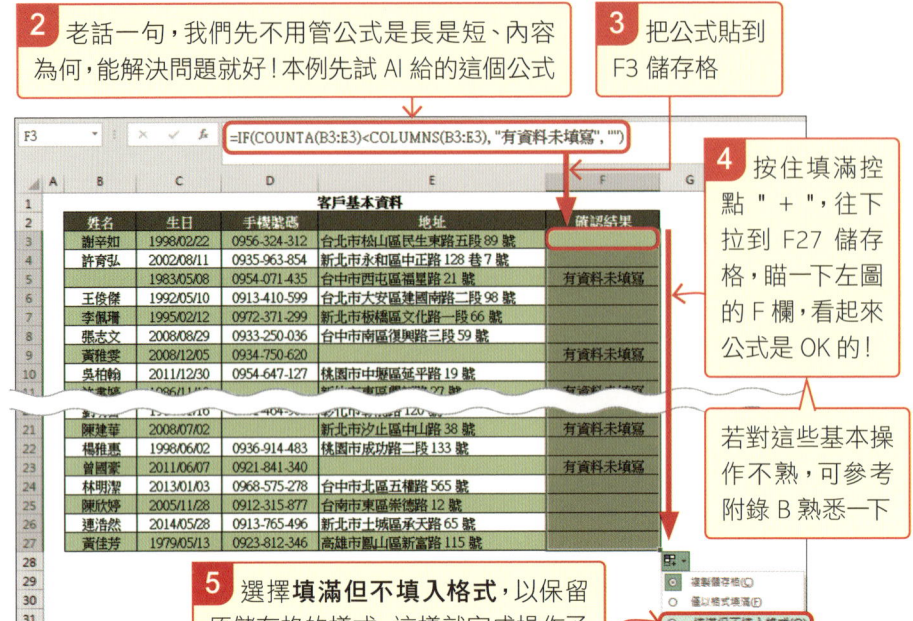

貼上 AI 生成的函數、公式後執行失敗？

上圖在 AI 生成函數的幫助下，缺資料的那一列最後面都做了註記。但 AI 提供的公式絕對有可能會出錯 (特別是在範圍設定或條件判斷的細節上)，當出錯時，當然可以請 AI 修正，或者詢問是否有其他解法。例如：

 這個公式不對，請幫我檢查錯誤或提供替代公式

依經驗，單只有給 AI 文字提示語最容易遇到公式出錯，因為描述需求時容易有遺漏或模糊不清，此時當然可以自行檢查公式內容，有時候或許不難除錯，例如 F3 改成 F4 這樣的小問題。但自行檢查有時很花時間，這時不如回頭檢查提示語是否有**清楚說明欄位範圍** (例如 B3:E27)，以及**明確列出條件與目標** (例如「檢查是否有空白儲存格」並「在 F 欄標註」)。

實用技巧：描述問題時，截圖給 AI 最快！

面對 Excel 資料整理需求時，如果 prompt 描述的夠到位，其實問題就解決一半了。但關鍵就在用文字描述需求有時候很花時間，也容易描述得不夠精確、甚至寫錯…

依筆者經驗，最省時省力的方式就是**直接截圖**給 AI，大部分 AI 聊天機器人的圖片辨識能力都很強 (中英文都通)，能快速解析圖片中的內容理解問題。比起繁瑣的文字描述，傳截圖給 AI 的問題分析準確性高，還能大幅節省時間。

> **2** 重點在於，Excel 上面和左邊的編號，以及和您的目標欄位 (例如 F 欄) 一定要包含在圖片內

	A	B	C	D	E	F
1				客戶基本資料		
2		姓名	生日	手機號碼	地址	確認結果
3		謝辛如	1998/02/22	0956-324-312	台北市松山區民生東路五段 89 號	
4		許育弘	2002/08/11	0935-963-854	新北市永和區中正路 128 巷 7 號	
5			1983/05/08	0954-071-435	台中市西屯區福星路 21 號	
6		王俊傑	1992/05/10	0913-410-599	台北市大安區建國南路二段 98 號	
7		李佩珊	1995/02/12	0972-371-299	新北市板橋區文化路一段 66 號	
8		張志文	2008/08/29	0933-250-036	台中市南屯區復興路三段 59 號	
9		黃雅雯	2008/12/05	0934-750-620		
10		吳柏翰	2011/12/30	0954-647-127	桃園市中壢區延平路 19 號	
11		許書婷	1986/11/18		新竹市東區關新路 27 號	
12		邱柏宇	2005/08/25	0982-597-901	苗栗縣竹南鎮科專路 13 號	
13		郭雅惠	1983/04/24	0968-491-182	高雄市三民區建工路 88 號	
14		陳怡君	2010/05/15	0927-882-411	桃園市平鎮區中山路 520 巷	
15		曾柏翔		0987-094-998	台南市安平區建平路 77 號	
16		羅婷婷	1988/11/05	0960-798-165		
17		陳嘉宏	1992/10/10	0926-988-780	高雄市鳳山區文化路 67 號	
18		王亞芳	1976/08/11	0988-237-421	新北市三峽區介壽路三段 120 號	
19		徐智偉	2014/09/14	0982-194-007	台中市西區台灣大道 1033 號	
20		劉明哲	1986/01/16	0931-464-962	彰化市彰鹿路 120 號	
21		陳建華	2008/07/02		新北市汐止區中山路 38 號	
22		楊雅惠	1998/06/02	0936-914-483	桃園市成功路二段 133 號	
23		曾國豪	2011/06/07	0921-841-340		
24		林明潔	2013/01/03	0968-575-278	台中市北區五權路 565 號	
25		陳欣婷	2005/11/28	0912-315-877	台南市東區崇德路 12 號	
26		連浩然	2014/05/28	0913-765-496	新北市士城區承天路 65 號	
27		黃佳芳	1979/05/13	0923-812-346	高雄市鳳山區新富路 115 號	

> **1** 準備好截圖給 AI

> **TIP** 針對電腦畫面該怎麼截下來，Windows 上有提供 Print Screen 鍵抓全螢幕畫面，但這樣就得再手動截取範圍，有點麻煩。筆者通常是額外安裝 FastStone、HyperSnap 等專用來截圖的軟體，利用裡面的「**截取區域**」功能把要的範圍截下來。若您用的是 Mac 電腦，內建的 [Shift] + [Command] + 4 組合鍵就可以截您指定範圍的畫面了。

1-21

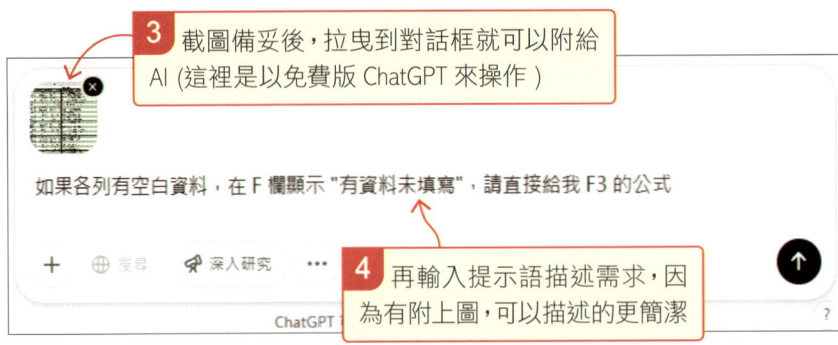

> **TIP** 現階段無論是 ChatGPT、Copilot、Gemini...等都可以接收圖檔來做判讀，讀者要用哪個 AI 聊天機器人來操作都可以。不過前面提過，免費版的 ChatGPT 用戶雖然可以使用圖檔上傳功能，但會有用量的限制，當您對話到一半時，可能會出現無法繼續使用的訊息。若真的被限用了也沒關係，免費的 AI 聊天機器人多的是。不過，**建議也要多熟悉文字的描述技巧**，以備不時之需！

小結

當不是請 AI 聊天機器人自動整理資料，而是請它「輔助」生成函數來解決 Excel 問題時，筆者最喜歡附上截圖方便 AI 理解 prompt。AI 解析圖片的速度很快，幾秒鐘就可完成，依經驗，提供截圖的 AI 出錯機率比單用文字 prompt 低非常多喔！

而本節「**請 AI 生成函數、公式解決 Excel 問題**」的示範就到這邊。本書才剛起步，本節 (**AI 輔助整理資料**) 和前兩節 (**AI 自動整理資料**) 的重點並不在於比較整理 Excel 資料的速度。如同前述，不同的 AI 做法適用在不同情境，前兩節的做法比較像想快速獲得結果、先試試看再說，而本節的 AI 輔助做法則適合資料會經常變動的情境 (過程中 AI 還會教我們 Excel 函數知識)，都有好處。

> **TIP** 當然，本節介紹的技巧也可以解決其他情境的 Excel 問題，例如**資料篩選**、**資料彙總運算**、**生成商業表單某些功能**…等等，但就算技巧相似，用在不同情境都有該特別注意的眉角，後續章節遇到時再來說明囉！

1-4 讓 AI 進駐 Excel，當助手、自動整理資料通通行！

使用 AI ▶ Microsoft 365 Copilot、Spreadsheet AI

　　AI 聊天機器人不是非得開啟瀏覽器才能用喔！現在有滿多 AI 工具已經跟 Excel 完美整合，例如微軟的 **Microsoft 365 Copilot** AI、以及可透過 Excel 增益集安裝的第三方工具 (**Spreadsheet AI**、**GPT for work**…等)，都可以讓我們「直接」在 Excel 內跟 AI 互動，再也不用在 Excel 跟瀏覽器之間頻繁切換視窗。有時候這些 AI 除了充當輔助解決 Excel 問題的角色外，也能**一鍵自動幫我們整理資料**，包你試過驚呼連連！本節就來看這些 AI 助理該如何使用。

取得 Microsoft 365 Copilot AI 助理

　　我們先示範 Microsoft 365 Copilot 的用法。雖然此 AI 工具需要付費才能使用，但微軟有提供 Office 365 的訂閱戶**一個月免費試用 Copilot AI 助理** (註：這裡指的 Copilot AI 助理不是用瀏覽器開、免費就可以用的 Copilot 哦，而是待會會示範、內建在 Office 365 裡面的 AI 助理)。底下就帶您取得 Microsoft 365 Copilot AI 助理的使用資格。

> **TIP** Microsoft 365 Copilot AI 的缺點就是得付費，不像大部份 AI 聊天機器人免費就可以幫我們做很多事。若您對付費有疑慮，還是可以用開瀏覽器用免費的 AI 聊天機器人來協助整理資料。但無論如何，筆者非常建議您體驗看看微軟的獨家設計，有一個月的免費試用期，對於學習本書綽綽有餘了！

1 首先連到 https://account.microsoft.com/ 網站，登入您的微軟帳戶，可以看到下圖的帳戶管理介面

2 若沒看到帳戶管理介面，請記得登入微軟帳戶 (可在 https://account.microsoft.com/ 申請)

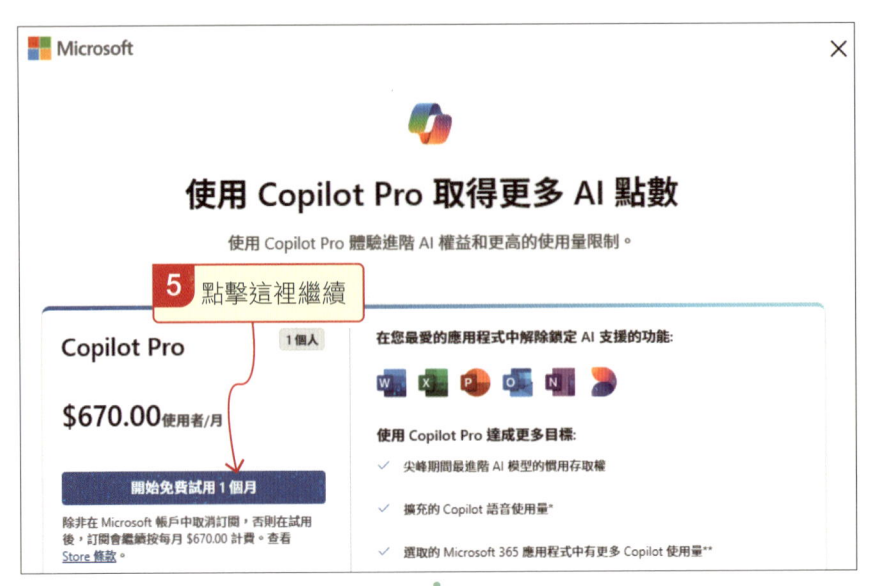

3 再次提醒，試用 Microsoft 365 Copilot 工具的前提是您必須有訂閱 Office 365 喔！(其實微軟也有提供 Office 365 的試用，有需要可自行連到 https://www.microsoft.com/zh-tw/microsoft-365/try 網址申請，這裡就不贅述了)

4 點擊這裡試用一個月的 Microsoft 365 Copilot (在畫面上微軟是稱作 **Copilot Pro**)

5 點擊這裡繼續

1-24

確認訂閱

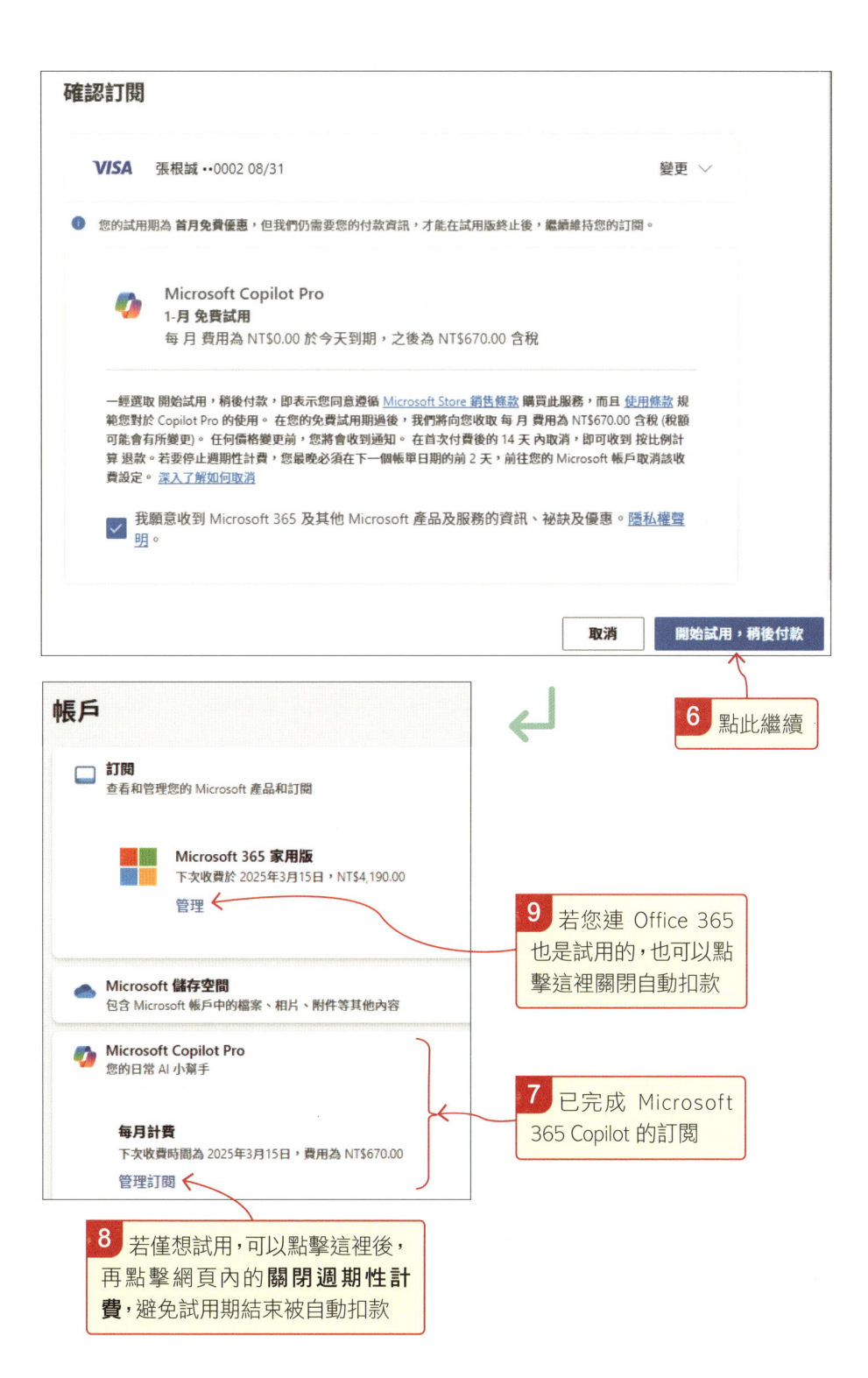

VISA 張根誠 ··0002 08/31 　　　　　　　　　　變更 ∨

ⓘ 您的試用期為 **首月免費優惠**，但我們仍需要您的付款資訊，才能在試用版終止後，繼續維持您的訂閱。

Microsoft Copilot Pro
1-月 **免費試用**
每 月 費用為 NT$0.00 於今天到期，之後為 NT$670.00 含稅

一經選取 開始試用，稍後付款，即表示您同意遵循 Microsoft Store 銷售條款 購買此服務，而且 使用條款 規範您對於 Copilot Pro 的使用。在您的免費試用期過後，我們將向您收取 每 月 費用為 NT$670.00 含稅 (稅額可能會有所變化)。任何價格變更前，您將會收到通知。在首次付費後的 14 天 內取消，即可收到 按比例計算 退款。若要停止週期性計費，您最晚必須在下一個帳單日期的前 2 天，前往您的 Microsoft 帳戶取消該收費設定。深入了解如何取消

☑ 我願意收到 Microsoft 365 及其他 Microsoft 產品及服務的資訊、祕訣及優惠。隱私權聲明。

　　　　　　　　　　　　　　　　　　　　　取消　　**開始試用，稍後付款**

6 點此繼續

帳戶

訂閱
查看和管理您的 Microsoft 產品和訂閱

Microsoft 365 家用版
下次收費於 2025年3月15日，NT$4,190.00
管理

Microsoft 儲存空間
包含 Microsoft 帳戶中的檔案、相片、附件等其他內容

Microsoft Copilot Pro
您的日常 AI 小幫手

每月計費
下次收費時間為 2025年3月15日，費用為 NT$670.00
管理訂閱

9 若您連 Office 365 也是試用的，也可以點擊這裡關閉自動扣款

7 已完成 Microsoft 365 Copilot 的訂閱

8 若僅想試用，可以點擊這裡後，再點擊網頁內的 **關閉週期性計費**，避免試用期結束被自動扣款

使用 Microsoft 365 Copilot AI 快速完成資料整理工作

取得 Microsoft 365 Copilot AI 助理 (以下簡稱 **Copilot AI**) 後,接著就開始示範此 AI 助理的用法。

1 Office 365 雲端版或電腦版的 Copilot AI 用法都一樣,底下我們是使用雲端版的 Office 365,只要連到 https://m365.cloud.microsoft 並登入微軟帳戶即可使用:

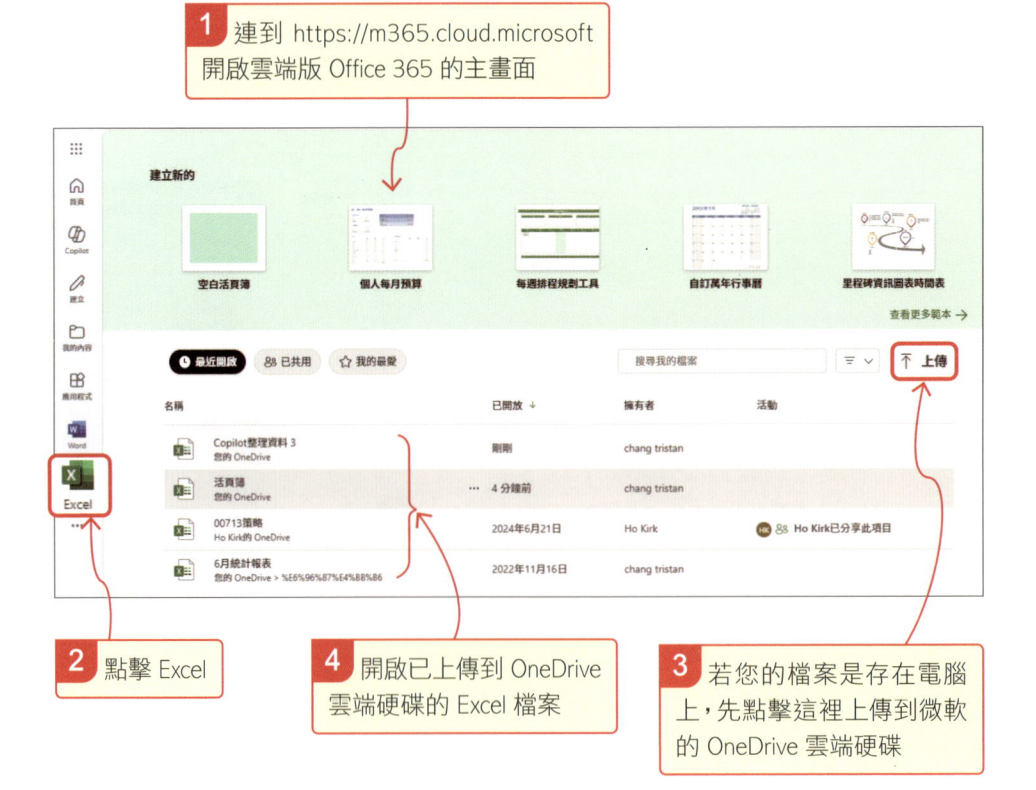

1 連到 https://m365.cloud.microsoft 開啟雲端版 Office 365 的主畫面

2 點擊 Excel

4 開啟已上傳到 OneDrive 雲端硬碟的 Excel 檔案

3 若您的檔案是存在電腦上,先點擊這裡上傳到微軟的 OneDrive 雲端硬碟

2 開啟 Excel 檔案後,當您有資料整理需求時,免手動,直接 call AI 助理來做吧!例如我們想將一大串資料的**負數數值以紅色字呈現**。

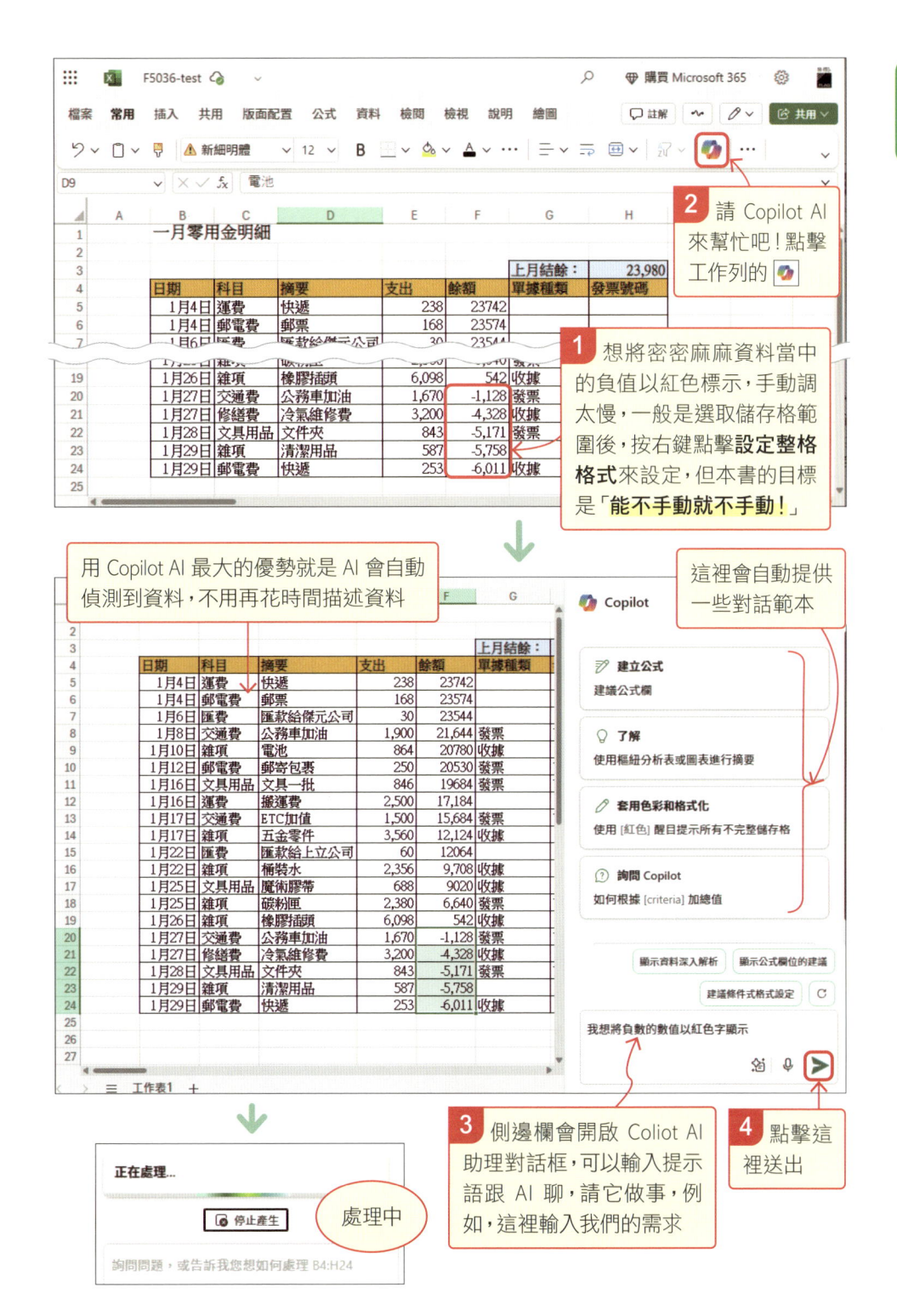

第 1 章 【Excel 資料整理】AI — 自動移轉資料、生成函數抓漏填欄位……，各種 AI 用法輕鬆搞定！

2 請 Copilot AI 來幫忙吧！點擊工作列的 ⊕

1 想將密密麻麻資料當中的負值以紅色標示，手動調太慢，一般是選取儲存格範圍後，按右鍵點擊**設定整格格式**來設定，但本書的目標是「**能不手動就不手動！**」

用 Copilot AI 最大的優勢就是 AI 會自動偵測到資料，不用再花時間描述資料

這裡會自動提供一些對話範本

3 側邊欄會開啟 Coliot AI 助理對話框，可以輸入提示語跟 AI 聊，請它做事，例如，這裡輸入我們的需求

4 點擊這裡送出

處理中

1-27

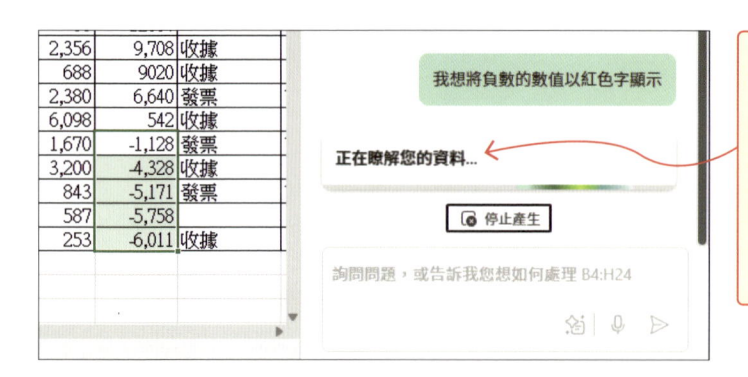

跟網頁版的 AI 聊天機器人比起來，Copilot AI 會自動檢視目前畫面中所開啟的 Excel 資料，可以省下跟 AI 描述資料內容的工夫

3 跟其他 AI 聊天機器人一樣，Copilot AI 回覆的內容**每次都會不一樣**，有時會回覆建議的操作步驟，但很最棒的是，它也滿常提供「一鍵完成」的按鈕給我們，這表示我們只要點擊按鈕，工作就會**自動完成**！

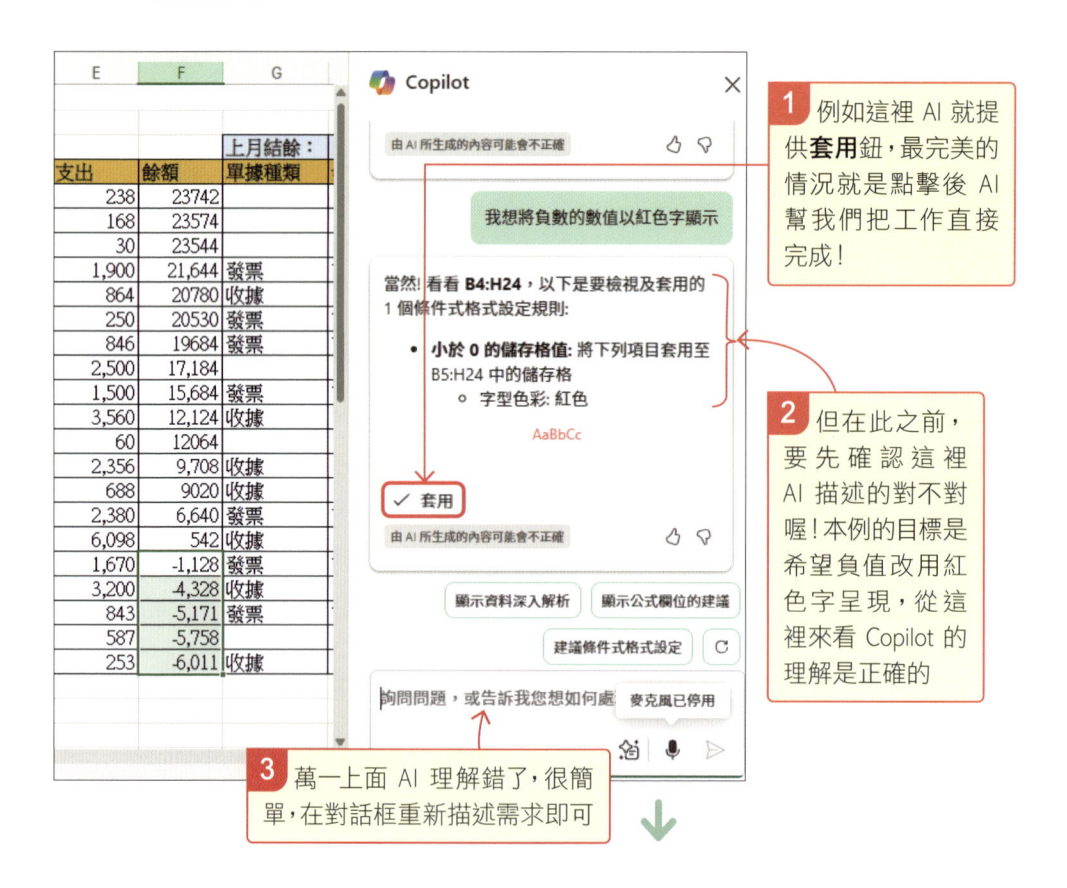

1 例如這裡 AI 就提供**套用**鈕，最完美的情況就是點擊後 AI 幫我們把工作直接完成！

2 但在此之前，要先確認這裡 AI 描述的對不對喔！本例的目標是希望負值改用紅色字呈現，從這裡來看 Copilot 的理解是正確的

3 萬一上面 AI 理解錯了，很簡單，在對話框重新描述需求即可

1-28

摘要	支出		
快遞	238		
郵票	168		
匯款給傑元公司	30	23544	
公務車加油	1,900	21,644	發票
電池	864	20780	收據
郵寄包裹	250	20530	發票
文具一批	846	19684	發票
搬運費	2,500	17,184	
ETC加值	1,500	15,684	發票
五金零件	3,560	12,124	收據
匯款給上立公司	60	12064	
桶裝水	2,356	9,708	收據
魔術膠帶	688	9020	收據
碳粉匣	2,380	6,640	發票
橡膠插頭	6,098	542	收據
公務車加油	1,670	-1,128	發票
冷氣維修費	3,200	-4,328	收據
文件夾	843	-5,171	發票
清潔用品	587	-5,758	
快遞	253	-6,011	收據

4 提示我們已完成！接著只要檢查內容是否正常即可，本例沒有問題！

本例按下**套用**後，Copilot AI 就會自動執行工作

Copilot

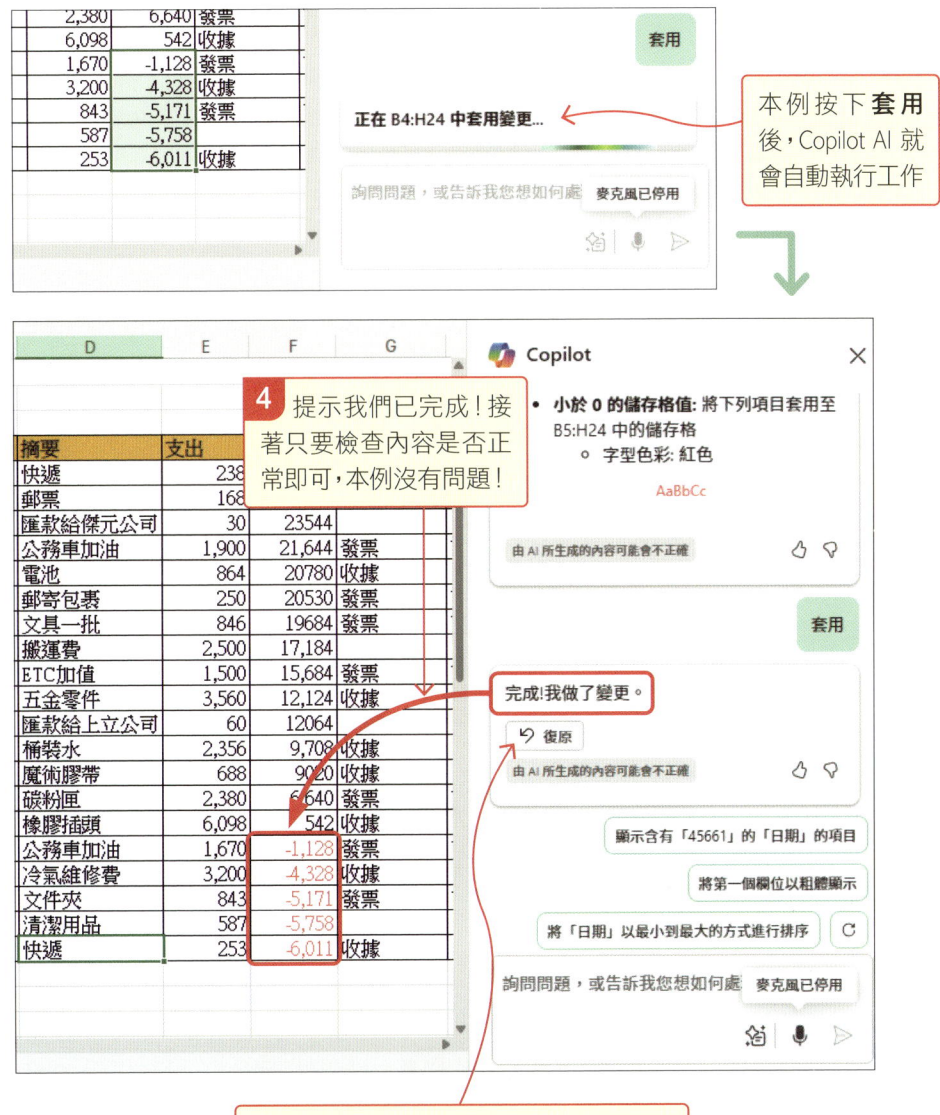

- 小於 **0** 的儲存格值：將下列項目套用至 B5:H24 中的儲存格
    - 字型色彩：紅色

AaBbCc

由 AI 所生成的內容可能會不正確

套用

完成!我做了變更。

↶ 復原

由 AI 所生成的內容可能會不正確

顯示含有「45661」的「日期」的項目

將第一個欄位以粗體顯示

將「日期」以最小到最大的方式進行排序

詢問問題，或告訴我您想如何處… 麥克風已停用

若結果跟預想的不一樣，可以點擊這裡復原 (自行按下 `Ctrl` + `Z` 來復原也可以)

> **TIP** 如何！跟 ChatGPT 等 AI 聊天機器人比較起來，直接內建在 Excel 裡面的 Copilot AI 又更方便了！除了一樣可以跟它問東問西外，最方便的就是它可以幫我們在 Excel 裡面自動完成工作！

4 最後，或許讀者跟筆者一樣，很好奇 Copilot AI 在背後幫我們做了什麼事，由於 Excel 的 **條件式格式** 功能可以完成這類工作，筆者就試著檢查看看：

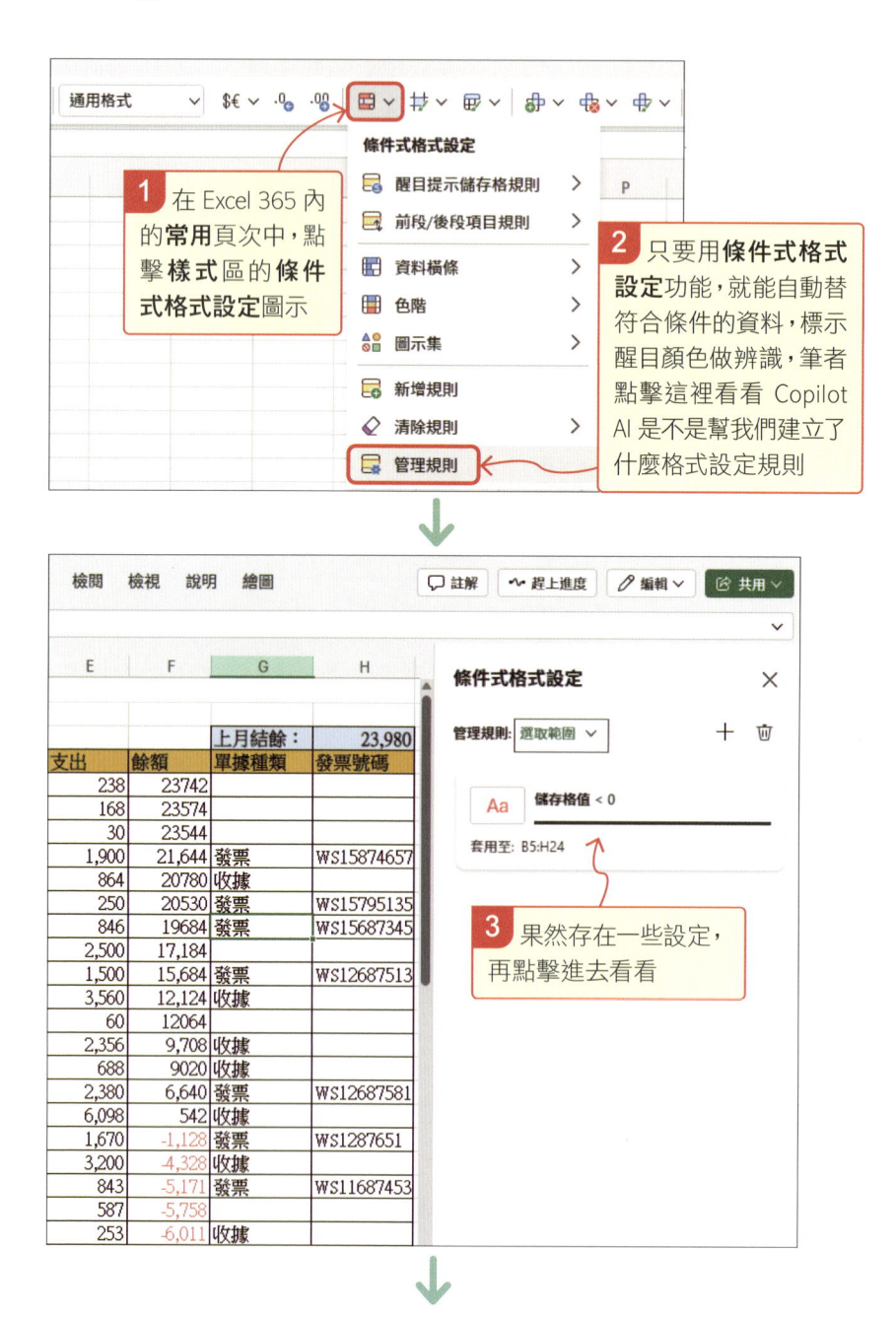

1 在 Excel 365 內的 **常用** 頁次中，點擊 **樣式** 區的 **條件式格式設定** 圖示

2 只要用 **條件式格式設定** 功能，就能自動替符合條件的資料，標示醒目顏色做辨識，筆者點擊這裡看看 Copilot AI 是不是幫我們建立了什麼格式設定規則

3 果然存在一些設定，再點擊進去看看

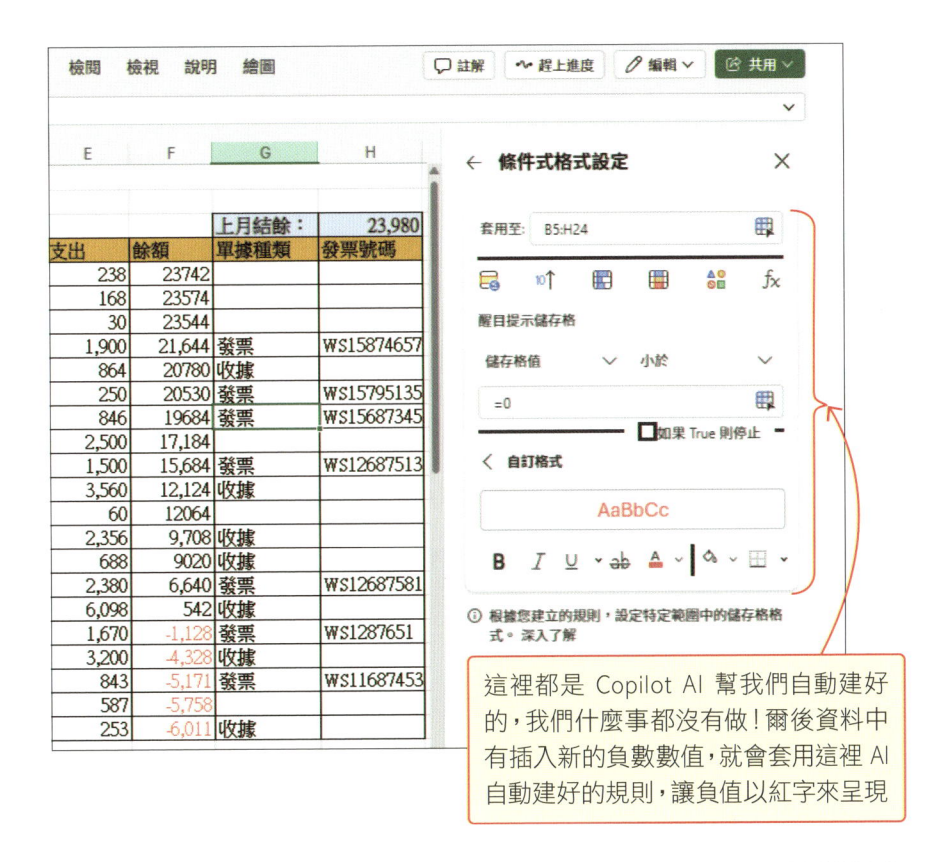

這裡都是 Copilot AI 幫我們自動建好的，我們什麼事都沒有做！爾後資料中有插入新的負數數值，就會套用這裡 AI 自動建好的規則，讓負值以紅字來呈現

Copilot AI 的能與不能

針對這個例子，Copilot AI 提供的解法：「**自動在 Excel 內設好一個條件式格式規則**」可以說相當完美。依筆者的測試，本例 Copilot AI 當然也可能生成函數、公式請我們自己套，這樣的解法解決當下的資料格式設定沒問題，但一旦當有新資料時，還是需要去處理新資料當中的負數格式問題，遠不如這次一勞永逸的解法來的好。

當然，讀者千萬不要「幻想」Copilot AI 可以一鍵解決所有問題，畢竟 Excel 資料整理需求千變萬化，有時它會明白告訴我們無法做到：

接下頁

1-31

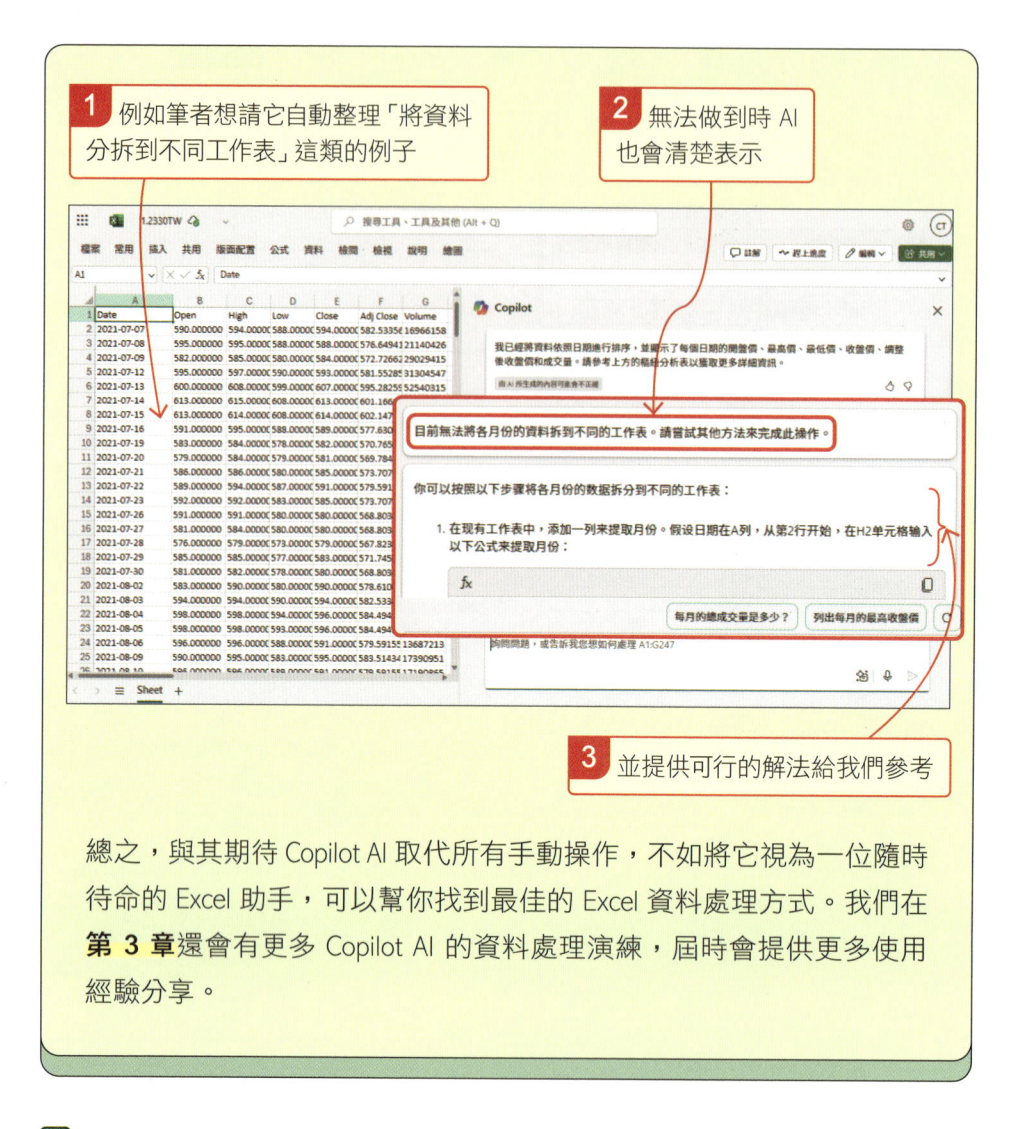

1 例如筆者想請它自動整理「將資料分拆到不同工作表」這類的例子

2 無法做到時 AI 也會清楚表示

3 並提供可行的解法給我們參考

總之，與其期待 Copilot AI 取代所有手動操作，不如將它視為一位隨時待命的 Excel 助手，可以幫你找到最佳的 Excel 資料處理方式。我們在**第 3 章**還會有更多 Copilot AI 的資料處理演練，屆時會提供更多使用經驗分享。

其他第三方的 Excel 內建 AI 助理 (Spreadsheet AI、GPT for work AI)

除了微軟官方的 Copilot AI 外，也有不少第三方 Excel 內建 AI 助理被開發出來，多半是以 **Excel 增益集** (外掛工具) 的方法來運作，安裝後會直接融入 Excel 介面中，也可以在操作 Excel 時隨時呼叫它來發問、解決問題 (簡單說就是一鍵呼叫 AI 聊天機器人來聊天的概念)。

由於這類工具 (例如 Spreadsheet AI、GPT for work AI) 多半都得付費，而且依筆者的使用經驗，使用上不見得比 Copilot AI 便利，底下僅大致提示使用方式。本書是用電腦版的 Excel (2019、2021) 來示範：

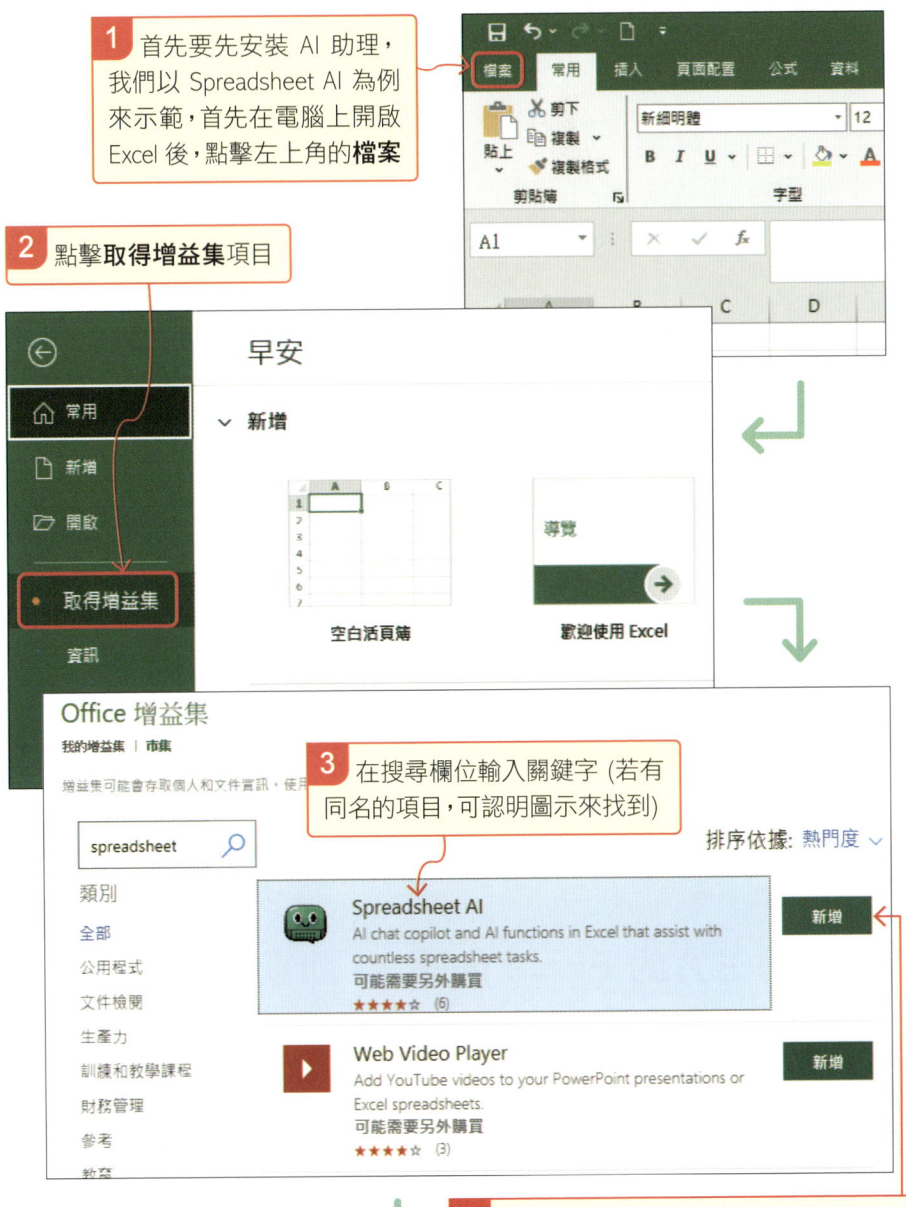

1 首先要先安裝 AI 助理，我們以 Spreadsheet AI 為例來示範，首先在電腦上開啟 Excel 後，點擊左上角的**檔案**

2 點擊**取得增益集**項目

3 在搜尋欄位輸入關鍵字 (若有同名的項目，可認明圖示來找到)

4 點擊**新增**後，再依畫面指示完成安裝即可

1-33

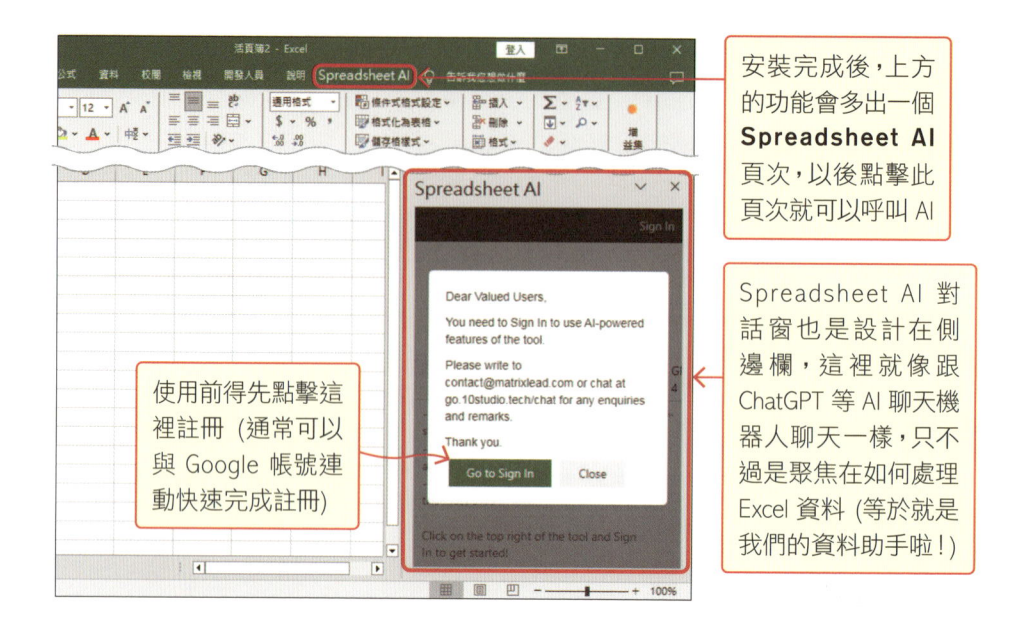

安裝完成後，上方的功能會多出一個 **Spreadsheet AI** 頁次，以後點擊此頁次就可以呼叫 AI

使用前得先點擊這裡註冊（通常可以與 Google 帳號連動快速完成註冊）

Spreadsheet AI 對話窗也是設計在側邊欄，這裡就像跟 ChatGPT 等 AI 聊天機器人聊天一樣，只不過是聚焦在如何處理 Excel 資料（等於就是我們的資料助手啦！）

這類內建 AI 助理的使用邏輯大致上都跟 Copilot AI 類似：

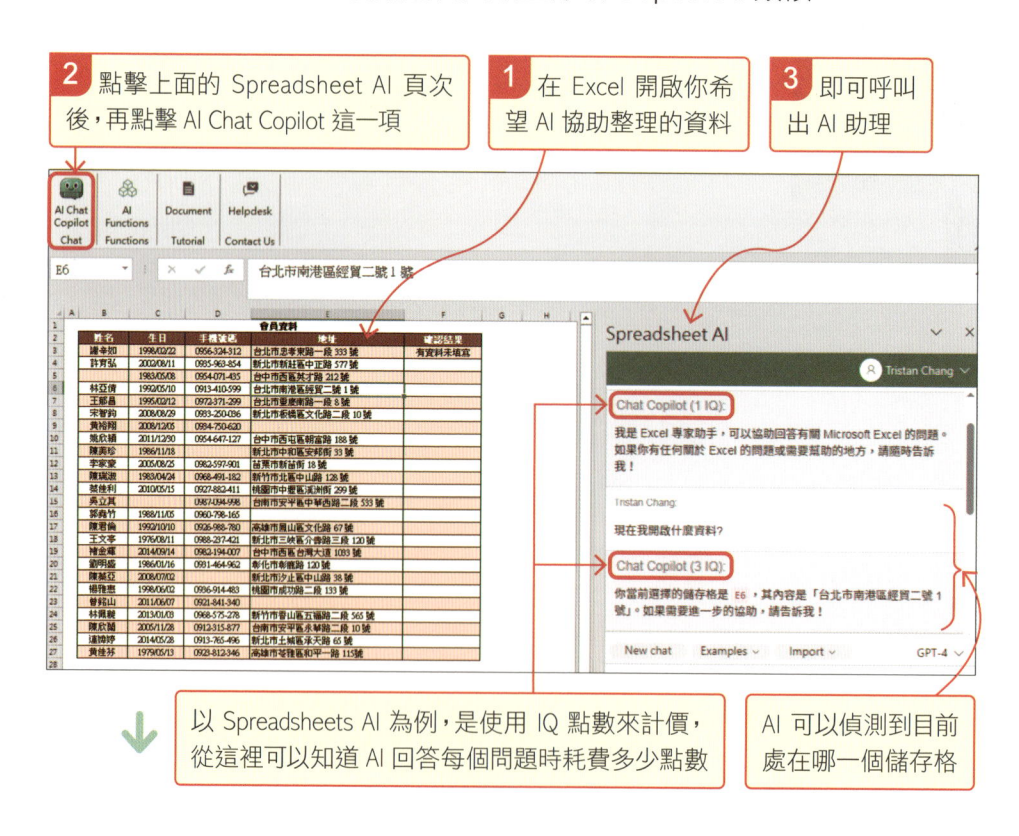

1 在 Excel 開啟你希望 AI 協助整理的資料

2 點擊上面的 Spreadsheet AI 頁次後，再點擊 AI Chat Copilot 這一項

3 即可呼叫出 AI 助理

以 Spreadsheets AI 為例，是使用 IQ 點數來計價，從這裡可以知道 AI 回答每個問題時耗費多少點數

AI 可以偵測到目前處在哪一個儲存格

1-34

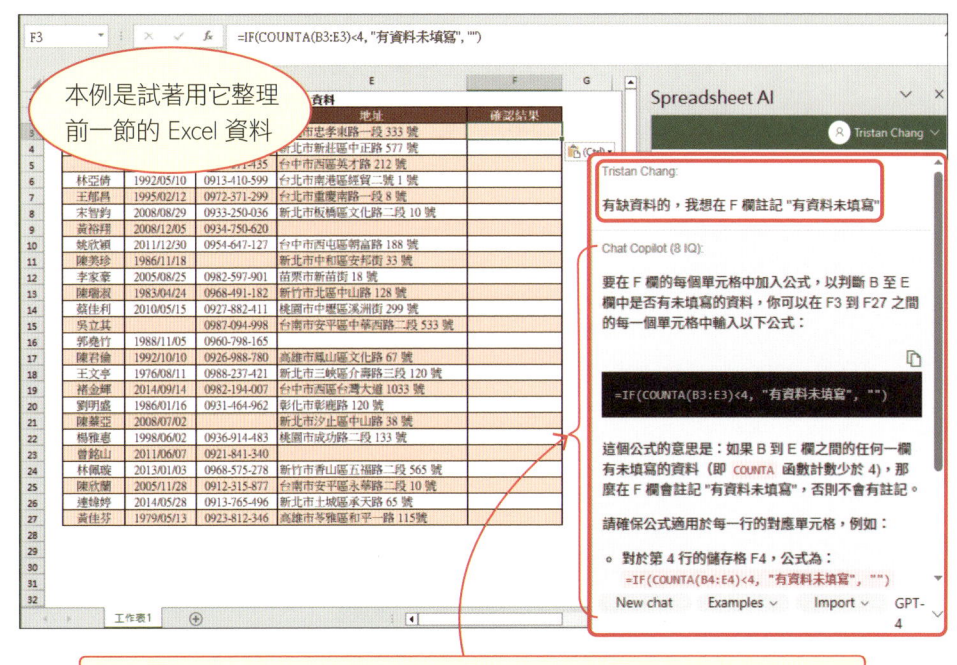

> 本例是試著用它整理前一節的 Excel 資料

回答問題跟一般的 AI 聊天機器人都類似，但，不太會自動處理資料，就是一個輔助解決問題的角色。例如這裡是生成公式請我們擺進 F4 儲存格

針對這類第三方 AI 助理，其缺點就是幾乎都得付費，以 Spreadsheets AI 為例，每月有免費提供 Basic 帳號 30 個 IQ 點數，而以上例來說，筆者就耗費了 36 個 IQ 點數，因此若是免費用戶，可能處理 1 個任務就會將免費 IQ 點數用完 (另一個小缺點是，我們無法掌握 AI 每次回答所耗的 IQ 點數)。

而剛才也提到，這類第三方 AI 助理在使用上比較像是我們去問 AI 問題，它只會提供操作指引，無法像 Copilot AI 一樣有時候可以自動把資料整理完畢。這些使用心得就提供讀者參考囉！

TIP 附帶一提，除了聊天互動功能外，這類第三方 AI 助理通常也有一些附加功能，例如 Spreadsheet AI 就提供了「**AI 函數**」功能，其實就是開發者所設計的特殊函數，優點就是用法比一般的 Excel 函數還要直覺。更棒的是 AI 函數就不單是「輔助」的角色，也可自動整理資料，有興趣可參考第 11 章的說明。

第 1 章 【Excel 資料整理】AI — 自動移轉資料、生成函數抓漏填欄位…，各種 AI 用法輕鬆搞定！

1-35

1-5 用內建功能整理資料時卡關？問 AI 怎麼點、怎麼設

使用AI ▸ AI 聊天機器人
(ChatGPT、Copilot、Gemini…都可以)

在 Excel 中，有時候會遇到一些看起來並不複雜的資料整理需求，例如下圖所看到的「將負數的數值以紅色標示」，只要按右鍵在設定**儲存格格式**交談窗做設定即可。又或者將第二層資料縮排，也只要利用功能表的**縮排** 即可處理，似乎也不用大費周章地請 AI 自動處理完再取回：

相信不少人一開始還不習慣「**凡事全靠 AI**」，面對這種問題時，會先反射性地在 Excel 裡面摸索，例如選定日期後，按右鍵尋找相關功能，而摸索後卡關的情況通常也是不勝枚舉，以往這時通常只能恨自己 Excel 功力不夠深厚準備問人…

不過現在有了 AI，先不用輕易放棄，可以將卡住的地方「截圖」給 AI 問問看！本節就來演練這種做法，看看 AI 聊天機器人對於 Excel 內建功能的熟悉度如何。

例：問 AI 聊天機器人「某效果用 Excel 怎麼做？」

底下我們就簡單舉個 **Excel 格式設定**的例子，如下圖所示，整理表格時，如果日期旁邊如果有顯示出星期，可以更方便做參照，不用另外對照日曆去查：

	A	B	C
1	親子「華麗島」彩繪藝術節		
2			
3	展出日期	2025/11/6	2025/11/25
4	展出時間	09:30	18:00
5	展出地點	華山藝文中心	
6	票　價	300 元	
7	單場限額	12 人	
8	適合年齡	5 歲以上，12 歲以下	

── 原資料

	A	B	C
1	親子「華麗島」彩繪藝術節		
2			
3	展出日期	2023/11/06(週一)	2023/11/25(週六)
4	展出時間	上午9時30分	下午6時00分
5	展出地點	華山藝文中心	
6	票　價	300 元	
7	單場限額	12 人	
8	適合年齡	5 歲以上，12 歲以下	

── 想在日期旁顯示星期

以這個例子來說，由於筆者的範例表格已經美化過，為了不破壞樣式，因此傾向在 Excel 裡面操作，但該怎麼設呢？函數或許可以解決，但用內建的格式設定好像也可以，沒什麼頭緒時，直接把問題丟給 AI 吧！

1 這裡，您要呼叫前一節的 AI 助理出來問，還是把問題丟到網頁版 AI 聊天機器人都可以，後者免費就可以用，我們就以網頁版 ChatGPT 來示範：

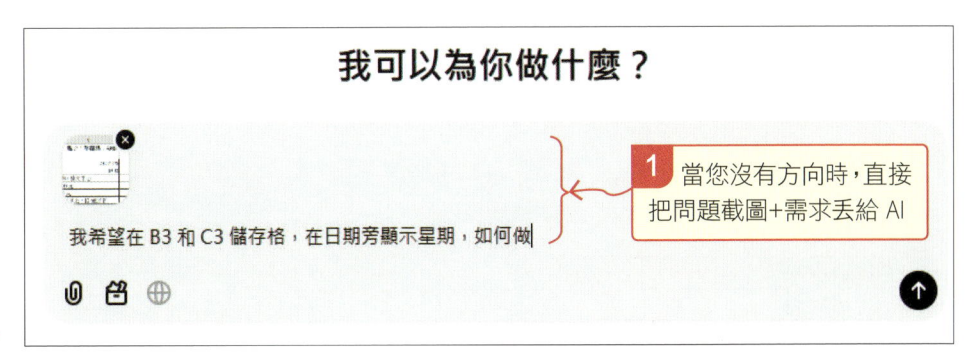

我可以為你做什麼？

我希望在 B3 和 C3 儲存格，在日期旁顯示星期，如何做

1 當您沒有方向時，直接把問題截圖+需求丟給 AI

↓

2 AI 教我們用函數來處理，這個解法 1-3 節前面已經演練過，將任一個公式複製下來，貼到相對應的儲存格，按下 `Enter` 執行就完事了！

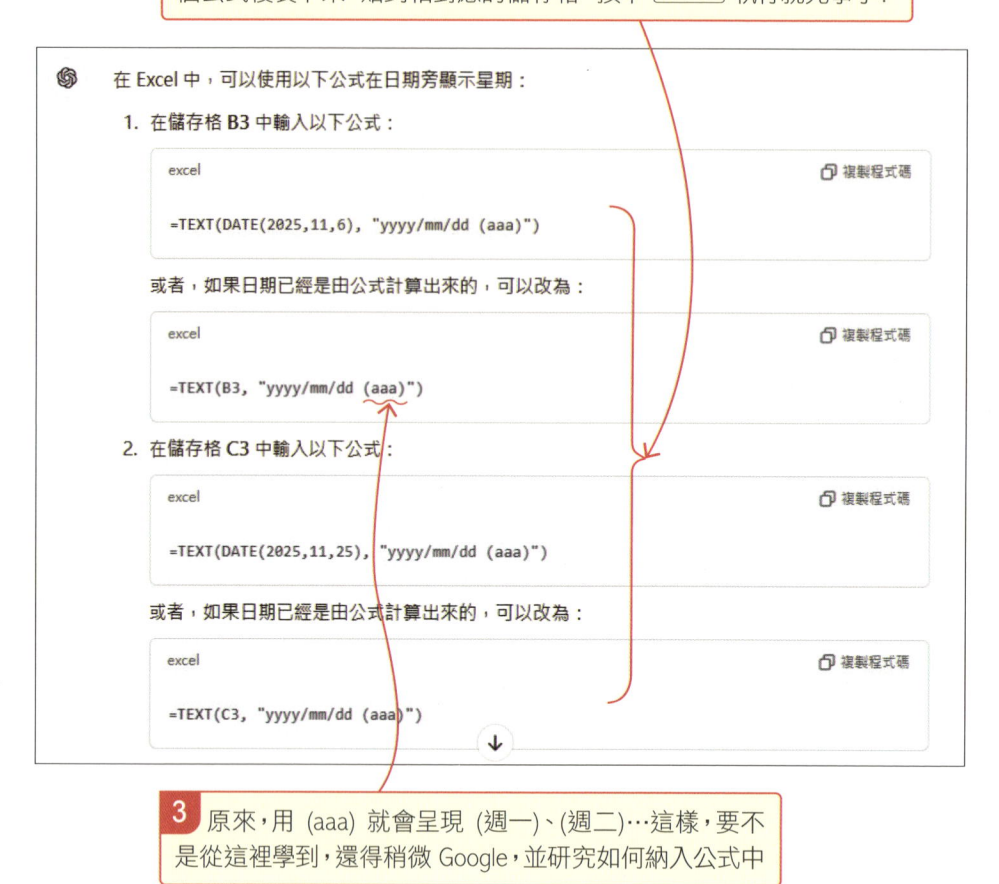

> 在 Excel 中，可以使用以下公式在日期旁顯示星期：
>
> 1. 在儲存格 **B3** 中輸入以下公式：
>
> ```excel
> =TEXT(DATE(2025,11,6), "yyyy/mm/dd (aaa)")
> ```
>
> 或者，如果日期已經是由公式計算出來的，可以改為：
>
> ```excel
> =TEXT(B3, "yyyy/mm/dd (aaa)")
> ```
>
> 2. 在儲存格 **C3** 中輸入以下公式：
>
> ```excel
> =TEXT(DATE(2025,11,25), "yyyy/mm/dd (aaa)")
> ```
>
> 或者，如果日期已經是由公式計算出來的，可以改為：
>
> ```excel
> =TEXT(C3, "yyyy/mm/dd (aaa)")
> ```

3 原來，用 (aaa) 就會呈現 (週一)、(週二)…這樣，要不是從這裡學到，還得稍微 Google，並研究如何納入公式中

2 另一種情況則是本節要介紹的重點。以本例來說，是利用**儲存格格式**功能來做，稍微接觸過 Excel 的人一定不陌生：

	A	B	C
1		親子「華麗島」彩繪藝術節	
2			
3	展出日期	2025/11/6	2025/11/25
4	展出時間	09:30	18:00
5	展出地點	華山藝文中心	
6	票　　價	300 元	
7	單場限額	12 人	
8	適合年齡	5 歲以上，12 歲以下	

1 選定日期的儲存格，按滑鼠右鍵執行**儲存格格式**命令，開啟**設定儲存格格式**交談窗

【設定儲存格格式視窗】

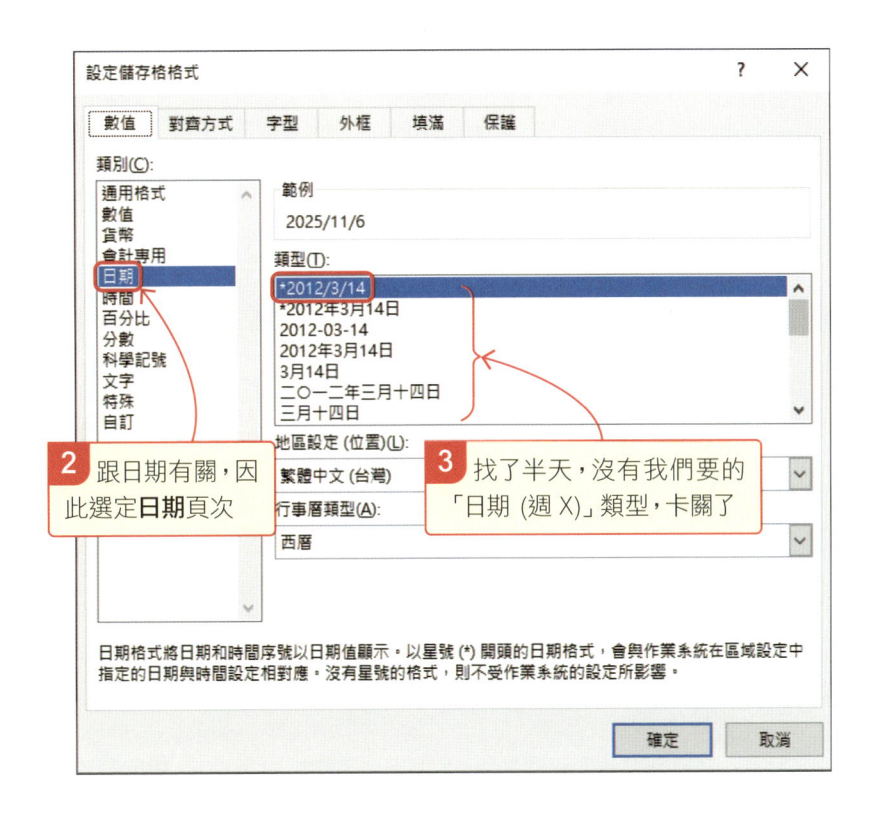

2 跟日期有關，因此選定**日期**頁次

3 找了半天，沒有我們要的「日期 (週 X)」類型，卡關了

3 當您自行摸索後卡關，不妨將將卡住的地方「截圖」給 AI，請它試著提供解答：

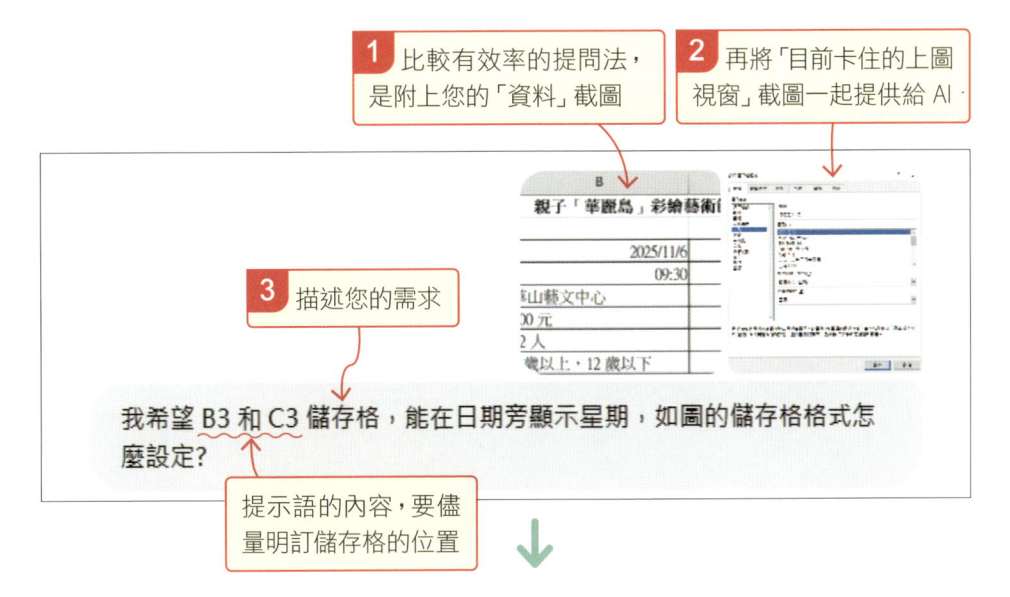

1 比較有效率的提問法，是附上您的「資料」截圖

2 再將「目前卡住的上圖視窗」截圖一起提供給 AI

3 描述您的需求

我希望 B3 和 C3 儲存格，能在日期旁顯示星期，如圖的儲存格格式怎麼設定？

提示語的內容，要儘量明訂儲存格的位置

1-39

> 要在 Excel 中讓 B3 和 C3 儲存格的日期旁顯示星期，可以透過設定自訂格式來達成。以下是具體操作步驟：
>
> 1. **選取 B3 和 C3 儲存格**：用滑鼠點選這兩個儲存格，或按住 Ctrl 鍵點選兩個儲存格。
> 2. **開啟「設定儲存格格式」視窗**：
>   - 在 Excel 中按滑鼠右鍵，選擇「設定儲存格格式」。
>   - 或者按快捷鍵 `Ctrl+1`。
> 3. **選擇「自訂」格式**：
>   - 在「數字」標籤下，選擇「自訂」。
> 4. **輸入格式**：
>   - 在「類型」框中輸入以下格式：
>     ```bash
>     yyyy/m/d (aaa)
>     ```
>   - 解釋：`aaa` 是用來顯示星期的，會自動顯示當天對應的星期幾。
> 5. **按下「確定」**：
>   - 完成設定後，日期旁邊會自動顯示對應的星期幾。

4 由於 1-38 頁第 **2** 步有附「儲存格設定」的視窗，AI 的確順著該視窗提供我們步驟說明。但照著做是否能順利完成，得驗證才知道

4 這是本書第一次採用「**請 AI 提示 Excel 內如何操作**」的解法，筆者來驗證看看效果如何：

> 1. **選取 B3 和 C3 儲存格**：用滑鼠點選這兩個儲存格，或按住 Ctrl 鍵點選兩個儲存格。
> 2. **開啟「設定儲存格格式」視窗**：
>   - 在 Excel 中按滑鼠右鍵，選擇「設定儲存格格式」。
>   - 或者按快捷鍵 `Ctrl+1`。

1 這一步的操作名稱雖然沒完全一致，但不致於找不到

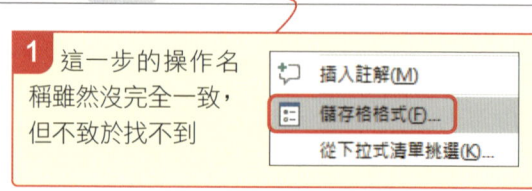

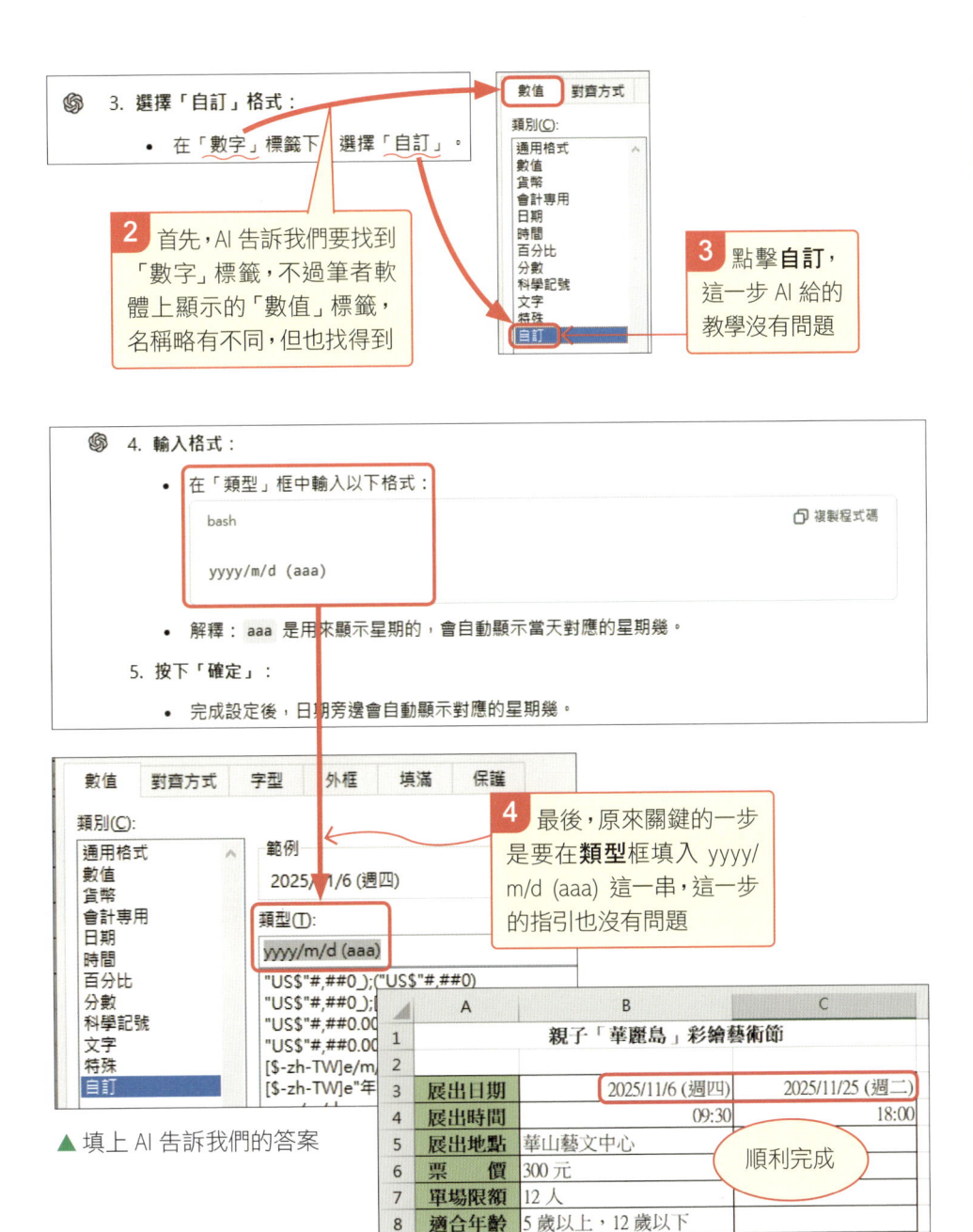

3. 選擇「自訂」格式：
- 在「數字」標籤下，選擇「自訂」。

2 首先，AI 告訴我們要找到「數字」標籤，不過筆者軟體上顯示的「數值」標籤，名稱略有不同，但也找得到

3 點擊**自訂**，這一步 AI 給的教學沒有問題

4. 輸入格式：
- 在「類型」框中輸入以下格式：

```bash
yyyy/m/d (aaa)
```

- 解釋：`aaa` 是用來顯示星期的，會自動顯示當天對應的星期幾。

5. 按下「確定」：
- 完成設定後，日期旁邊會自動顯示對應的星期幾。

4 最後，原來關鍵的一步是要在**類型**框填入 yyyy/m/d (aaa) 這一串，這一步的指引也沒有問題

▲ 填上 AI 告訴我們的答案

順利完成

　　由這個例子可以看出，如果某需求是 Excel 函數可以完成的，AI 通常會提供函數的解法，但只要給 AI 方向，它也能根據我們附上的視窗截圖提供 **Excel 內建的操作教學**。

1-41

像這種「**想在 Excel 內裡面自己做，卡關時再問 AI**」的情況，或許會是許多慣用 Excel 的人的優先選擇。不過，「請 AI 教你怎麼點、怎麼設」最好是對 Excel 有一定熟悉再考慮進行，因為如前面示範的，AI 聊天機器人不可能給出 100% 跟您環境相符的操作指引。

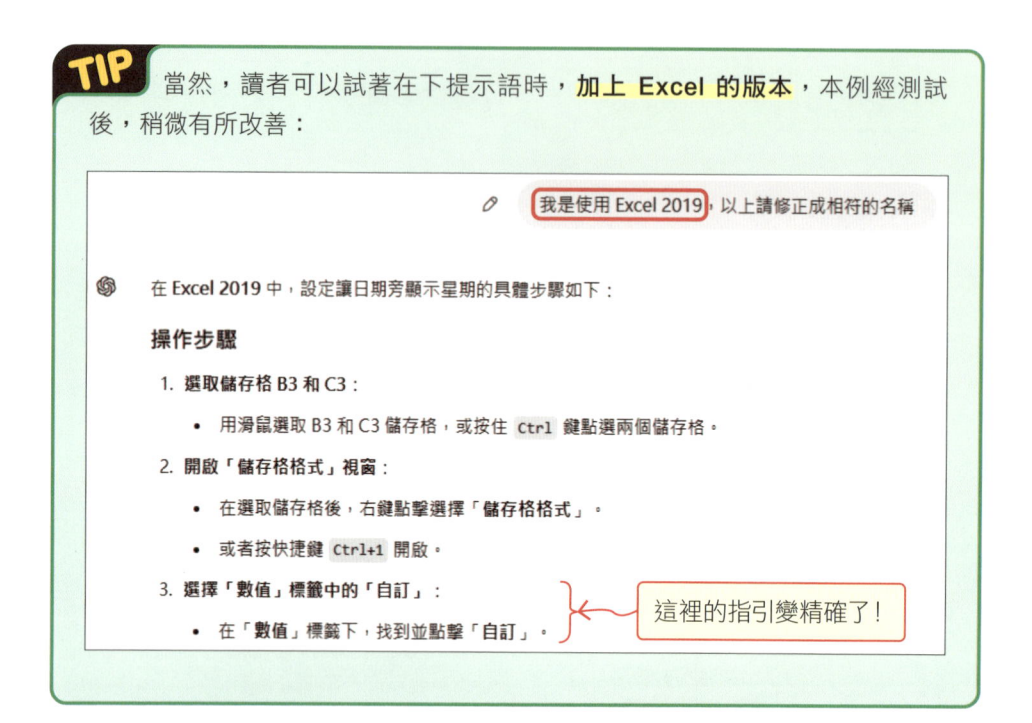

> **TIP** 當然，讀者可以試著在下提示語時，**加上 Excel 的版本**，本例經測試後，稍微有所改善：
>
> > 我是使用 Excel 2019，以上請修正成相符的名稱
>
> 在 Excel 2019 中，設定讓日期旁顯示星期的具體步驟如下：
>
> **操作步驟**
>
> 1. **選取儲存格 B3 和 C3**：
>   - 用滑鼠選取 B3 和 C3 儲存格，或按住 `Ctrl` 鍵點選兩個儲存格。
> 2. **開啟「儲存格格式」視窗**：
>   - 在選取儲存格後，右鍵點擊選擇「儲存格格式」。
>   - 或者按快捷鍵 `Ctrl+1` 開啟。
> 3. **選擇「數值」標籤中的「自訂」**：
>   - 在「數值」標籤下，找到並點擊「自訂」。　← 這裡的指引變精確了！

📗 本章小結

本章示範了各種 Excel 資料整理的 AI 解法，無論是直接上傳 Excel 檔案給 AI 全自動整理，還是請 AI 做為輔助角色、生成複雜的 Excel 公式給我們，每一種做法絕對狂勝沒有 AI 的日子。

而當 AI 處理結果與預期不同時，**千萬別急著回到傳統手動操作的方式**，最好能練習進一步與 AI 對話，或換個 AI、甚至換不同的解法，總之請將 AI 視為工作夥伴，無論面對何種資料整理需求，多演練幾次就能逐漸摸索出最有效率的 AI 解決方案！

2
CHAPTER

【Excel 資料篩選】AI

自動生成函數 / 公式、內建篩選工具卡關…通通 AI 搞定!

- 2-1 不知如何下手篩 Excel 資料? 丟檔案直接請 AI 篩
- 2-2 任何 Excel 內建篩選功能 + 函數組合技,卡關就問 AI
- 2-3 重要查表函數 (VLOOKUP、INDEX、MATCH…) 不會用,call AI 幫忙寫

前一章介紹的幾招 AI 解法一定要多演練，才知道什麼情況下該用哪一招。本章就接著看當 Excel 需求從前一章的整理資料變成 **篩選資料** 時，AI 的各種「登板時機」。

在 Excel 上需要進行資料篩選工作時，多半是利用內建的 **自動篩選器**、**進階篩選器**、或者 **VLOOKUP、INDEX、MATCH** 這些常用函數來完成。不管你之前對上述功能的熟悉度如何，有了 AI 可以大大省下工夫。滿多情況下，我們甚至不太需要費時操作上述功能就可以解決問題！

2-1 不知如何下手篩 Excel 資料？丟檔案直接請 AI 篩

使用 AI　支援上傳 .xlsx 的 AI 聊天機器人 (如 ChatGPT)

由於 Excel 篩選工作重視的是「**篩出指定的資料**」，比較不用顧慮原工作表的樣式或格式被 AI 重置，因此，遇到一時不知如何下手的篩選需求時，試著 **先將資料餵給 AI 處理** (如 1-1 節、1-2 節的技巧) 應該是最省事的，這樣做可以省下大量在 Excel 內停留、摸索的時間，不然光研究你會研究很久！

例如底下這個例子：

	A	B	C				G	H	I
1	\multicolumn{3}{c}{人氣家電商品單價表}				\multicolumn{3}{c}{各分類的新商品}	
2	分類	商品編號	單價				分類	商品編號	單價
3	冷氣機	AC-001	22,800				冷氣機	AC-004	16,800
4	冷氣機	AC-002	34,500				吸塵器	VC-004	5,200
5	冷氣機	AC-003	25,300				電風扇	FAN-004	2,300
6	冷氣機	AC-004	16,800						
7	吸塵器	VC-001	3,200						
8	吸塵器	VC-002	3,800						
9	吸塵器	VC-003	4,500						
10	吸塵器	VC-004	5,200						
11	電風扇	FAN-001	1,200						
12	電風扇	FAN-002	1,500						
13	電風扇	FAN-003	1,800						
14	電風扇	FAN-004	2,300						
15									

▲ 想從經常變動的商品資料中，篩出各分類的最新資料，並單獨存放方便檢視

每當需要把篩選出來的資料額外存放到某儲存格 (例如本例放在 G 欄附近)，稍微有點經驗的讀者或許可以知道這是 Excel「**進階篩選器**」的使用時機，而本例等於是想篩出各分類的「最後一列」，例如若左圖的第 7 列多了一個冷氣機新商品 AC-005，那麼篩選完，G 欄那邊就應該顯示 AC-005 新產品，而非原本的 AC-004 舊產品，想做到這點，除了進階篩選器外，還得對資料做一些判斷，這又得多用上 **Excel 函數**了。

　　但，怎麼開始？「進階篩選器我好像沒用過？」「該用什麼函數？…」先把這些煩惱拋一旁，別忘了本書的核心概念是先解決 Excel 問題再說，試著搬出 AI 來幫忙吧！

省麻煩，AI 直接解決 Excel 資料篩選問題！

　　這個範例的檔案結構不算太複雜，而且如同前述，篩選作業重視的是「篩出指定的資料」，比較不用顧慮原工作表的樣式或格式是否會被改動，因此優先嘗試將 Excel 資料餵給 AI 處理最有效率！

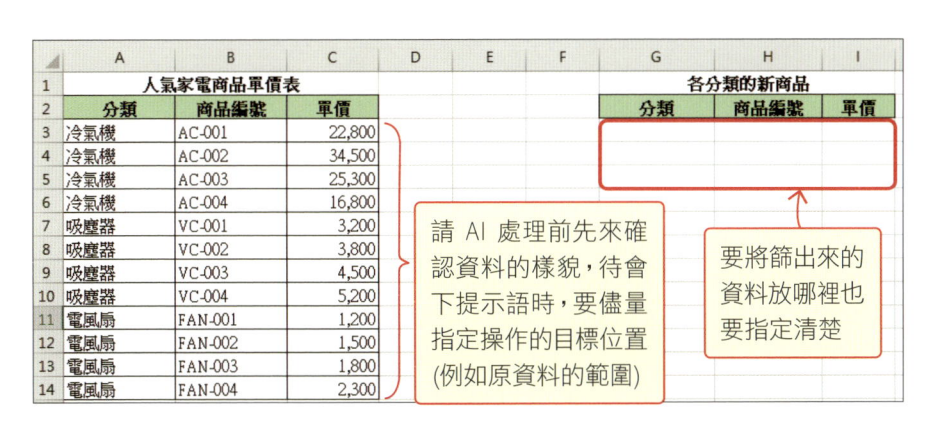

	A	B	C	D	E	F	G	H	I
1	人氣家電商品單價表						各分類的新商品		
2	分類	商品編號	單價				分類	商品編號	單價
3	冷氣機	AC-001	22,800						
4	冷氣機	AC-002	34,500						
5	冷氣機	AC-003	25,300						
6	冷氣機	AC-004	16,800						
7	吸塵器	VC-001	3,200						
8	吸塵器	VC-002	3,800						
9	吸塵器	VC-003	4,500						
10	吸塵器	VC-004	5,200						
11	電風扇	FAN-001	1,200						
12	電風扇	FAN-002	1,500						
13	電風扇	FAN-003	1,800						
14	電風扇	FAN-004	2,300						

請 AI 處理前先來確認資料的樣貌，待會下提示語時，要儘量指定操作的目標位置 (例如原資料的範圍)

要將篩出來的資料放哪裡也要指定清楚

1 本例選擇最省事的，將檔案傳給 AI (在此以 ChatGPT 來操作)

(上傳 Excel 檔案)

幫我篩出每個「分類」最底下的那一筆資料，統整在 G3 儲存格，請照我給的欄位格式存放

2 描述需求

4 要請 AI 把篩出來資料寫入何處，也要指明

3 原表是將各商品歸在 "分類" 欄，因此提示語中的名稱要一致，不要考 AI

	人氣家電商品單價表	Unnamed: 1	Unnamed: 2	Unnamed: 3
1	分類	商品編號	單價	
2	冷氣機	AC-001	22800	
3	冷氣機	AC-002	34500	
4	冷氣機	AC-003	25300	
5	冷氣機	AC-004	16800	
6	吸塵器	VC-001	3200	

●New2 1 1 (原檔) 工作表1

幫我篩出每個「分類」最底下的那一筆資料，統整在 G2 儲存格

5 首先 AI 會從我們提供的 Excel 檔案抓資料出來，若內容的結構有點複雜 (例如有合併儲存格)，這個步驟有可能就會失敗 (或讀取錯亂)，後面也就進行不下去了

6 由於我們提供了資料，AI 通常會撰寫程式來篩資料 (若沒有，可以告訴 AI "直接幫我處理")，這裡的 .tail() 就是用來取出每個分類的最後一筆資料

```
# 只保留有資料的列
df_data = df_data.dropna(subset=['分類', '商品編號', '單價'])

# 針對每個分類，取得「最後一筆」
last_records = df_data.groupby('分類').tail(1)

# 將結果整理為指定格式，合併成文字
output_text = ""
for index, row in last_records.iterrows():
    output_text += f"{row['分類']}、{row['商品編號']}、{row['單價']}\n"

# 顯示篩選結果
output_text
```

結果
'分類、商品編號、單價\n冷氣機、AC-004、16800\n吸塵器、VC-004、5200\n電風扇、FAN-004

已經幫你篩選出每個分類「最後一筆資料」，按照你提供的「分類、商品編號、單價」格式整理如下：

> 已經幫你篩選出每個分類「最後一筆資料」，按照你提供的「分類、商品編號、單價」格式整理如下：
>
> 　　　　　　🗐 複製　🖉 編輯
>
> 分類、商品編號、單價
> 冷氣機、AC-004、16800
> 吸塵器、VC-004、5200
> 電風扇、FAN-004、2300
>
> ← AI 幫我們篩出資料了
>
> 這段內容你可以直接貼到 G3 儲存格。如果需要，我也可以幫你寫成 VBA 巨集或 Excel 公式，讓你自動處理。需要的話跟我說！[>_]

📋 取回 AI 處理完的資料

請 AI 處理完成後，最後的工作就是取回篩選完的資料。回顧前面最開頭所下的提示語，筆者是希望 AI 把篩出來的資料「額外」統整在 G2 儲存格，本例 ChatGPT 並沒有一次做完，這是常遇到的事。當然，您可以再下「**幫我把篩出來的檔案存在 G2 儲存格**」這樣的提示語，AI 也會嘗試去做，但以本例來說，資料已經篩選出來了，直接複製起來貼到其他地方也就完事了，不見得要繼續花時間向 AI 提問。

像這種「可能會跟 AI 繼續溝通很久」的情況，最好是見招拆招，例如底下是請 AI 直接把篩出來的資料，另存到一個新的 Excel 檔，自己再手動收尾，反正最後需要的手動操作已經很少了。

> 🧑‍💻 幫我把篩出來的表格，另存在 Excel 檔給我

```
# Save the filtered data to a new Excel file
output_path = '/mnt/data/last_entry_by_category_final.xlsx'
last_entries.to_excel(output_path, index=False)

output_path
```

← 這部份 AI 也是寫程式輕鬆解決

結果
'/mnt/data/last_entry_by_category_final.xlsx'

← 點擊下載

已成功將篩選出的資料存成 Excel 檔案。您可以**點此下載篩選的 Excel 檔案**。[>_]

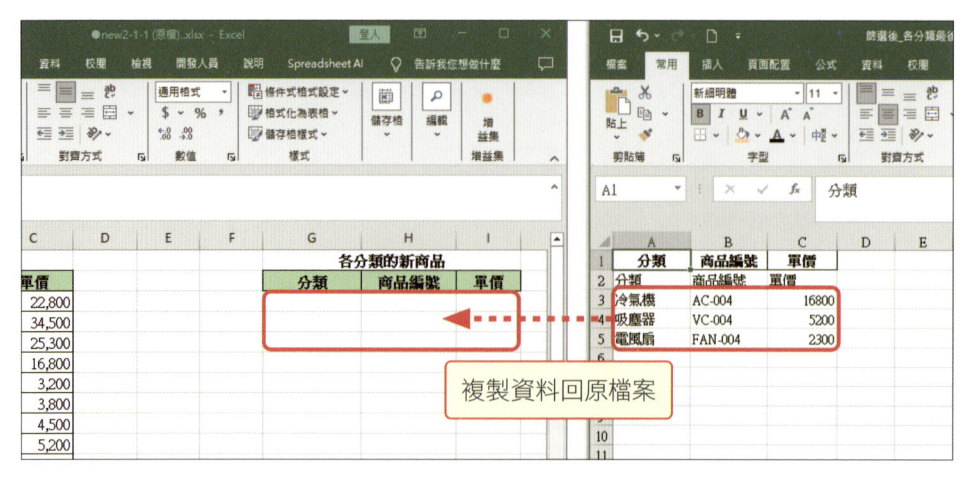

▲ 如果想將篩出來資料整合回原檔內，剩下的整合工作很容易處理，不見得一定要 AI 調整到位 (可能反倒花更多時間溝通)

「跨 Excel 檔」、「跨工作表」的資料篩選工作，照樣請 AI 自動化完成

再來看個跨檔案、跨工作表，稍微複雜一點的例子，在實務上，滿多資料篩選工作會需要採取「後續動作」，而且是跨不同的 Excel 檔、跨工作表的作業，例如底下這個例子：

	A	B	C	D
1	書號	書名	庫存量	安全庫存
2	F0001	「新」SEO 超入門	540	500
3	F0002	新一代行銷人必備的新技能	831	500
4	F0003	室內設計製圖解剖：立面圖表現法	321	500
5	F0004	Excel 儀表板與圖表設計＋Power BI 資料處理	1002	500
6	F0005	Linux 快速入門實戰手冊	89	500
7	F0006	Excel 職場聖經：731 技學好學滿 (第二版)	45	500
8	F0007	背景插畫神技	234	500
9	F0008	會動的演算法	647	500
10	F0009	M.A.X. 極限增肌計畫 2.0	530	500

1 範例是：當**書籍庫存.xlsx** 檔案中，某幾筆資料的**庫存量 ＜ 安全庫存**時...

印刷訂單

太一印刷廠

依以下清單採購：

書號	書名	印刷量	單價
F0003	室內設計製圖解剖：立面圖表現法	279	
F0005	Linux 快速入門實戰手冊	511	
F0006	Excel 職場聖經：731 技學好學滿 (第二版)	555	
F0007	背景插畫神技	366	

3 複製的同時，自動計算好並填入印刷數量 (公式：安全庫存 – 庫存量 + 100 本，可自訂)

2 篩出要再刷的產品複製到另一個 Excel 檔 (印刷訂單.xlsx)

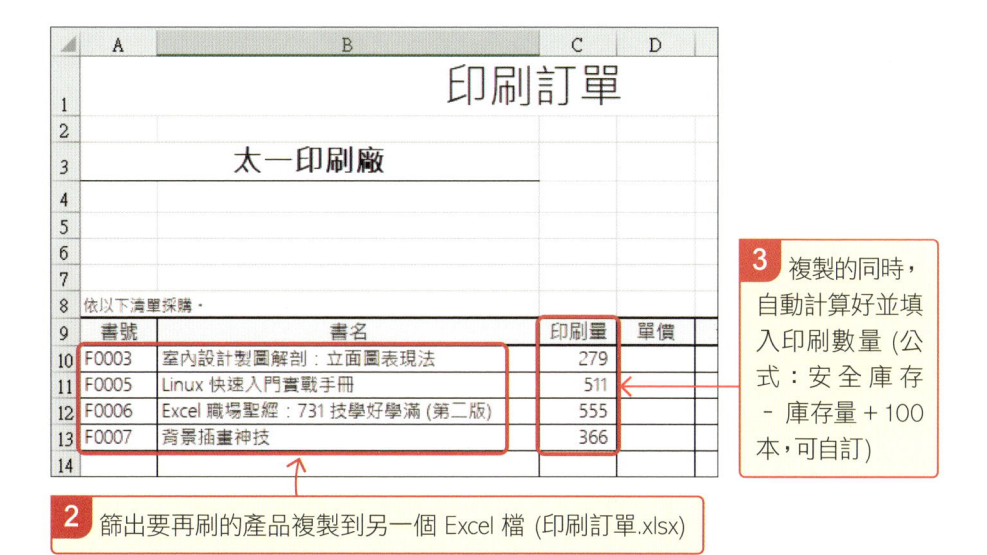

　　這種同時跨多個檔案的 Excel 工作流程，通常比較複雜，甚至可能得寫程式來處理。但學會用 AI 後，我們要做的事並沒有差很多，重點在於下提示語給 AI 聊天機器人時要**儘可能拆解工作**。當然，連「用哪個方法做最快」也可以請 AI 給我們建議，底下是筆者處理這個 Excel 工作所用的提示語：

> (上傳「書籍庫存.xlsx」的截圖畫面)
> (上傳「印刷訂單.xlsx」的截圖畫面)
> 1. 若「書籍庫存.xlsx」中的庫存量< 安全庫存時...
> 2. 將需再刷的產品複製到另一個「印刷訂單.xlsx」檔案
> 3.「在印刷訂單.xlsx 」檔案內，自動計算好並填入印刷數量
>   (公式：安全庫存 – 庫存量 + 100 本)
>
> 這件事 chatgpt 可以如何幫我

- 描述問題時，筆者習慣附上截圖，更方便 AI 理解
- 動作要儘可能拆解，AI 才好理解並做處理
- 加上這句，AI 就會給出多種做法建議

2-7

這個範例是典型的「Excel庫存管理+自動生成訂單」的流程，ChatGPT（特別是搭配 Python、VBA、Copilot或Power Automate）可以幫你以下幾件事：

> **1** 在提示語中把步驟拆解的好處是，AI 會順著我們的步驟提供方案建議，例如第一步篩選工作的解法之一是用函數，這是 AI 聊天機器人最常給出的建議

1. 自動篩選需要補貨的產品

根據你圖片中的邏輯：「庫存量 < 安全庫存量」，ChatGPT可以幫你：

- 直接寫 Excel公式，即時判斷哪些產品要補貨。
- 或產生一段 Python程式，自動掃描Excel檔，篩選出需要補貨的產品。

範例公式（放在E欄）：

```excel
=IF(C2<D2, "需補貨", "正常")
```

2. 自動複製到新檔案（印刷訂單.xlsx）

> **2** 本例在篩完資料後還有個建檔工作，若 AI 給出的建議像這裡一樣感覺都是「大工程」，沒關係可以再向 AI 發問

這可以用：

- **VBA巨集**：ChatGPT可幫你寫VBA，按個鈕就自動複製篩選出的品項到新檔案。
- **Python程式**：若用Python處理，可以自動開啟庫存檔、過濾、寫入新檔。
- **Power Automate流程**：如果你公司有Microsoft 365，也可用Power Automate搭配雲端Excel，自動觸發「低於安全庫存」→ 生成訂單。

> **3** 優先考慮最無腦、省時的一招！

> 可以丟檔案給你，直接幫我製作好印刷訂單嗎

完全沒問題！你可以直接把檔案（像是你的「庫存資料.xlsx」）上傳給我，我可以幫你：

1. 篩選需要補貨的書籍（庫存量 < 安全庫存量）
2. 自動計算印刷數量（安全庫存 - 庫存量 + 100）
3. 產生一個新的「印刷訂單.xlsx」檔案，格式像你圖片中的範例
4. 直接下載成品給你

> 篩選、運算都會幫我們做

> **4** 後續就是直接餵檔案給 AI 聊天機器人

上傳範例

直接上傳你的「庫存資料.xlsx」，我來處理。如果有特殊需求（例如印刷數量計算邏輯不同、要加上負責人欄位等），也可以一起告訴我！

TIP 提醒讀者：會這麼順利的主因是筆者在下提示語時**將工作拆解的很細**，若您實際操作時發現 AI 回答的內容有點發散、或者有點離題，最快的做法就是另外開新的對話，重新修改您的提示語給 AI。

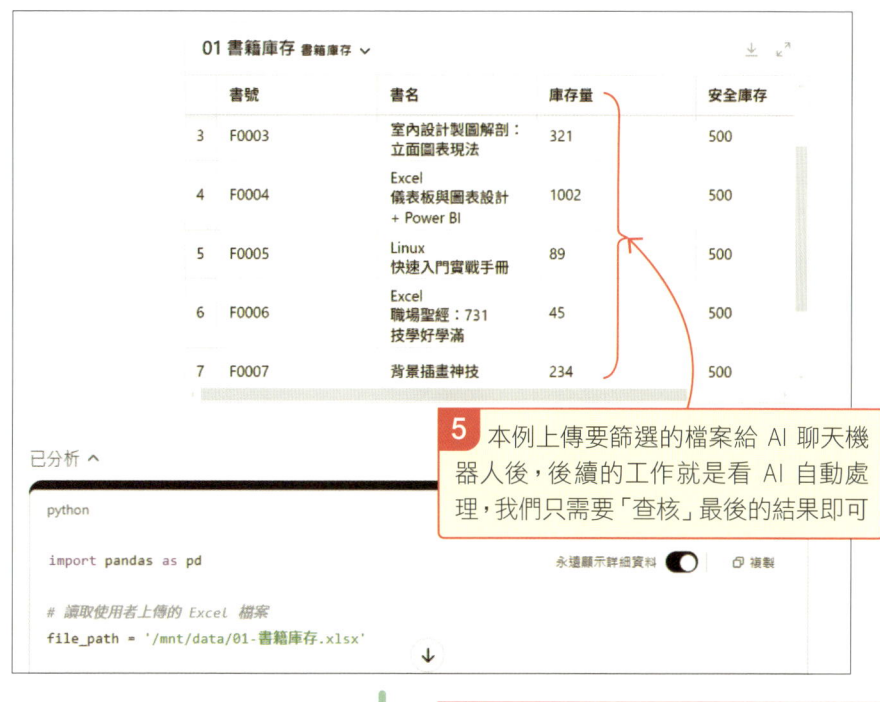

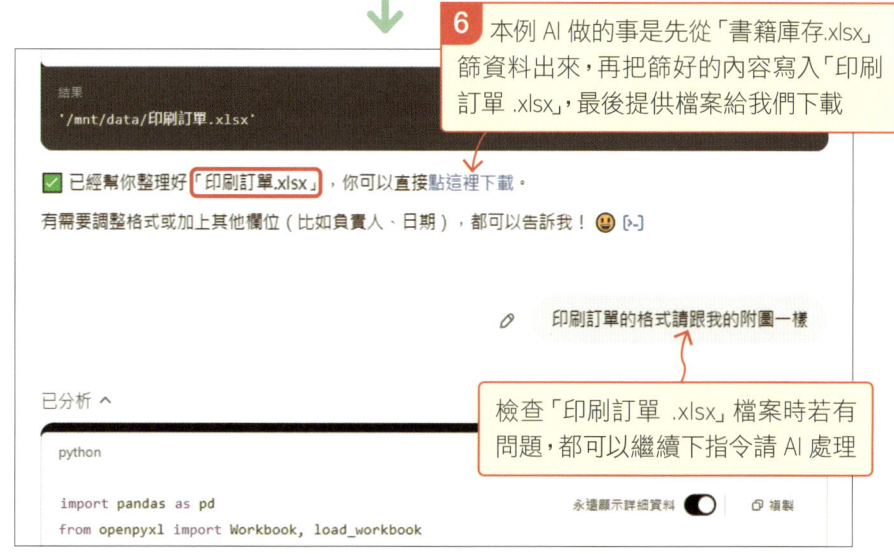

01 書籍庫存

	書號	書名	庫存量	安全庫存
3	F0003	室內設計圖解剖：立面圖表現法	321	500
4	F0004	Excel 儀表板與圖表設計 + Power BI	1002	500
5	F0005	Linux 快速入門實戰手冊	89	500
6	F0006	Excel 職場聖經：731 技學好學滿	45	500
7	F0007	背景插畫神技	234	500

5 本例上傳要篩選的檔案給 AI 聊天機器人後，後續的工作就是看 AI 自動處理，我們只需要「查核」最後的結果即可

已分析 ∧

```python
import pandas as pd

# 讀取使用者上傳的 Excel 檔案
file_path = '/mnt/data/01-書籍庫存.xlsx'
```

6 本例 AI 做的事是先從「書籍庫存.xlsx」篩資料出來，再把篩好的內容寫入「印刷訂單.xlsx」，最後提供檔案給我們下載

結果
'/mnt/data/印刷訂單.xlsx'

☑ 已經幫你整理好「印刷訂單.xlsx」，你可以直接點這裡下載。
有需要調整格式或加上其他欄位（比如負責人、日期），都可以告訴我！ 😊 [>.-]

✎ 印刷訂單的格式請跟我的附圖一樣

檢查「印刷訂單 .xlsx」檔案時若有問題，都可以繼續下指令請 AI 處理

已分析 ∧

```python
import pandas as pd
from openpyxl import Workbook, load_workbook
```

2-2 任何 Excel 內建篩選功能 + 函數組合技，卡關就問 AI

使用 AI ▶ AI 聊天機器人
(ChatGPT、Copilot、Gemini…都可以)

前一節看到，請 AI 直接篩選 Excel 資料實在太方便了，不過，若讀者怎麼操作就是試不出來 (有可能您的檔案結構偏複雜)、或者對於提供商業內容給 AI 有顧慮、又或者 ChatGPT 的免費上傳額度滿了不能用⋯，不管任何原因，**任何資料篩選需求請 AI 提示我們用 Excel 怎麼做 (如 1-5 節介紹的那招)** 行得通嗎？

當然！筆者也建議讀者**不要完全捨棄這種解法**，畢竟以 AI 聊天機器人來說，不是每一個都支援上傳 Excel 檔，而免費的 ChatGPT 也有上傳附件、圖檔的額度限制，萬一急用時免費額度卻用完了，一定會有請 AI 輔助解決的那一天，而且，用這一招學一些 Excel 基本技巧也不錯！

以資料篩選工作來說，Excel 的**自動篩選**、**進階篩選**功能，及其搭配**函數**的使用是一定要稍微熟悉的，當操作上卡關時，可以隨時搬出 AI 來解圍。

📊 先一窺正規 Excel 書教的篩選解法

延續前一節的範例，底下先快速看一下以往 Excel 書會教的**進階篩選**做法 (稍微有點高竿喔！沒學過不會是正常的)，做個比較才會有感覺。我們先回顧一下這個例子的需求：

	A	B	C
1	人氣家電商品單價表		
2	分類	商品編號	單價
3	冷氣機	AC-001	22,800
4	冷氣機	AC-002	34,500
5	冷氣機	AC-003	25,300
6	冷氣機	AC-004	16,800
7	吸塵器	VC-001	3,200
8	吸塵器	VC-002	3,800
9	吸塵器	VC-003	4,500
10	吸塵器	VC-004	5,200
11	電風扇	FAN-001	1,200
12	電風扇	FAN-002	1,500
13	電風扇	FAN-003	1,800
14	電風扇	FAN-004	2,300

各分類的新商品

分類	商品編號	單價
冷氣機	AC-004	16,800
吸塵器	VC-004	5,200
電風扇	FAN-004	2,300

▲ 想從經常變動的商品資料中，篩出各分類的最新資料，並單獨存放方便檢視

1 開始做看看。首先，在 E3 儲存格用函數建立一個篩選條件，這是為了判斷「**目前的分類名稱跟下一列名稱是否不同**」，假設查出 A7 那一格的名稱跟 A6 的不同，就可知道 A6 那一列是該分類的最新 (最後一筆) 資料：

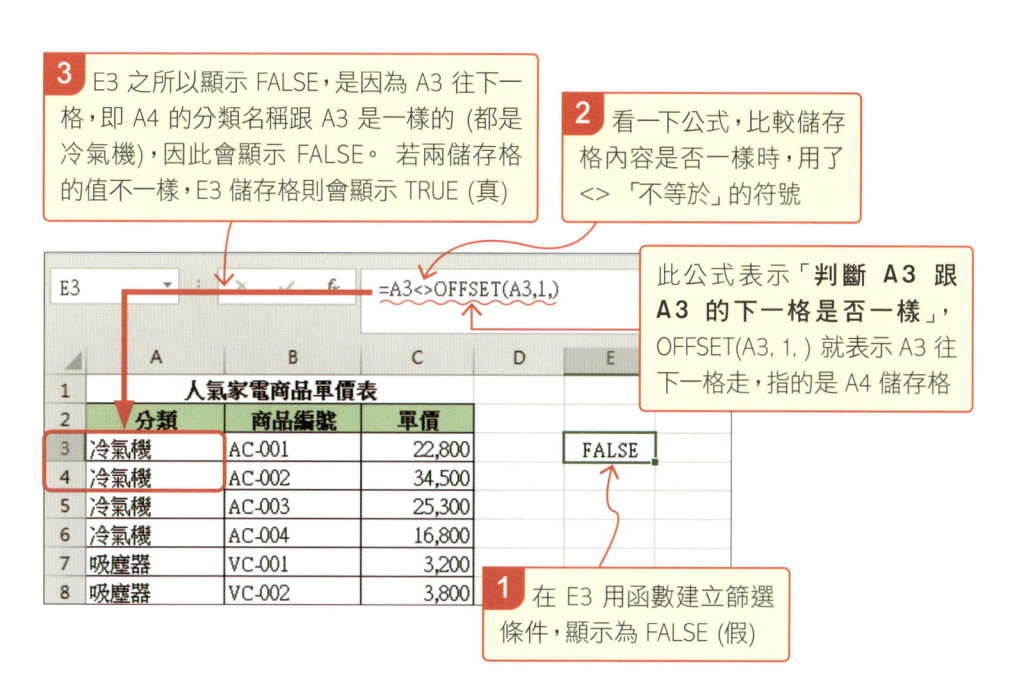

3 E3 之所以顯示 FALSE，是因為 A3 往下一格，即 A4 的分類名稱跟 A3 是一樣的 (都是冷氣機)，因此會顯示 FALSE。若兩儲存格的值不一樣，E3 儲存格則會顯示 TRUE (真)

2 看一下公式，比較儲存格內容是否一樣時，用了 <> 「不等於」的符號

E3　　=A3<>OFFSET(A3,1,)

此公式表示「**判斷 A3 跟 A3 的下一格是否一樣**」，OFFSET(A3, 1,) 就表示 A3 往下一格走，指的是 A4 儲存格

	A	B	C	...	E
1	人氣家電商品單價表				
2	分類	商品編號	單價		
3	冷氣機	AC-001	22,800		FALSE
4	冷氣機	AC-002	34,500		
5	冷氣機	AC-003	25,300		
6	冷氣機	AC-004	16,800		
7	吸塵器	VC-001	3,200		
8	吸塵器	VC-002	3,800		

1 在 E3 用函數建立篩選條件，顯示為 FALSE (假)

2 接著,叫出 Excel 的「**進階篩選器**」來操作,進階篩選的基本概念是設定一個條件式,然後用此條件式來篩選資料。下圖的設定就是用剛才的條件式把原始資料篩過一遍:

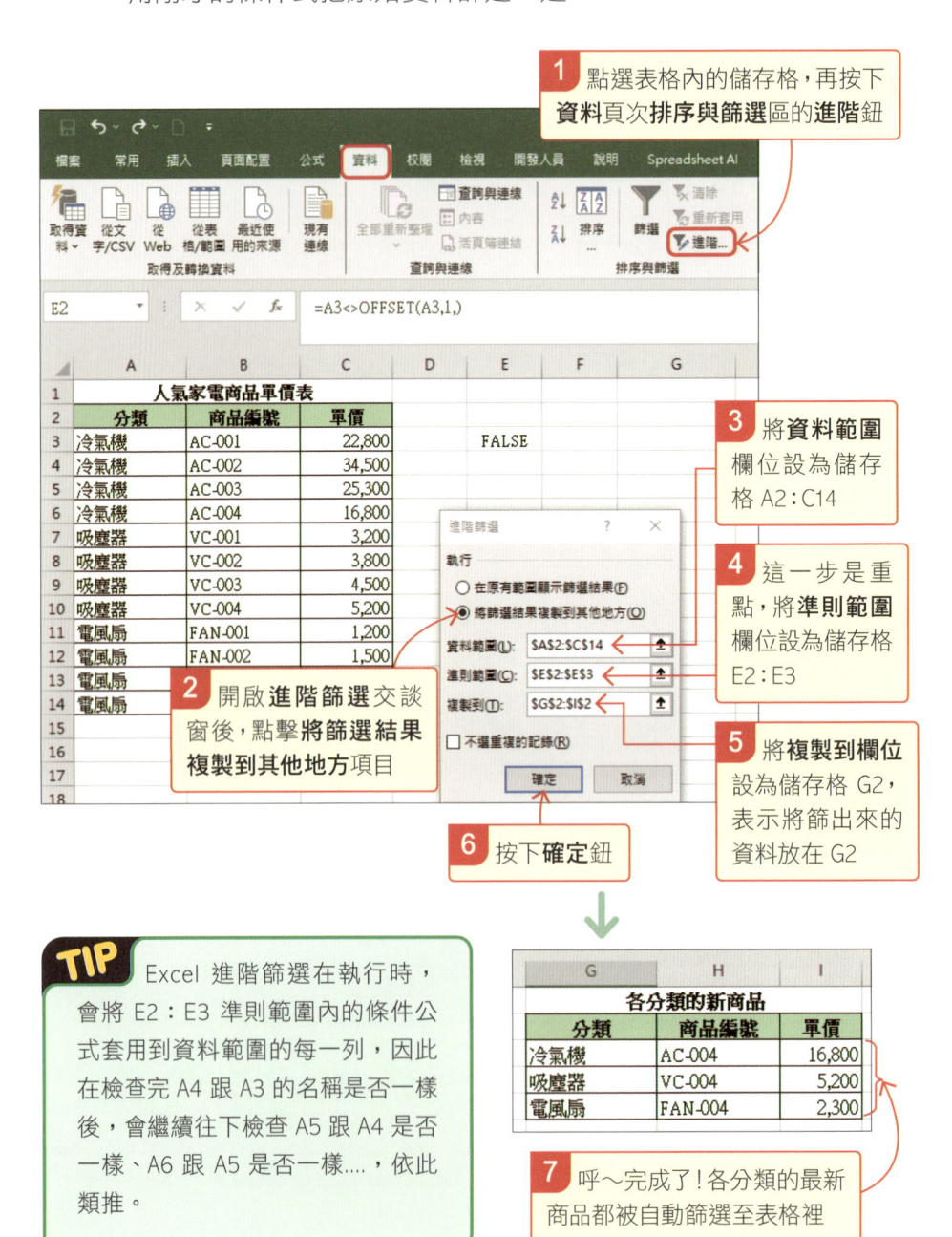

1 點選表格內的儲存格,再按下**資料**頁次**排序與篩選**區的**進階**鈕

2 開啟**進階篩選**交談窗後,點擊**將篩選結果複製到其他地方**項目

3 將**資料範圍**欄位設為儲存格 A2:C14

4 這一步是重點,將**準則範圍**欄位設為儲存格 E2:E3

5 將**複製到**欄位設為儲存格 G2,表示將篩出來的資料放在 G2

6 按下**確定**鈕

G	H	I
各分類的新商品		
分類	商品編號	單價
冷氣機	AC-004	16,800
吸塵器	VC-004	5,200
電風扇	FAN-004	2,300

7 呼~完成了!各分類的最新商品都被自動篩選至表格裡

> **TIP** Excel 進階篩選在執行時,會將 E2:E3 準則範圍內的條件公式套用到資料範圍的每一列,因此在檢查完 A4 跟 A3 的名稱是否一樣後,會繼續往下檢查 A5 跟 A4 是否一樣、A6 跟 A5 是否一樣....,依此類推。

請 AI 提示如何解決 Excel 資料篩選問題

例 AI 生成 IF 函數 + 自動篩選器教學

前面的步驟確實能完成 Excel 篩選任務，而 Excel 進階篩選器的設定看起來也幾個欄位而已，但本例設計條件式絕對需要經驗，若對 Excel 不熟，光是「公式該怎麼下 (我哪知道該用 OFFSET 函數！)」、「篩選窗那些設定要怎麼設…」都會卡關。

在沒有提供檔案給 AI 聊天機器人的情況下，這樣的例子該如何請 AI 幫忙呢？底下就來試試看，只要我們沒有直接丟資料給 AI，它所回覆的通常就會是解法思路，而大部份情況都會教我們用<u>函數</u>搭配一些內建功能來解決問題：

> **TIP** 提醒讀者，如同第一章提到的，AI 聊天機器人絕對會提供我們看似很詳盡的操作步驟，嘗試後出錯是常有的事，但做為操作的參考思路還是有幫助的。

1 如 1-5 節的說明，最佳的資料提供做法就是上傳資料的截圖給 AI

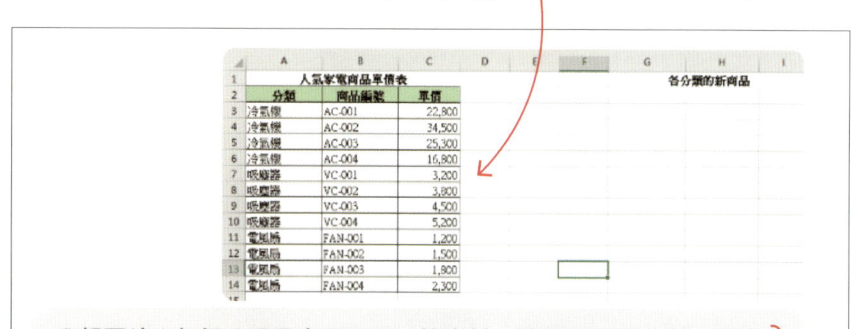

	A	B	C	D	E	F	G	H	I
1	人氣家電商品單價表						各分類的新商品		
2	分類	商品編號	單價						
3	冷氣機	AC-001	22,800						
4	冷氣機	AC-002	34,500						
5	冷氣機	AC-003	25,300						
6	冷氣機	AC-004	16,800						
7	吸塵器	VC-001	3,200						
8	吸塵器	VC-002	3,800						
9	吸塵器	VC-003	4,500						
10	吸塵器	VC-004	5,200						
11	電風扇	FAN-001	1,200						
12	電風扇	FAN-002	1,500						
13	電風扇	FAN-003	1,800						
14	電風扇	FAN-004	2,300						

我想要篩出每個分類最底下的那一筆資料，統整在G2儲存格，使用excel內建功能怎麼做

2 描述需求，務必要指明儲存格，而且我們還附了截圖，AI 會錯意的機率小了許多

在 Excel 中篩出每個分類的最後一筆資料，並統整到 G2 儲存格，可以使用以下步驟完成，無需編寫任何程式碼，只利用內建的篩選和公式功能：

1. 新增輔助欄位

在「分類」的右側新增一個輔助欄位（假設在 D 欄），用於標記每個分類的最後一筆資料。

- 在 D3 輸入以下公式，並向下複製：

```swift
=IF(A3<>A4,"最後一筆","")
```

此公式會檢查當前列的分類是否與下一列不同，如果是，則標記為「最後一筆」。

3 ChatGPT 給的指示很明確，上圖圈起來那一段是要我們在 D3 貼上公式，此公式可以識別目前所在的這一列是不是每個分類的最後一筆資料

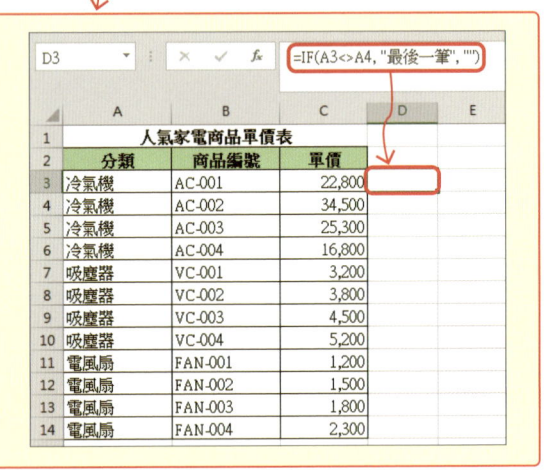

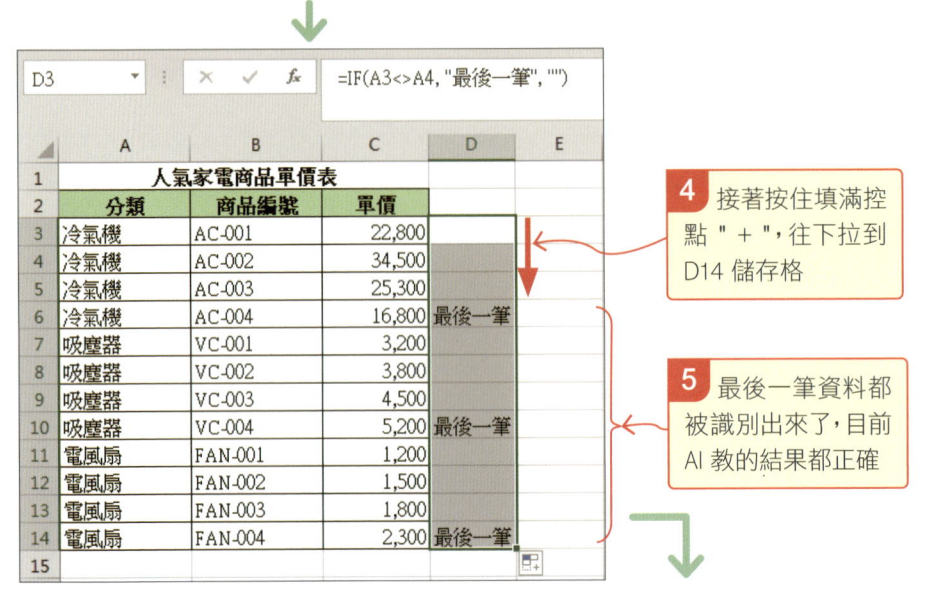

分類	商品編號	單價
冷氣機	AC-001	22,800
冷氣機	AC-002	34,500
冷氣機	AC-003	25,300
冷氣機	AC-004	16,800
吸塵器	VC-001	3,200
吸塵器	VC-002	3,800
吸塵器	VC-003	4,500
吸塵器	VC-004	5,200
電風扇	FAN-001	1,200
電風扇	FAN-002	1,500
電風扇	FAN-003	1,800
電風扇	FAN-004	2,300

4 接著按住填滿控點 " + "，往下拉到 D14 儲存格

分類	商品編號	單價	
冷氣機	AC-001	22,800	
冷氣機	AC-002	34,500	
冷氣機	AC-003	25,300	
冷氣機	AC-004	16,800	最後一筆
吸塵器	VC-001	3,200	
吸塵器	VC-002	3,800	
吸塵器	VC-003	4,500	
吸塵器	VC-004	5,200	最後一筆
電風扇	FAN-001	1,200	
電風扇	FAN-002	1,500	
電風扇	FAN-003	1,800	
電風扇	FAN-004	2,300	最後一筆

5 最後一筆資料都被識別出來了，目前 AI 教的結果都正確

> **2. 套用篩選**
>
> 1. 選取表格範圍 (包含標題列)。
> 2. 按下工具列中的「**資料**」-> 「**篩選**」。
> 3. 點擊 D 欄篩選器,選擇「**最後一筆**」。
>
> 此時,篩選結果將僅顯示每個分類的最後一筆資料。

6 接著,上圖 AI 聊天機器人教筆者用內建的**自動篩選器**把資料篩出來,這一步也沒問題

	A	B	C	D
1	人氣家電商品單價表			
2	分類	商品編號	單價	
6	冷氣機	AC-004	16,800	最後一筆
10	吸塵器	VC-004	5,200	最後一筆
14	電風扇	FAN-004	2,300	最後一筆

用**資料**頁次 / **排序與篩選**區的**篩選**鈕篩出各分類的最新資料

> **TIP** 回顧最開頭 (2-13 頁) 所下的提示語,筆者是希望 AI 把篩出來的資料「額外」統整在 G2 儲存格,這部分 ChatGPT 就沒有回答到。這是常有的事,此時您可以繼續提要求,但以本例來說,步驟 **6** 已經把資料篩出來了,直接複製起來貼到其他地方也就完事了,不見得要繼續花時間向 AI 提問。

跟 AI 提示如何用「某某」功能完成任務

例 AI 生成條件式公式 + 進階篩選器教學

　　當然,若您稍微知道**進階篩選器**提供了「把篩選出來的資料額外存放到某儲存格」的功能 (如前面的示範),也可以請 AI 提供這方面的做法給我們參考 (再次提醒,只能做為參考,不要期望過高):

> excel 的進階篩選怎麼做

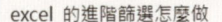

在 Excel 中，**進階篩選**是一個強大的工具，可以依據條件篩選資料並將結果複製到其他位置。以下是如何使用進階篩選來篩出每個分類的最後一筆資料的詳細步驟：

步驟 1：準備條件範圍

1. 在工作表的空白區域（例如 E1:F2），建立條件範圍：
   - 在 **E1** 輸入標題「分類」。
   - 在 **F1** 輸入標題「公式」。
   - 在 **F2** 輸入以下公式：

   ```php
   =A3<>A4
   ```

1 AI 這一步是要我們先建立用來篩資料的條件式 (也就是 2-12 頁步驟 **4** 的**準則範圍**)

2 所教的公式跟前面所用的 OFFSET 函數稍有不同，沒關係先試試看

3 先照上圖 AI 指示的建議，在 F2 儲存格建立條件式 (在 Excel 內是稱**準則範圍**，AI 是稱**條件範圍**，這樣的小出入要自己稍微變通一下)

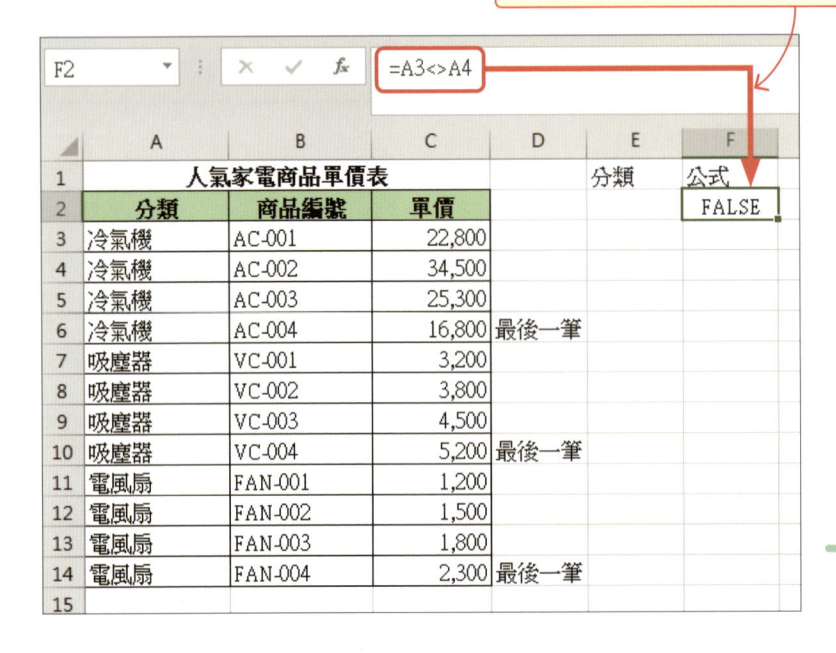

	A	B	C	D	E	F
1	人氣家電商品單價表				分類	公式
2	分類	商品編號	單價			FALSE
3	冷氣機	AC-001	22,800			
4	冷氣機	AC-002	34,500			
5	冷氣機	AC-003	25,300			
6	冷氣機	AC-004	16,800	最後一筆		
7	吸塵器	VC-001	3,200			
8	吸塵器	VC-002	3,800			
9	吸塵器	VC-003	4,500			
10	吸塵器	VC-004	5,200	最後一筆		
11	電風扇	FAN-001	1,200			
12	電風扇	FAN-002	1,500			
13	電風扇	FAN-003	1,800			
14	電風扇	FAN-004	2,300	最後一筆		
15						

F2 儲存格：=A3<>A4

步驟 3：設定進階篩選

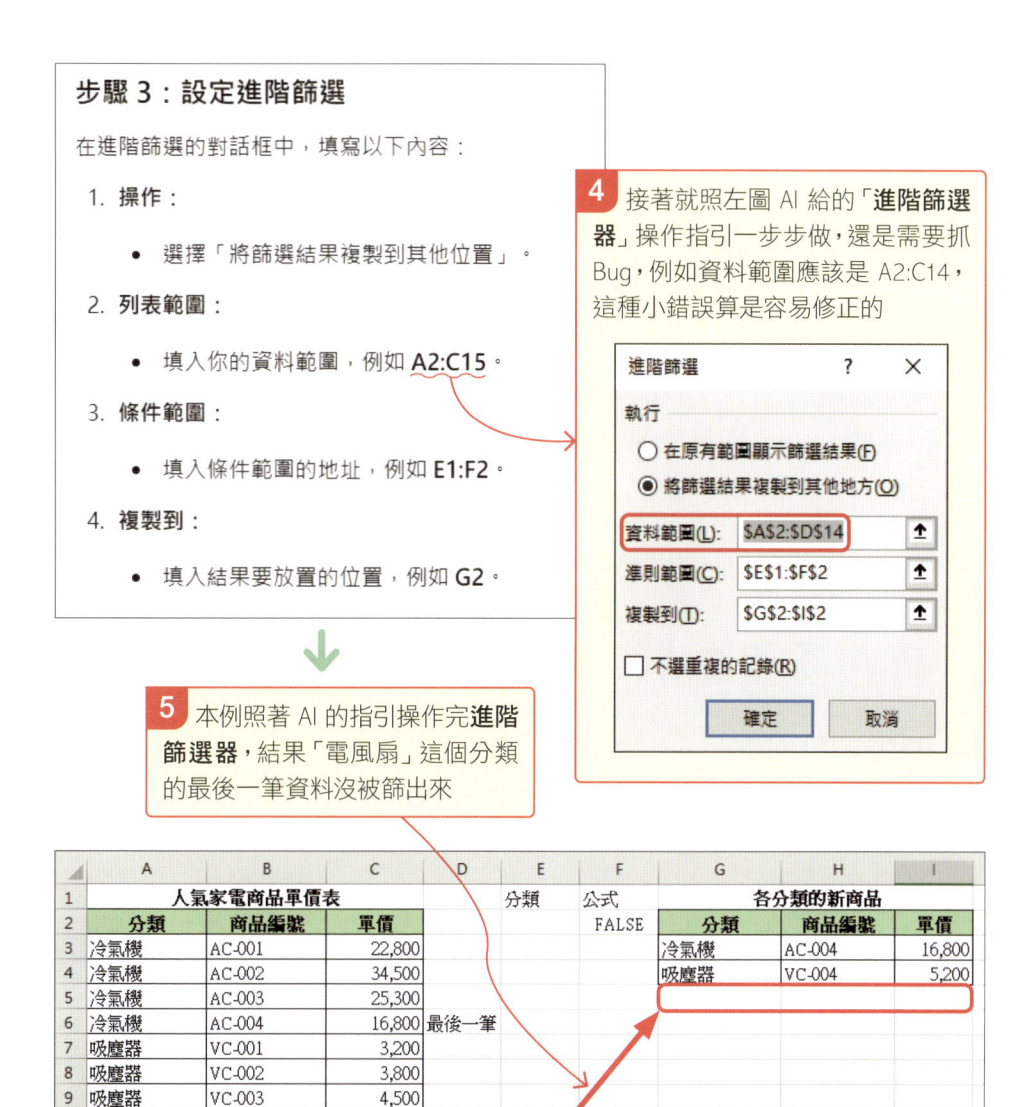

在進階篩選的對話框中，填寫以下內容：

1. **操作：**
   - 選擇「將篩選結果複製到其他位置」。
2. **列表範圍：**
   - 填入你的資料範圍，例如 **A2:C15**。
3. **條件範圍：**
   - 填入條件範圍的地址，例如 **E1:F2**。
4. **複製到：**
   - 填入結果要放置的位置，例如 **G2**。

4 接著就照左圖 AI 給的「**進階篩選器**」操作指引一步步做，還是需要抓 Bug，例如資料範圍應該是 A2:C14，這種小錯誤算是容易修正的

進階篩選對話框：
- 執行：
  - ○ 在原有範圍顯示篩選結果(F)
  - ● 將篩選結果複製到其他地方(O)
- 資料範圍(L)：$A$2:$D$14
- 準則範圍(C)：$E$1:$F$2
- 複製到(T)：$G$2:$I$2
- □ 不選重複的記錄(R)

5 本例照著 AI 的指引操作完**進階篩選器**，結果「電風扇」這個分類的最後一筆資料沒被篩出來

	A	B	C	D	E	F	G	H	I
1	人氣家電商品單價表				分類	公式	各分類的新商品		
2	分類	商品編號	單價			FALSE	分類	商品編號	單價
3	冷氣機	AC-001	22,800				冷氣機	AC-004	16,800
4	冷氣機	AC-002	34,500				吸塵器	VC-004	5,200
5	冷氣機	AC-003	25,300						
6	冷氣機	AC-004	16,800	最後一筆					
7	吸塵器	VC-001	3,200						
8	吸塵器	VC-002	3,800						
9	吸塵器	VC-003	4,500						
10	吸塵器	VC-004	5,200	最後一筆					
11	電風扇	FAN-001	1,200						
12	電風扇	FAN-002	1,500						
13	電風扇	FAN-003	1,800						
14	電風扇	FAN-004	2,300	最後一筆					
15									

前面一再說過，即便照著 AI 的指引也不見得能保證成功，若遇到像本例「電風扇」的最後一筆資料未被篩出來的問題，我們就得進行除錯，通常不外乎是函數、公式或篩選條件需要調整，是否能糾出問題會很考驗各人的 Excel 功力。

TIP 結合前面所學的看起來，問題應該是出在做為**準則範圍**的那個條件式公式：

=A3<>OFFSET(A3,1,) ← 前面用這個公式，搭配進階篩選功能，可以篩選出最後一列

=A3<>A4 ← 用 AI 給的這個公式，無法篩選出最後一列

此問題的關鍵在於兩個公式的邏輯不同，OFFSET 函數提供了更靈活的參考範圍，能應對數據結尾的特殊情況，而「=A3<>A4」則單純比較當前列和下一列的值，但當到達最後一列時，下一列並不存在，就不會觸發篩選條件，導致最後一列的電風扇資料被忽略。

請 AI 重新生成新的函數、公式 　例 AI 生成 COUNTIF 函數

當然，卡關的當下我們通常不會知道可以採用什麼替代函數來做，別忘了可以再次向 AI 發問，讓它進一步提出修正方案：

> 照你的做法，電風扇這個分類的最後一筆資料沒被篩出來

1 繼續追問，直接把遇到的錯誤情況提供給 AI

---

1. 準備條件範圍

1. 在空白區域（例如 E1:F2）建立條件範圍：

   - **E1** 輸入「分類」。
   - **F1** 輸入「公式」。　**2** 但一開始回的好像沒什麼改善，滿常「跳針」講一樣的內容，這是常有的事
   - **F2** 輸入以下公式：

   ```
   excel
   
   =A2<>A3
   ```

   公式解釋：

   - 這個公式檢查當前列（A2）的分類是否與下一列（A3）的分類不同。
   - 如果不同，代表這是該分類的最後一筆資料。

能否試著換其他公式試試

可以試試使用另一種公式來更精確地篩選每個分類的最後一筆資料，以下是修正版的公式與操作：

替代公式

在條件範圍（例如 E1:F2）使用以下公式來檢測每個分類的最後一筆資料：

```excel
=COUNTIF(A$3:A$15, A3)=COUNTIF(A$3:A3, A3)
```

③ 重提需求，目標講明確一點，例如請 AI 改個公式看看

最後 AI 新給了 =COUNTIF(A$3:A$15, A3)=COUNTIF(A$3:A3, A3) 這段公式

公式解釋：

1. `COUNTIF(A$3:A$15, A3)`：
   - 計算整個範圍中分類 A3 出現的總次數。
2. `COUNTIF(A$3:A3, A3)`：
   - 計算從範圍起點到當前列中分類 A3 出現的次數。
3. 當兩者相等時，代表這是該分類的最後一筆資料。

AI 也會幫我們解釋函數用法及公式的邏輯 (如下)

=COUNTIF(A$3:A$15, A3)=COUNTIF(A$3:A3, A3)

這裡是先算整個 A3:A15 分類列中，A3 (冷氣機) 這樣的商品有幾筆 (註：但這裡 AI 弄錯位置了，應該是 A3:A14，算是容易發現)

這裡則是算某一格 (例如 A3) 的商品名稱是第幾次出現，若冷氣機總共 4 筆，而 A3 是第 1 次出現，即可知道 A3 不是最後一列資料

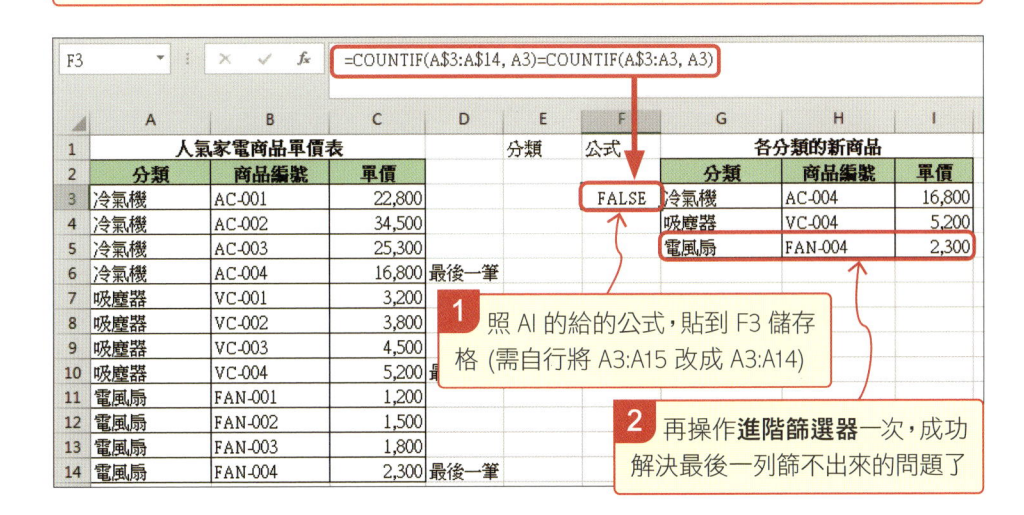

F3			fx	=COUNTIF(A$3:A$14, A3)=COUNTIF(A$3:A3, A3)				
	A	B	C	D	E	F	G	H	I
1	人氣家電商品單價表				分類	公式	各分類的新商品		
2	分類	商品編號	單價				分類	商品編號	單價
3	冷氣機	AC-001	22,800			FALSE	冷氣機	AC-004	16,800
4	冷氣機	AC-002	34,500				吸塵器	VC-004	5,200
5	冷氣機	AC-003	25,300				電風扇	FAN-004	2,300
6	冷氣機	AC-004	16,800	最後一筆					
7	吸塵器	VC-001	3,200						
8	吸塵器	VC-002	3,800						
9	吸塵器	VC-003	4,500						
10	吸塵器	VC-004	5,200						
11	電風扇	FAN-001	1,200						
12	電風扇	FAN-002	1,500						
13	電風扇	FAN-003	1,800						
14	電風扇	FAN-004	2,300	最後一筆					

① 照 AI 的給的公式，貼到 F3 儲存格 (需自行將 A3:A15 改成 A3:A14)

② 再操作**進階篩選器**一次，成功解決最後一列篩不出來的問題了

> **TIP** AI 真的很厲害，新給的公式是改用統計次數的 COUNTIF 函數來處理，這樣就不會有前面 =A3<>A4 這個條件式所遇到「最後一列沒有下一列，導致最後一列篩不出來」的問題。
>
> 因此，讀者只要遇到卡關，可以請 AI 多試不同的公式，這個做法會比請 AI 在舊公式上除錯來得快。

任何微不足道的 Excel 操作卡關都儘管問 AI！

例 AI 提供自動篩選器操作提示

除了看起來稍微有點學問的**進階篩選**功能外，爾後讀者如果遇到任何 Excel 內建操作的問題，都可以把截圖丟給 AI 聊天機器人，請它給出操作提示。不用怕，任何小功能都行。

1 例如面對一些不複雜的篩選需求時，Excel 的**自動篩選**功能也常被使用，這是使用率最高的篩選工具：

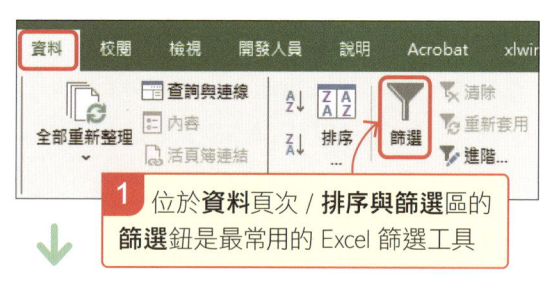

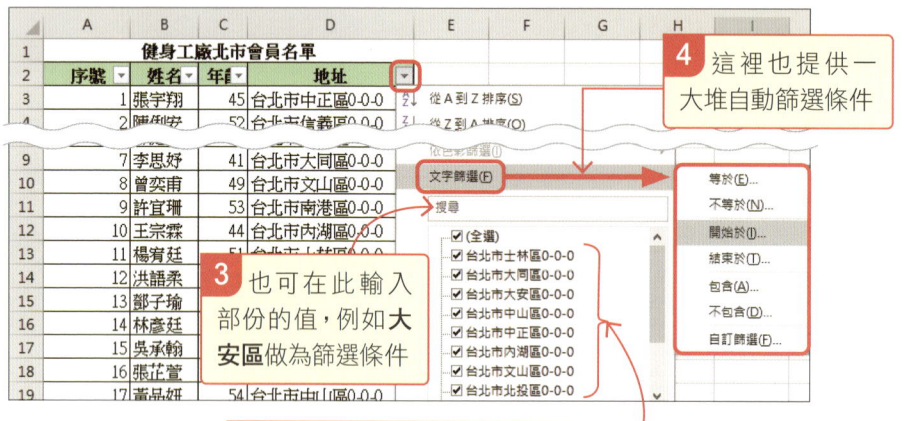

1 位於**資料**頁次 / **排序與篩選**區的**篩選**鈕是最常用的 Excel 篩選工具

4 這裡也提供一大堆自動篩選條件

3 也可在此輸入部份的值，例如**大安區**做為篩選條件

2 可以直接勾選要篩選的條件，例如勾選萬華區結果如右

2 雖然自動篩選操作起來很直覺，不太需要教，但如果一時不曉得如何指定篩選條件，不妨就把**「卡關的截圖」** +**「想篩出什麼資料」**請 AI 給出提示吧：

	A	B
1	請款單編號	請款金額
2	20150910	35,400
3	20150918	26,100
4	20150922	5,100
5	20151002	37,950
6	20151008	9,600
7	20151016	8,200
8	20151024	24,900
9	20151107	12,000
10	20151115	6,500

例如想篩出「請款單編號」中含 "10" (月份) 的項目，光點點按按是篩不出來的

這時就可以搬出 AI 聊天機器人來協助：

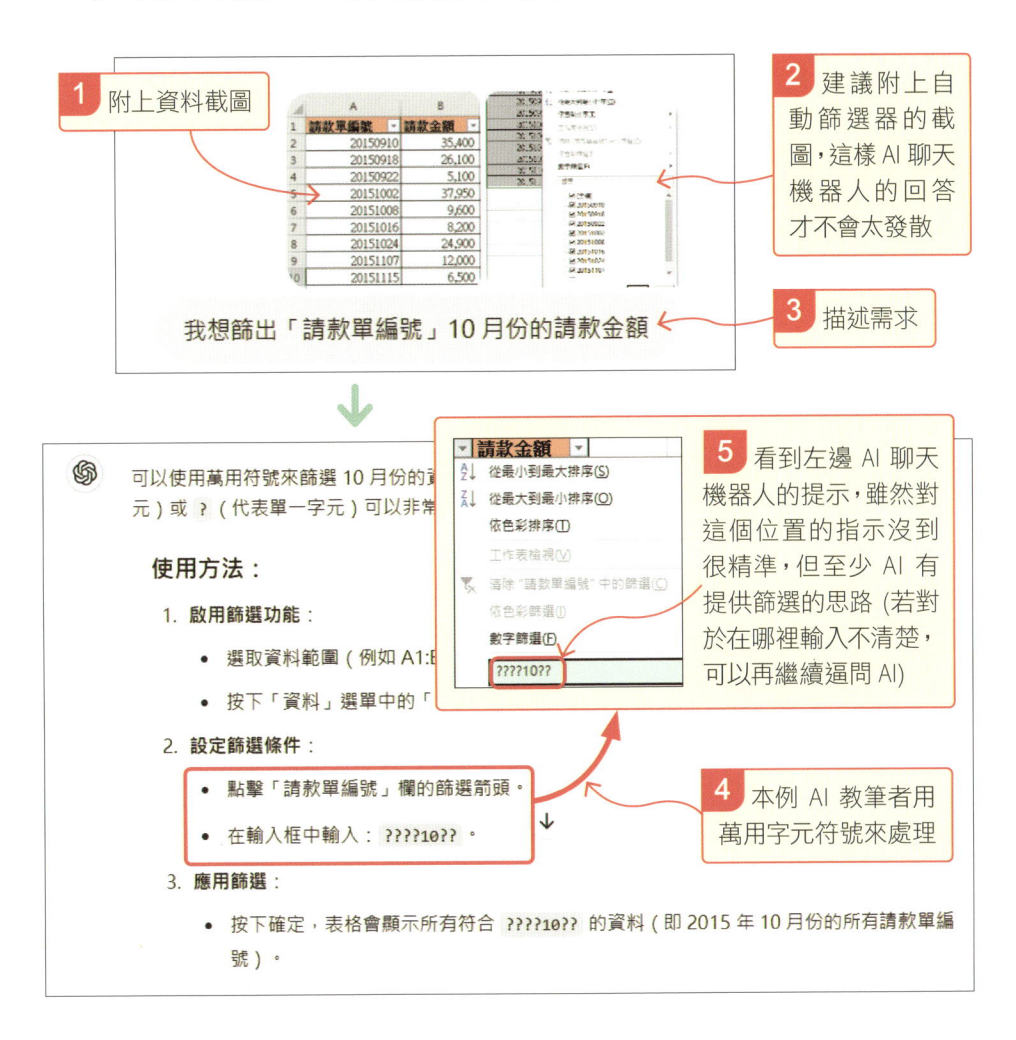

1 附上資料截圖

2 建議附上自動篩選器的截圖，這樣 AI 聊天機器人的回答才不會太發散

3 描述需求

我想篩出「請款單編號」10 月份的請款金額

可以使用萬用符號來篩選 10 月份的資料⋯⋯元) 或 ? (代表單一字元) 可以非常⋯⋯

使用方法：

1. **啟用篩選功能：**
   - 選取資料範圍 (例如 A1:B⋯)
   - 按下「資料」選單中的「⋯」

2. **設定篩選條件：**
   - 點擊「請款單編號」欄的篩選箭頭。
   - 在輸入框中輸入：????10??。

3. **應用篩選：**
   - 按下確定，表格會顯示所有符合 ????10?? 的資料 (即 2015 年 10 月份的所有請款單編號)。

4 本例 AI 教筆者用萬用字元符號來處理

5 看到左邊 AI 聊天機器人的提示，雖然對這個位置的指示沒到很精準，但至少 AI 有提供篩選的思路 (若對於在哪裡輸入不清楚，可以再繼續逼問 AI)

2-21

> **TIP** 但提醒讀者，如同第 1 章所提到的，「請 AI 教你 Excel 怎麼操作」比較適合對 Excel 有一定熟悉的人 (以本例來說，至少你自己要用過自動篩選器！)，因為 AI 聊天機器人對操作位置的指示不會 100% 精準，若您對某功能壓根不熟，光看 AI 聊天機器人的步驟操作極有可能會白花時間。

2-3 重要查表函數 (VLOOKUP、INDEX、MATCH…) 不會用，call AI 幫忙寫

使用 AI AI 聊天機器人 (ChatGPT、Copilot、Gemini…都可以)

前一節我們看到 AI 在提示 Excel 資料篩選做法時，很多情況都是「**生成函數**」給我們用，有些還是多個函數組合成的判斷公式，這實在太棒了，如果通通自己來不知道要花多少時間！的確，**在生成函數、公式方面，AI 聊天機器人絕對是高手中的高手**，不管是單一函數，或者多個函數串在一起用的函數組合公式，AI 都能幫我們瞬間生成。

回顧前兩章的內容，AI 幫我們解決問題時，就生成了 IF、COUNTIF 函數給我們用，而針對本章的主軸 - **資料篩選**，以往有幾個函數是一定要學的，包括 **INDEX、VLOOKUP、MATCH**…等。在 ChatGPT 問世之前，為了掌握這些重要函數的用法，免不了要購書或上網透過一大堆範例的演練，才能稍稍掌握「該什麼時候用」、「函數內的參數該怎麼設」…這些知識，現在就不用慢慢學了。本節再多看幾個用函數解決問題的資料篩選例子，我們所要關注的，就只有 AI 給的公式是否有用，以及篩資料失敗時下一步該如何處理而已！

提供篩選需求給 AI 生成公式

> 例 AI 生成 IF 函數

首先看到底下這個資料篩選例子：

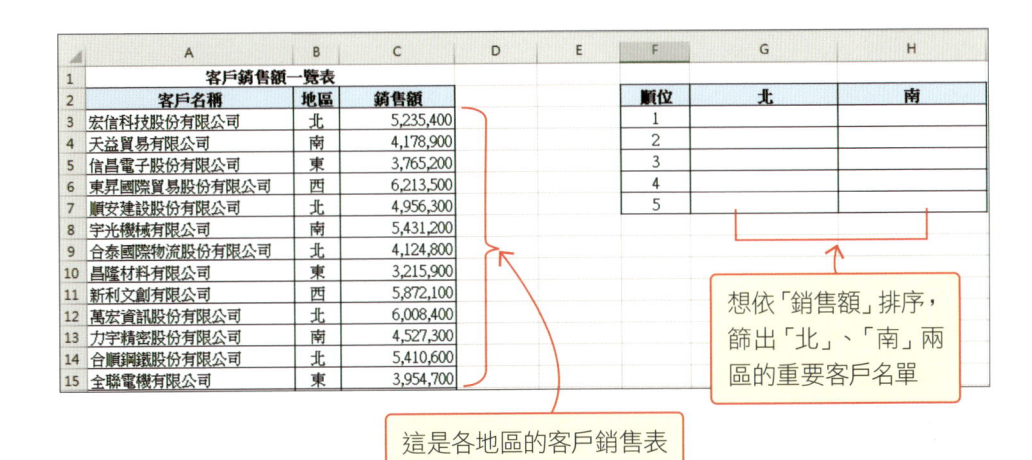

	A	B	C	D	E	F	G	H
1	客戶銷售額一覽表							
2	客戶名稱	地區	銷售額			順位	北	南
3	宏信科技股份有限公司	北	5,235,400			1		
4	天益貿易有限公司	南	4,178,900			2		
5	信昌電子股份有限公司	東	3,765,200			3		
6	東昇國際貿易股份有限公司	西	6,213,500			4		
7	順安建設股份有限公司	北	4,956,300			5		
8	宇光機械有限公司	南	5,431,200					
9	合泰國際物流股份有限公司	北	4,124,800					
10	昌隆材料有限公司	東	3,215,900					
11	新利文創有限公司	西	5,872,100					
12	萬宏資訊股份有限公司	北	6,008,400					
13	力宇精密股份有限公司	南	4,527,300					
14	合順鋼鐵股份有限公司	北	5,410,600					
15	全聯電機有限公司	東	3,954,700					

這是各地區的客戶銷售表

想依「銷售額」排序，篩出「北」、「南」兩區的重要客戶名單

如何，有頭緒嗎？每個人的 Excel 功力不一，但大部份情況下，總得花點時間想想該用哪個函數，以後不要再花時間，直接把需求提供給 AI，請它提供一些想法吧 (大部分的情況，AI 提供的不會只是想法，而是「解法」😊)：

盡可能附上資料截圖，否則連描述情境都會花很久時間

(附上資料截圖)

從 A3:C33 資料中，篩出北/南兩區的重要客戶 (依銷售額排名)，填入 G3:H7 表格內。
G3 是北區排名第一，G4 是北區排名第二…G7 是北區排名第五
G3 是南區排名第一，H4 是南區排名第二…H7 是南區排名第五

點出原始資料的範圍 (標題若不需要，就不要納入)

為了避免 AI 會錯意，能加上的輔助說明都儘量加上

2-23

根據你的需求，目標是要從A3:C33的資料中，篩選出「北區」與「南區」的客戶，並依照銷售額排序，然後將前五名分別填入G3:H7的表格中。以下是詳細步驟與公式建議：

目標

- **D欄**：顯示「北區」的銷售額，其他地區留空。
- **E欄**：顯示「南區」的銷售額，其他地區留空。
- 之後根據這兩欄來排序，找出前五名，放到G3:G7和H3:H7。

1 送出提示語後，筆者通常會先看 AI 描述的問題是否正確，本例是正確的，若不對，後面就不用看下去了，應該重新修正提示語

2 本例 ChatGPT 教的方法是利用「輔助欄」，先將北、南兩區的資料篩出來，再抓各自前 5 名的公司名稱填入 G3:H7 表格

公式設計

D欄 (北區銷售額)

放在D3，往下拉到D33：

```excel
=IF(B3="北", C3, "")
```

E欄 (南區銷售額)

放在E3，往下拉到E33：

```excel
=IF(B3="南", C3, "")
```

3 公式都直接複製下來用

4 照上圖 AI 的指示先建好輔助列，本例北、南兩區的資料就被區分開了

	A	B	C	D	E	F	G	H
1	客戶銷售額一覽表							
2	客戶名稱	地區	銷售額			順位	北	南
3	宏信科技股份有限公司	北	5,235,400	5,235,400		1		
4	天益貿易有限公司	南	4,178,900		4178900	2		
5	信昌電子股份有限公司	東	3,765,200			3		
6	東昇國際貿易股份有限公司	西	6,213,500			4		
7	順安建設股份有限公司	北	4,956,300	4,956,300		5		
8	宇光機械有限公司	南	5,431,200		5431200			
9	合泰國際物流股份有限公司	北	4,124,800	4,124,800				
10	昌隆材料有限公司	東	3,215,900					
11	新利文創有限公司	西	5,872,100					
12	萬宏資訊股份有限公司	北	6,008,400	6,008,400				
13	力宇精密股份有限公司	南	4,527,300		4527300			
14	合順鋼鐵股份有限公司	北	5,410,600	5,410,600				
15	全聯電機股份有限公司	東	3,954,700					
16	光明能源股份有限公司	西	6,315,800					

E4 : fx =IF(B4="南", C4, "")

例如 E 輔助欄都是南區的額業額

5 接著的工作就是各自找到銷售額前五名的客戶

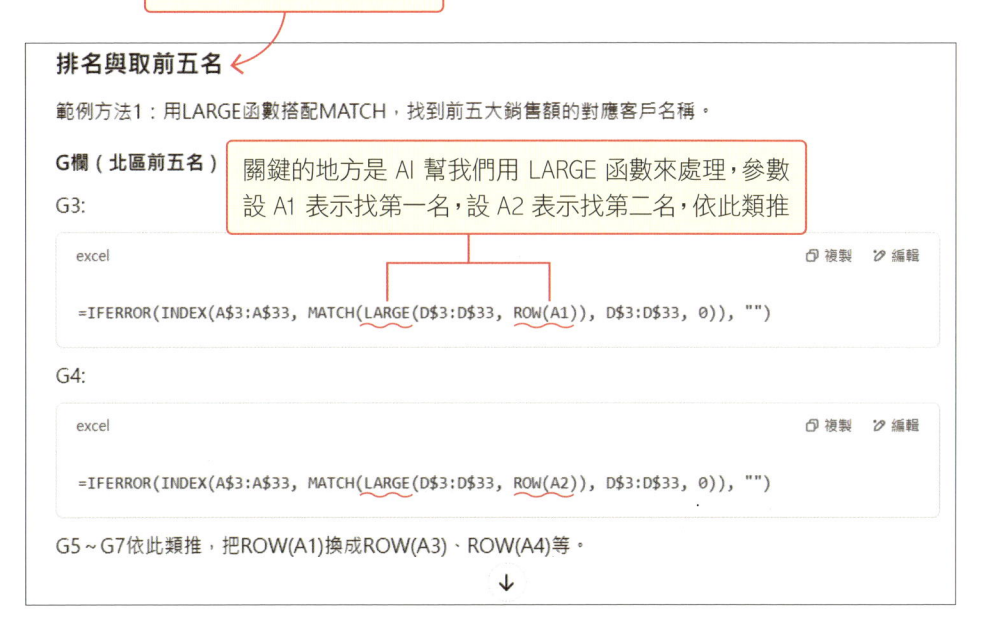

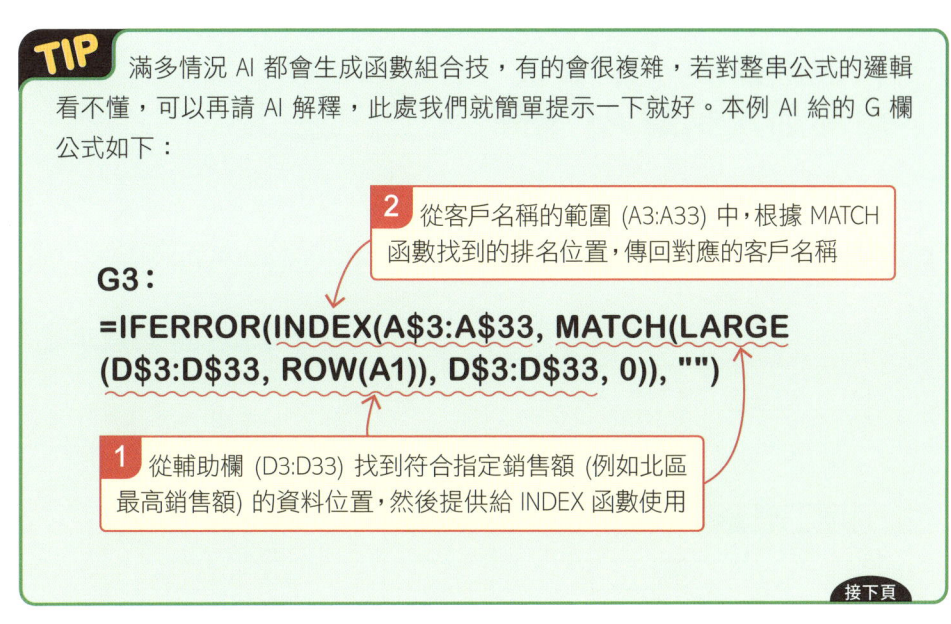

排名與取前五名

範例方法1：用LARGE函數搭配MATCH，找到前五大銷售額的對應客戶名稱。

G欄（北區前五名）

G3：

關鍵的地方是 AI 幫我們用 LARGE 函數來處理，參數設 A1 表示找第一名，設 A2 表示找第二名，依此類推

```excel
=IFERROR(INDEX(A$3:A$33, MATCH(LARGE(D$3:D$33, ROW(A1)), D$3:D$33, 0)), "")
```

G4：

```excel
=IFERROR(INDEX(A$3:A$33, MATCH(LARGE(D$3:D$33, ROW(A2)), D$3:D$33, 0)), "")
```

G5～G7依此類推，把ROW(A1)換成ROW(A3)、ROW(A4)等。

↓

TIP 滿多情況 AI 都會生成函數組合技，有的會很複雜，若對整串公式的邏輯看不懂，可以再請 AI 解釋，此處我們就簡單提示一下就好。本例 AI 給的 G 欄公式如下：

2 從客戶名稱的範圍 (A3:A33) 中，根據 MATCH 函數找到的排名位置，傳回對應的客戶名稱

G3：
=IFERROR(INDEX(A$3:A$33, MATCH(LARGE(D$3:D$33, ROW(A1)), D$3:D$33, 0)), "")

1 從輔助欄 (D3:D33) 找到符合指定銷售額 (例如北區最高銷售額) 的資料位置，然後提供給 INDEX 函數使用

接下頁

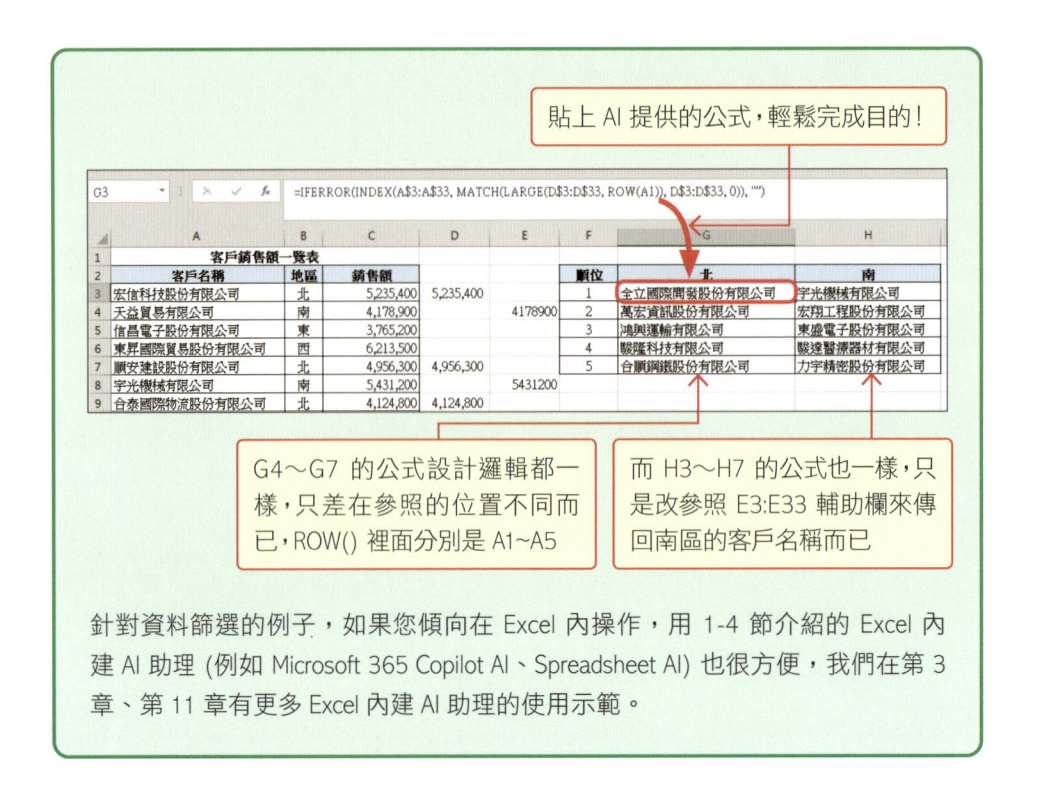

貼上 AI 提供的公式，輕鬆完成目的！

G3　=IFERROR(INDEX(A$3:A$33, MATCH(LARGE(D$3:D$33, ROW(A1)), D$3:D$33, 0)), "")

	A	B	C	D	E	F	G	H
1	客戶銷售額一覽表							
2	客戶名稱	地區	銷售額			順位	北	南
3	宏信科技股份有限公司	北	5,235,400	5,235,400		1	全立國際開發股份有限公司	宇光機械有限公司
4	天益貿易有限公司	南	4,178,900		4178900	2	萬宏資訊股份有限公司	宏翔工程股份有限公司
5	信昌電子股份有限公司	東	3,765,200			3	鴻興運輸有限公司	東盛電子股份有限公司
6	東昇國際貿易股份有限公司	西	6,213,500			4	駿隆科技有限公司	駿達醫療器材有限公司
7	順安建設股份有限公司	北	4,956,300	4,956,300		5	合鵬鋼鐵股份有限公司	力宇精密股份有限公司
8	宇光機械有限公司	南	5,431,200		5431200			
9	合泰國際物流股份有限公司	北	4,124,800	4,124,800				

G4～G7 的公式設計邏輯都一樣，只差在參照的位置不同而已，ROW() 裡面分別是 A1~A5

而 H3~H7 的公式也一樣，只是改參照 E3:E33 輔助欄來傳回南區的客戶名稱而已

針對資料篩選的例子，如果您傾向在 Excel 內操作，用 1-4 節介紹的 Excel 內建 AI 助理 (例如 Microsoft 365 Copilot AI、Spreadsheet AI) 也很方便，我們在第 3 章、第 11 章有更多 Excel 內建 AI 助理的使用示範。

寫函數寫到一半卡住，給局部資訊請 AI 補完

例 AI 生成 VLOOKUP 公式

在撰寫 Excel 函數的過程中，有時會遇到一時卡住，試不出來參數該怎麼設，有了 AI，我們也可以提供部分片段資訊，請 AI 為我們補足：

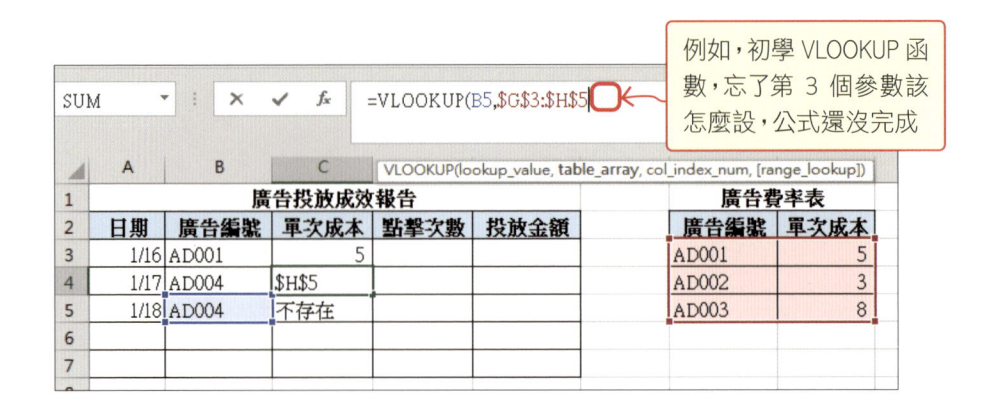

例如，初學 VLOOKUP 函數，忘了第 3 個參數該怎麼設，公式還沒完成

SUM　=VLOOKUP(B5,$G$3:$H$5

VLOOKUP(lookup_value, table_array, col_index_num, [range_lookup])

	A	B	C	D	E	F	G	H
1		廣告投放成效報告					廣告費率表	
2	日期	廣告編號	單次成本	點擊次數	投放金額		廣告編號	單次成本
3	1/16	AD001	5				AD001	5
4	1/17	AD004	$H$5				AD002	3
5	1/18	AD004	不存在				AD003	8
6								
7								

2-26

遇到這種情況，建議直接把卡住的地方截圖起來 (含資料內容)，方便 AI 聊天機器人了解目前你所操作的階段：

幫我完成這個 vlookup 公式

1 把公式寫到一半的畫面截圖下來，提供給 AI 聊天機器人 (本例是用 Gemini 來操作)

♦ 好的，很高興能為您解答 VLOOKUP 公式的問題。

從您提供的圖片看來，您希望透過 VLOOKUP 函數，從右邊的「廣告費率表」中，根據「廣告編號」來查詢對應的「單次成本」，並將結果填入「廣告投放成效報告」中的「單次成本」欄位。

分析公式：

- `=VLOOKUP(B5,$G$3:$H$5,2,FALSE)`
- `B5`：這是要查詢的「廣告編號」所在的儲存格。
- `$G$3:$H$5`：這是要查詢的範圍，也就是「廣告費率表」。請注意這裡使用了絕對引用，這樣在複製公式時，範圍不會改變。
- `2`：表示要返回的欄位編號，從查詢範圍的第一欄開始算起，這裡是第二欄「單次成本」。
- `FALSE`：表示要精確匹配，也就是說，只有當「廣告編號」完全相同時，才會返回對應的「單次成本」。

提供圖片這一招非常有用，Gemini AI 可以透過圖片識別出我們的目的

♦ 好的，很高興能為您解答 VLOOKUP 公式的問題。

從您提供的圖片看來，您希望透過 VLOOKUP 函數，從右邊的「廣告費率表」中，根據「廣告編號」來查詢對應的「單次成本」，並將結果填入「廣告投放成效報告」中的「單次成本」欄位。

分析公式：

- `=VLOOKUP(B5,$G$3:$H$5,2,FALSE)` ← **2** 其實這裡就幫我們補完了
- `B5`：這是要查詢的「廣告編號」所在的儲存格。
- `$G$3:$H$5`：這是要查詢的範圍，也就是「廣告費率表」。請注意這裡使用了絕對引用，這樣在複製公式時，範圍不會改變。
- `2`：表示要返回的欄位編號，從查詢範圍的第一欄開始算起，這裡是第二欄「單次成本」。
- `FALSE`：表示要精確匹配，也就是說，只有當「廣告編號」完全相同時，才會返回對應的「單次成本」。

3 也附上公式說明

> **問題與解決方案：**
>
> 在您提供的圖片中，第 4 行的「單次成本」欄位輸入了 $H$5，這並不是正確的 VLOOKUP 公式寫法。應該直接使用 VLOOKUP 函數來查詢。
>
> **修正後的公式：**
>
> 在第 4 行的「單次成本」欄位中，輸入以下公式：
>
> =VLOOKUP(B4,$G$3:$H$5,2,FALSE)

> AI 貼心解釋原本的函數錯在哪

本例我們早知道附給 Gemini AI 的公式是錯的，只是不曉得正確的怎麼寫而已。總之，不管函數執行失敗不知道錯在哪、函數寫一半卡關，都可以把問題丟給 AI 求救！

小結

從本章的示範可以看出，AI 在 Excel 資料篩選上的用法相當彈性，不管是「把原始資料直接交給 AI 處理」或「請 AI 教內建功能怎麼篩」、「請 AI 生成各種函數、公式幫我們篩」…等都行得通。當然，您手邊遇到的範例勢必跟本書不會一樣，實際操作時可能需要跟 AI 反覆溝通，但整體效率絕對遠勝於傳統的 Excel 做法。

3
CHAPTER

【Excel 資料彙總計算】AI
報表彙總不再卡關，請 AI 一鍵算出來！

3-1　請 AI 生成彙總公式的前置要點

3-2　再複雜的彙總、計算條件，AI 都能幫你生成函數輕鬆解決！

3-3　用 AI 輕鬆解決「跨工作表」的 Excel 彙總計算工作

在 Excel 中經常遇到「各門市銷售彙總」、「特定月份特定品項加總」等資料彙總、計算工作，看完前兩章的介紹，我們可以嘗試用各種 AI 解法來處理，然而依筆者經驗，在 Excel 內處理這些運算工作，最常用的就是 Excel 函數，因此，**請 AI 生成函數、公式**應該是解決這類工作最直覺的解法。

談到彙總、計算工作所使用的函數，大家可能直覺想到的就是用 SUM 函數來搞定，但是實務上常會遇到「需要符合多個條件的複雜運算」，例如特定月份、特定產品銷售額統計⋯等，這時候就得用到一些 SUMIF、SUMPRODUCT、⋯等函數，或是將兩、三個函數組合在一起才能完成計算，這對 Excel 新手來說就是個大考驗。

現在有了 AI 這些都變輕鬆囉！雖然我們可以將生成函數、複雜公式的工作通通交給 AI，但當中還是有很多眉角要注意，本章我們就來示範怎麼做！

3-1 請 AI 生成彙總公式的前置要點

跟 AI 聊天機器人互動問問題看似很簡單，但針對資料的彙總及運算，為了讓 AI 順利理解我們的需求，我們反覆測試了一些不同類型的資料以及提問方式，發現資料只要符合下列原則，在提問時就會比較順利。因此，在實際請 AI 生成彙總運算的公式之前，請參考以下幾點稍微檢查一下手邊的資料：

- **要彙總的資料最好連續排列，不要有空白欄或空白列**：有些資料 (例如不同月份) 我們習慣空一欄或空一列來做區隔，但是這樣可能會被解讀成是兩個資料來源，計算的結果就會不如預期。

	A	B	C	D	E	F	G
1	日期	門市	商品編號	顏色	件數	金額	
2	1/4	信義門市	CWA001	黑色	255	254,745	
3	1/6	忠孝門市	CWA002	黃色	150	149,850	
4	1/8	台安門市	CWA003	粉紅	167	166,833	
5	1/11	信義門市	CWA001	黑色	308	307,692	
6	1/12	台安門市	CWA002	黃色	255	254,745	
7	1/18	仁愛門市	CWA003	粉紅	406	405,594	
8	1/22	忠孝門市	CWA001	黑色	322	321,678	
9	1/26	松山門市	CWA002	黃色	188	187,812	
10	1/30	信義門市	CWA003	粉紅	153	152,847	
11							
12	2/2	忠孝門市	CWA001	黑色	436	435,564	
13	2/5	仁愛門市	CWA002	黃色	152	151,848	
14	2/7	松山門市	CWA003	粉紅	288	287,712	
15	2/11	信義門市	CWA001	黑色	342	341,658	
16	2/14	松山門市	CWA002	黃色	214	213,786	
17	2/17	台安門市	CWA003	粉紅	388	387,612	
18	2/20	仁愛門市	CWA001	黑色	199	198,801	
19	2/21	台安門市	CWA002	黃色	170	169,830	
20	2/25	忠孝門市	CWA003	粉紅	155	154,845	

AI 聊天機器人可能會誤判為兩個資料來源

這裡有一列空白列，會造成資料不連續，像這種空白列就建議刪除

- **資料的第一列最好包含「欄位名稱」**：為了讓 AI 聊天機器人可以更清楚理解我們的問題，資料的第一列最好包含「欄位名稱」，這樣在提問時可以直接指定「門市」欄、「顏色」欄、…等。

第一列最好包含「欄位名稱」，若沒有請加上去

	A	B	C	D	E	F
1	日期	門市	商品編號	顏色	件數	金額
2	1/4	信義門市	CWA001	黑色	255	254,745
3	1/6	忠孝門市	CWA002	黃色	150	149,850
4	1/8	台安門市	CWA003	粉紅	167	166,833
5	1/11	信義門市	CWA001	黑色	308	307,692
6	1/12	台安門市	CWA002	黃色	255	254,745

第一列如果是其他跟運算無關的資料，有時可能造成誤判，若跟 AI 互動卡關時，可考慮先刪除，事後再加回來

	A	B	C	D	E	F
1	2025 年聯名 T 恤銷售表					
2	日期	門市	商品編號	顏色	件數	金額
3	1/4	信義門市	CWA001	黑色	255	254,745
4	1/6	忠孝門市	CWA002	黃色	150	149,850
5	1/8	台安門市	CWA003	粉紅	167	166,833
6	1/11	信義門市	CWA001	黑色	308	307,692

- 筆者在請 AI 聊天機器人幫忙做資料彙總時，常遇到一個狀況，那就是無法處理「合併儲存格」的資料，必須先取消合併儲存格才能繼續進行。因此，若您要彙總運算的資料含有「合併儲存格」，能取消就建議取消。

最後，底下兩點是筆者使用 1-4 節介紹的 Microsoft 365 Copilot 處理 Excel 彙總計算問題所遇到的，若使用這個 AI 工具時不妨留意一下：

- **將資料轉換為有標題的「表格」**：這是筆者使用 Microsoft 365 Copilot 時所遇到的，當 AI 無法判斷資料範圍，或是出現如下小圖的說明時，建議如小圖上 AI 所教的，利用**插入**頁次的**表格**功能將資料範圍轉換成「表格」(表格是具有資料庫中的資料表特性，可用來管理與分析大量資料)。轉換成表格後，如下大圖所示，Excel 會自動替資料範圍命名，以方便識別資料。

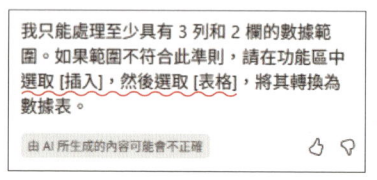

> 我只能處理至少具有 3 列和 2 欄的數據範圍。如果範圍不符合此準則，請在功能區中選取 [插入]，然後選取 [表格]，將其轉換為數據表。

◀ AI 建議將資料轉換成「表格」，並告訴你轉換成「表格」的操作

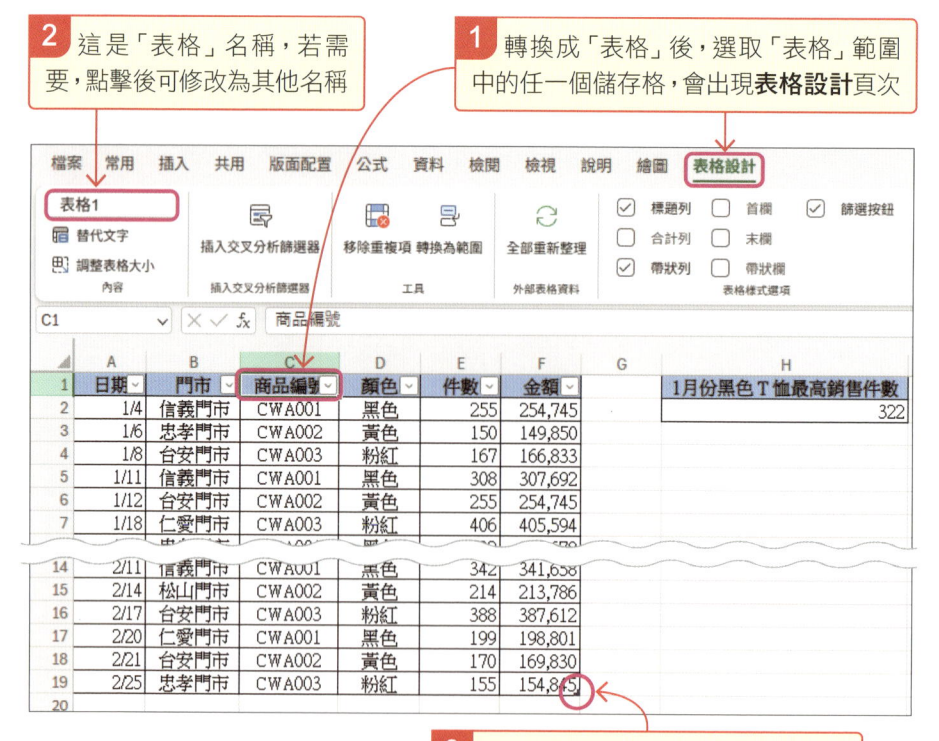

2 這是「表格」名稱，若需要，點擊後可修改為其他名稱

1 轉換成「表格」後，選取「表格」範圍中的任一個儲存格，會出現**表格設計**頁次

	A	B	C	D	E	F	G	H
1	日期	門市	商品編號	顏色	件數	金額		1月份黑色T恤最高銷售件數
2	1/4	信義門市	CWA001	黑色	255	254,745		322
3	1/6	忠孝門市	CWA002	黃色	150	149,850		
4	1/8	台安門市	CWA003	粉紅	167	166,833		
5	1/11	信義門市	CWA001	黑色	308	307,692		
6	1/12	台安門市	CWA002	黃色	255	254,745		
7	1/18	仁愛門市	CWA003	粉紅	406	405,594		
14	2/11	信義門市	CWA001	黑色	342	341,658		
15	2/14	松山門市	CWA002	黃色	214	213,786		
16	2/17	台安門市	CWA003	粉紅	388	387,612		
17	2/20	仁愛門市	CWA001	黑色	199	198,801		
18	2/21	台安門市	CWA002	黃色	170	169,830		
19	2/25	忠孝門市	CWA003	粉紅	155	154,845		

3 轉換成「表格」後，這裡會多出一個控點，拖曳此控點可擴大「表格」範圍

- 若是同一個 Excel 365 工作表中有兩組以上的資料,建議先替「資料範圍」命名,這樣在向 AI 聊天機器人提問時,會比較容易識別。

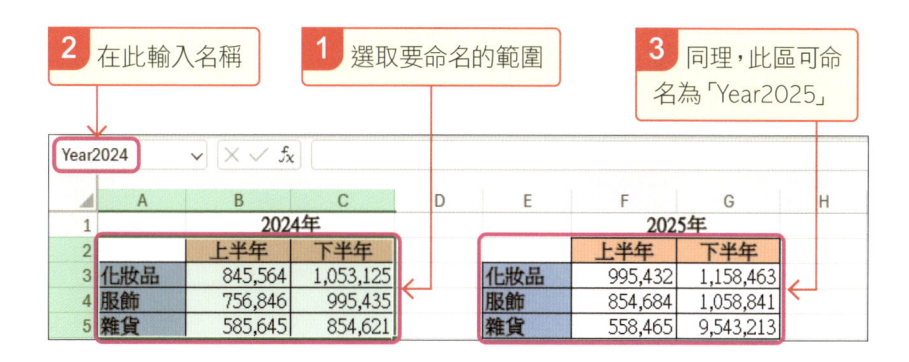

2 在此輸入名稱　　**1** 選取要命名的範圍　　**3** 同理,此區可命名為「Year2025」

	A	B	C	D	E	F	G	H
1		2024年				2025年		
2		上半年	下半年			上半年	下半年	
3	化妝品	845,564	1,053,125		化妝品	995,432	1,158,463	
4	服飾	756,846	995,435		服飾	854,684	1,058,841	
5	雜貨	585,645	854,621		雜貨	558,465	9,543,213	

3-2 再複雜的彙總、計算條件,AI 都能幫你生成函數輕鬆解決!

使用AI AI 聊天機器人 (Microsoft 365 的 Copilot AI)

　　完成前一節的前置檢查工作,這一節就實際請 AI 生成函數、公式,幫我們解決難纏的 Excel 資料彙總、計算工作囉!

> **TIP** 針對「請 AI 生成函數、公式」,不管是開啟瀏覽器請 AI 聊天機器人協助、或者向 Excel 內建的 AI 助理發問都可以。底下主要使用 **1-4 節**介紹過的 Microsoft 365 Copilot AI 助理來示範函數、公式生成作業 (若還沒用過 Copilot AI 可參考該節來建置相關環境)。當然,開啟瀏覽器用其他 AI 聊天機器人來操作也行,就只差在要提供更多資訊讓 AI 理解你的需求,其他跟 AI 互動的做法大致都跟底下看到的一樣。

　　對不熟 Excel 函數的人而言,「要計算符合多項條件的資料加總」,或是「找出符合多項條件的某個值」,光是聽到這些需求,可能腦袋就一片空白了,更別說要下手寫公式!現在,這些複雜的計算交給 AI 處理就對了!

底下的範例，結構看起來不複雜，包含了 1 月及 2 月各款 T 恤的銷售資料，老闆只想知道「1 月份黑色＋黃色 T 恤的總銷售額是多少」，但是用人工一筆一筆慢慢加總實在太沒效率了，我們直接問 AI 聊天機器人吧！(這裡以 Microsoft 365 的 Copilot AI 來示範，可參考 1-4 節來取得)

Excel Help： 我想知道 1 月份「黑色」及「黃色」T 恤的「總金額」是多少？

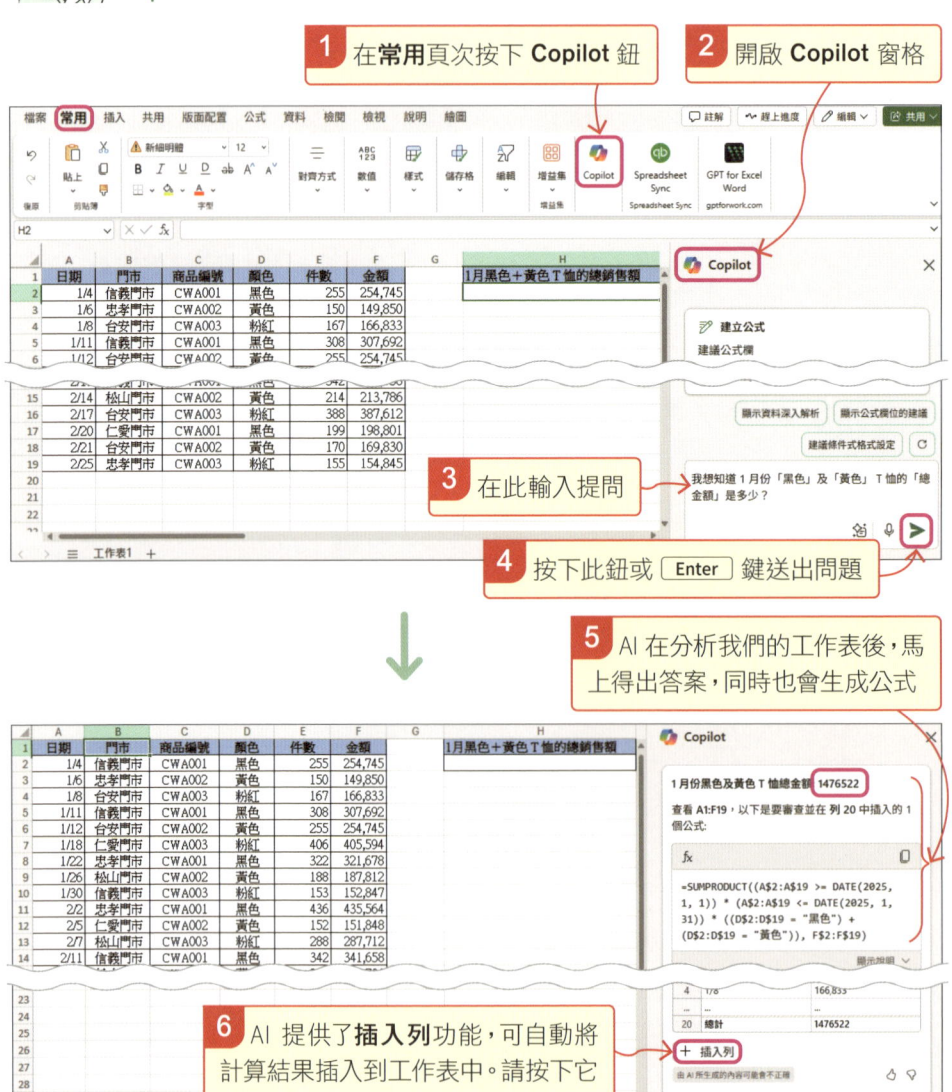

1 在**常用**頁次按下 Copilot 鈕

2 開啟 Copilot 窗格

3 在此輸入提問

4 按下此鈕或 Enter 鍵送出問題

5 AI 在分析我們的工作表後，馬上得出答案，同時也會生成公式

1月份黑色及黃色 T 恤總金額 **1476522**

查看 A1:F19，以下是要審查並在列 20 中插入的 1 個公式：

=SUMPRODUCT((A$2:A$19 >= DATE(2025, 1, 1)) * (A$2:A$19 <= DATE(2025, 1, 31)) * ((D$2:D$19 = "黑色") + (D$2:D$19 = "黃色")), F$2:F$19)

6 AI 提供了**插入列**功能，可自動將計算結果插入到工作表中。請按下它

3-6

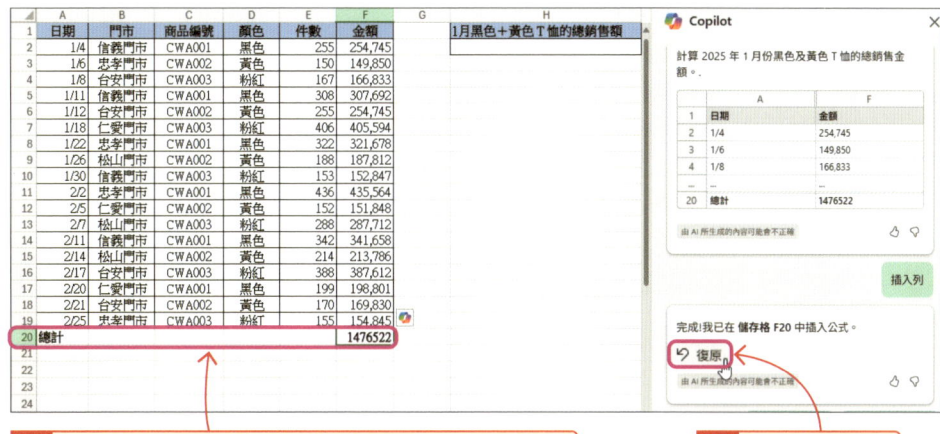

7 可是 AI 插入的結果不是我們想要的地方 (Copilot 通常會將計算結果放在連續資料的最下方或是最右側)，此例我們想將計算結果放在右上的 H2 儲存格

8 按下**復原**鈕，還原插入的操作

9 改手動指定位置吧。按下此鈕，複製 AI 提供的公式

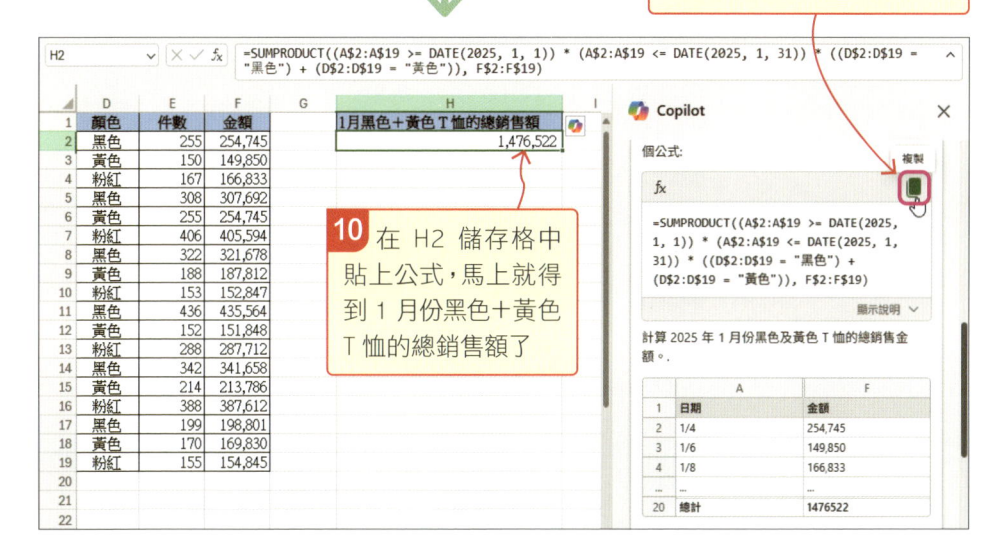

10 在 H2 儲存格中貼上公式，馬上就得到 1 月份黑色+黃色 T 恤的總銷售額了

> **TIP** 詢問 AI 聊天機器人時，每次生成的公式可能都不同。由於有些函數只支援新版的 Excel 2024 或者 Microsoft 365，如果你會在本機舊一點的 Excel 中操作，那麼建議你請 AI 生成公式時，可告訴 AI「請提供 Excel 2019 或 2021 也能使用的函數」，這樣就不用擔心 AI 只生成 Microsoft 365 才能使用的函數。

第 3 章【Excel 資料彙總計算】AI — 報表彙總不再卡關，請 AI 一鍵算出來！

3-7

請 AI 生成完公式、順便增加 Excel 知識！

本例 Copilot AI 提供了一長串可幫我們算出總銷售額的公式，如果你想順道學習這些資料彙總常會用到的函數，還可以進一步問 AI 這串公式的細節。

> 可以解釋一下剛才提供的公式嗎？

當然可以！以下是剛才提供的公式的作用說明：

公式：=SUMPRODUCT((A$2:A$19 >= DATE(2025, 1, 1)) * (A$2:A$19 <= DATE(2025, 1, 31)) * ((D$2:D$19 = "黑色") + (D$2:D$19 = "黃色")), F$2:F$19)

這個公式的作用是計算 2025 年 1 月份黑色及黃色 T 恤的總銷售金額。具體步驟如下：

1. **日期範圍**：使用 DATE(2025, 1, 1) 和 DATE(2025, 1, 31) 分別建立起始日期和結束日期。
2. **篩選日期**：比較 A 列 中的每個日期是否在上述範圍內。
3. **篩選顏色**：比較 D 列 中的每個顏色是否為 "黑色" 或 "黃色"。
4. **轉換結果**：使用雙一元運算子將比較結果轉換成數值 (0 或 1)。

有一些簡要說明，但還不是太清楚

依經驗，AI 常把欄、列名稱搞混。可看到上圖裡有出現「A 列」、「D 列」，正確應該是「A 欄」、「D 欄」才對 (其實認明英文就知道 AI 指的是欄、而非列了)

本例公式中不只用到了 SUMPRODUCT 及 DATE 兩個函數，公式的長度也是超長，雖然我們可以繼續逼問 AI 細節，例如請它拆解公式解釋給我們聽，但有時候最好先 K 一下基本功，稍微知道函數的用法再來了解公式邏輯。否則若基礎功不夠，連問 AI 都會問很久：

接下頁

- **SUMPRODUCT**：將多個陣列元素相乘後計算其合計。

函數語法	=SUMPRODUCT(陣列 1, 陣列 2…)

傳入多個陣列元素做為引數

陣列：指定計算目標的儲存格範圍或是陣列常數。最多可以指定 255 個。

- **DATE**：將個別輸入的年、月、日合併成完整的日期資料。

函數語法	=DATE(年 , 月 , 日)

年：指定年的數值。
月：以 1～12 的數值指定月份。
日：以 1～31 的數值指定日期。
從「年」、「月」、「日」的數值中傳回表示日期的序列值。

所以剛才 AI 提供給我們的公式就是，用 DATE 函數，建立 2025/1/1 (起始日期) 到 2025/1/31 (結束日期)，接著用 >= 以及 <= 來比較 A 欄中的每個日期是否在起始日期及結束日期的範圍內。接著再找出 D 欄等於「黑色」或「黃色」的資料，用 SUMPRODUCT 加總符合條件的 F 欄中的金額。

=SUMPRODUCT((A$2:A$19 >= DATE(2025, 1, 1)) *
(A$2:A$19 <= DATE(2025, 1, 31)) *
((D$2:D$19 = " 黑色 ") + (D$2:D$19 = " 黃色 ")), F$2:F$19)

指定日期範圍用以判斷　　起始日期　　結束日期
D2:D19 範圍裡符合「黑色」及「黃色」的資料　　「金額」欄

■ SUMPRODUCT 的第一個引數，用來找出符合條件的資料
■ 第二個引數，指定金額欄的資料範圍

3-3 用 AI 輕鬆解決「跨工作表」的 Excel 彙總計算工作

使用 AI AI 聊天機器人 (Microsoft 365 的 Copilot)

再來演練一個傳統上有點麻煩的 Excel 資料彙總範例。有時我們會將資料分別存放在不同工作表中,例如「1 月」、「2 月」、…或是「第 1 週」、「第 2 週」、…,等到了一段期間 (一個月、一季或一年),再進行資料彙整,針對跨工作表的加總工作,傳統上就是先將分散在不同工作表的資料複製、貼上到同一個工作表再進行處理,有了 AI 當然不用做這些手工活,即使是跨工作表的資料,也可以交給 AI 輕鬆解決。

如下圖所示,假設我們想計算第 1 週到第 5 週的總銷售額,並將計算的結果放在**統計**工作表的 B1 儲存格,你可以如下提問。本例繼續請內建在 Excel 裡面的 Copilot AI 助理 (1-4 節) 幫我們生成公式。

> 我想要跨工作表計算,加總「第1週」到「第5週」的「合計」,可以提供公式給我嗎?

AI 聊天機器人在分析我們的工作表後,提供了一個公式,直接複製此公式,並貼到**統計**工作表的 B1 儲存格:

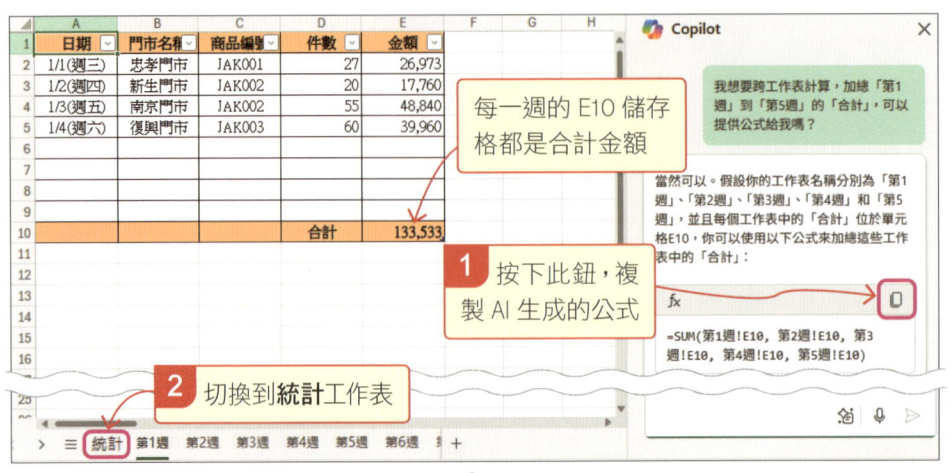

每一週的 E10 儲存格都是合計金額

1 按下此鈕,複製 AI 生成的公式

2 切換到**統計**工作表

Copilot 回應:
當然可以。假設你的工作表名稱分別為「第1週」、「第2週」、「第3週」、「第4週」和「第5週」,並且每個工作表中的「合計」位於單元格E10,你可以使用以下公式來加總這些工作表中的「合計」:

=SUM(第1週!E10, 第2週!E10, 第3週!E10, 第4週!E10, 第5週!E10)

3-10

```
B1   ×  ✓  fx  =SUM(第1週!E10, 第2週!E10, 第3週!E10, 第4週!E10, 第5週!E10)
```

	A	B	C	D	E	F	G
1	第1週～第5週的總金額：	1,453,656					
2	第1週～第3週，JAK001 的金額：						
3							
4							

❸ 將公式貼到 B1 儲存格，即可算出答案

　　這邊的操作看起來一切順利，但如果沒有下好提示語，可能會頻頻卡關哦！例如這樣提問：

> 請加總「第 1 週」～「第 5 週」的所有金額

　　以上提示語讓 Copilot AI 誤會了需求，跑去算工作表中不需要算的合計金額，而且還算錯了，把原本的合計一起做加總 😣，得到了錯誤的金額：

總金額: 267,066

查看 A1:E10，以下是要審查並在 列 11 中插入的 1 個公式：

```
fx  =SUM(表格1[金額])
```

顯示說明 ∨

計算資料表中所有門市的總銷售金額。

	A	E
1	日期	金額
2	1/1(週三)	26,973
3	1/2(週四)	17,760
4	1/3(週五)	48,840
...	...	...
11	總計	267,066

＋ 插入列

由 AI 所生成的內容可能會不正確

AI 回答內容中的「表格 1」是筆者事先替第一週表格所命名的名稱 (做法如 3-4 頁)，但即便如此，AI 還是只聚焦在「第 1 週」工作表而已

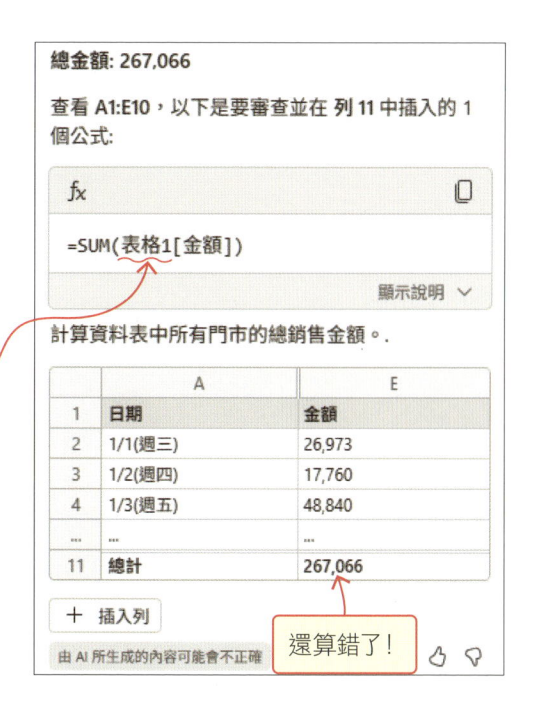

還算錯了！

　　本例經過幾次來回與 Copilot AI 的對話後，並用不同的方式提問，兩點經驗給讀者參考。首先是提示語要加上「**跨工作表**」這樣的關鍵字。其次是在一問一答之間，Copilot AI 會不斷提到 **"請建立成「表格」"**，所以本例已事先如 3-4 頁的介紹，將「第 1 週」到「第 9 週」的工作表都建立成「表格」後。完成以上作業後再來問 AI，比較可以得到想要的答案。

Copilot AI 生成的跨工作表計算公式不能用？！

如果用雲端版的 Microsoft 365 處理跨工作表計算問題，在貼上 AI 生成的公式時，筆者曾遇到「公式裡含有一長串的網址」的問題，執行的結果出現「#VALUE!」。筆者猜測這是雲端 Excel 在指定跨工作表時沒指定好連結。若您也遇到這種情況，建議不用在此公式上打轉，直接告訴 Copilot AI 公式無法執行，請它重新生成一個公式：

例如：

> 我想要跨工作表計算，請加總「表格1」、「表格2」、「表格3」中「JAK001」商品編號的所有金額。

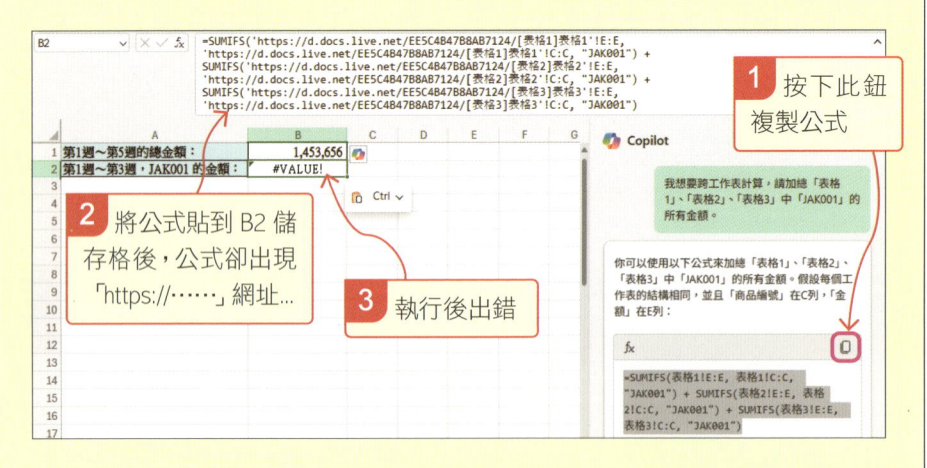

1. 按下此鈕複製公式
2. 將公式貼到 B2 儲存格後，公式卻出現「https://……」網址…
3. 執行後出錯

本例告訴 Copilot AI 公式不能用，並請它重新產生公式，就沒有再遇到上述的網址問題，順利用新公式解決問題了：

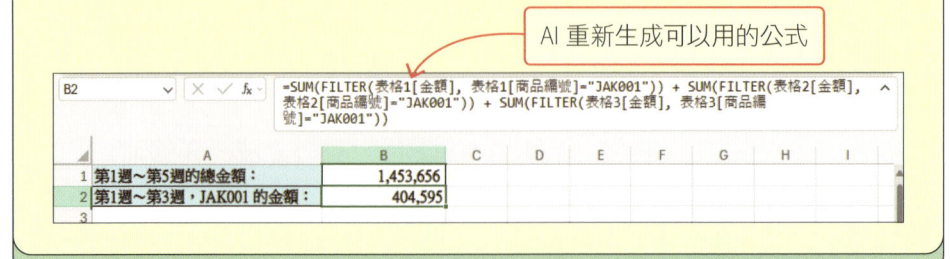

AI 重新生成可以用的公式

=SUM(FILTER(表格1[金額], 表格1[商品編號]="JAK001")) + SUM(FILTER(表格2[金額], 表格2[商品編號]="JAK001")) + SUM(FILTER(表格3[金額], 表格3[商品編號]="JAK001"))

	A	B
1	第1週～第5週的總金額：	1,453,656
2	第1週～第3週，JAK001 的金額：	404,595

PART 02 Excel × AI 讓資料分析更自動化、更高效！

4
CHAPTER

【Excel 圖表製作、分析】AI

畫圖表、圖表分析，請 AI 幫忙超省時！

4-1　再也不用亂選！AI 幫你精準挑選 Excel 圖表類型

4-2　AI 助攻 Excel 圖表繪製 - 全自動生成、跟 Excel 搭配樣樣通！

4-3　連報告都幫我們一鍵自動生成的圖表 AI

當面對一份滿滿數字的 Excel 資料，單純閱讀表格很難快速掌握全貌，此時就會想把數據轉換成淺顯易懂的圖表，因此，**製作圖表**不僅僅是轉換數據呈現方式，而是**資料分析**的重要一環。無論是用於業務報告、團隊溝通，都能提升溝通效率。

而 AI 的出現也讓圖表製作變得更便利，例如 AI 能根據數據的類型與分析目的，自動推薦最適合的 Excel 圖表類型，甚至能直接生成視覺化結果，有些圖表製作工作甚至都不用 Excel，AI 就自動幫我們完成了！

4-1 再也不用亂選！AI 幫你精準挑選 Excel 圖表類型

使用 AI AI 聊天機器人
(ChatGPT、Copilot、Gemini…都可以)

平心而論，即便您是新手，在 Excel 上繪製圖表並不是件難事，因為 Excel 內建的圖表功能相當齊備，只需選擇需要的資料範圍，無論是柱狀圖、折線圖，還是圓餅圖，點按幾個功能，幾分鐘內就能完成一張圖表。

但依筆者經驗，製作圖表的難處往往是**不知如何選擇合適的圖表**。面對各式各樣的數據結構與分析需求，一開始可能壓根不知道如何下手，最常發生的情況就是隨意選擇某類型圖表就開始製作，導致分析出來的內容不符預期。不用擔心！有了 AI 後這類問題不難解決，因為 AI 可以充當我們的圖表製作顧問，一起看看「**我的資料該用哪種圖表呈現**」這個重要的起手式如何請 AI 幫忙吧！

底下就用一份**產品銷售資料**來示範：

商品編號	商品名稱	價格	數量	銷售金額
P001	電腦	45796	17	778532
P002	手機	16299	37	603063
P003	平板	11450	60	687000
P004	耳機	3062	31	94922
P005	鍵盤	1911	26	49686
P006	滑鼠	932	101	94132
P007	顯示器	7324	100	732400
P008	打印機	9828	92	904176
P009	路由器	774	109	84366
P010	遊戲機	29109	19	553071
P011	掃描儀	2503	42	105126
P012	硬碟	4004	116	464464
P013	記憶體	2378	71	168838
P014	USB	841	49	41209
P015	相機	26233	125	3279125
P016	鏡頭	20322	123	2499606
P017	麥克風	5356	53	283868
P018	音響	18726	42	786492
P019	燈具	745	66	49170
P020	筆記本	20678	130	2688140

> 以這份滿滿數值的產品銷售資料，繪製成圖表較能看出一些端倪

先一覽 Excel 內建圖表製作功能

前面提到，Excel 當然也有內建繪製圖表的功能，當使用者讀取出資料後，可以很方便地直接在同一個頁面畫出圖表，我們先快速體驗一下，並看有什麼不足之處：

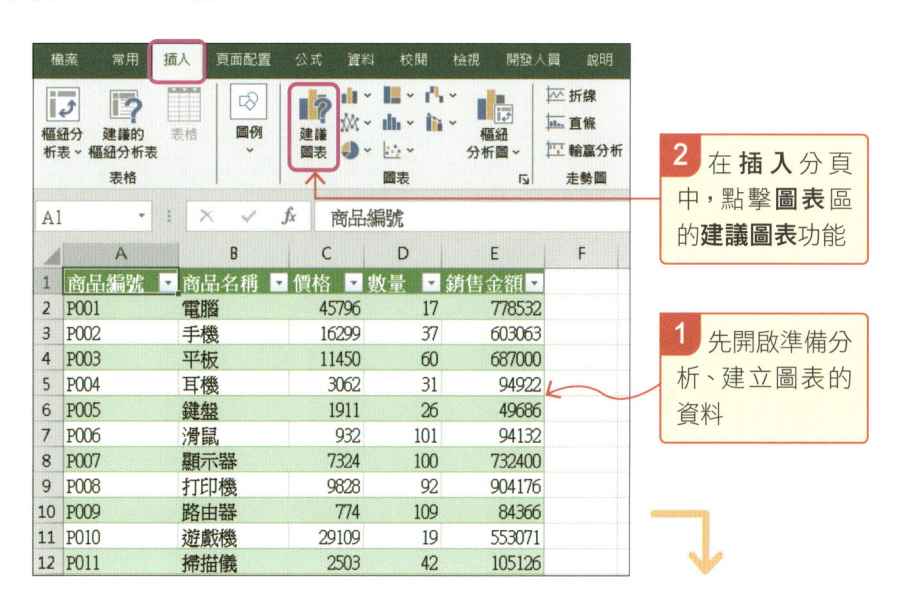

2 在**插入**分頁中，點擊**圖表**區的**建議圖表**功能

1 先開啟準備分析、建立圖表的資料

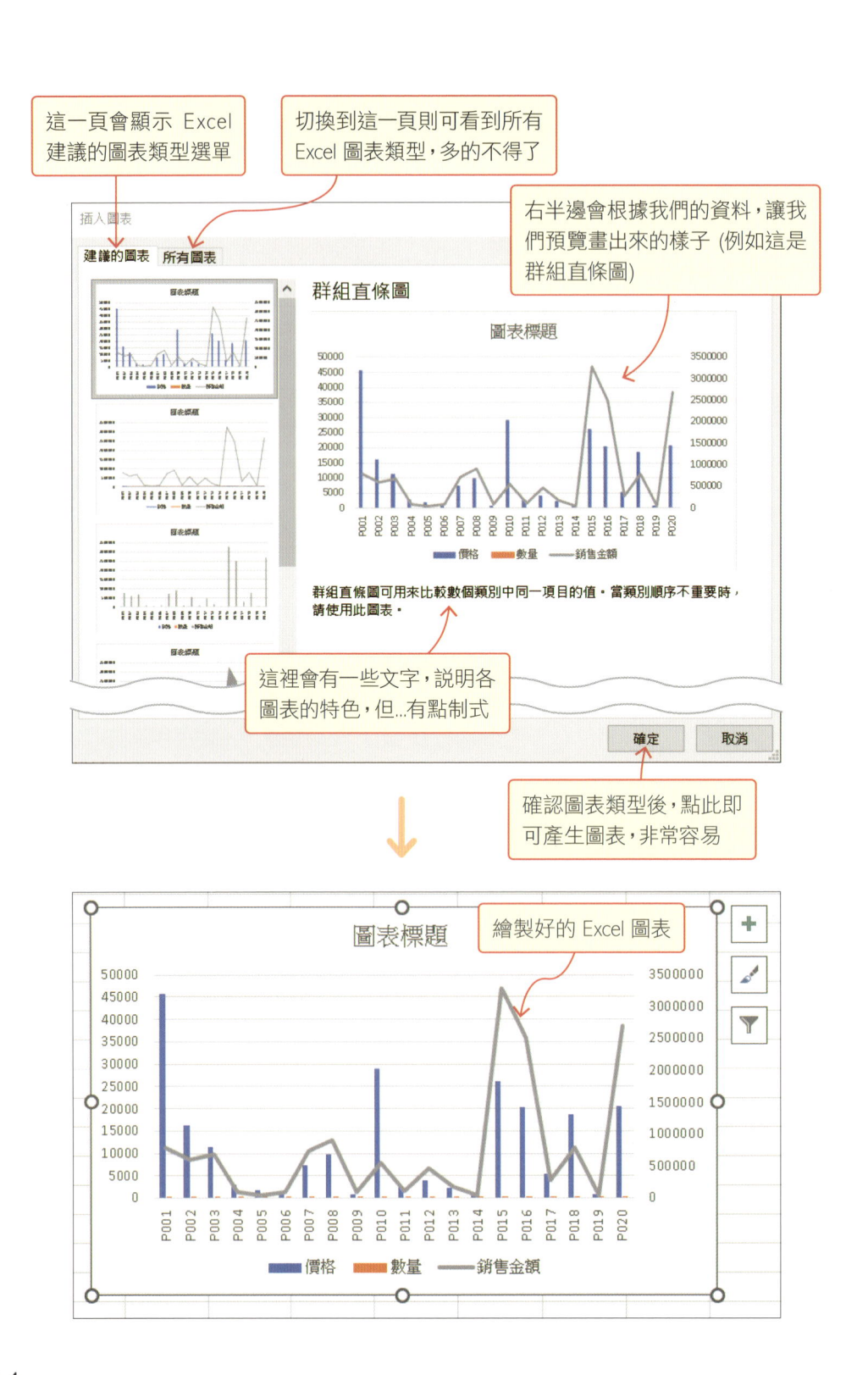

這一頁會顯示 Excel 建議的圖表類型選單

切換到這一頁則可看到所有 Excel 圖表類型，多的不得了

右半邊會根據我們的資料，讓我們預覽畫出來的樣子 (例如這是群組直條圖)

這裡會有一些文字，說明各圖表的特色，但...有點制式

確認圖表類型後，點此即可產生圖表，非常容易

繪製好的 Excel 圖表

▶ 4-4

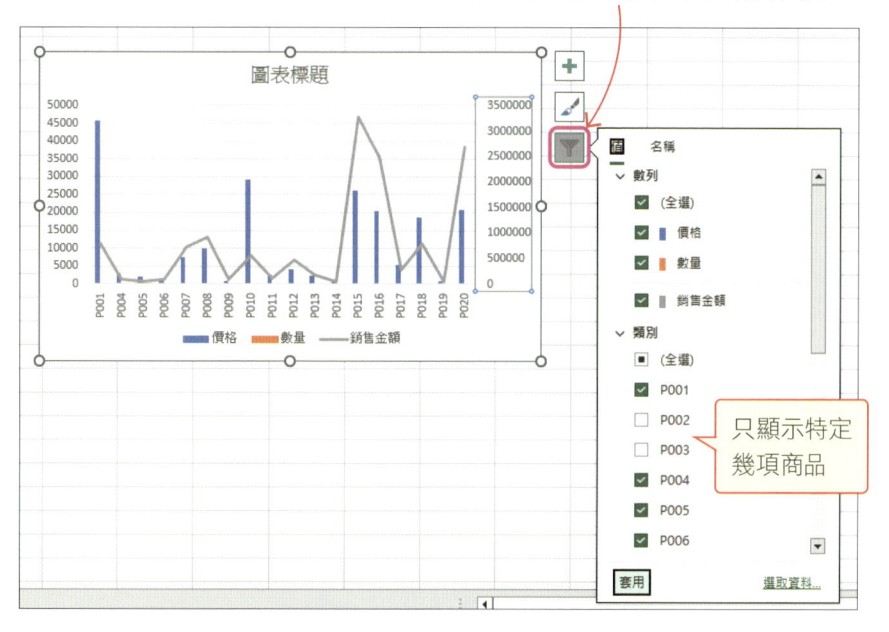

用 Excel 畫圖表的最大優點是**方便做微調**，
例如可點此圖示篩選圖表上要呈現的資料

只顯示特定幾項商品

📊 請 AI 建議最佳的圖表呈現方式

前一頁上圖可以看到，雖然用 Excel 繪製圖表很方便，但是 Excel 對於「**建議使用的圖表類型**」都是偏制式的說明，**並不是為我們的資料量身打造**，若您本身沒什麼頭緒，到頭來還是只能先隨便選選看。其實光選擇適合的圖表類型就是一門學問，不多加注意就有可能遺漏重要資訊。

何不把這件事交給 AI 聊天機器人呢！請 AI 根據資料的特性，自動推薦最適合的圖表類型：

(上傳 Excel 檔案)
請建議我適合的圖表類型

可以直接將檔案上傳或把資料複製貼上，請 AI 分析適合的圖表類型

4-5

> 根據你提供的資料，以下是一些可以繪製的圖表建議，幫助你更直觀地分析和呈現數據：

1. 產品類別的總銷售金額分佈

- **圖表類型**：長條圖

- **用途**：展示每個產品的銷售總額（單價 × 銷量），比較哪個產品的銷售額最高。

2. 產品類別的單價分佈

- **圖表類型**：橫向長條圖或折線圖

- **用途**：比較各產品的單價，了解高價和低價產品的分佈。

3. 產品銷量分佈

- **圖表類型**：圓餅圖或長條圖

- **用途**：分析哪種產品的銷量最高，哪種產品最受歡迎。

本例將資料交給 ChatGPT，會根據不同目的建議我們該用哪種圖表，這比起 Excel 的說明實用多了

---

1. 產品類別的總銷售金額分佈

- **圖表類型**：長條圖

- **資料來源**：計算公式為「單價 × 銷量」

- **用途**：
  這個圖表可以讓你快速看到每種產品的銷售額，了解哪個產品對公司收入的貢獻最大。例如，相機和鏡頭的銷售額明顯較高，而路由器和燈具可能較低，這樣的資訊可以幫助制定營銷策略。

有任何不懂的地方也可以繼續問 AI，例如這裡請 AI 再把用途說清楚一點

　　圖表的選擇關乎數據能否被正確解讀，這正是本節請您「**先思考該用哪個圖表**」的原因，而在思考上，有了 AI 的幫助，我們更有參考的依據，再也不必憑直覺亂選了！

4-2 AI 助攻 Excel 圖表繪製 - 全自動生成、跟 Excel 搭配樣樣通！

延續前一節的說明，藉由 AI 的幫忙對資料該用哪種圖表呈現更有概念後，我們有兩個選擇，**第一個做法**是完全不用 Excel，連圖表繪製都請 AI 畫，切記，只要 AI 能夠協助幫我們解決問題，現在不見得凡事都要回到 Excel 操作。**第二個做法**則是回到 Excel 根據 AI 的建議完成某類型圖表的繪製工作，在 Excel 內處理的優點就是方便做微調，甚至也可以用 1-4 提到的 Copilot AI 助理更有效率地完成。以下分別來試試。

> **TIP** 筆者的建議是：如果資料已經不會再有變動或修改，可以考慮完全不用 Excel，直接請 AI 聊天機器人協助生成圖表；但如果還有資料還有可能新增或修改，在 Excel 內自行繪製、或請 Copilot AI 助理幫忙繪製會比較有彈性。

做法 (一)：純 AI 自動完成圖表繪製工作

使用 AI ▶ AI 聊天機器人
(ChatGPT、Copilot、Gemini…都可以)

請 AI 聊天機器人繪製圖表很簡單，底下是傳入左頁 AI 提供給筆者的第一組建議 (左頁下圖)，請它以產品類別的總銷售金額分佈為目的，將圖表繪製出來：

(上傳 Excel 檔案)
請幫我畫出第一組「產品類別的總銷售金額分佈為目的」的長條圖

描述需求

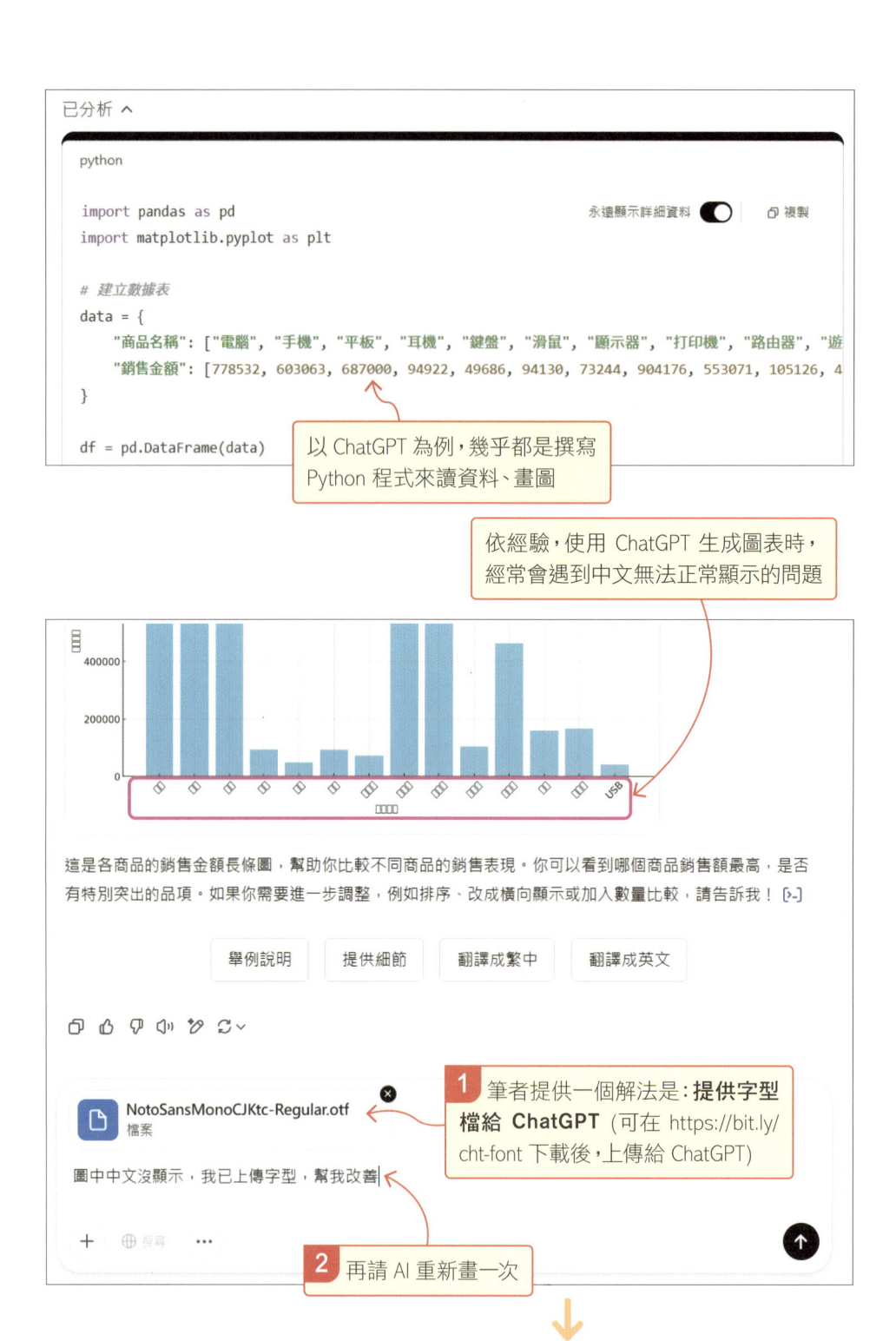

```
已分析 ∧

python

import pandas as pd
import matplotlib.pyplot as plt

# 建立數據表
data = {
    "商品名稱": ["電腦", "手機", "平板", "耳機", "鍵盤", "滑鼠", "顯示器", "打印機", "路由器", "遊
    "銷售金額": [778532, 603063, 687000, 94922, 49686, 94130, 73244, 904176, 553071, 105126, 4
}

df = pd.DataFrame(data)
```

> 以 ChatGPT 為例，幾乎都是撰寫 Python 程式來讀資料、畫圖

> 依經驗，使用 ChatGPT 生成圖表時，經常會遇到中文無法正常顯示的問題

這是各商品的銷售金額長條圖，幫助你比較不同商品的銷售表現。你可以看到哪個商品銷售額最高，是否有特別突出的品項。如果你需要進一步調整，例如排序、改成橫向顯示或加入數量比較，請告訴我！

[舉例說明] [提供細節] [翻譯成繁中] [翻譯成英文]

NotoSansMonoCJKtc-Regular.otf
檔案

圖中中文沒顯示，我已上傳字型，幫我改善

1 筆者提供一個解法是：**提供字型檔給 ChatGPT**（可在 https://bit.ly/cht-font 下載後，上傳給 ChatGPT）

2 再請 AI 重新畫一次

4-8

已分析 ∧

```python
import matplotlib.font_manager as fm

# 設定中文字型
font_path = "/mnt/data/NotoSansMonoCJKtc-Regular.otf"
font_prop = fm.FontProperties(fname=font_path, size=12)

# 重新繪製長條圖
plt.figure(figsize=(12, 6))
plt.bar(df["商品名稱"], df["銷售金額"], color='skyblue')

# 設定標題與標籤,應用中文字型
plt.xlabel("商品名稱", fontproperties=font_prop)
plt.ylabel("銷售金額", fontproperties=font_prop)
plt.title("各商品銷售金額比較", fontproperties=font_prop)
plt.xticks(rotation=45, fontproperties=font_prop)  # 旋轉 X 軸標籤,避免擁擠
```

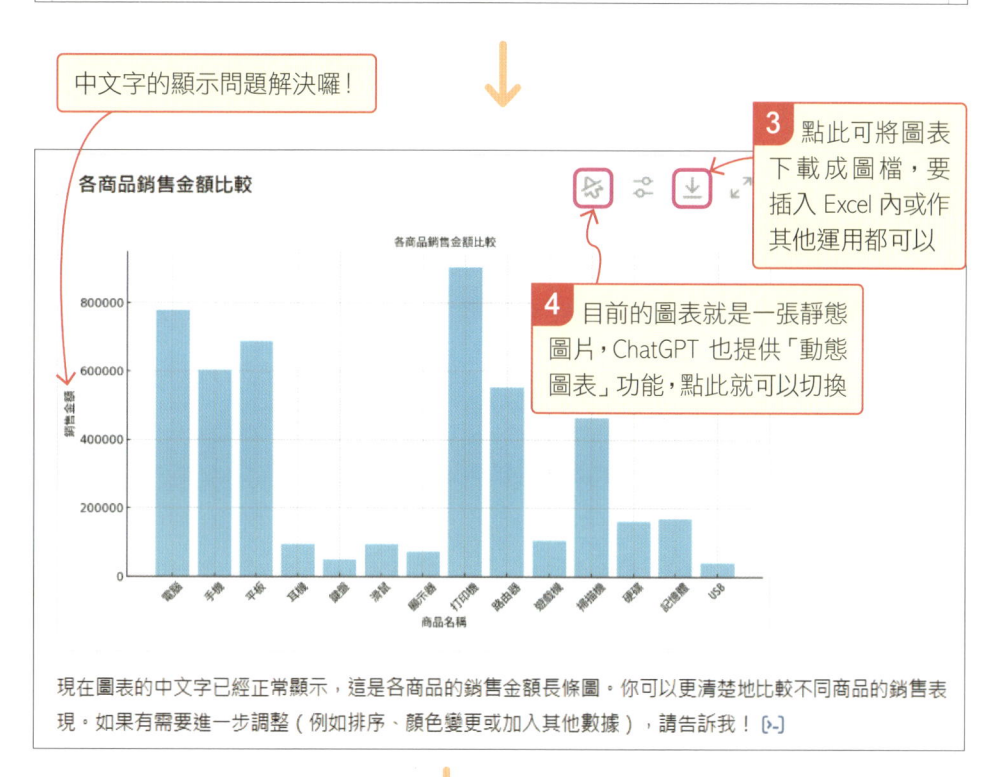

→ ChatGPT 會讀入字型檔重新繪製圖表

← 中文字的顯示問題解決囉!

各商品銷售金額比較

3 點此可將圖表下載成圖檔,要插入 Excel 內或作其他運用都可以

4 目前的圖表就是一張靜態圖片,ChatGPT 也提供「動態圖表」功能,點此就可以切換

現在圖表的中文字已經正常顯示,這是各商品的銷售金額長條圖。你可以更清楚地比較不同商品的銷售表現。如果有需要進一步調整(例如排序、顏色變更或加入其他數據),請告訴我![>-]

4-9

動態表格的優點就是互動性好一點，例如將游標移至圖上會顯示數據，讀者可自行調整到想要的圖表外觀，再將圖表畫面用截圖的方式保存下來

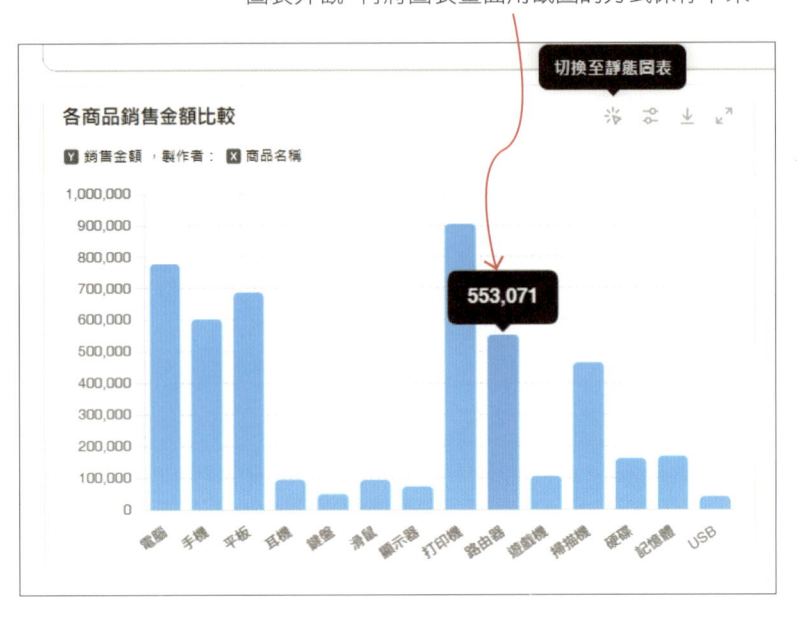

做法 (二)：Excel、AI 搭配使用，繪製圖表更有彈性！

使用 AI Microsoft Copilot 365
(本書以 Copilot AI 稱之)

前面介紹的是「**純用 AI**」的圖表製作方式，我們只需提供資料 + 描述需求，一切都交給 AI 畫即可。但前面也看到了，由 AI 生成的圖表最終就是一張張「圖片」，雖然存成圖片前，AI 聊天機器人有提供簡單的圖表互動功能，但最終存下來圖表都是「死」的，萬一原始資料有異動，除了請 AI 重新生成一張外別無他法⋯。

為了保留「**依資料的內容進行調整**」的彈性，滿多情況下，筆者還是習慣先利用 AI 聊天機器人取得圖表的繪製建議後，再回頭利用 Excel 繪製圖表。當然，若使用的是微軟 Copilot AI 這類 Excel 內建 AI 助理，**請 AI 給建議 + 繪製圖表**，也可以在 Excel 內快速完成喔！

4-10

用 Excel 內建圖表繪製功能好處多

我們先看純利用 Excel 繪製圖表的做法：

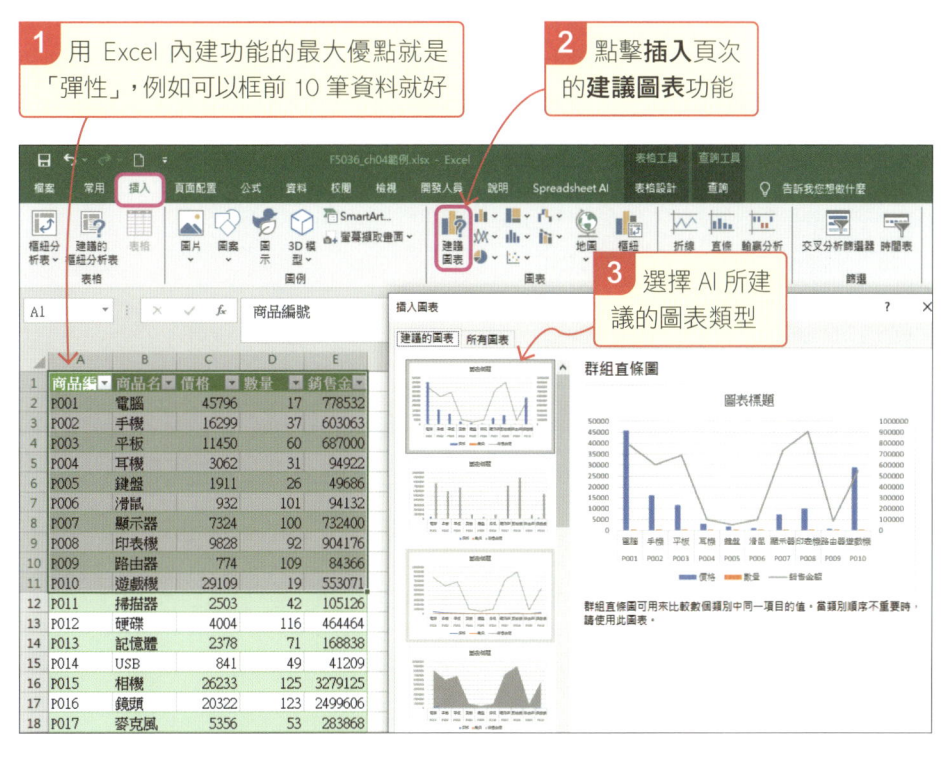

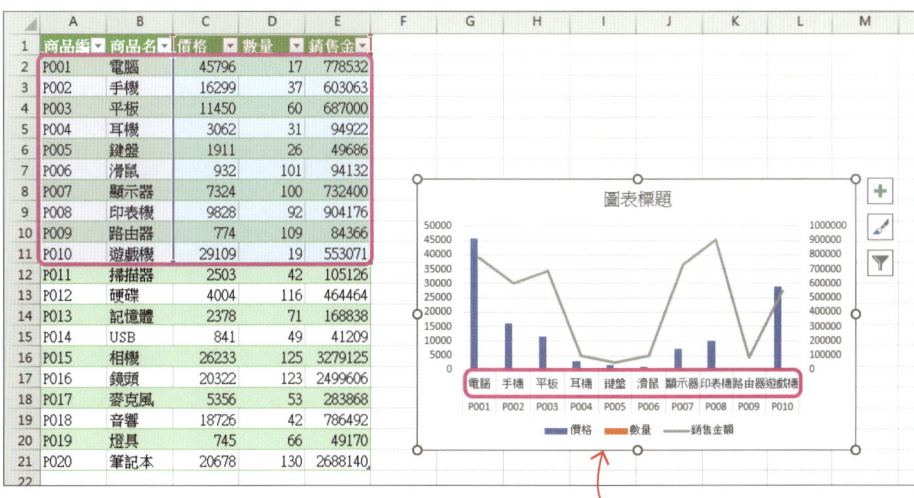

1 用 Excel 內建功能的最大優點就是「彈性」，例如可以框前 10 筆資料就好

2 點擊**插入**頁次的**建議圖表**功能

3 選擇 AI 所建議的圖表類型

繪製出來的就只會有框起來的前 10 筆資料

第 4 章【Excel 圖表製作、分析】AI — 畫圖表、圖表分析，請 AI 幫忙超省時！

4-11

方便的地方來了，如果要修改圖表的內容，只要控制原始資料即可，會立即呈現修改後的樣子：

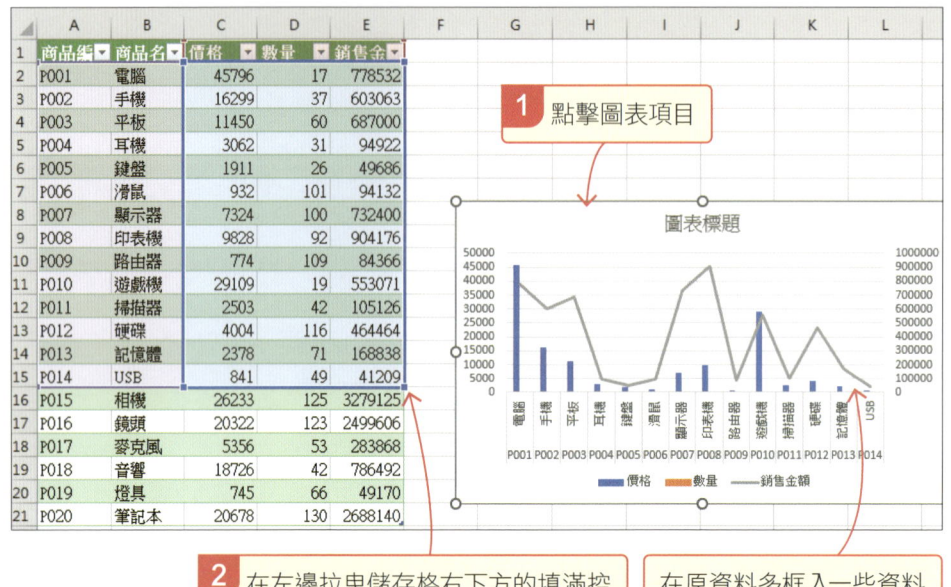

	A	B	C	D	E
1	商品編	商品名	價格	數量	銷售金
2	P001	電腦	45796	17	778532
3	P002	手機	16299	37	603063
4	P003	平板	11450	60	687000
5	P004	耳機	3062	31	94922
6	P005	鍵盤	1911	26	49686
7	P006	滑鼠	932	101	94132
8	P007	顯示器	7324	100	732400
9	P008	印表機	9828	92	904176
10	P009	路由器	774	109	84366
11	P010	遊戲機	29109	19	553071
12	P011	掃描器	2503	42	105126
13	P012	硬碟	4004	116	464464
14	P013	記憶體	2378	71	168838
15	P014	USB	841	49	41209
16	P015	相機	26133	125	3279125
17	P016	鏡頭	20322	123	2499606
18	P017	麥克風	5356	53	283868
19	P018	音響	18726	42	786492
20	P019	燈具	745	66	49170
21	P020	筆記本	20678	130	2688140

1 點擊圖表項目

2 在左邊拉曳儲存格右下方的填滿控點，就可以任意增減右邊圖表的項目

在原資料多框入一些資料後，圖表會跟著自動修正

> **TIP** 當然，若儲存格的文字、數值有變動，圖表內容也會即時自動修正。

從這個範例可以看到，雖然本書鼓吹工作上要多用 AI 來分憂解勞，但 **Excel 在某些情況下還是很有優勢的**，修改原始資料後圖表會即時更新就是一例，因此，選擇用 AI、不用 AI，還是要根據需求做權衡，才能發揮各自的優勢喔！

用 Excel × Copilot AI 繪圖，快又有彈性！

看完 Excel 內建圖表繪製功能，但這不代表凡事都得手動操作，別忘了 1-4 節介紹紹過 Excel 365 也有內建 Copilot AI 助理，它可以**提供完建議後，自動生成圖表**。這種做法就結合 AI 的智慧與 Excel 的彈性，讓我們能更有效率地製作、調整圖表，在**自動化與靈活性之間取得最佳平衡**！

4-12

換個例子來試試。例如公司**想對各季度的研發投入進行分析**，以便了解不同類型研發投入的情況。首先在 Excel 365 上開啟要繪製成圖表的檔案 (若不熟悉操作可參考 1-4 節的說明)：

1 在 Excel 365 上開啟資料後，依筆者測試，無論是什麼內容，第一步最好將其轉換成 Excel 所定義的「表格」物件，後續跟 Copilot AI 的溝通會比較順利：

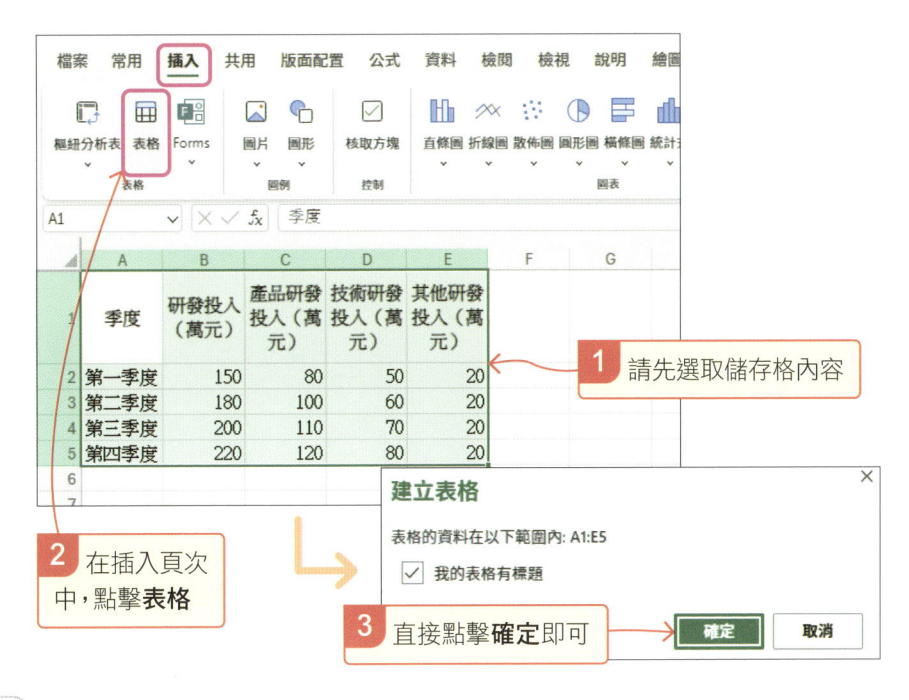

① 請先選取儲存格內容

② 在插入頁次中，點擊**表格**

③ 直接點擊**確定**即可

2 接著就可以跟 Copilot AI 溝通圖表繪製工作了：

① 點擊**常用**頁次的 Copilot 圖示來呼叫 Copilot AI

4-13

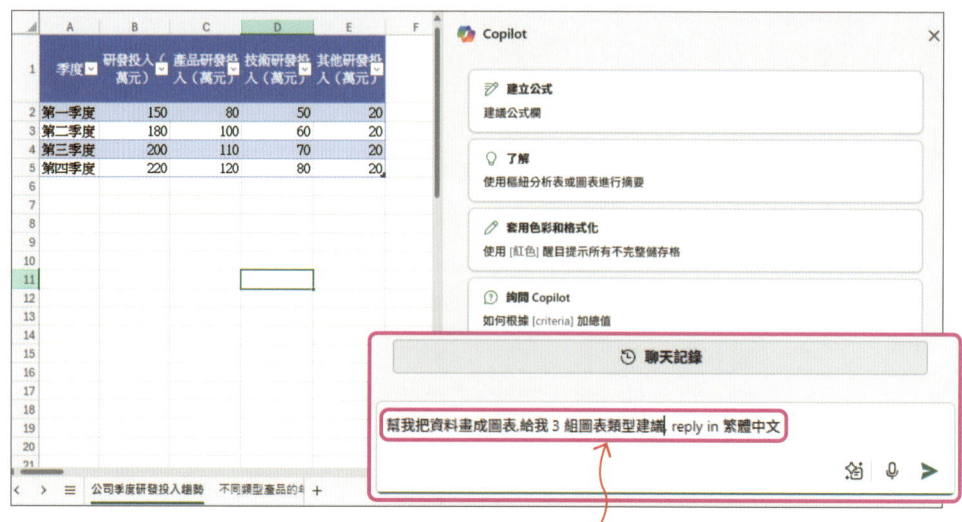

	A	B	C	D	E	F
1	季度	研發投入（萬元）	產品研發投入（萬元）	技術研發投入（萬元）	其他研發投入（萬元）	
2	第一季度	150	80	50	20	
3	第二季度	180	100	60	20	
4	第三季度	200	110	70	20	
5	第四季度	220	120	80	20	

Copilot 對話框：
- 建立公式：建議公式欄
- 了解：使用樞紐分析表或圖表進行摘要
- 套用色彩和格式化：使用 [紅色] 醒目提示所有不完整儲存格
- 詢問 Copilot：如何根據 [criteria] 加總值

聊天記錄：
幫我把資料畫成圖表,給我 3 組圖表類型建議, reply in 繁體中文

2 如果對用什麼圖表沒概念，交給 AI 提供建議吧！

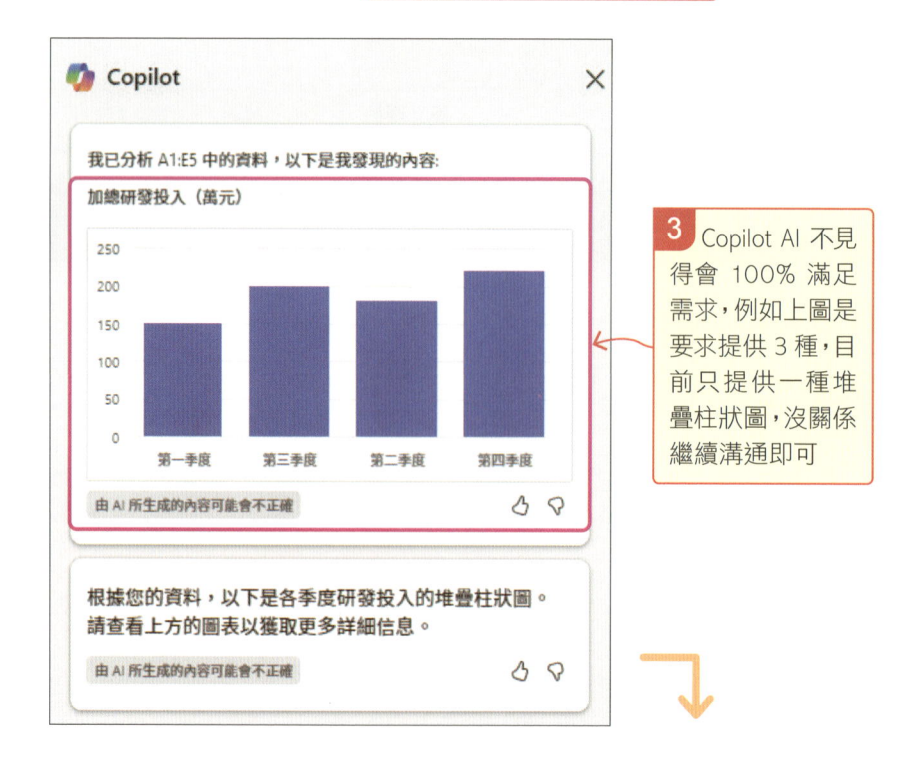

Copilot：
我已分析 A1:E5 中的資料，以下是我發現的內容：

加總研發投入（萬元）
（長條圖：第一季度 150、第三季度 200、第二季度 180、第四季度 220）

由 AI 所生成的內容可能會不正確

根據您的資料，以下是各季度研發投入的堆疊柱狀圖。
請查看上方的圖表以獲取更多詳細信息。

由 AI 所生成的內容可能會不正確

3 Copilot AI 不見得會 100% 滿足需求，例如上圖是要求提供 3 種，目前只提供一種堆疊柱狀圖，沒關係繼續溝通即可

4-14

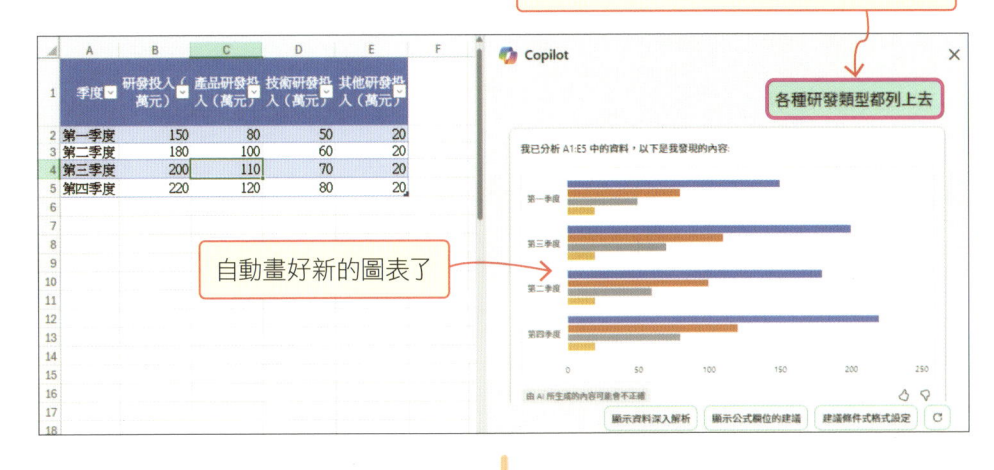

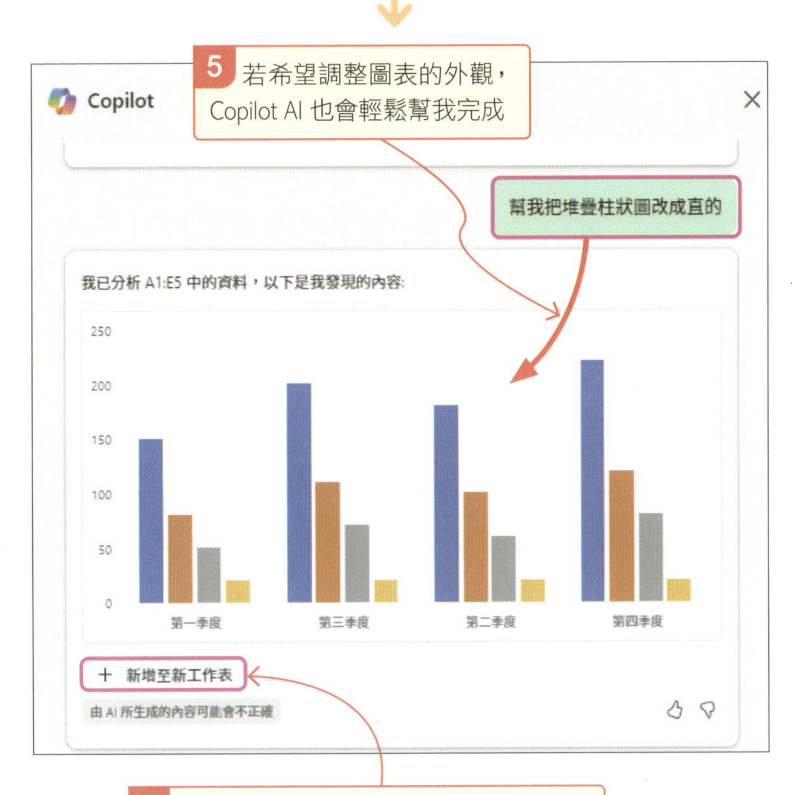

4 為了可以更清楚比較不同研發類型的投入比例及變化，我們繼續提供需求

各種研發類型都列上去

自動畫好新的圖表了

5 若希望調整圖表的外觀，Copilot AI 也會輕鬆幫我完成

幫我把堆疊柱狀圖改成直的

6 當 Copilot AI 繪製好滿足您需要的圖表，可以點擊它提供的按鈕直接插入 Excel 內

4-15

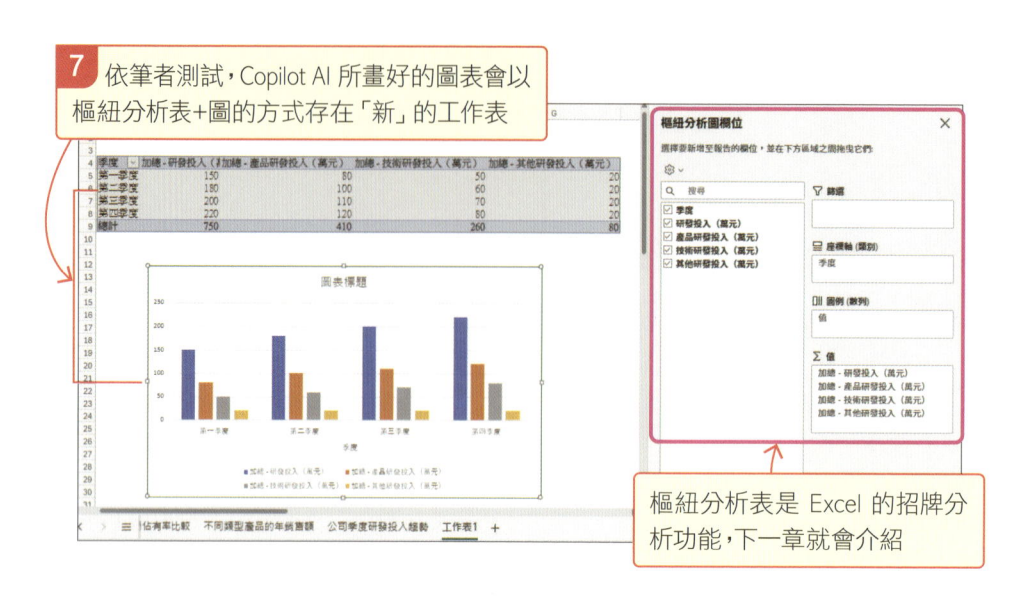

7 依筆者測試，Copilot AI 所畫好的圖表會以樞紐分析表+圖的方式存在「新」的工作表

樞紐分析表是 Excel 的招牌分析功能，下一章就會介紹

3 樞紐分析表/圖當然也具備「**修改原始資料後圖表會即時更新**」的優點，可以如下操作：

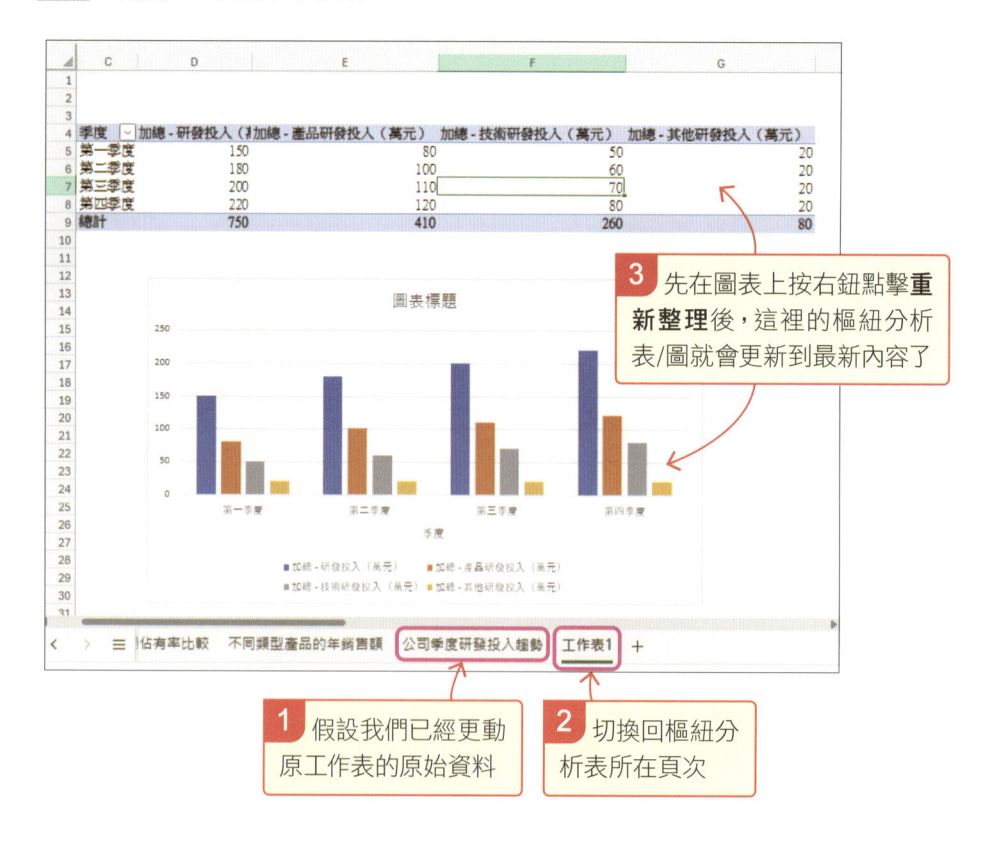

3 先在圖表上按右鈕點擊**重新整理**後，這裡的樞紐分析表/圖就會更新到最新內容了

1 假設我們已經更動原工作表的原始資料

2 切換回樞紐分析表所在頁次

4-16

小結

總結來說，無論是純 AI 繪圖，還是結合 Excel 內建繪製圖表功能，兩者各有優勢。值得一提的是，前一頁看到的**樞紐分析表**可說是 Excel 的核心分析工具，而對新手來說，樞紐分析表的學習門檻不低，尤其是在面對較為複雜的數據篩選、分析時，往往需要耗費時間理解其邏輯與操作方式。不用怕，既然有 AI，我們當然也能利用它大幅降低使用樞紐分析表的門檻，下一章就會為您介紹！

4-3 連報告都幫我們一鍵自動生成的圖表 AI

使用 AI Graphy AI

雖然我們都知道圖表的重要性，前兩節也介紹了繪製圖表的 AI 輔助技巧，但圖表只是手段之一，更多時候您可能是被要求提出數據分析報告。在靈感枯竭時，**Graphy AI** 這個 AI 圖表工具絕對是您的救星！

Graphy AI 讓我們可以先把手邊的 Excel 數據拋在一旁，只要擬好簡單的文字描述 (**主軸當然要與手邊的 Excel 數據相關**)，此 AI 單憑一句話就可以自動生成最適合的圖表範本給我們參考；最棒的是，我們還可以把現成的 Excel 圖表請它分析，請 AI 針對我們的 Excel 資料生成簡報參考內容，這讓圖表製作、甚至是報告撰寫變得既簡單又有效率。

請連到 http://graphy.app 網站申請好 Graphy AI 免費帳號，用 Google 帳號即可快速申請好

4-17

請 AI 先發想圖表，再回頭優化 Excel 數據

申請好 Graphy AI 免費帳號後，我們先熟悉一下此 AI 的操作介面，剛才提到，此 AI 可單憑一段文字描述就快速生成圖表範本給我們參考，當您單有報告 title 卻苦無想法時，就可以先請 AI 提供一些思路。請先開啟 Graphy AI 的首頁 (http://graphy.app)：

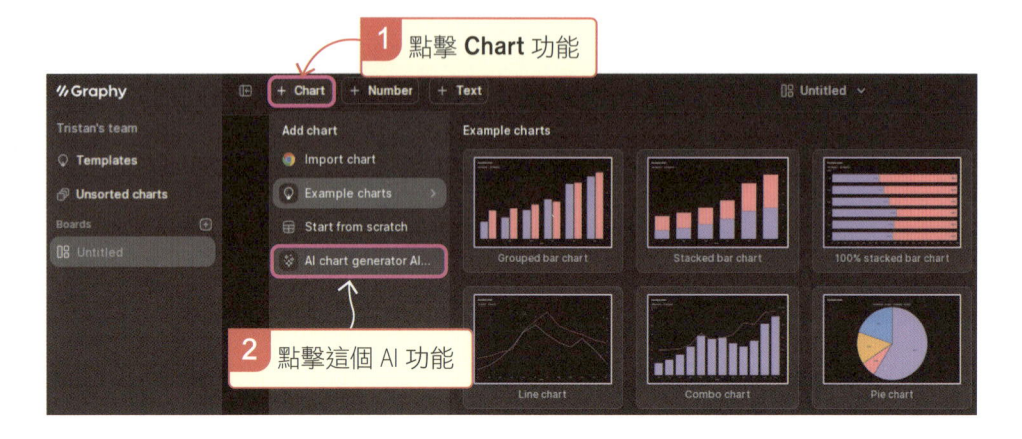

1 點擊 Chart 功能

2 點擊這個 AI 功能

2024 年 1-12 月書籍專案的寫作人員和行銷人員投入資源規劃

先輸入一段文字描述，單這樣就可以生成圖表範本

1 輸入提示語 (Prompt)

2 點擊這裡就可以開始生成圖表範本

4-18

③ AI 生成中

⚠ AI generated responses can be inaccurate or misleading.

↻ Generating chart...   Cancel

2024年1-12月書籍專案的寫作人員和行銷人員投入

■ 寫作人員投入　■ 行銷人員投入

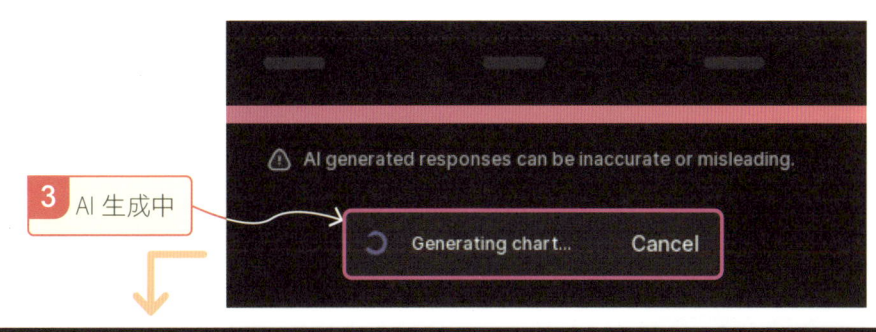

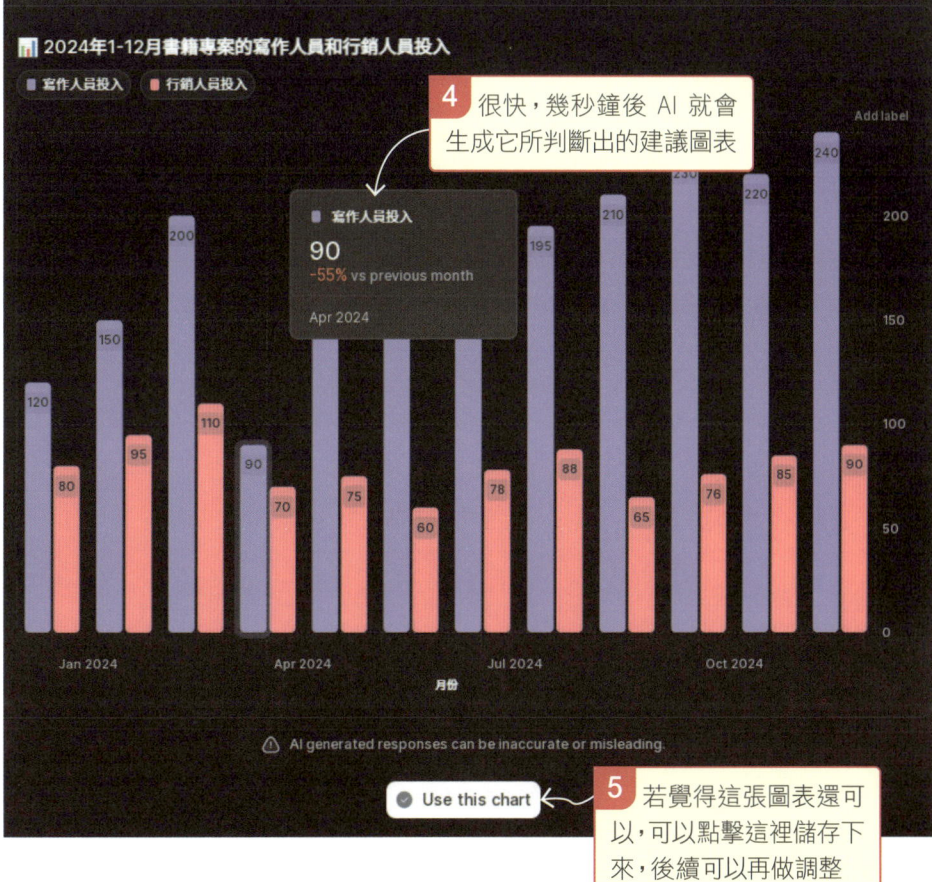

④ 很快，幾秒鐘後 AI 就會生成它所判斷出的建議圖表

■ 寫作人員投入
90
-55% vs previous month
Apr 2024

月份	寫作人員投入	行銷人員投入
Jan 2024	120	80
	150	95
	200	110
Apr 2024	90	70
	—	75
	—	60
Jul 2024	195	78
	—	88
	210	65
Oct 2024	230	76
	220	85
	240	90

⚠ AI generated responses can be inaccurate or misleading.

● Use this chart

⑤ 若覺得這張圖表還可以，可以點擊這裡儲存下來，後續可以再做調整

> **TIP** 而當我們手邊有滿滿的 Excel 數據，對於該用哪種圖表毫無想法時，我們也**不用急著套入資料開始瞎繪圖**，可以利用這招用文字描述請 AI 給我們一些靈感。但提醒讀者，畢竟 AI 是利用區區一段話來推敲我們可能需要的圖表，因此不要想說會一步到位。如果結果差很多，甚至生不出來，就要換 Prompt 多嘗試看看了。

4-19

此外，前面您也看到了，其實我們並沒有餵入任何數值給 AI，因此目前所生成的數值都是 AI 虛構的，僅供我們發想參考，但筆者就常利用這招得到靈感、回頭調整手邊的 Excel 資料呈現方式：

根據 AI 提供的範本回頭整理自己的數據，使其更符合報告需求，例如本例希望完成的報告其實用不到這 3 個欄位

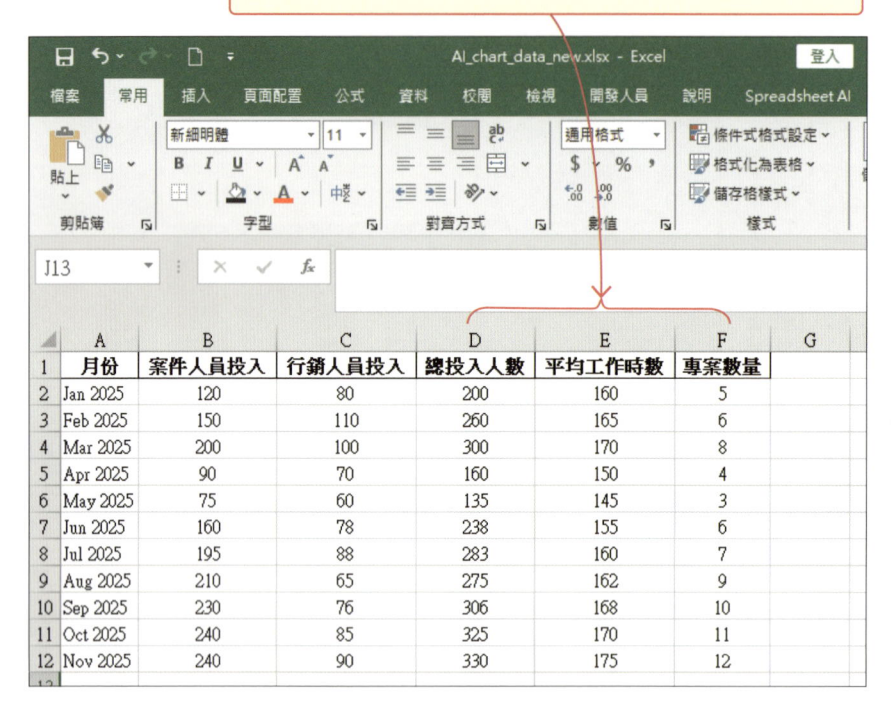

	A	B	C	D	E	F	G
1	月份	案件人員投入	行銷人員投入	總投入人數	平均工作時數	專案數量	
2	Jan 2025	120	80	200	160	5	
3	Feb 2025	150	110	260	165	6	
4	Mar 2025	200	100	300	170	8	
5	Apr 2025	90	70	160	150	4	
6	May 2025	75	60	135	145	3	
7	Jun 2025	160	78	238	155	6	
8	Jul 2025	195	88	283	160	7	
9	Aug 2025	210	65	275	162	9	
10	Sep 2025	230	76	306	168	10	
11	Oct 2025	240	85	325	170	11	
12	Nov 2025	240	90	330	175	12	

以上等於是「**AI 先提供思路，我們再調整要納入分析的 Excel 資料**」，這招讓我們不用一開始就陷入整理數據的困境，因為已經有了大方向，最終產出的圖表內容就不會離題太多了。

微調圖表範本內容

如果 AI 所生成的圖表範本您覺得方向還不錯，也可以繼續做調整：

1 點擊左側的 Boards 功能

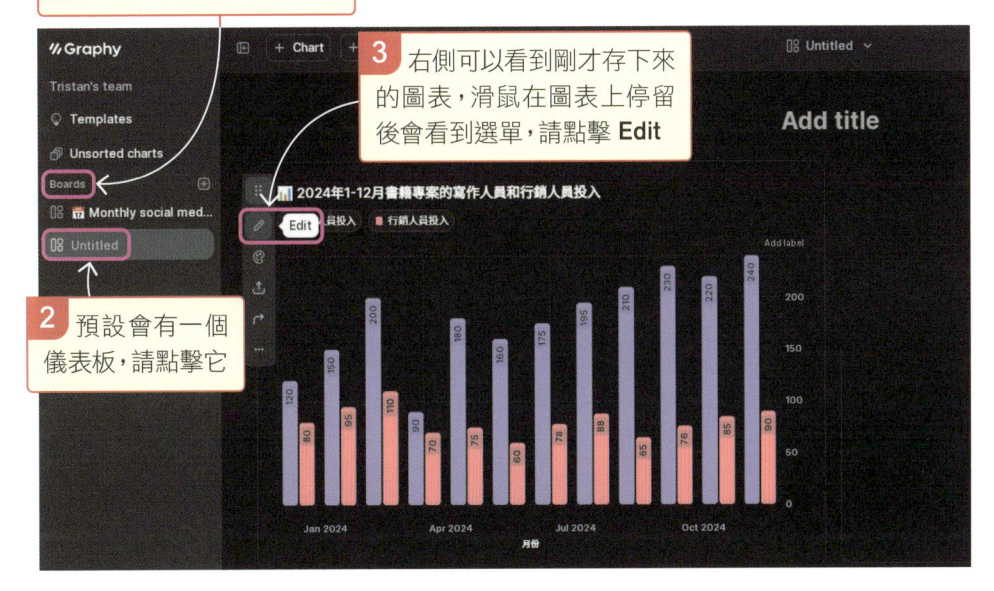

3 右側可以看到剛才存下來的圖表，滑鼠在圖表上停留後會看到選單，請點擊 Edit

2 預設會有一個儀表板，請點擊它

> **TIP** 這裡的 **Boards** 是 dashboard (儀表板) 的意思，Graphy AI 的用途之一是建立儀表板，儀表板內可以展示各種圖表、數據指標和其他視覺化元素。不過這裡主要是介紹 Graphy 的 AI 圖表輔助功能，因此就不對儀表板編輯功能著墨太多了。

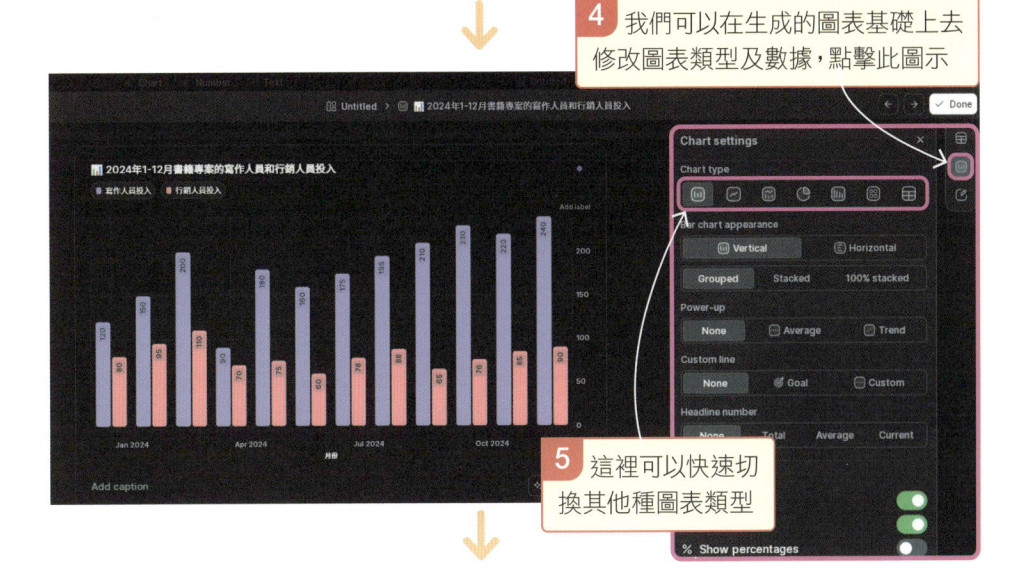

4 我們可以在生成的圖表基礎上去修改圖表類型及數據，點擊此圖示

5 這裡可以快速切換其他種圖表類型

第 4 章 【Excel 圖表製作、分析】AI — 畫圖表、圖表分析，請 AI 幫忙超省時！

4-21

［圖示說明］

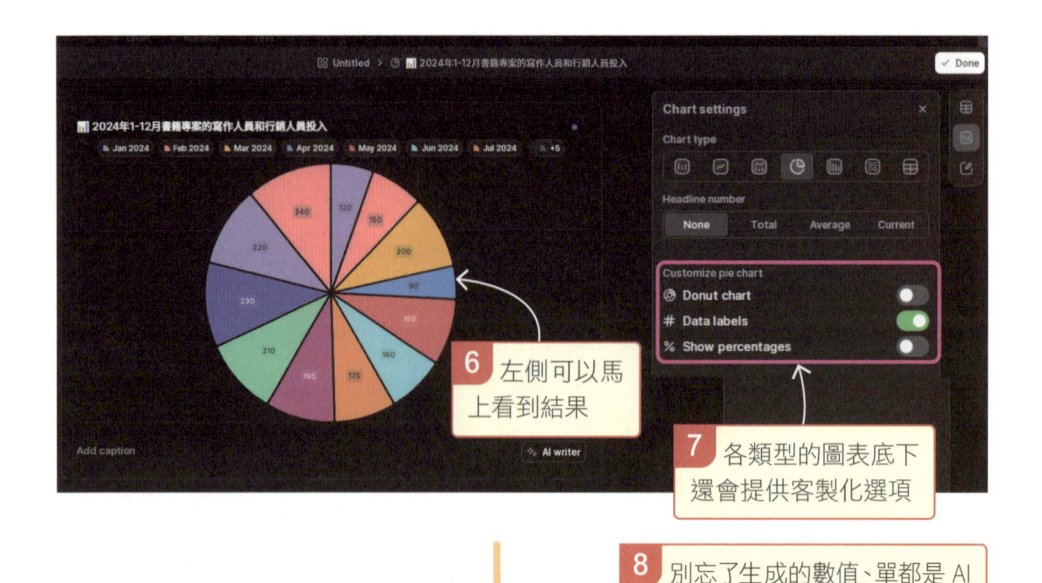

6 左側可以馬上看到結果

7 各類型的圖表底下還會提供客製化選項

8 別忘了生成的數值、單都是 AI 虛構的，可以點擊此頁次來修改

9 若想直接在此 AI 完成圖表製作，可以直接在這裡灌入手邊的真實數據

　　這 2 頁稍微體驗了 Graphy AI 的一鍵生成圖表範本功能，透過 AI 提供的範本，我們可以回頭優化 Excel 數據，確保最終產出的圖表更符合需求，減少手動摸索的時間。

寫報告的救星！請 Graphy AI 幫忙一鍵分析

　　Graphy AI 當中還有一個最貼心、最不可錯過的 AI 功能 - 它可以根據我們設計好的圖表內容進行分析，提供**各種總結式的論點**，這簡直是寫報告的利器啊！例如 AI 會自動檢測圖表數據中的趨勢，並試著解釋這些趨勢的意義。或者幫我們識別數據中的異常值，提供可能的原因分析。凡此種種，有了 Graphy AI 提供的資訊做為靈感來源，就可以更輕鬆完成 Excel 圖表分析報告了。

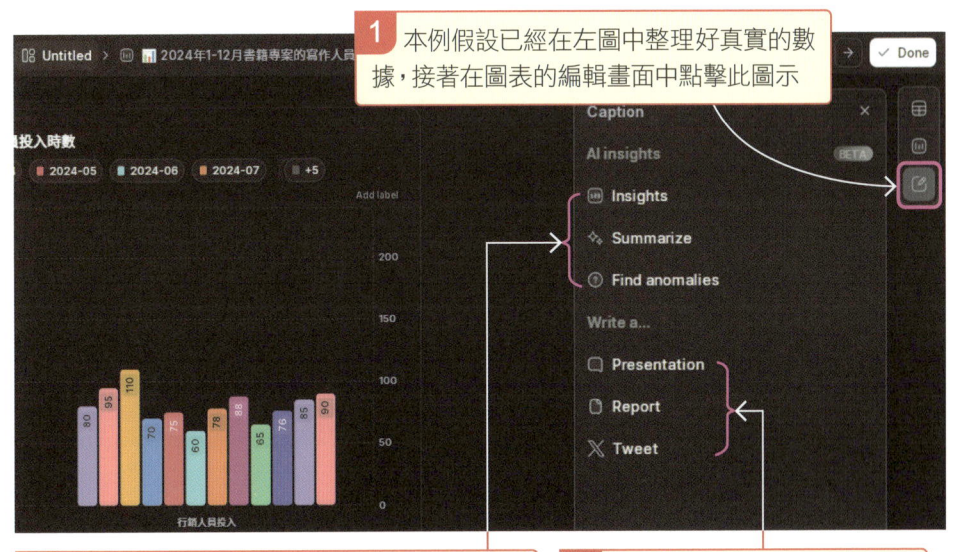

1 本例假設已經在左圖中整理好真實的數據，接著在圖表的編輯畫面中點擊此圖示

2 提供的功能包括 insights（提供洞見）、summarize（做總結）、Find anomalies（異常偵測）

3 也可以請 AI 將分析結果整理成投影片、報告、簡短 PO 文…等

　　我們來試試投影片這一項，點擊上圖的 **Presentation**：

1 沒兩三下就生成投影片大綱 (Slde1、Slde2…..)

2 點擊此鈕可以將這些內容插入到圖表下方

第 4 章【Excel 圖表製作、分析】AI — 畫圖表、圖表分析，請 AI 幫忙超省時！

4-23

[圖表：2024年1-12月書籍專案的寫作人員和行銷人員投入時數]

1. 🚩 Highest Engagement Spike: Maximum hours peaked in December (240 hours by writers). Increased effort likely driven by year-end targets or deadlines.
2. 📢 Marketing Lows: Marketing team consistently invested lower hours than writers. Lowest seen in June (60 hours), possibly due to mid-year refresh.
3. ⚖️ Stability vs. Fluctuation: Relatively stable effort from writers in April (90 hours) and highest volatility in October (range of 154 hours). Marketing strategy might benefit from balancing workload.

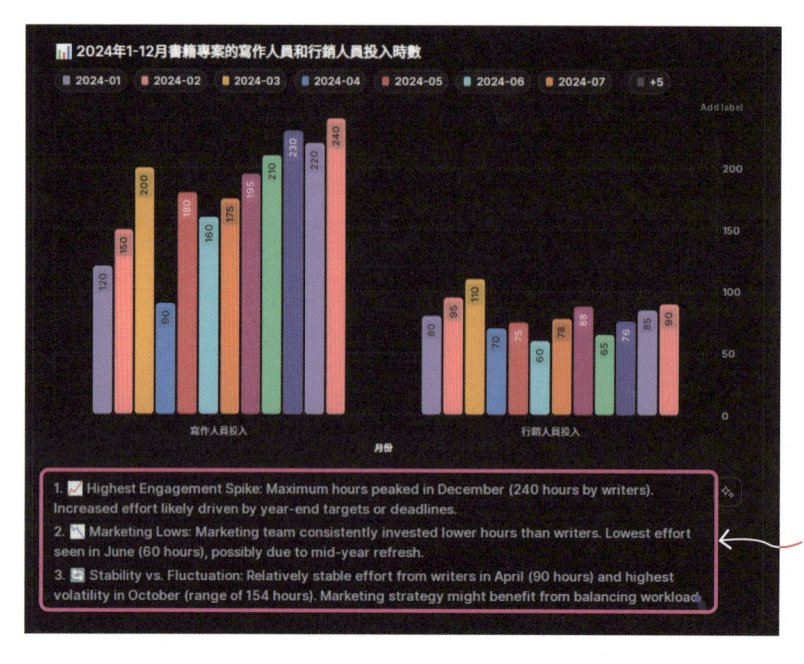

將生成的報告內容置入圖表內，看起來更有模有樣了

如果需要翻譯，可以在前頁下圖中點擊 Copy 鈕，再將內容複製到 ChatGPT 等聊天機器人做翻譯：

請 AI 聊天機器人翻譯投影片內容

> 翻成繁體中文
> ---------------
> Slide 1: Summary 📊
> Analysis of 2024's monthly contributions from writing and marketing staff for book projects. This presentation assesses the average, variance, and trends throughout the year to derive meaningful insights.
> Slide 2: Insight 1 ✍️
> Writing Staff Effort Peaks
> - Writing efforts ranged from 90 to 240 hours.
> - Highest input: 240 hours in December.
> - Consistently above 180 hours from March onwards.
> Slide 3: Insight 2 ✅
> Marketing Staff Stability
> - Marketing efforts ranged from 60 to 110 hours.
> - Highest input: 110 hours in March.
> - Generally stable around the average of 81 hours.
> Slide 4: Insight 3 🔄
> Consistent Demand Throughout
> - Writing & marketing efforts showed high investment in early and end months.
> - Writing input significantly higher and variable than marketing.
> Slide 5: Conclusion 🚩
> Strategically high writing contributions align with marketing efforts' consistency. Peak months saw simultaneous high inputs, suggesting effective coordination. Continuous high input might warrant process optimizations.

4-24

```
🔵 幻燈片 1: 摘要 📊
對2024年寫作和市場行銷團隊在書籍專案上的每月貢獻進行分析。本次簡報評估了年度的平均值、變異數和趨勢，以得出有意義的見解。
幻燈片 2: 見解 1 ⛰️
寫作團隊努力峰值

• 寫作努力時間範圍在90至240小時之間。
• 最高投入：12月達到240小時。
• 從3月開始，持續超過180小時。
  幻燈片 3: 見解 2 ☑️
  市場行銷團隊穩定性
• 市場行銷努力時間範圍在60至110小時之間。
• 最高投入：3月達到110小時。
• 通常穩定在平均81小時左右。
  幻燈片 4: 見解 3 🔄
  整體需求穩定
• 寫作和市場行銷投入顯示出在年初和年底的高投入。
• 寫作投入顯著高於市場行銷，且變異較大。
```

Graphy AI 所提供的參考報告內容，其中的各種「見解」可以多參考是不是您要的方向

看到了吧！AI 實在太強大，輸入**區區一句話，幫我們自動做好圖表、簡報的參考資料了**。筆者認為 Graphy AI 這樣的工具最適合用在當你對做圖表 (或者做簡報) 完全沒有靈感的時候，可以用這個工具快速獲得一些參考範本、或者可以嘗試切入的報告觀點。

> **TIP** 但千萬記得是「參考」資料喔！乍看之下 AI 生成的內容還滿有模有樣的，但如同操作時所看到的警語：AI responses can be inaccurate or misleading，有些內容細細推敲後可能根本毫無邏輯 (甚至是虛構出來的)。總之，我們可以用 AI 來節省時間和激發靈感，但絕不能完全依賴它，最終的內容還是需要我們自己去檢驗、修正和補充，以確保資訊的準確性。

4-25

抓現成的 Excel 圖表請 AI 分析

除了在 Graphy AI 介面生成圖表範本、整理數據外，Graphy AI 也可以抓取一些現成的圖表來重製、做分析，此服務整合了多種資料來源，包括 Google Sheets (**可放置 Excel 檔案**)、Google Analytics、Google Search Console、Meta Business、LinkedIn Analytics 和 x.com 等，讓使用者可以輕鬆將不同平台上的數據匯入並快速生成視覺化報表，進一步分析各種指標和績效。

想抓取 Excel 圖表資料來做分析時，可點擊上圖的 **Google Sheets**：

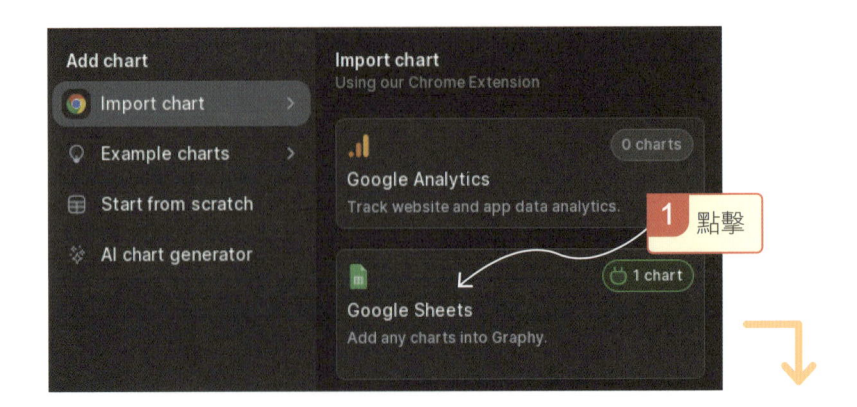

4-26

2 接著會用瀏覽器登入您的 Google 試算表服務，若有內含已經做好的 Excel 圖表需要分析，直接點擊開啟它

3 當您將滑鼠游標移到現成的圖表上，就會看到 **Save to Graphy** 圖示，點擊後就可以將這張圖表匯入 Graphy AI 網站

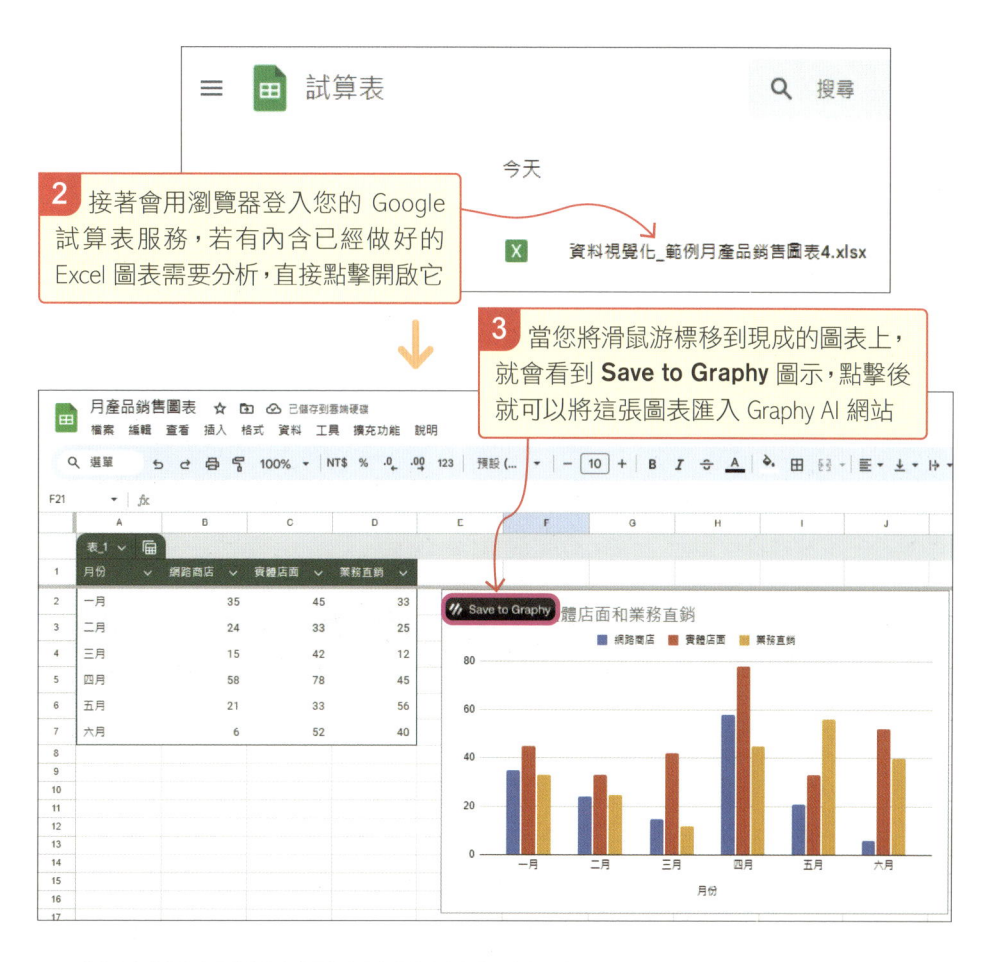

沒看到 Save to Graphy 圖示？

在您註冊好 Graphy AI 帳號時，應該會引導您安裝 **Save to Graphy** 這個 Chrome 瀏覽器外掛，若在上圖中沒看到此圖示，代表外掛還沒有安裝好，請自行到 Chrome 商店搜尋、安裝：

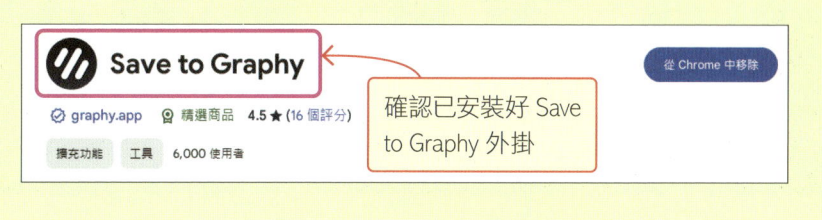

確認已安裝好 Save to Graphy 外掛

4-27

4 延續前面的操作，在點擊 **Save to Graphy** 圖示後，畫面會切回 Graphy AI 網站，可看到圖表已經匯入完成了

5 點擊這裡儲存，並在儀表板畫面開啟

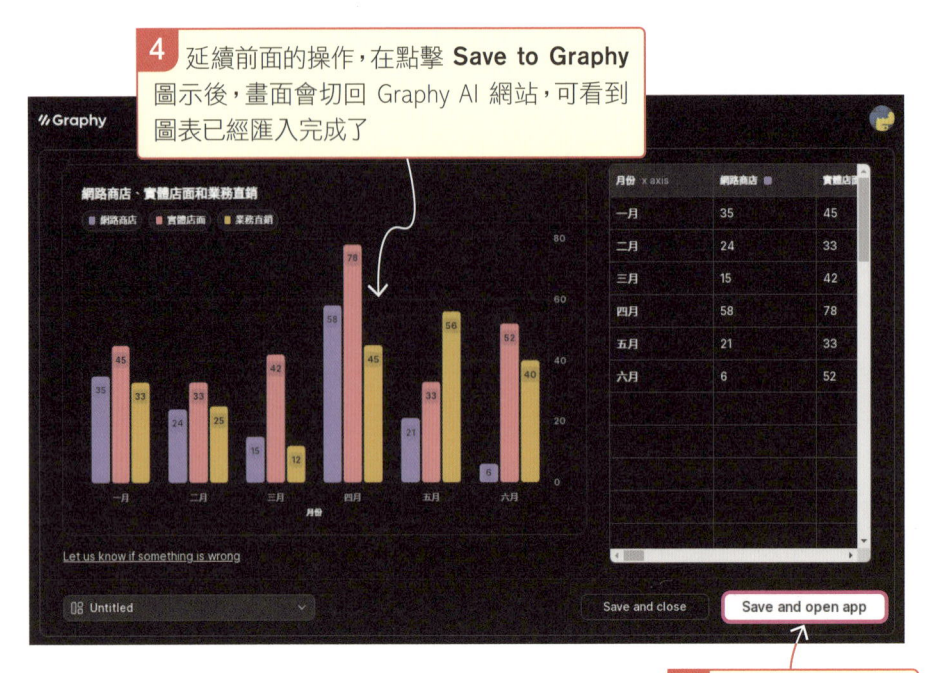

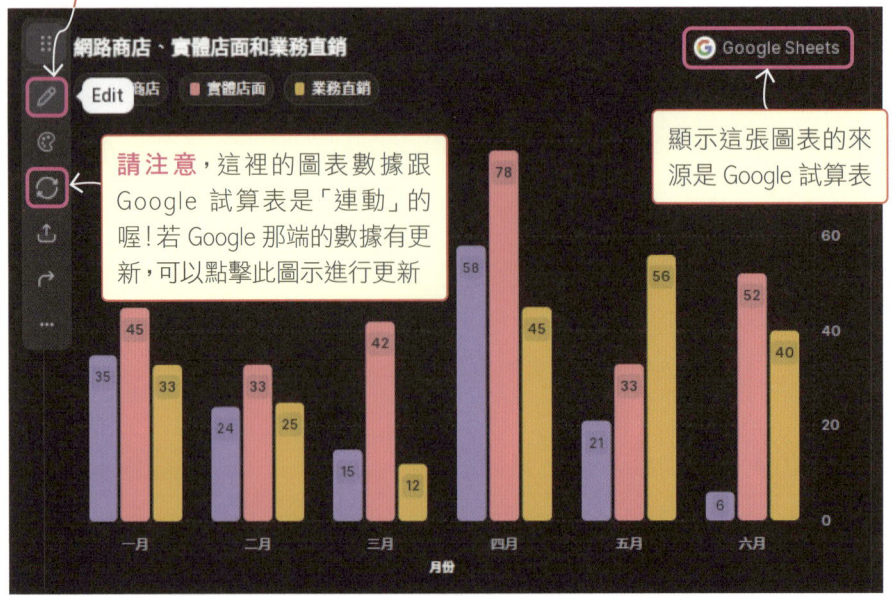

6 在儀表板畫面中，將滑鼠游標在圖表上停留，點擊選單內的 **Edit** 圖示

顯示這張圖表的來源是 Google 試算表

請注意，這裡的圖表數據跟 Google 試算表是「連動」的喔！若 Google 那端的數據有更新，可以點擊此圖示進行更新

4-28

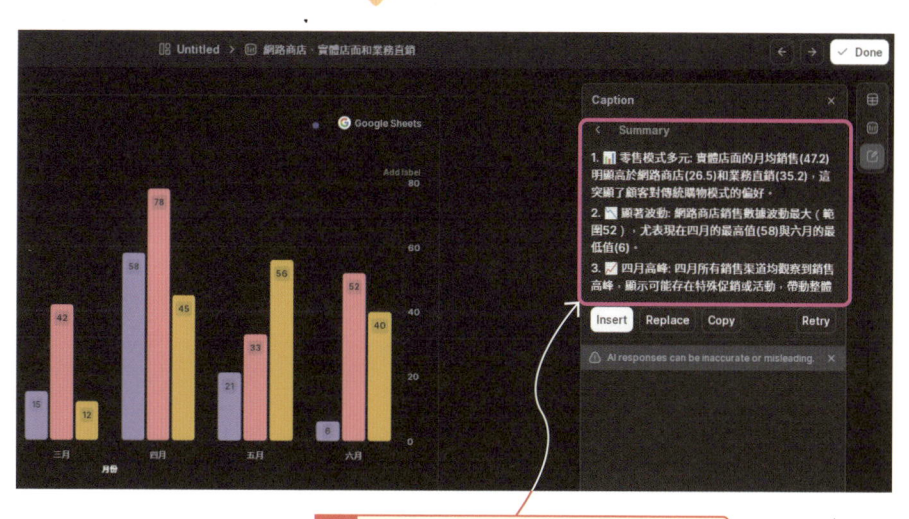

7 最方便的就是 AI 分析功能，請點擊此圖示

8 希望 AI 生成哪類型的報告都可以，本例選擇 **Summarize** 請 AI 針對 Excel 圖表做個總結

9 幾秒鐘的時間就針對左側的 Excel 原始圖表生成摘要給我們參考了！

MEMO

5
CHAPTER

【Excel 樞紐分析】AI

操作苦手沒關係，
請 AI 協助完成海量資料分析

5-1 　分析前的資料清理：
　　　請 AI 清理資料不一致的問題
5-2 　請 AI 直接生成分析後的資料
5-3 　Excel 樞紐分析表操作卡關？
　　　請 AI 輕鬆排除問題
5-4 　請 AI 合併多個工作表並建立樞紐分析

除了如前一章利用圖表做數據視覺化，在 Excel 中，最常用來進行資料統計與分析的工具就是**樞紐分析表**。不論是行政、財務、行銷、業務、總務，每天都需要處理大量數據，Excel 的**樞紐分析表**正是為此而設計的利器，可幫助我們把數據轉化為有價值的資訊，而且**不需要手動撰寫公式**就能完成。

本章將教你用 AI 先處理資料可能不一致的問題 (5-1 節)，接著再請它輔助我們建立**樞紐分析表** (5-2~5-3 節)。過程中難度高一點的**合併工作表**作業 (5-4 節) 也可呼叫 AI 幫忙，總之各種分析大小事都可 call AI！

5-1 分析前的資料清理：請 AI 清理資料不一致的問題

使用 AI　支援上傳 *.xlsx 檔案的 AI 聊天機器人
（如：ChatGPT、Copilot、Grok）

當老闆要你分別依年度、分店、產品做銷售分析，你也順利從資料庫撈出指定區間的資料並匯入到 Excel 中。可是原始資料的筆數非常多，很難從中看出關鍵資訊，更別說要提供進一步的決策分析。此時，先別急著埋頭開始做分析，最好先瀏覽資料，看有沒有資料不一致的問題，再看能不能請 AI 聊天機器人幫忙。

原始資料有一千多筆，未經整理，可能暗藏資料不一致的問題，若沒先處理會影響分析結果

在使用**樞紐分析表**分析資料前,有一項重要的工作請務必先進行,那就是<u>**檢查資料的內容是否一致**</u>,例如「雞腿便當」跟「雞腿肉便當」,會被當成不同的資料來分析,所以必須先進行資料的一致性處理,以免分析後的結果不準確,這項前置工作就稱為**資料清理**。還有,資料的擺放必須連續,不能有空白列,否則 Excel 會視為不同的資料範圍。以往要處理資料的一致性是很累人的,但現在我們可以請 AI 快速幫我們完成!

大致瀏覽一下資料是否一致

本節 Excel 範例檔包含「2023 下半年」及「2024 下半年」的銷售資料,每份工作表都各有一千多筆資料,我們要如何檢查資料是否一致呢?

首先點選「2023 下半年」工作表的 A1 儲存格,接著點選**資料**頁次裡的**篩選**鈕,我們先看看商品的名稱是不是都一致,以免後續在進行分析時產生不正確的結果:

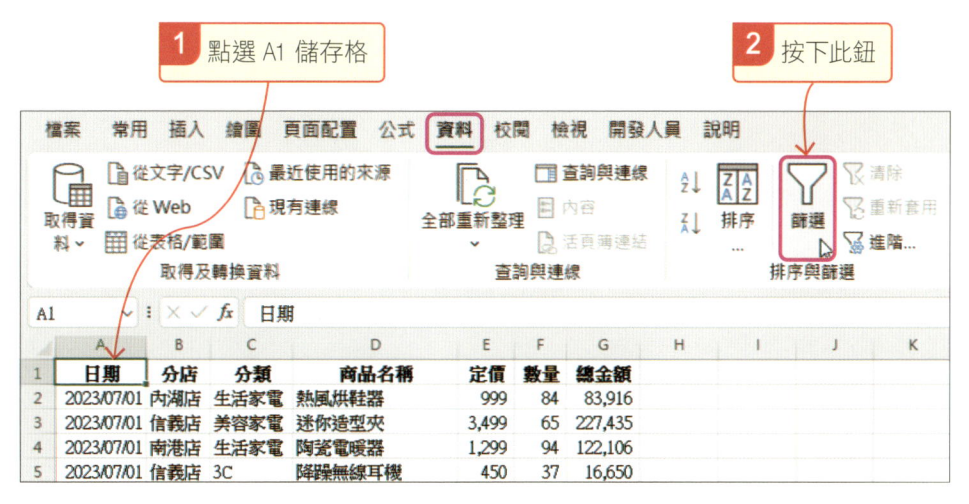

3 按下**商品名稱**的**自動篩選鈕**

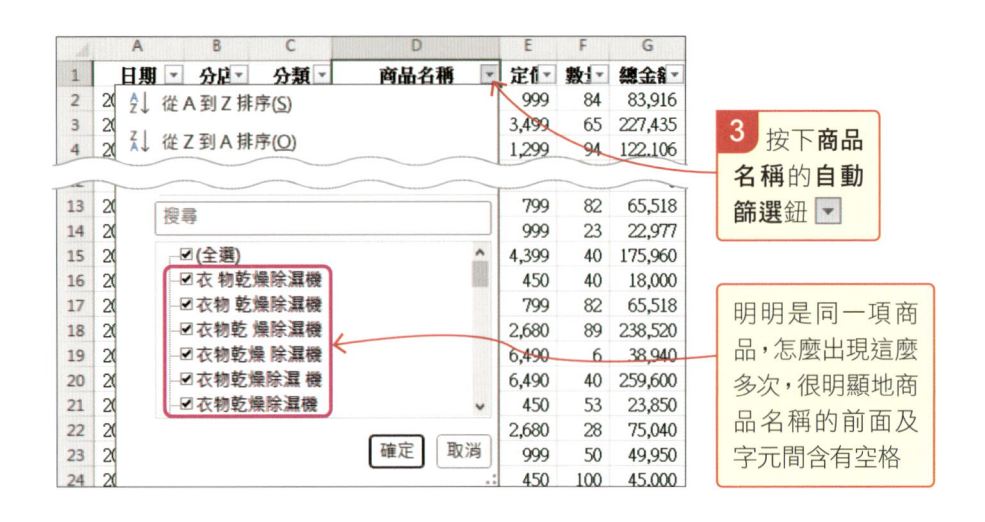

明明是同一項商品,怎麼出現這麼多次,很明顯地商品名稱的前面及字元間含有空格

可是資料筆數這麼多,而且空格的位置也沒有一定的規則,實在不可能做苦工,一個一個慢慢改 ☹....

先別急著想解決方法,我們再繼續看看資料中還有哪些不一致的地方需要調整。

大致瀏覽內容後,可以明顯看到有些地方沒有資料,空白的問題還算好發現的,但有些問題可能不好發現,例如本例「降躁無線耳機」的定價錯了,不是「450」元,應該是「1450」元才對。

5-4

以上的問題，如果用人工的方式修改實在是太折磨人了，還好現在有聰明的 AI 工具可以幫忙，底下就試著把檔案餵給 AI 聊天機器人處理看看 (底下以 ChatGPT 為例)，這招最快！

請 AI 聊天機器人自動解決資料不一致的問題

請開啟 ChatGPT，輸入如下的提示，請 AI 聊天機器人來幫我們清理資料。

> 請依照下面的說明，幫忙處理這個 Excel 檔案，要處理的工作表是「2023下半年」及「2024下半年」
> 1. 將「商品名稱」欄中的資料去除前、後及字元間的空格
> 2. 將「降躁無線耳機」對應的「定價」欄位，由「450」改成「1450」
> 3. 如果「總金額」為「0」，請刪掉一整列
> 4. 在所有資料的最前面加上一欄「流水編號」

TIP 由於 ChatGPT 將 Excel 的「欄」視為「行」，所以向 ChatGPT 提問時，建議直接輸入欄位名稱，並加上「」或 [ ]，如「商品名稱」；如果使用「A 欄」、「B 欄」，有時 ChatGPT 會判斷錯誤，或是產生錯誤結果。

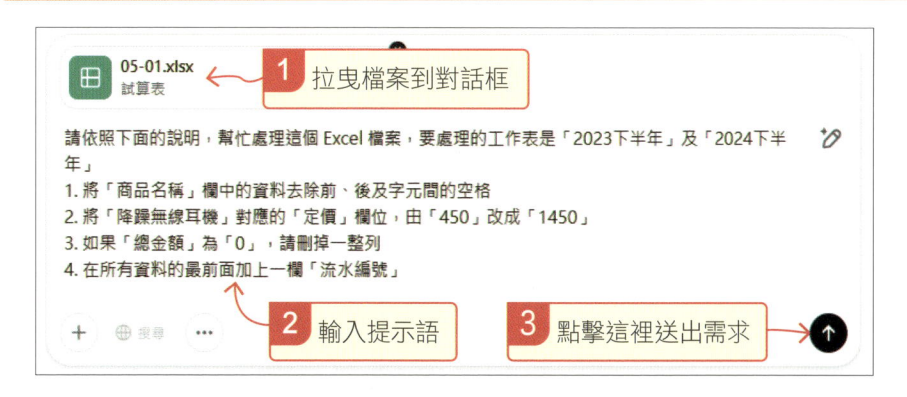

```
05-01.xlsx
試算表                 ① 拉曳檔案到對話框

請依照下面的說明，幫忙處理這個 Excel 檔案，要處理的工作表是「2023下半年」及「2024下半
年」
1. 將「商品名稱」欄中的資料去除前、後及字元間的空格
2. 將「降躁無線耳機」對應的「定價」欄位，由「450」改成「1450」
3. 如果「總金額」為「0」，請刪掉一整列
4. 在所有資料的最前面加上一欄「流水編號」

+  ⊕ 搜尋  ...      ② 輸入提示語      ③ 點擊這裡送出需求    ↑
```

如同前幾章所看到的，ChatGPT 通常會自動寫程式並進行處理，稍待一會兒，會提供處理後的檔案供我們下載，趕快下載到電腦中，看看是不是都依我們的要求完成處理了！

① 點擊下載處理後的 Excel 檔案

請依照下面的說明，幫忙處理這個 Excel 檔案，要處理的工作表是「2023下半年」及「2024下半年」

1. 將「商品名稱」欄中的資料去除前、後及字元間的空格
2. 將「降躁無線耳機」對應的「定價」欄位，由「450」改成「1450」
3. 如果「總金額」為「0」，請刪掉一整列
4. 在所有資料的最前面加上一欄「流水編號」

我已經處理好 Excel 檔案，您可以從以下連結下載：

下載處理後的 Excel 檔案

② 按下此圖示，開啟「processed_05-01.xlsx」

processed_05-01.xlsx
137 KB・完成

以此範例而言，AI 聊天機器人真是幫了我們大忙，原本可能要花上好幾天處理的資料，幾秒鐘就幫我們完成了，省下來的時間，你可以上上網、喝喝咖啡！

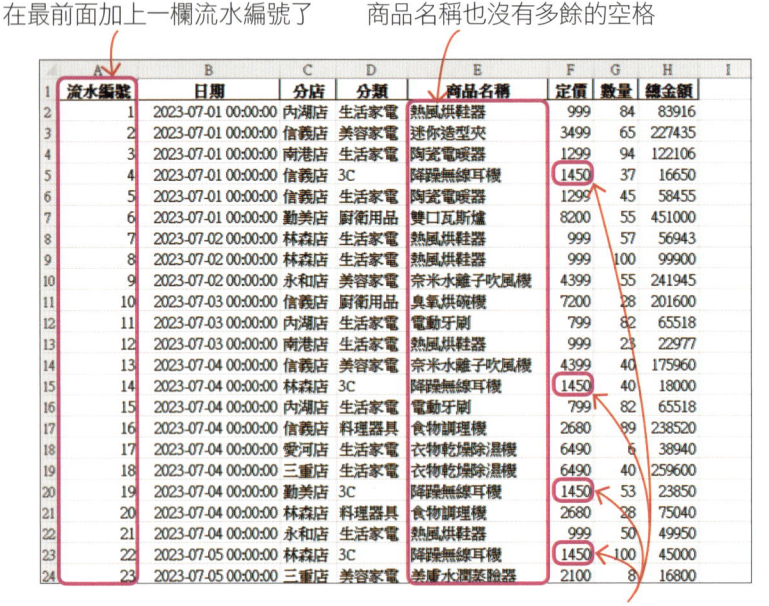

在最前面加上一欄流水編號了　　商品名稱也沒有多餘的空格

	A	B	C	D	E	F	G	H
1	流水編號	日期	分店	分類	商品名稱	定價	數量	總金額
2	1	2023-07-01 00:00:00	內湖店	生活家電	熱風烘鞋機	999	84	83916
3	2	2023-07-01 00:00:00	信義店	美容家電	迷你造型夾	3499	65	227435
4	3	2023-07-01 00:00:00	南港店	生活家電	陶瓷電暖器	1299	94	122106
5	4	2023-07-01 00:00:00	信義店	3C	降躁無線耳機	1450	37	16650
6	5	2023-07-01 00:00:00	信義店	生活家電	陶瓷電暖器	1299	45	58455
7	6	2023-07-01 00:00:00	勤美店	廚衛用品	雙口瓦斯爐	8200	55	451000
8	7	2023-07-02 00:00:00	林森店	生活家電	熱風烘鞋機	999	57	56943
9	8	2023-07-02 00:00:00	信義店	生活家電	熱風烘鞋機	999	100	99900
10	9	2023-07-02 00:00:00	永和店	美容家電	奈米水離子吹風機	4399	55	241945
11	10	2023-07-03 00:00:00	信義店	廚衛用品	臭氧烘碗機	7200	28	201600
12	11	2023-07-03 00:00:00	內湖店	生活家電	電動牙刷	799	82	65518
13	12	2023-07-03 00:00:00	南港店	生活家電	熱風烘鞋機	999	23	22977
14	13	2023-07-04 00:00:00	信義店	美容家電	奈米水離子吹風機	4399	40	175960
15	14	2023-07-04 00:00:00	林森店	3C	降躁無線耳機	1450	40	18000
16	15	2023-07-04 00:00:00	內湖店	生活家電	電動牙刷	799	82	65518
17	16	2023-07-04 00:00:00	信義店	料理器具	食物調理機	2680	89	238520
18	17	2023-07-04 00:00:00	愛河店	生活家電	衣物乾燥除濕機	6490	6	38940
19	18	2023-07-04 00:00:00	三重店	生活家電	衣物乾燥除濕機	6490	40	259600
20	19	2023-07-04 00:00:00	勤美店	3C	降躁無線耳機	1450	53	23850
21	20	2023-07-04 00:00:00	林森店	料理器具	食物調理機	2680	28	75040
22	21	2023-07-04 00:00:00	永和店	生活家電	熱風烘鞋機	999	50	49950
23	22	2023-07-05 00:00:00	林森店	3C	降躁無線耳機	1450	100	45000
24	23	2023-07-05 00:00:00	三重店	美容家電	美膚水潤潔膚器	2100	8	16800

「降躁無線耳機」的定價也改成「1450」了

5-6

但還是稍微檢查一下 AI 處理後的資料，本例美中不足的是，AI 聊天機器人更改了「數值」格式，例如「日期」欄多加了時間，「定價」跟「總金額」欄原本有千分位符號，經過處理被刪除了，「總金額」欄的公式 (定價 × 數量) 也被刪除，只留下「值」。

這些格式問題，雖然也可以請 AI 再次處理，不過直接在 Excel 中操作會比較快，只要選取整欄後，按下 Ctrl + 1 快速鍵，開啟**設定儲存格格式**交談窗，就可以調整日期及數值格式。

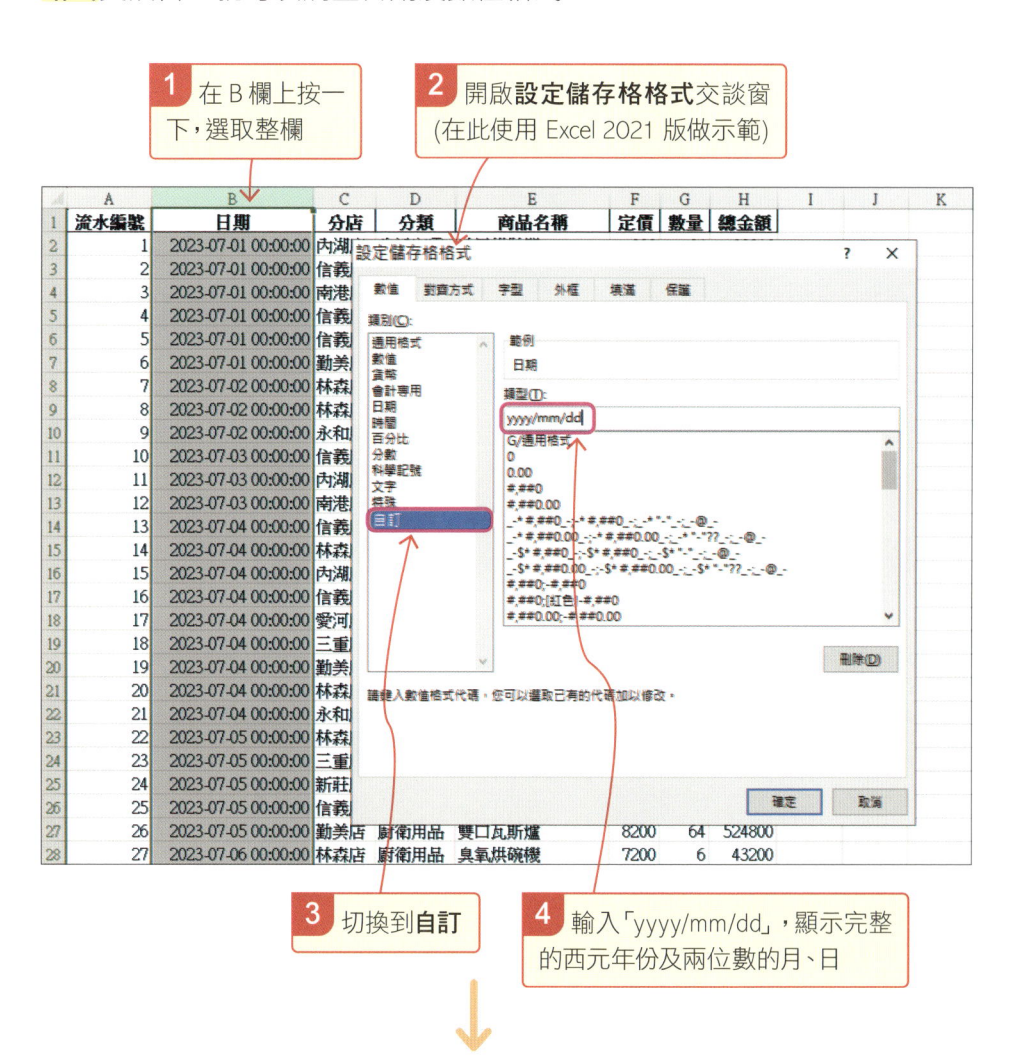

1 在 B 欄上按一下，選取整欄

2 開啟**設定儲存格格式**交談窗 (在此使用 Excel 2021 版做示範)

3 切換到**自訂**

4 輸入「yyyy/mm/dd」，顯示完整的西元年份及兩位數的月、日

第 5 章　【Excel 樞紐分析】AI — 操作苦手沒關係，請 AI 協助完成海量資料分析

5-7

5 「定價」和「總金額」欄，也自行設定千分位符號

6 來回復公式。在 H2 儲存格輸入「=F2*G2」，然後快速按兩下**自動填滿**鈕，就可以將公式直接往下複製到最後一列

用 Microsoft 365＋Copilot AI 自動清理資料更便捷

如果是 Microsoft 365 的用戶，當你開啟檔案後，Copilot AI (1-4 節介紹過) 就會自動偵測 Excel 中的資料，如果發現有資料不一致的問題，會自動跳出訊息，詢問你是否清理資料：

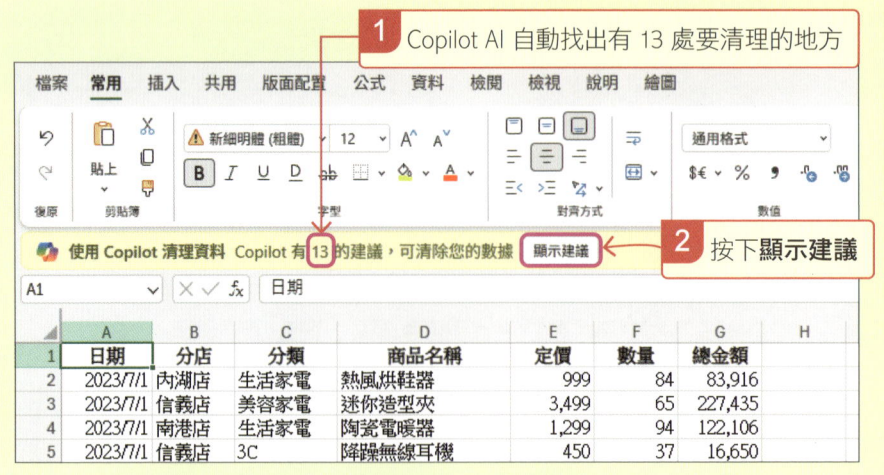

1 Copilot AI 自動找出有 13 處要清理的地方

2 按下**顯示建議**

▲ 如果沒有自動跳出**使用 Copilot 清理資料**的訊息，你可以按下**資料**頁次的**清理資料**鈕，開啟下圖的畫面來清理資料

接下頁

5-8

資料中標示紅色，表示文字不一致（有的空格在前面，有的空格在後面）

3 按下**套用**鈕，自動清除額外空格

5 往下拖曳捲軸，繼續清除其他不一致的文字

	A	B	C	D	E	F	G
1720	2023/12/28	勤美店	生活家電	陶瓷電暖器	1,299	9	11,
1721	2023/12/28	勤美店	廚衛用品	雙口瓦斯爐	8,200	13	106,
1722	2023/12/28	南港店	廚衛用品	雙口瓦斯爐	8,200	1	8,
1723	2023/12/28	信義店	美容家電	奈米水離子吹風機	4,399	89	391,
1724	2023/12/28	內湖店	廚衛用品	雙口瓦斯爐	8,200	77	631,
1725	2023/12/29	林森店	生活家電	熱風烘鞋器	999	46	45,
1726	2023/12/29	板橋店	生活家電	熱風烘鞋器	999	36	35,
1727	2023/12/29	南港店	美容家電	美膚水潤蒸臉器	2,100	45	94,
1728	2023/12/29	林森店	美容家電	奈米水離子吹風機	4,399	62	272,
1729	2023/12/29	勤美店	廚衛用品	臭氧烘碗機	7,200	29	208,
1730	2023/12/29	永和店	料理器具	食物調理機	2,680	12	32,
1731	2023/12/29	勤美店	廚衛用品	雙口瓦斯爐	8,200	96	787,
1732	2023/12/29	勤美店	料理器具	食物調理機	2,680	82	219,
1733	2023/12/29	勤美店	美容家電	奈米水離子吹風機	4,399	10	43,
1734	2023/12/29	勤美店	生活家電	陶瓷電暖器	1,299	80	103,
1735	2023/12/29	吉安店	生活家電	衣物乾燥除濕機	6,490	46	298,
1736	2023/12/30	愛河店	生活家電	衣物乾燥 除濕機	6,490	81	525,
1737	2023/12/30	南港店	美容家電	奈米水離子吹風機	4,399	24	105,
1738	2023/12/30	新莊店	生活家電	衣物乾燥除濕機	6,490	61	395,
1739	2023/12/30	新莊店	生活家電	衣物乾燥除 濕機	6,490	99	642,
1740	2023/12/30	林森店	廚衛用品	臭氧烘碗機	7,200	54	388,
1741	2023/12/30	信義店	廚衛用品	臭氧烘碗機	7,200	69	496,
1742	2023/12/30	信義店	生活家電	熱風烘鞋器	999	48	47,
1743	2023/12/31	信義店	生活家電	陶瓷電暖器	1,299	27	35,
1744	2023/12/31	信義店	生活家電	陶瓷電暖器	1,299	70	90,
1745	2023/12/31	新莊店	生活家電	陶瓷電暖器	1,299	50	64,
1746	2023/12/31	愛河店	生活家電	熱風烘鞋器	999	93	92,
1747	2023/12/31	愛河店	美容家電	美膚水潤蒸臉器	2,100	99	207,

使用 Copilot 清理資料

工作表1　　　13

A1:G1751

額外空格
A1:G1751 可能有備額外空間。

是否要移除它們？

✓ 套用　✕ 略過　　^ 68/68

AI 產生建議可能不正確

不一致的文字
資料行 D 可能存在一些不一致。您可以嘗試用以下變化之一取代它們：

☐ 熱風烘鞋器
☑ 熱風 烘鞋器
☑ 熱風 烘鞋器

使用下列文字取代選取文字：

熱風烘鞋器　　▼

✓ 套用　✕ 略過

告訴我們您對清理資料的想法

4 按下**套用**鈕，自動清除不一致的文字

全部清除後會出現此畫面

	A	B	C	D	E	F	G
1	日期	分店	分類	商品名稱	定價	數量	總金額
2	2023/7/1	內湖店	生活家電	熱風烘鞋器	999	84	83,916
3	2023/7/1	信義店	美容家電	迷你造型夾	3,499	65	227,435
4	2023/7/1	南港店	生活家電	陶瓷電暖器	1,299	94	122,106
5	2023/7/1	信義店	3C	降躁無線耳機	450	37	16,650
6	2023/7/1	信義店	生活家電	陶瓷電暖器	1,299	45	58,455
7	2023/7/1	勤美店	廚衛用品	雙口瓦斯爐	8,200	55	451,000
8	2023/7/2	林森店	生活家電	熱風烘鞋器	999	57	56,943
9	2023/7/2	林森店	生活家電	熱風烘鞋器	999	100	99,900
10	2023/7/2	永和店	美容家電	奈米水離子吹風機	4,399	55	241,945
11	2023/7/3	信義店	廚衛用品	臭氧烘碗機	7,200	28	201,600
12							0
13	2023/7/3	內湖店	生活家電	電動牙刷	799	82	65,518
14	2023/7/3	南港店	生活家電	熱風烘鞋器	999	23	22,977
15	2023/7/4	信義店	美容家電	奈米水離子吹風機	4,399	40	175,960
16	2023/7/4	林森店	3C	降			
17	2023/7/4	內湖店	生活家電	電			
18	2023/7/4	信義店	料理器具	食			
19	2023/7/4	愛河店	生活家電	衣			
20	2023/7/4	三重店	生活家電	衣			

此工作表沒有清理資料建議
Copilot 已檢查此工作表，但找不到建議。如果您的數據有不一致的文字、不一致的數位格式或額外的空格，您會在這裡看到修正建議。

準備好進行下一步了嗎？
現在您已清除數據，Copilot 可以顯示數據深入解析、建議公式欄等等。

開啟 Copilot Chat

深入瞭解 [清理資料] 可為您執行的動作

6 資料不一致的問題大致解決了，但有時會有漏網之魚，需要自行請 AI 解決，例如本例「總金額」欄為「0」的部份 AI 並沒有處理，我們按下**開啟 Copilot Chat** 鈕試著提問，看 AI 能否解決，若怎麼試都不行，待會就只好手動處理了

接下頁

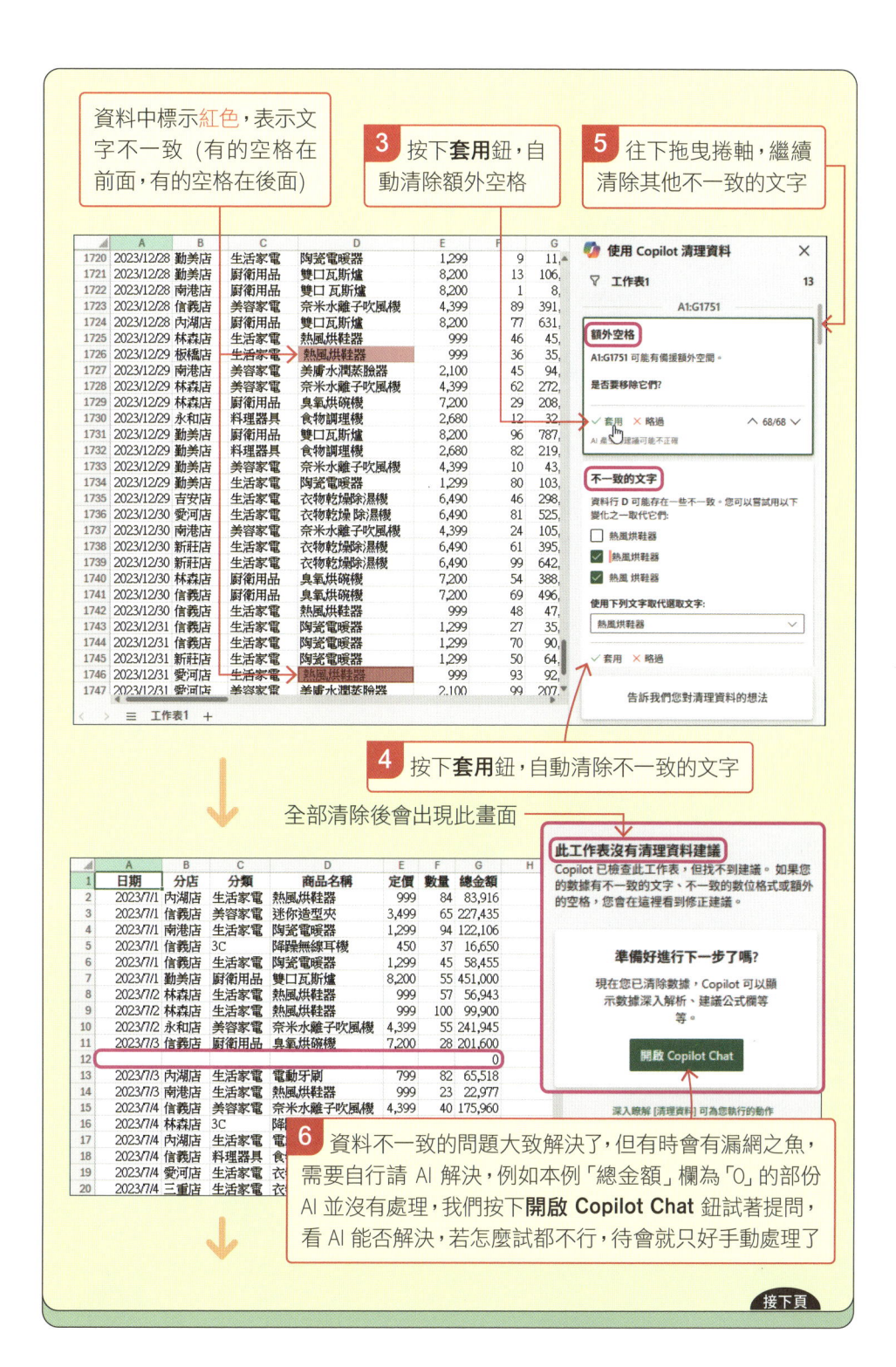

第 5 章　【Excel 樞紐分析】AI — 操作苦手沒關係，請 AI 協助完成海量資料分析

5-9

A	B	C	D	E	F	G
日期	分店	分類	商品名稱	定價	數量	總金額
2023/7/1	內湖店	生活家電	熱風烘鞋器	999	84	83,916
2023/7/1	信義店	美容家電	迷你造型夾	3,499	65	227,435
2023/7/1	南港店	生活家電	陶瓷電暖器	1,299	94	122,106
2023/7/1	信義店	3C	降躁無線耳機	450	37	16,650
2023/7/1	信義店	生活家電	陶瓷電暖器	1,299	45	58,455
2023/7/1	勤美店	廚衛用品	雙口瓦斯爐	8,200	55	451,000
2023/7/2	林森店	生活家電	熱風烘鞋器	999	57	56,943
2023/7/2	林森店	生活家電	熱風烘鞋器	999	100	99,900
2023/7/2	永和店	美容家電	奈米水離子吹風機	4,399	55	241,945
2023/7/3	信義店	廚衛用品	臭氧烘碗機	7,200	28	201,600
						0
2023/7/3	內湖店	生活家電	電動牙刷	799	82	65,518
2023/7/3	南港店	生活家電	熱風烘鞋器	999	23	22,977
2023/7/3	信義店	美容家電	奈米水離子吹風機	4,399	40	175,960
2023/7/4	林森店	3C	降躁無線耳機	450	40	18,000
2023/7/4	內湖店	生活家電	電動牙刷	799	82	65,518
2023/7/4	信義店	料理器具	食物調理機	2,680	89	238,520
2023/7/4	愛河店	生活家電	衣物乾燥除濕機	6,490	6	38,940
2023/7/4	三重店	生活家電	衣物乾燥除濕機	6,490	40	259,600
2023/7/4	勤美店	3C	降躁無線耳機	450	53	23,850
2023/7/4	林森店	料理器具	食物調理機	2,680	28	75,040
2023/7/4	永和店	生活家電	熱風烘鞋器	999	50	49,950
2023/7/5	林森店	3C	降躁無線耳機	450	100	45,000
2023/7/5	三重店	美容家電	美膚水潤蒸臉器	2,100	8	16,800
2023/7/5	新莊店	生活家電	衣物乾燥除濕機	6,490	64	415,360

7 輸入「請刪除「總金額」為 0 的整列」

8 按下此鈕

請刪除「總金額」為0 的整列

確定! 請看看 **A1:G1751**，以下是要檢視及套用的 1 個變更：

- 對「G1:G1751」套用篩選條件，僅顯示值不等於「0」的列

✓ 套用

9 按下**套用**鈕，看 Copilot AI 能不能處理好

接下頁

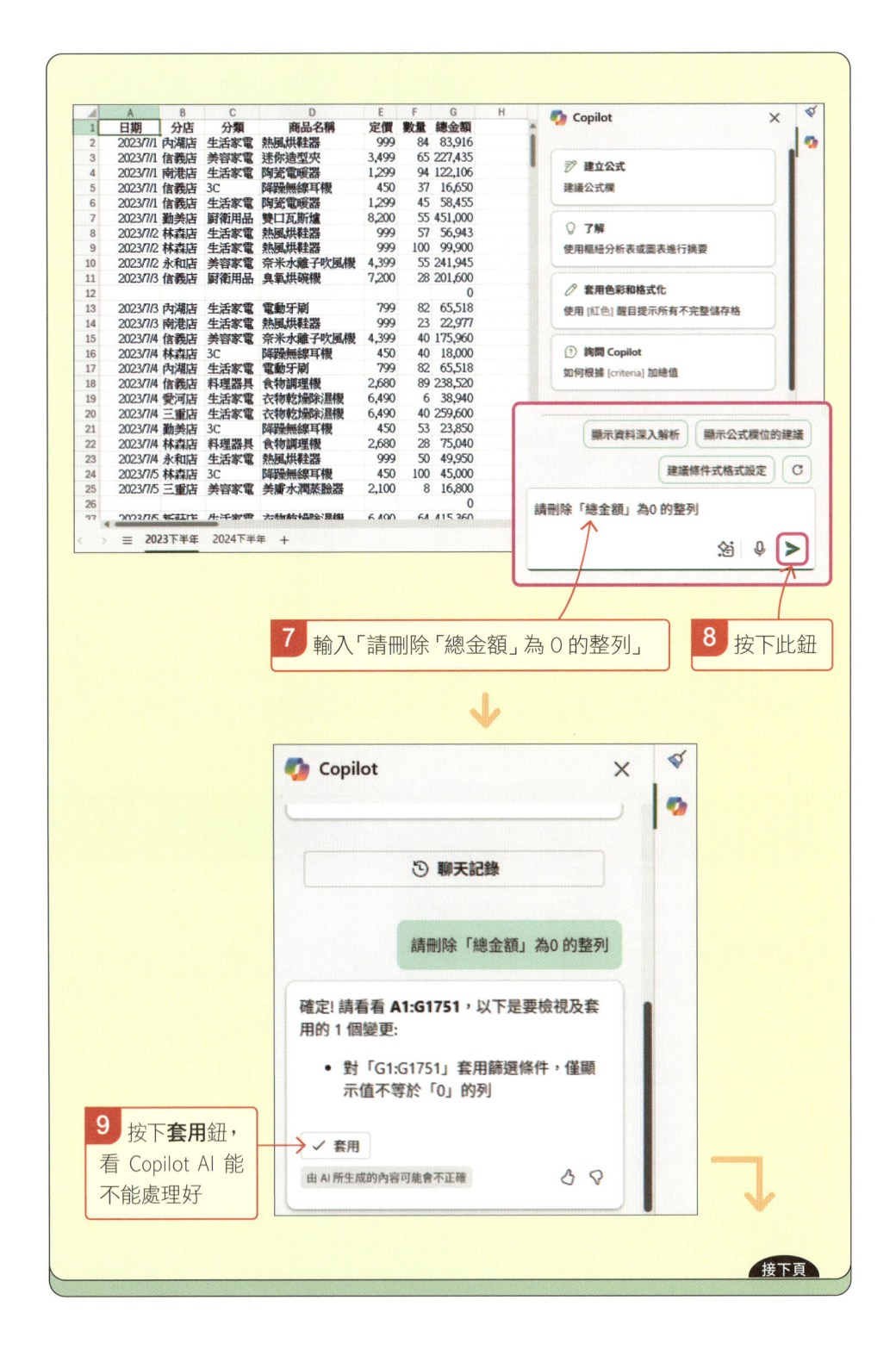

5-10

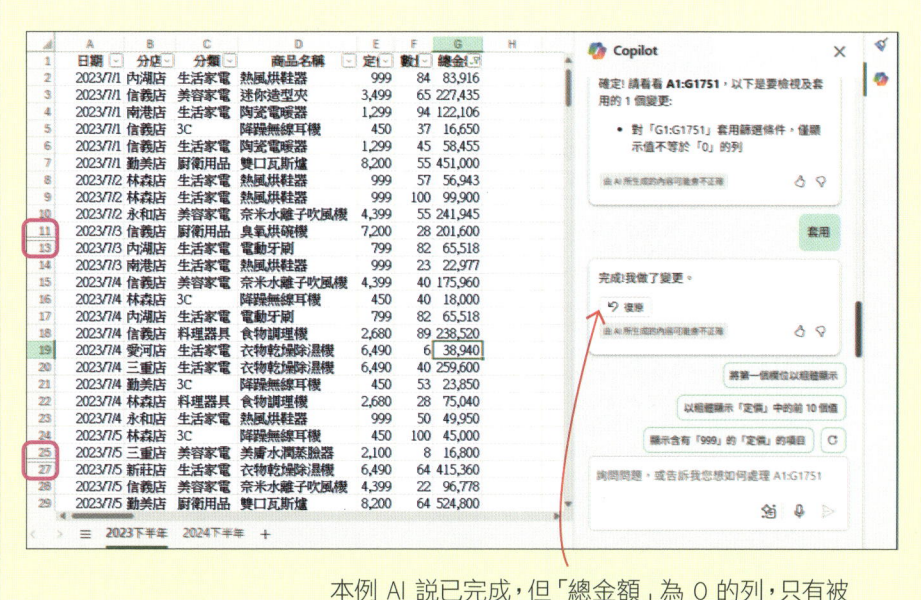

本例 AI 說已完成，但「總金額」為 0 的列，只有被
隱藏起來，並沒有真正刪除，因此按下**復原**鈕回復

經過測試，Copilot AI 沒辦法幫我們自動刪除整列資料，但是沒關係，還是可以用 Excel 內建的便利功能來刪除，底下簡單介紹。我們按下**常用**頁次的**尋找與選取**鈕，再按下**特殊目標**，開啟如下的交談窗：

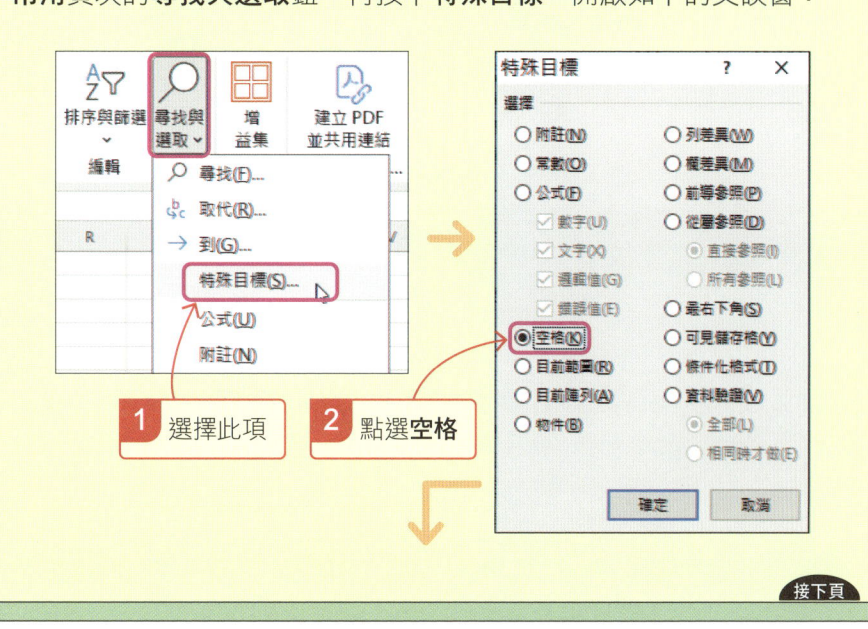

1 選擇此項　　**2** 點選**空格**

接下頁

5-11

3 會自動選取所有空白的儲存格

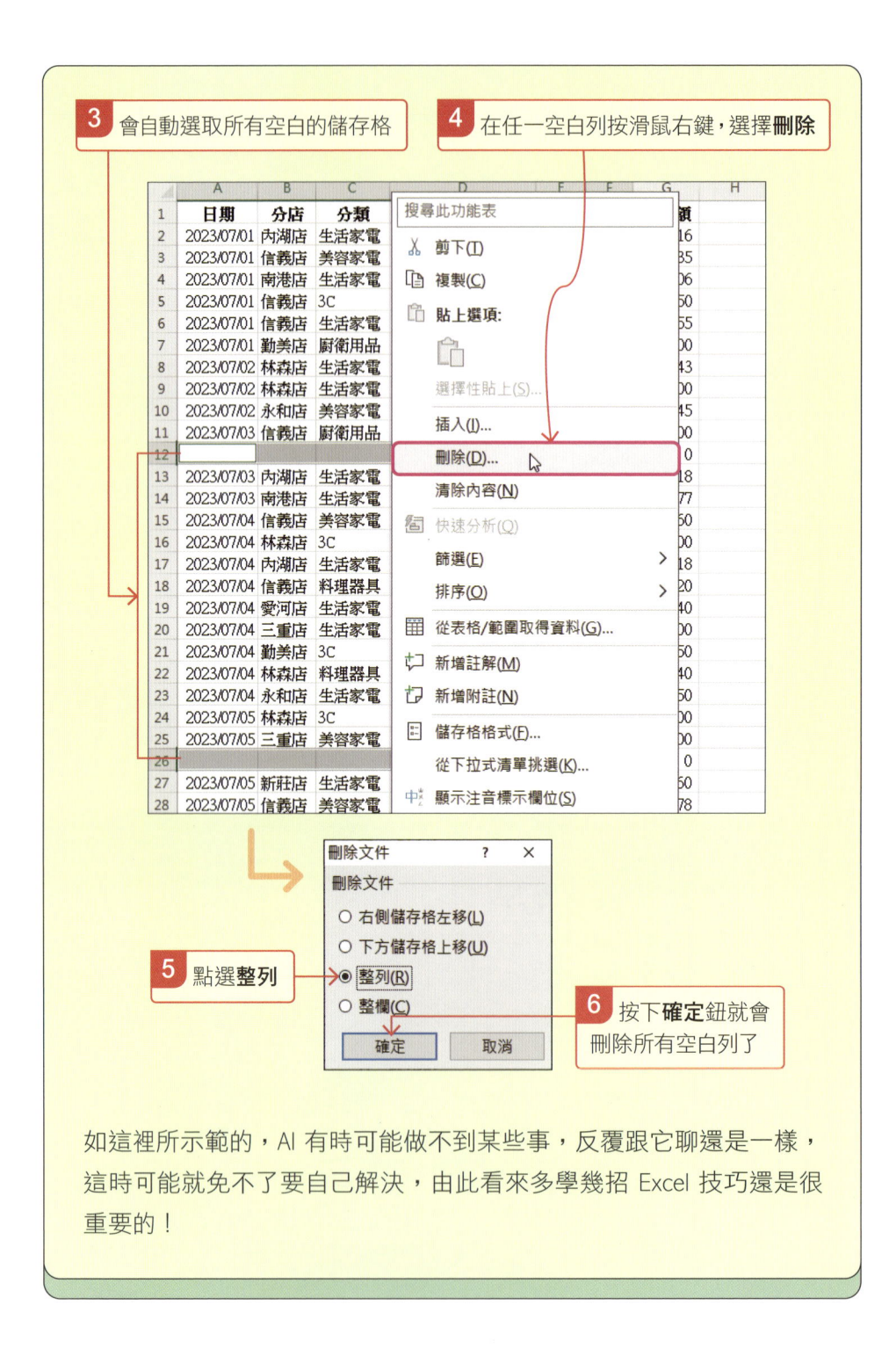

4 在任一空白列按滑鼠右鍵，選擇**刪除**

5 點選**整列**

6 按下**確定**鈕就會刪除所有空白列了

如這裡所示範的，AI 有時可能做不到某些事，反覆跟它聊還是一樣，這時可能就免不了要自己解決，由此看來多學幾招 Excel 技巧還是很重要的！

5-2 請 AI 直接生成分析後的資料

使用 AI 支援上傳 *.xlsx 檔案的 AI 聊天機器人
(如：ChatGPT、Copilot、Grok)

　　AI 聊天機器人除了幫我們清理資料外，當然還能分析資料，我們可以試著將檔案餵給 AI，請它自動生成分析結果。當老闆急著要知道答案時，請 AI 生成是最快的方法。不過提醒讀者，**AI 聊天機器人沒辦法生成 Excel 的樞紐分析表，只會產生結果**，也因此無法像 Excel 樞紐分析表那樣可以靈活做調整，當老闆又提出不同需求時，必須要重新向 AI 提問。如果想要彈性調整資料產生分析結果，建議參考下一節的做法，在 Excel 裡面做樞紐分析 (並請 AI 做輔助)。

請 AI 自動列出每年各分類及商品的銷量

　　首先，將要分析的資料餵給 AI 聊天機器人 (本例是使用 ChatGPT)，並如下提問，例如老闆想要了解每個類別、每個商品的銷售數量！

> 請幫忙列出每年各個「分類」、「商品名稱」的銷售「數量」，謝謝！

1 輸入提問，並上傳要分析的檔案

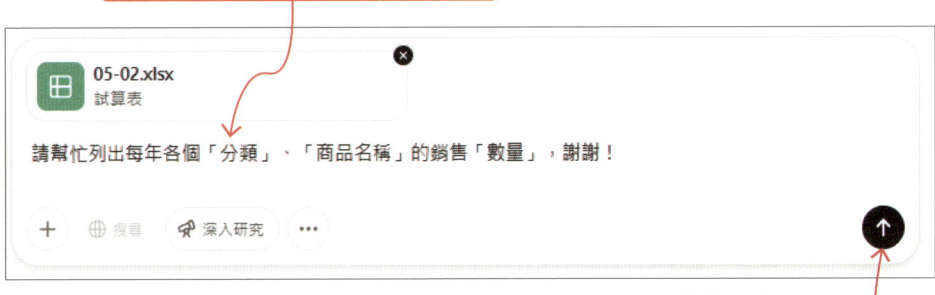

> 05-02.xlsx
> 試算表
>
> 請幫忙列出每年各個「分類」、「商品名稱」的銷售「數量」，謝謝！

2 按下此鈕送出提問

5-13

3 AI 馬上列出分析結果，正是我們要的

Yearly Sales Summary By Category And Product

	年份	分類	商品名稱	數量
1	2023	3C	降躁無線耳機	
2	2023	廚衛用品	臭氧烘碗機	
3	2023	廚衛用品	雙口瓦斯爐	
4	2023	料理器具	精密料理秤	1364
5	2023	料理器具	食物調理機	7736
6	2023	生活家電	熱風烘鞋器	9971

4 按此鈕，即可下載彙整後的表格。若是下載的表格內容為亂碼，可再次提問，請 AI 聊天機器人直接生成檔案給我們

我已將每年的各「分類」和「商品名稱」的銷售「數量」彙整完成，請查看表格以了解詳細數據！如果需要進一步篩選或分析，請告訴我！

這裡還會列出 ChatGPT 建議的提問

`請幫忙進一步篩選特定分類數據` `能否分析哪個商品銷售最多？`

5 我們試一下這個，額外獲得一些分析結果也不錯

> 請幫忙進一步篩選特定分類數據

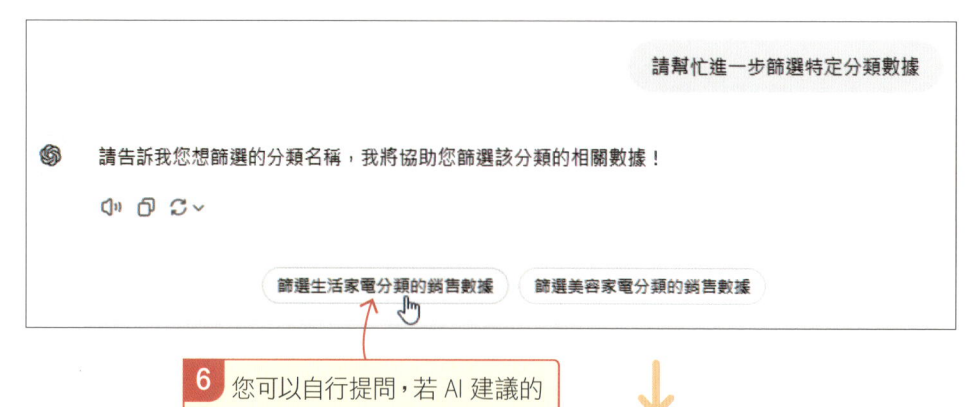

請告訴我您想篩選的分類名稱，我將協助您篩選該分類的相關數據！

`篩選生活家電分類的銷售數據` `篩選美容家電分類的銷售數據`

6 您可以自行提問，若 AI 建議的提問不錯，也可以繼續點擊使用

5-14

	分類	商品名稱	數量
1	生活家電	熱風烘鞋器	9971
2	生活家電	衣物乾燥除濕機	7458
3	生活家電	陶瓷電暖器	10774
4	生活家電	電動牙刷	8256
5	生活家電	熱風烘鞋器	11003
6	生活家電	衣物乾燥除濕機	8114

Sales Data For Category - 生活家電

我已篩選出「生活家電」分類的銷售數據，請查看表格以了解相關資訊！如果需要進一步分析或處理，請告訴我！

> 本例在 AI 的建議下，我們篩選出「生活家電」類的銷量

5-3　Excel 樞紐分析表操作卡關？請 AI 輕鬆排除問題

使用 AI ▸ AI 聊天機器人
(ChatGPT、Copilot、Gemini…都可以)

　　前一節有看到，請 AI 聊天機器人生成的分析資料是一次性的，若是希望能夠因應老闆的需求得出各種分析結果，那麼建議在 Excel 中使用**樞紐分析表**做分析。雖然大家都聽說過**樞紐分析表**功能很方便，但是當手上有份資料，要動手做出樞紐分析表，還是很容易卡住，不知道欄位要怎麼擺放，做出錯的表格也不知道原因。若對這個工具不太熟，卡關時不妨**把原始資料跟設定畫面截圖下來**，通通丟給 AI 問它怎麼做，底下我們就來看看要怎麼問出答案。

請 AI 聊天機器人告訴我們怎麼建立樞紐分析表

1 首先，我們開啟本節範例檔，切換到「2023 下半年」工作表，這是我們在 5-1 節請 AI 聊天機器人清理過的資料，第一步先用抓圖軟體把資料的大致結構截取下來，記得要**包含各欄的欄位名稱**，待會兒若操作卡關需要問 AI 時，方便 AI 理解我們的資料。

	A	B	C	D	E	F	G	H
1	流水編號	日期	分店	分類	商品名稱	定價	數量	總金額
2	1	2023/07/01	內湖店	生活家電	熱風烘鞋器	999	84	83,916
3	2	2023/07/01	信義店	美容家電	迷你造型夾	3,499	65	227,435
4	3	2023/07/01	南港店	生活家電	陶瓷電暖器	1,299	94	122,106
5	4	2023/07/01	信義店	3C	降躁無線耳機	1,450	37	53,650
6	5	2023/07/01	信義店	生活家電	陶瓷電暖器	1,299	45	58,455
7	6	2023/07/01	勤美店	廚衛用品	雙口瓦斯爐	8,200	55	451,000
8	7	2023/07/02	林森店	生活家電	熱風烘鞋器	999	57	56,943
9	8	2023/07/02	林森店	生活家電	熱風烘鞋器	999	100	99,900
10	9	2023/07/02	永和店	美容家電	奈米水離子吹風機	4,399	55	241,945
11	10	2023/07/03	信義店	廚衛用品	臭氧烘碗機	7,200	28	201,600

2 接著選取資料中的任一個儲存格，按下**插入**頁次的**樞紐分析表**鈕。

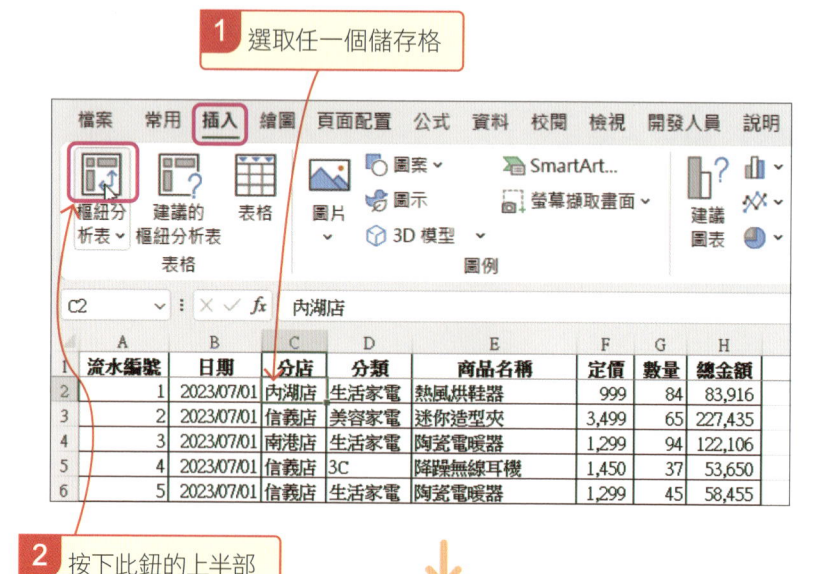

1 選取任一個儲存格

2 按下此鈕的上半部

5-16

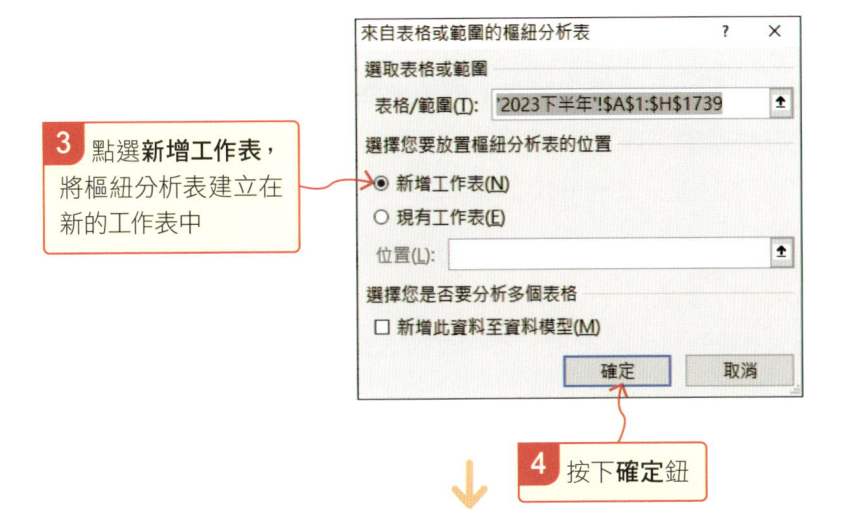

3 點選**新增工作表**，將樞紐分析表建立在新的工作表中

4 按下**確定**鈕

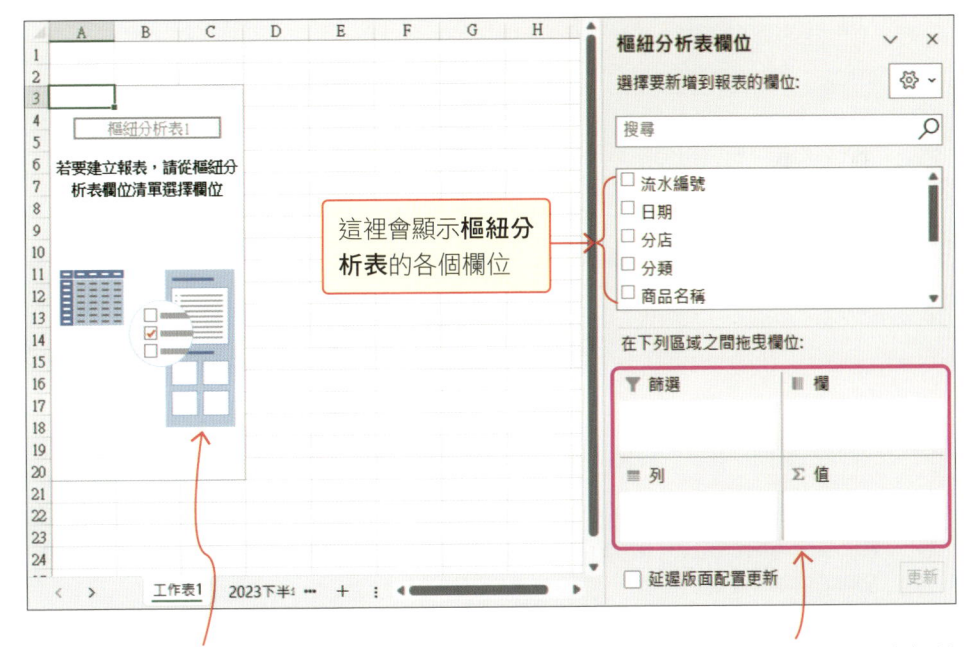

這裡會顯示**樞紐分析表**的各個欄位

由於還沒有加入資料，這裡會顯示空白的樞紐分析表

大多數人都是卡在這裡，不知道欄位要怎麼擺放才能得到我們想要的分析結果，請將這個部份截圖下來，我們待會兒一併問 ChatGPT 該怎麼做

3 截取好原始資料及樞紐分析表欄位的圖,現在就可以開始問 AI 聊天機器人 (在此以 ChatGPT 為例),我們想知道「**2023 年**」每個月的「**生活家電**」及「**美容家電**」的總金額,但不知道樞紐分析表的欄位要怎麼擺放,請輸入提問後,再將剛才的兩張截圖貼到提問裡,讓 AI 參考附圖來幫我們解決問題:

(**附上截圖**)

我想知道「2023 年」每個月的「生活家電」及「美容家電」的總金額,並建立成樞紐分析表,原始的資料如附圖,請問我要如何設定樞紐分析表的欄位?我使用的 Excel 版本是 2021 版。

TIP 由於不同版本的 Excel 命令名稱及位置都不太一樣,建議在詢問 ChatGPT 時,能加上使用的版本,以便得到比較確切的答案。

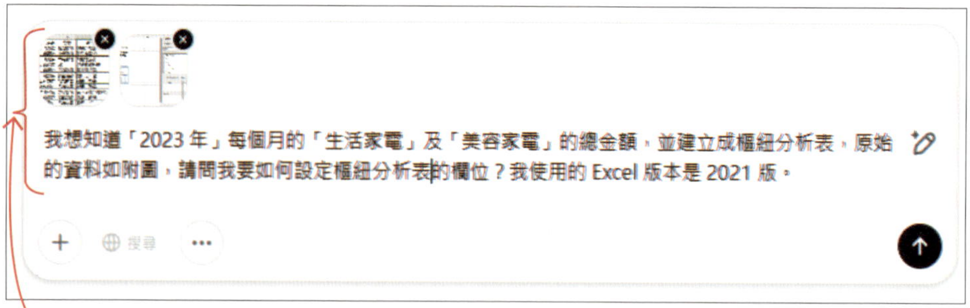

在此輸入提問,並貼上截圖

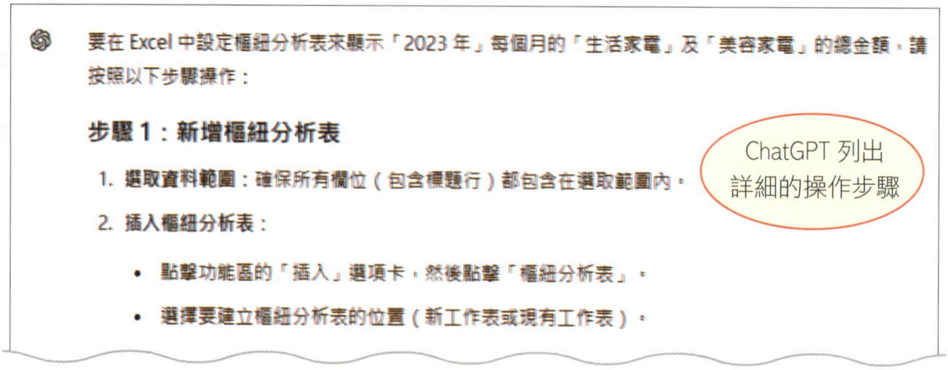

要在 Excel 中設定樞紐分析表來顯示「2023 年」每個月的「生活家電」及「美容家電」的總金額,請按照以下步驟操作:

步驟 1:新增樞紐分析表

1. 選取資料範圍:確保所有欄位(包含標題行)都包含在選取範圍內。
2. 插入樞紐分析表:
   - 點擊功能區的「插入」選項卡,然後點擊「樞紐分析表」。
   - 選擇要建立樞紐分析表的位置(新工作表或現有工作表)。

ChatGPT 列出詳細的操作步驟

步驟 2：設定樞紐分析表的欄位

根據你的需求，請按照以下設定：

1. 篩選：
   - 將「分類」拖到「篩選」區域，並在樞紐表中篩選出「生活家電」與「美容家電」。

2. 列：
   - 將「日期」拖到「列」區域。
   - 右鍵點擊日期列中的任一日期，選擇「分組」。
   - 在彈出的分組選項中，選擇「按月」及「按年」。

3. 值：
   - 將「總金額」拖到「值」區域。
   - 確認「值」的彙總方式為「求和」（若顯示為計數，需點擊右鍵選擇「值顯示方式」並改為「求和」）。

↓

4 AI 聊天機器人逐步列出詳細的操作方法，剛才我們在 **2** 已經新增了空白的樞紐分析表，接著就照上圖 AI 提供的「步驟 2」拖曳欄位試試：

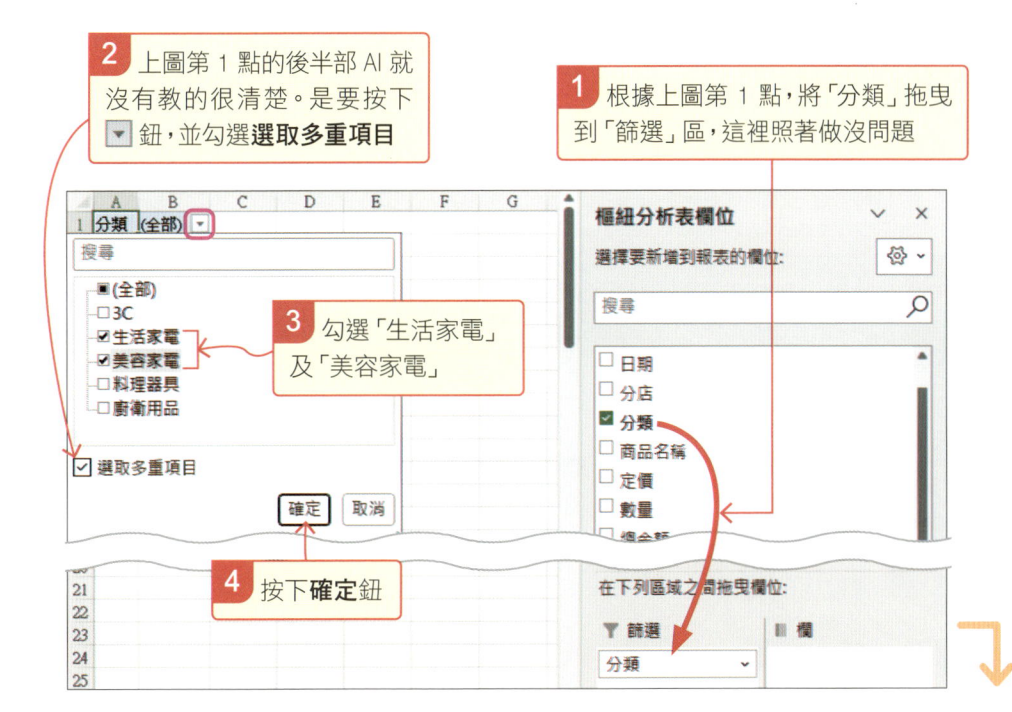

2 上圖第 1 點的後半部 AI 就沒有教的很清楚。是要按下 ▼ 鈕，並勾選**選取多重項目**

1 根據上圖第 1 點，將「分類」拖曳到「篩選」區，這裡照著做沒問題

3 勾選「生活家電」及「美容家電」

4 按下確定鈕

5-19

5 將「日期」拖曳到「列」區域，根據 AI 的說明，還需要按右鍵選擇「分組」，不過在 Excel 2021 版，已經自動依照「天」及「月」分組好了，在此可略過此動作

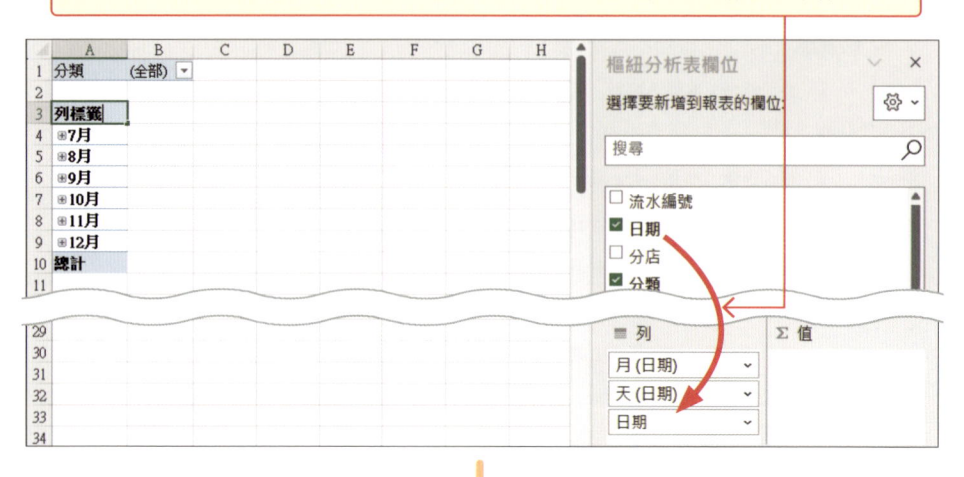

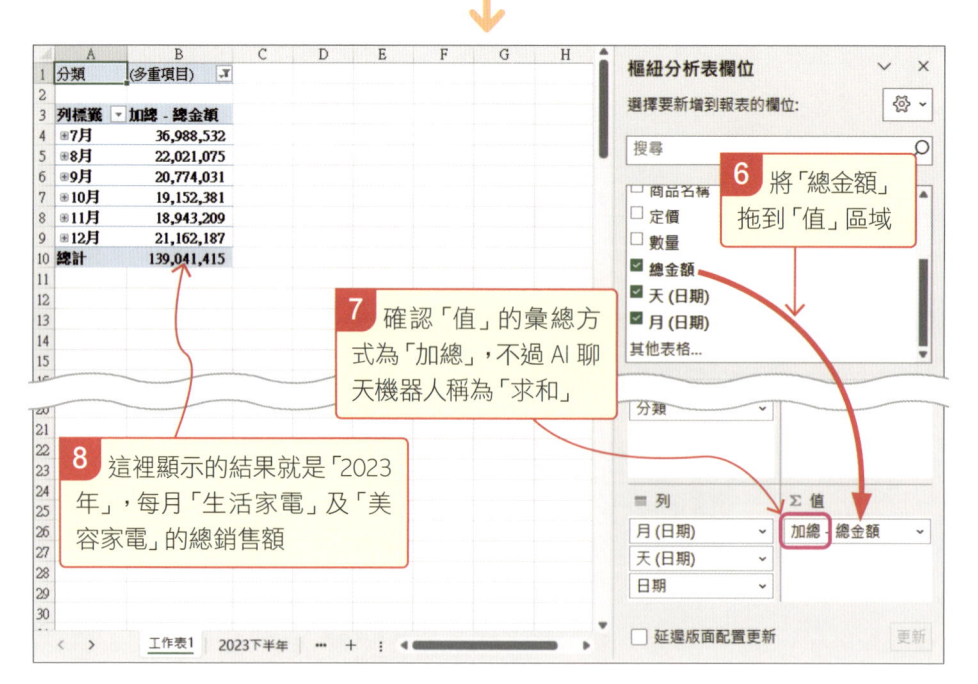

6 將「總金額」拖到「值」區域

7 確認「值」的彙總方式為「加總」，不過 AI 聊天機器人稱為「求和」

8 這裡顯示的結果就是「2023 年」，每月「生活家電」及「美容家電」的總銷售額

> **TIP** 雖然，AI 的教學步驟無法 100% 套用到我們的操作環境，有些還是要自己稍微摸索位置、變通一下名稱，但最關鍵的拉曳樞紐分析表欄位，本例 AI 的提示是正確無誤的！

▶ 5-20

任何樞紐分析欄位調整需求都可以問 AI

照著 AI 提供的參考步驟，即使不懂樞紐分析的人，也能大致了解欄位該怎麼擺放。我們再看一個例子，剛才的範例沒辦法「分別」看出生活家電及美容家電的銷售額，我們可以繼續請 AI 教我們調整欄位。

1 請繼續輸入如下的提問，讓 AI 聊天機器人教我們調整欄位。

> 我想要「個別」顯示「生活家電」及「美容家電」的金額，欄位要怎麼擺放？

要在樞紐分析表中分別顯示「生活家電」和「美容家電」的金額，請按照以下方式設定樞紐分析表的欄位：

欄位設定方式

1. **篩選**：
   - 不需要放任何欄位到「篩選」區域。

2. **列**：
   - 將「日期」拖到「列」區域。
   - 右鍵點擊「日期」中的任意值，選擇「分組」。
   - 在彈出的「分組」視窗中，選擇「按月」和「按年」。
   - 此時，樞紐表的列會按照月份顯示。

3. **欄**：
   - 將「分類」拖到「欄」區域。
   - 這樣會將「生活家電」與「美容家電」的金額分別顯示在不同的欄位中。

4. **值**：
   - 將「總金額」拖到「值」區域。
   - 確認彙總方式為「求和」（右鍵點擊數值欄位，選擇「值彙總方式」>「求和」）。

（照著 AI 的提示，試著操作看看）

▲ AI 聊天機器人的說明

5-21

2 接著請照著 AI 的說明調整欄位位置。

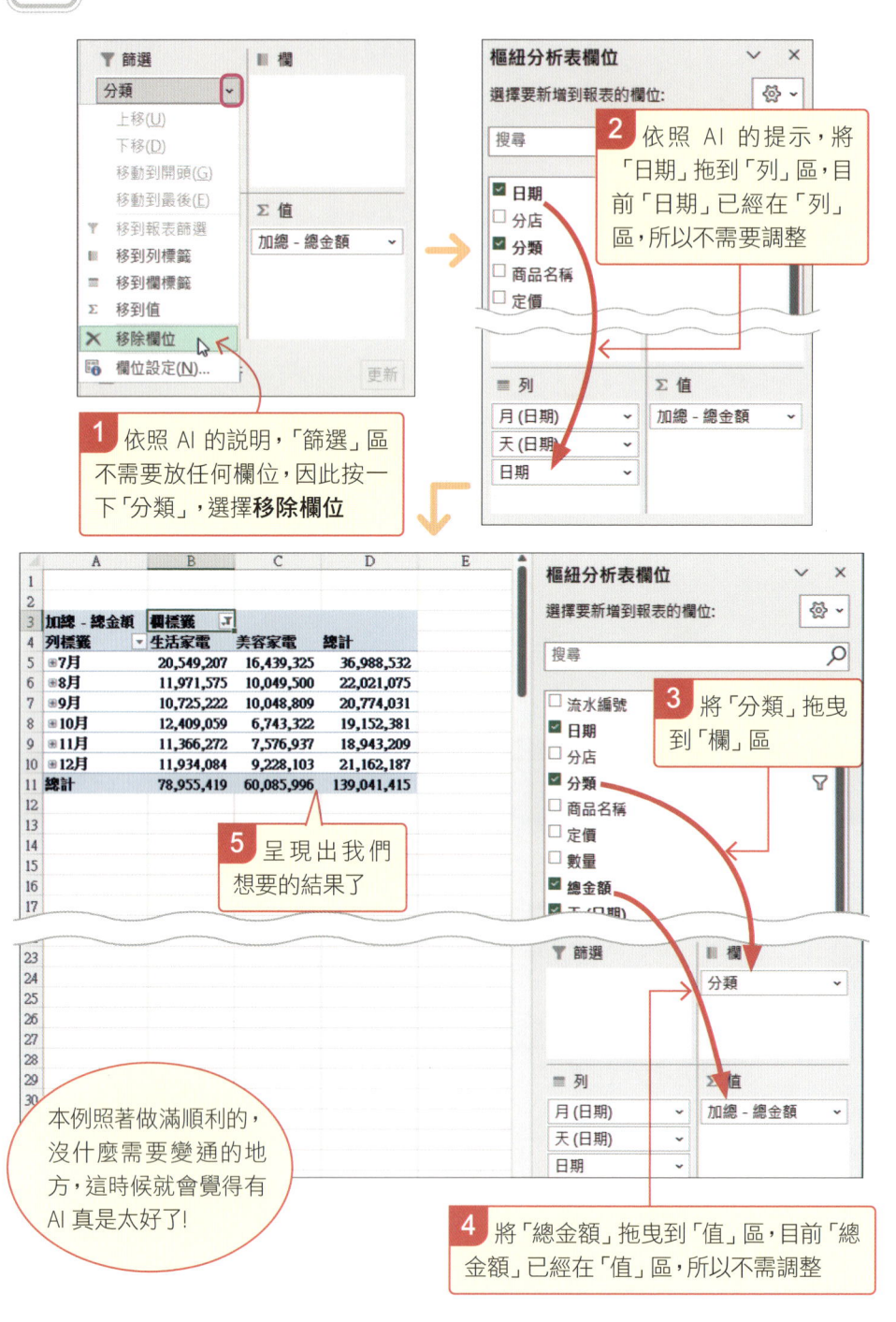

1 依照 AI 的說明,「篩選」區不需要放任何欄位,因此按一下「分類」,選擇**移除欄位**

2 依照 AI 的提示,將「日期」拖到「列」區,目前「日期」已經在「列」區,所以不需要調整

3 將「分類」拖曳到「欄」區

4 將「總金額」拖曳到「值」區,目前「總金額」已經在「值」區,所以不需調整

5 呈現出我們想要的結果了

本例照著做滿順利的,沒什麼需要變通的地方,這時候就會覺得有 AI 真是太好了!

列標籤	生活家電	美容家電	總計
⊞7月	20,549,207	16,439,325	36,988,532
⊞8月	11,971,575	10,049,500	22,021,075
⊞9月	10,725,222	10,048,809	20,774,031
⊞10月	12,409,059	6,743,322	19,152,381
⊞11月	11,366,272	7,576,937	18,943,209
⊞12月	11,934,084	9,228,103	21,162,187
總計	78,955,419	60,085,996	139,041,415

5-4 請 AI 合併多個工作表並建立樞紐分析

使用 AI：支援上傳 *.xlsx 檔案的 AI 聊天機器人 (如：ChatGPT、Copilot、Grok)

有時候分析的需求不單是在樞紐分析表拉拉欄位就好，還得做一些前期作業，例如先整併完資料再做分析，而這些工作當然也是「能請 AI 處理就請 AI 處理」。

上一節我們統計好 2023 年各月份的「生活家電」及「美容家電」的銷售額後，老闆又出招了，這次想要統計「2023 年」及「2024 年」各個「分類」底下的「商品名稱」總銷售額，這兩年的資料分別存放在不同工作表中。此外，老闆只用手繪的方式畫出他想要的結果，本節就來示範怎麼做分析比較快。

哈！有手繪圖，聰明的讀者應該想到或許待會兒可以翻拍下來給 AI 參考 😊

用 AI 自動整併工作表、輔助完成分析

由於本例將 2023 年跟 2024 年的資料分別存放在不同工作表裡，要先整併後才能分析，但資料量太大手動合併又是一份工，得不斷捲動頁面，還要複製、貼上，這種情況當然要試著請 AI 聊天機器人幫忙！

1 我們先開啟 AI 聊天機器人 (如：ChatGPT)，輸入如下的提問，再上傳內含 2023 年、2024 年兩個工作表的 Excel 檔：

> (上傳 Excel 檔案，內含兩個工作表)
> 我有一個 Excel 檔案，分別有「2023下半年」及「2024下半年」的銷售資料，請幫我將這兩個工作表的資料合併，謝謝！

5-23

1 上傳 Excel 檔,並輸入提問

2 按下此鈕,請 AI 開始處理

> 05-05.xlsx
> 試算表
>
> 我有一個 Excel 檔案,分別有「2023下半年」及「2024下半年」的銷售資料,請幫我將這兩個工作表的資料合併,謝謝!

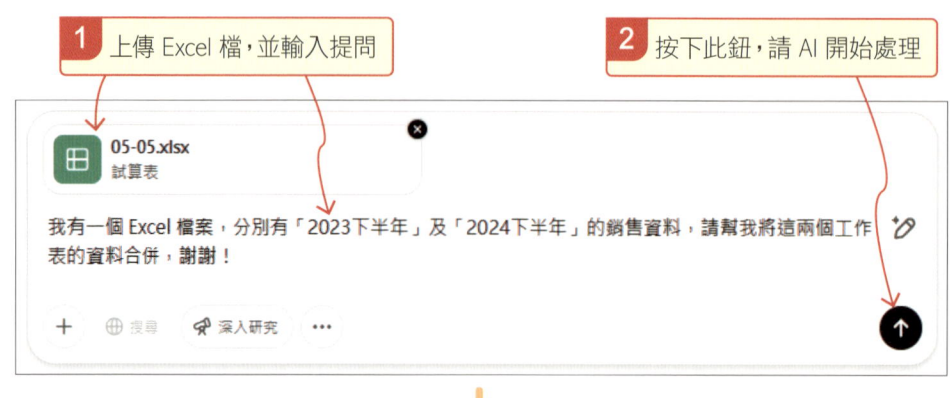

↓

> 我已經將「2023下半年」和「2024下半年」的銷售資料合併,您可以從以下連結下載合併後的 Excel 檔案:
>
> 📥 下載合併後的 Excel 檔案 [>_]

3 本例 AI 一下子就處理好,按下這裡,下載檔案來檢查

2 最快的檢查方式就是確認資料筆數。可點選任一個有資料的儲存格,再按下 Ctrl + ↓ 鍵,捲到資料的最後一列,確認資料的筆數。

	A	B	C	D	E	F	G	H	I
3540	1801	2024-12-30 00:00:00	信義店	美容家電	奈米水離子吹風機	4399	96	422304	
3541	1802	2024-12-31 00:00:00	勤美店	3C	降躁無線耳機	1450	76	110200	
3542	1803	2024-12-31 00:00:00	林森店	料理器具	食物調理機	2680	12	32160	
3543	1804	2024-12-31 00:00:00	三重店	生活家電	衣物乾燥除濕機	6490	83	538670	
3544	1805	2024-12-31 00:00:00	信義店	生活家電	陶瓷電暖器	1299	65	84435	
3545	1806	2024-12-31 00:00:00	忠孝店	廚衛用品	雙口瓦斯爐	8200	62	508400	
3546	1807	2024-12-31 00:00:00	永和店	料理器具	食物調理機	2680	4	10720	
3547	1808	2024-12-31 00:00:00	板橋店	美容家電	美膚水潤蒸臉器	2100	73	153300	
3548	1809	2024-12-31 00:00:00	南港店	美容家電	美膚水潤蒸臉器	2100	80	168000	
3549	1810	2024-12-31 00:00:00	林森店	生活家電	陶瓷電暖器	1299	50	64950	
3550	1811	2024-12-31 00:00:00	忠孝店	廚衛用品	雙口瓦斯爐	8200	10	82000	
3551	1812	2024-12-31 00:00:00	勤美店	美容家電	奈米水離子吹風機	4399	56	246344	
3552									

▲ 本例「2023 下半年」工作表有 1738 筆資料,「2024 下半年」工作表有 1812 筆資料,將筆數相加後為 3550 筆資料。合併後的檔案,最後一列的列編號為 3551,扣掉第一列的標題,資料筆數為 3550,與來源資料吻合,AI 整併成功!

3 接著就是請 AI 輔助做樞紐分析的環節了。先選取資料中的任一個儲存格,再點選**插入**頁次中的**樞紐分析表**鈕,建立一個空的樞紐分析表,如下圖 (若是忘了怎麼操作,可以回頭看 5-3 節的說明):

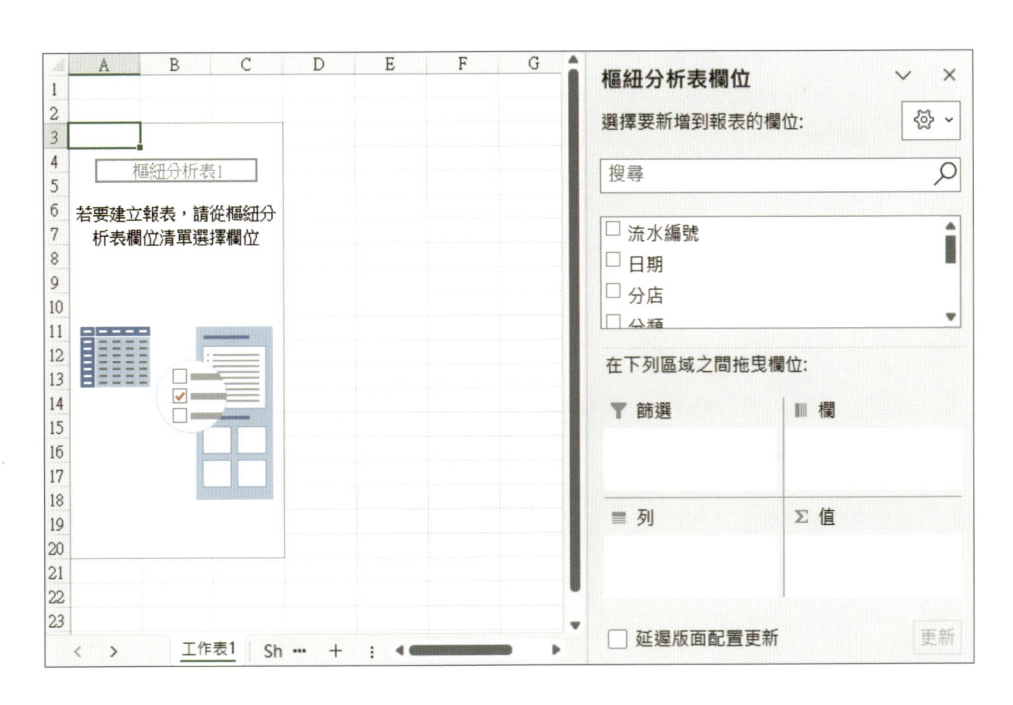

4 接著,回到 AI 聊天機器人 (如:ChatGPT) 的操作畫面,剛才的對話還留著,我們可以繼續提問,並**上傳老闆想要的分析結果手繪圖**。

> 請利用剛才合併後的檔案,告訴我如何建立如附圖的樞紐分析表欄位。

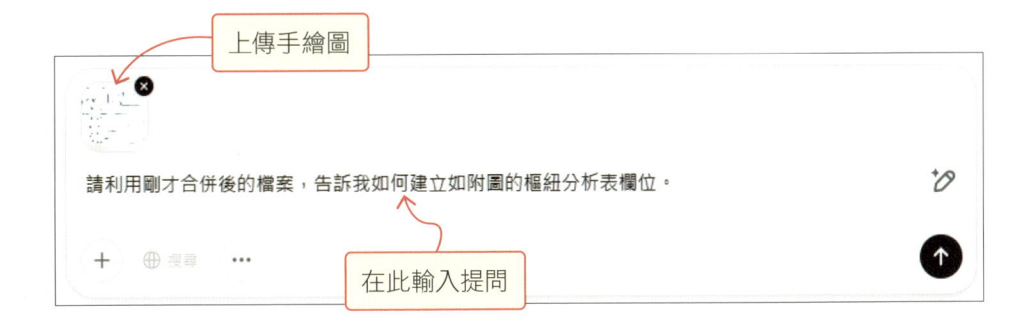

上傳手繪圖

在此輸入提問

5-25

1. 檔案準備
   - 確保使用的是剛才提供的合併後 Excel 檔案。
   - 開啟檔案並確認資料是否正確。
2. 插入樞紐分析表
   - 開啟 Excel，選擇整個資料表範圍。
   - 點擊「插入」功能區，選擇「樞紐分析表」。
3. **設置欄位**
   - 在右側的「樞紐分析表欄位」清單中，依照以下方式配置：
     - 列 (Rows)：
       - 拖曳「分類」到列。
       - 再拖曳「商品名稱」到列，使商品名稱位於分類之下。
     - 值 (Values)：
       - 將「總金額」拖曳到值，並選擇「求和」作為計算方式。
     - 欄 (Columns)：
       - 將「日期」對應到年份後，使用年份作為欄，分為「2023 年」和「2024 年」。

5 根據上圖 AI 聊天機器人的說明，第 1 項及第 2 項我們在 **2** 及 **3** 已經準備好，接著只要從第 3 項的**設置欄位**開始進行即可。

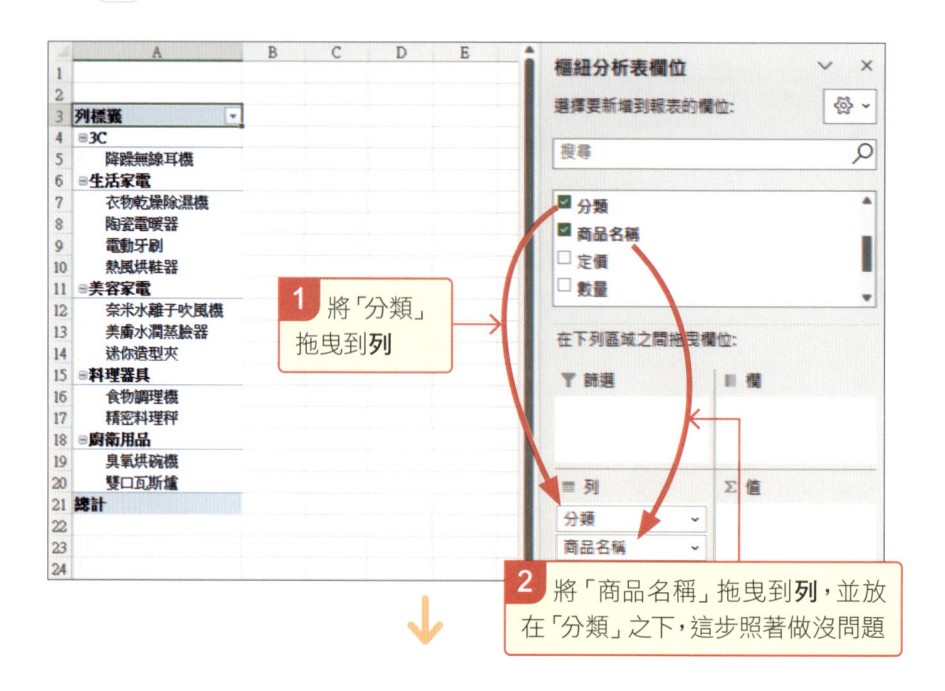

1 將「分類」拖曳到**列**

2 將「商品名稱」拖曳到**列**，並放在「分類」之下，這步照著做沒問題

5-26

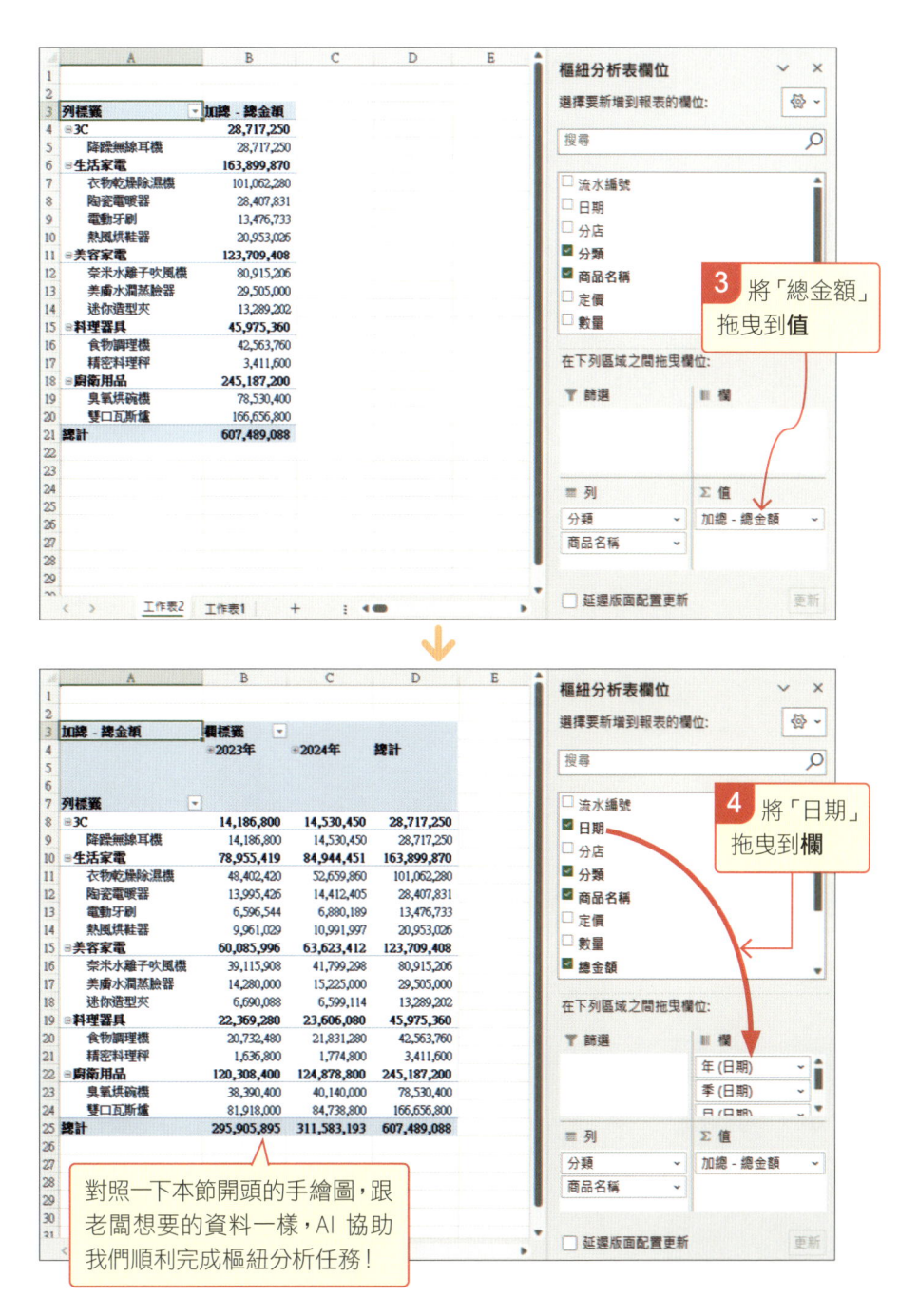

	A	B	C	D
3	列標籤	加總 - 總金額		
4	⊟3C	28,717,250		
5	降躁無線耳機	28,717,250		
6	⊟生活家電	163,899,870		
7	衣物乾燥除濕機	101,062,280		
8	陶瓷電暖器	28,407,831		
9	電動牙刷	13,476,733		
10	熱風烘鞋器	20,953,026		
11	⊟美容家電	123,709,408		
12	奈米水離子吹風機	80,915,206		
13	美膚水潤蒸臉器	29,505,000		
14	迷你造型夾	13,289,202		
15	⊟料理器具	45,975,360		
16	食物調理機	42,563,760		
17	精密料理秤	3,411,600		
18	⊟廚衛用品	245,187,200		
19	臭氧烘碗機	78,530,400		
20	雙口瓦斯爐	166,656,800		
21	總計	607,489,088		

3 將「總金額」拖曳到**值**

	A	B	C	D
3	加總 - 總金額	欄標籤		
4		⊞2023年	⊞2024年	總計
7	列標籤			
8	⊟3C	14,186,800	14,530,450	28,717,250
9	降躁無線耳機	14,186,800	14,530,450	28,717,250
10	⊟生活家電	78,955,419	84,944,451	163,899,870
11	衣物乾燥除濕機	48,402,420	52,659,860	101,062,280
12	陶瓷電暖器	13,995,426	14,412,405	28,407,831
13	電動牙刷	6,596,544	6,880,189	13,476,733
14	熱風烘鞋器	9,961,029	10,991,997	20,953,026
15	⊟美容家電	60,085,996	63,623,412	123,709,408
16	奈米水離子吹風機	39,115,908	41,799,298	80,915,206
17	美膚水潤蒸臉器	14,280,000	15,225,000	29,505,000
18	迷你造型夾	6,690,088	6,599,114	13,289,202
19	⊟料理器具	22,369,280	23,606,080	45,975,360
20	食物調理機	20,732,480	21,831,280	42,563,760
21	精密料理秤	1,636,800	1,774,800	3,411,600
22	⊟廚衛用品	120,308,400	124,878,800	245,187,200
23	臭氧烘碗機	38,390,400	40,140,000	78,530,400
24	雙口瓦斯爐	81,918,000	84,738,800	166,656,800
25	總計	295,905,895	311,583,193	607,489,088

4 將「日期」拖曳到**欄**

> 對照一下本節開頭的手繪圖，跟老闆想要的資料一樣，AI 協助我們順利完成樞紐分析任務！

　　幾個範例看起來，AI 聊天機器人對 Excel 樞紐分析的指引還滿到位的，尤其關鍵的拉曳樞紐分析表欄位沒什麼偏差，少數幾個要變通的地方也都沒有很離譜，以上操作心得就給讀者參考囉！

MEMO

6
CHAPTER

【Excel 市調分析】AI
用 AI 輔助設計並自動分析問卷

6-1　用 AI 一分鐘完成問卷設計
6-2　用 Excel × AI 做樞紐分析統計問卷

企業若能隨時掌握消費者的消費行為，便能在市場上占有一席之地。想要了解消費者的需求與消費意願，最常見的方法就是進行「市場調查」，例如產品試用調查、滿意度調查等，這些方式都能獲取消費者最直接的反應。

　　然而，「**市場調查**」是一項專業的工作，涉及問題分析、抽樣方法、樣本規模、問卷設計、問卷發放、問卷回收與結果分析等，每個環節都要謹慎處理，以避免誤差影響分析結果。市面上有許多公司提供市場調查服務，但其費用往往超出一般中小企業的預算，所以如果只是小規模的問卷，有不少人會使用 Excel 來處理，再加上現在 AI 技術的進步，我們可以善用 AI 來設計問卷並搭配 Excel 的**樞紐分析表**進行資料統計、分析，不僅大大降低成本，還能提升整體效率！

6-1　用 AI 一分鐘完成問卷設計

使用 AI　AI 聊天機器人
　　　　　（ChatGPT、Copilot、Gemini…都可以）

請 AI 幫忙設計問卷內容

　　傳統的問卷調查，通常採用電話訪問或是街頭填寫問卷的方式來取得資料，取得資料後，還得一筆一筆地輸入到 Excel (或統計軟體) 中進行分析，既費時又費力。隨著時代的進步，現在問卷大多改採**線上問卷**，再加上 AI 的輔助，製作起來更是無往不利。

假設你已經想好問卷目的,例如**滿意度調查**,在使用 AI 設計問卷時,可以用關鍵字告訴它你想做什麼。這樣 AI 會利用這些關鍵字來生成相關的問題。例如我們想要了解顧客的用餐滿意度,還有新推出的菜色評價,可以如下詢問 AI (底下以 ChatGPT 聊天機器人為例):

> 你可以幫忙設計義式餐廳的「用餐滿意度調查」嗎?
>
> 我想知道顧客對餐廳的「整體評價」、「來店次數」、「用餐目的」、「最喜歡的主餐」、「個人資料」(姓名、性別、電話、E-mail)、以及新推出的「開心果義式香腸披薩」、「香檸奶油煙燻鮭魚燉飯」、「肉桂蘋果起酥派」是不是符合客人口味,請幫我設計十個題目。

這是一份適合義式餐廳的**「用餐滿意度調查」**,涵蓋顧客的整體體驗、消費習慣、口味偏好,以及對新菜品的評價。

義式餐廳 用餐滿意度調查

親愛的顧客,感謝您光臨本餐廳!為了提供更好的餐飲體驗,請您花2-3分鐘填寫此份問卷,您的意見對我們非常重要!😊

📌 **1. 整體評價**
請問您對本餐廳的整體用餐體驗滿意度如何?(可複選)
☐ 非常滿意 😍
☐ 滿意 🙂
☐ 普通 😐
☐ 不太滿意 😕
☐ 非常不滿意 😣

接下頁

▲ AI 聊天機器人一下子就設計好十個題目的問卷給我們參考了!

📌 2. 來店頻率
請問您平均多久來餐廳用餐一次？
- ☐ 每週一次或以上
- ☐ 每月2~3次
- ☐ 每月1次
- ☐ 偶爾來一次
- ☐ 第一次來

📌 3. 用餐目的
今天來餐廳的主要原因是？（可複選）
- ☐ 與家人朋友聚餐
- ☐ 情侶約會
- ☐ 商務會議
- ☐ 一個人用餐
- ☐ 其他：＿＿＿＿＿

📌 4. 最喜歡的主餐
請問您最喜歡本餐廳的哪一道主餐？
- ☐ 經典瑪格麗特披薩
- ☐ 松露野菇燉飯
- ☐ 手工義大利麵（請填寫口味：＿＿＿＿）
- ☐ 其他：＿＿＿＿＿

📌 5. 新品評價 - 開心果義式香腸披薩
請問您是否品嚐過開心果義式香腸披薩？
- ☐ 是，非常喜歡！
- ☐ 是，覺得還不錯 🙂
- ☐ 是，但不太喜歡 ☹
- ☐ 尚未品嚐

📌 6. 新品評價 - 香檸奶油煙燻鮭魚燉飯
請問您是否品嚐過香檸奶油煙燻鮭魚燉飯？
- ☐ 是，非常喜歡！
- ☐ 是，覺得還不錯 🙂
- ☐ 是，但不太喜歡 ☹
- ☐ 尚未品嚐

📌 7. 新品評價 - 肉桂蘋果起酥派
請問您是否品嚐過肉桂蘋果起酥派？
- ☐ 是，非常喜歡！
- ☐ 是，覺得還不錯 🙂
- ☐ 是，但不太喜歡 ☹
- ☐ 尚未品嚐

📌 8. 您最希望餐廳新增哪種類型的菜色？
- ☐ 更多義式主餐
- ☐ 更多素食選擇
- ☐ 更多甜點
- ☐ 其他：＿＿＿＿＿

📌 9. 您是否願意推薦本餐廳給親友？
- ☐ 是，會大力推薦！❤
- ☐ 可能會推薦 🙂
- ☐ 不會推薦 ☹

📌 10. 個人資料（選填）
- 👤 姓名：＿＿＿＿＿
- ⚥ 性別：☐ 男 ☐ 女 ☐ 其他
- 📞 電話：＿＿＿＿＿
- ✉ E-mail：＿＿＿＿＿

💡 謝謝您的寶貴意見！若有進一步活動或優惠，我們將以 E-mail 或簡訊通知您！📣

這份問卷簡單明瞭，涵蓋了顧客滿意度、消費習慣、新品回饋，並保留了聯絡方式以利未來行銷。你覺得這樣的設計合適嗎？需要調整哪些部分嗎？🙂

　　透過 AI 產生問卷內容，主要是提供一些方向跟靈感，節省構思問題的時間。

詢問 AI 有什麼線上問卷工具

假設 AI 產生的問卷大致符合需求，那麼可以繼續請 AI 建議，用什麼工具來發送問卷。

> 我可以用什麼工具發送問卷呢？

你可以使用以下幾種工具來發送和收集用餐滿意度調查的回饋，依據你的需求（**線上或線下、免費或付費、數據分析功能**）選擇最合適的方式。

📌 **線上問卷工具（推薦）**
適合希望快速收集數據並自動分析的情境。

1. Google 表單（Google Forms）
- ✅ 免費，操作簡單
- ✅ 支援自動統計分析（圖表、數據彙整）
- ✅ 可直接用Email、QR Code、社群媒體分享
- ✅ 允許開放式填答
- 🔗 https://forms.google.com

2. SurveyMonkey（進階數據分析）
- ✅ 提供專業數據分析與報告
- ✅ 可嵌入網站、社群媒體、電子郵件發送
- ✅ 支援條件式問題（根據答案顯示不同問題）
- ◆ 免費版有問題數限制
- 🔗 https://www.surveymonkey.com

3. Microsoft Forms
- ✅ 與Excel和Teams整合，適合企業內部使用
- ✅ 可匯出數據至Excel進一步分析
- ✅ 適用於微軟生態系（Outlook, OneDrive, SharePoint）
- 🔗 https://forms.office.com

4. Typeform（互動式問卷）
- ✅ 視覺化問卷，適合品牌形象提升
- ✅ 問題可逐一顯示，提升填寫體驗
- ✅ 免費版限制每月回覆數
- 🔗 https://www.typeform.com

5. Airtable（適合數據管理）
- ✅ 適合高階數據整理，類似Google表單但更有彈性
- ✅ 可當作CRM工具，幫助後續客戶管理
- 🔗 https://airtable.com

▲ ChatGPT 推薦 5 個線上問卷工具，並以條列的方式列出優點以及連結，點按連結就可以開始製作問卷

如下頁圖所示，AI 最後還會將這幾個工具做一個列表整理，幫助我們做選擇，AI 最後建議使用「Google Forms+ QR Code」，以便顧客填寫，確實很多餐廳都是採用這種方式：

📌 你應該選哪一種？

需求	推薦工具
免費且簡單	Google Forms、Microsoft Forms
專業數據分析	SurveyMonkey、Airtable
視覺化、品牌形象好	Typeform
餐廳內即時填寫	QR Code（Google Forms）、POS系統
適合長者或不習慣科技的客人	紙本問卷

如果你希望快速上手，建議「Google Forms + QR Code」，這樣顧客能用手機輕鬆填寫，數據也能自動整理分析。你覺得哪種方式最適合你的餐廳呢？😊

對於沒用過 Google Forms (表單) 的人，一開始可能還得摸索如何製作問卷，讓我們再次詢問 AI，請他提示如何操作 Google 表單 (如果對 Google 表單已經很熟，可以略過此部份的說明)。

> 可以教我如何將問卷內容轉換成 Google 表單嗎？

📌 1. 建立 Google 表單

1. 進入 Google 表單：https://forms.google.com
2. 點擊「＋空白表單」，進入編輯頁面。
3. 在「表單標題」輸入：義式餐廳 用餐滿意度調查
4. 在「表單描述」輸入簡單的介紹，例如：

   親愛的顧客，感謝您光臨本餐廳！為了提供更好的餐飲體驗，請您花2-3分鐘填寫此份問卷，您的意見對我們非常重要！😊

(AI 馬上列出操作步驟，提示我們用 Google 表單建立問卷的步驟 (依筆者測試，提示的步驟都滿到位的))

📌 2. 設置問卷問題

📌 Google 表單的常見問題類型：

- 選擇題（單選）→ 適用於顧客只能選擇一個答案的問題
- 複選方塊（多選）→ 適用於顧客可以選擇多個答案的問題
- 線性刻度（1~5 分）→ 適用於滿意度評分
- 短答案 → 適用於姓名、Email、電話等填寫
- 段落 → 適用於開放式意見回饋

📌 6. 查看與分析回覆

1. 回到 Google 表單，點擊「回覆」頁籤
2. 點選「摘要」→ 自動生成圖表分析
3. 若需要詳細分析，點擊「匯出到 Google 試算表（Excel）」

📌 7. 提高填寫率的技巧

📌 如何鼓勵顧客填寫問卷？

- 提供小獎勵 🎁（填寫後抽折價券、小點心）
- 結帳時提醒 🧾（店員口頭邀請顧客填寫）
- QR Code 掃描更方便 📲（避免紙本問卷麻煩）

這樣，你的 Google 表單就完成了！✨ 這份問卷不僅能幫助你收集顧客意見，也能讓你了解新品受歡迎程度，方便後續優化餐點與服務。

你想試著自己做，還是要我幫你建立 Google 表單範例呢？😊

---

1 試著按照 AI 第 1 個步驟的說明，進入 Google 表單網頁 https://forms.google.com (必須登入你的 Google 帳號及密碼，若是沒有 Google 帳號可以立即申請一個)：

進入 Google 表單後，會看到一個「+」，按下此鈕就可以建立新表單 (問卷)

2 輸入表單標題及說明。只要將右圖 ChatGPT 第 1 個步驟的文字複製過來即可。

📌 **1. 建立 Google 表單** **1** 選取並複製表單標題

1. 進入 Google 表單：https://forms.google.com
2. 點擊「＋ 空白表單」🗨 入編輯頁面。
3. 在「表單標題」輸入：義式餐廳 用餐滿意度調查
4. 在「表單描述」輸入簡單的介紹，例如：

   親愛的顧客，感謝您光臨本餐廳！為了提供更好的餐飲體驗，請您花2-3 分鐘填寫此份問卷，您的意見對我們非常重要！😊

2 貼到 Google 表單的標題 (可再自行修改)

3 選取並複製表單描述

未命名表單　所有變更都已儲存到雲端硬碟

問題　回覆　設定

義式餐廳 用餐滿意度調查

親愛的顧客，感謝您光臨本餐廳！為了提供更好的餐飲體驗，請您花2-3 分鐘填寫此份問卷，您的意見對我們非常重要！😊

B　I　U　⊂⊃　☰　☷　✗

4 貼到 Google 表單的描述 (可再自行修改)

未命名的問題

○ 選項 1

---

3 接著開始輸入問卷的問題。本例 AI 回答的第 3 個步驟已經幫我們把問題大致列好，直接複製到 Google 表單。

📌 **3. 輸入問題內容**

按照你的問題逐一輸入，格式如下：

1. 整體評價 🗨 題)
   - 問題：「請問您對本餐廳的整體用餐體驗滿意度如何？」
   - 類型：選擇題 (單選)
   - 選項：
     - 😊 非常滿意
     - 🙂 滿意
     - 😐 普通
     - 🙁 不太滿意
     - ☹ 非常不滿意

1 複製 ChatGPT 生成的問卷問題

6-8

2 將問卷的問題貼到這裡

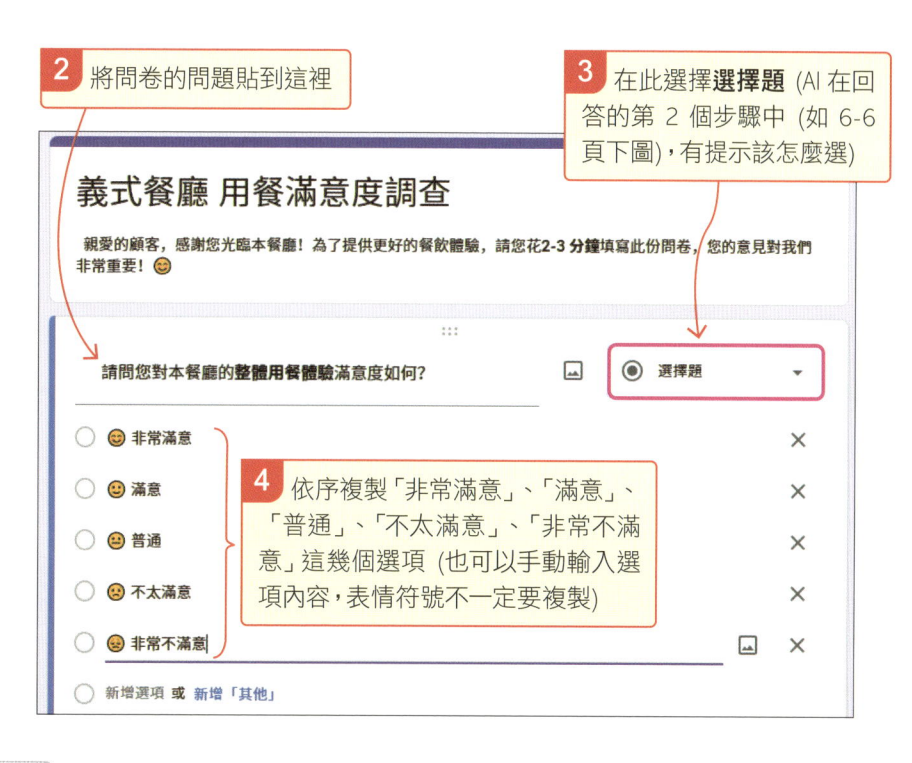

3 在此選擇**選擇題** (AI 在回答的第 2 個步驟中 (如 6-6 頁下圖)，有提示該怎麼選)

義式餐廳 用餐滿意度調查

親愛的顧客，感謝您光臨本餐廳！為了提供更好的餐飲體驗，請您花2-3 **分鐘**填寫此份問卷，您的意見對我們非常重要！😊

請問您對本餐廳的**整體用餐體驗**滿意度如何?　　選擇題

○ 😊 非常滿意

○ 😊 滿意

4 依序複製「非常滿意」、「滿意」、「普通」、「不太滿意」、「非常不滿意」這幾個選項 (也可以手動輸入選項內容，表情符號不一定要複製)

○ 😊 普通

○ 😞 不太滿意

○ 😠 非常不滿意

○ 新增選項 **或** 新增「其他」

4 按下表單右側的**新增問題**鈕，即可新增下一個問題。

問題　回覆　設定

義式餐廳 用餐滿意度調查

親愛的顧客，感謝您光臨本餐廳！為了提供更好的餐飲體驗，請您花2-3 **分鐘**填寫此份問卷，您的意見對我們非常重要！😊

請問您對本餐廳的**整體用餐體驗**滿意度如何?　　選擇題

○ 😊 非常滿意

○ 😊 滿意

1 按下此鈕　　新增問題

按下此鈕，可刪除問題

【Excel 市調分析】AI — 用 AI 輔助設計並自動分析問卷

6-9

請問您平均多久來餐廳用餐一次?

○ 每週一次或以上
○ 每月2~3次
○ 每月1次
○ 偶爾來一次
○ 第一次來

2 繼續參考 ChatGPT 提供的第 2 個問題及選項來設定 (可再自行修改)

○ 新增選項 或 新增「其他」

5 請繼續依照相同的操作，陸續以 AI 生成的問卷為基礎，視需求修改到位後，複製到 Google 表單，表單內容會自動儲存在 Google 的雲端硬碟裡。最後，按下右上角的**發布**鈕，完成問卷的製作。

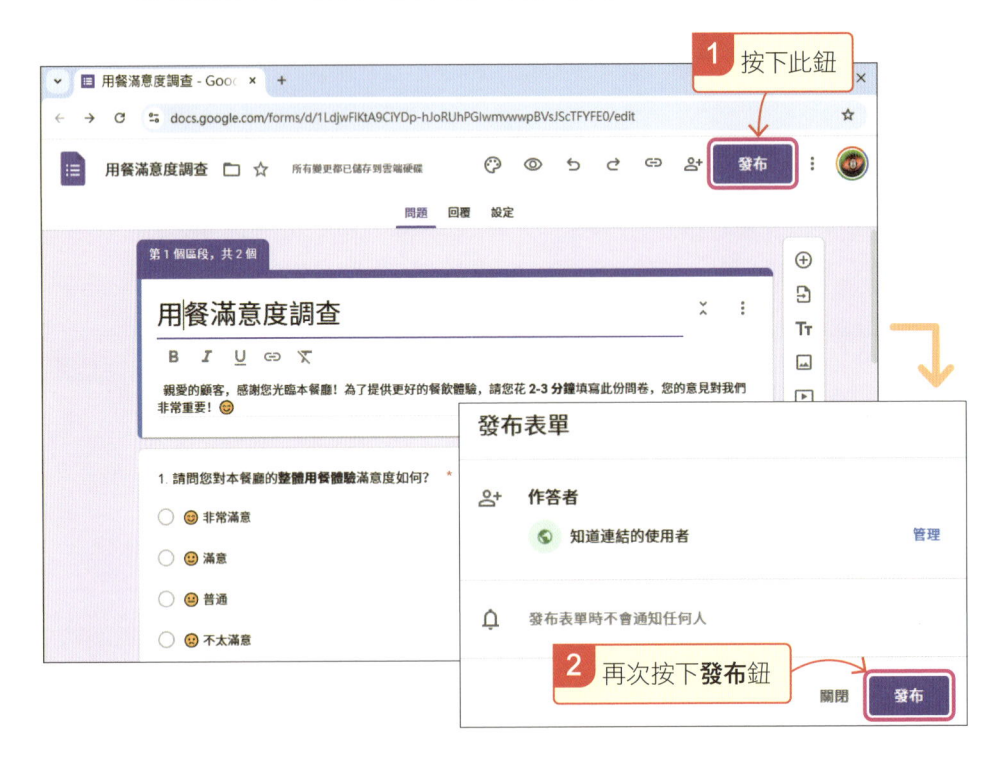

1 按下此鈕

用餐滿意度調查

1. 請問您對本餐廳的**整體用餐體驗**滿意度如何?
○ 😡 非常滿意
○ 😊 滿意
○ 😐 普通
○ 😕 不太滿意

發布表單

作答者
知道連結的使用者　　管理

發布表單時不會通知任何人

2 再次按下**發布**鈕

6-10

請 AI 生成填問卷要掃描的 QR Code

　　Google 表單發布後，就會得到一個網頁連結 (取得方式如下頁)，由於本例問卷是要提供給顧客填寫，總不可能請顧客輸入一長串的網址連結到填寫的頁面。現在普遍的做法都是提供 QR Code 讓顧客用手機掃描就能自動連到填寫頁面。一般來說，都是使用 QR Code 產生器 (https://www.qr-code-generator.com) 這樣的網站自行製作，如果您不太熟悉 ，也可以詢問 AI 機器人喔。甚至直接請 AI 幫我們生成 QR Code。

> 我已經建立好 Google 表單，我要如何建立成 QR Code 讓顧客填寫？

（先試著問看看）

✅ Google Chrome 內建 QR Code 產生器
1. 在 Chrome 瀏覽器中開啟你的 Google 表單連結
2. 點擊網址列 → 右鍵 →「創建 QR Code」
3. 下載 QR Code 圖片，可用於菜單、帳單、餐桌立牌

✅ 使用線上 QR Code 產生器
- QR Code Monkey（可加 Logo）
- QRStuff（可下載高解析度 QR Code）
- QRCode Generator（簡單好用）

生成步驟（適用於所有線上工具）
1. 貼上 Google 表單連結（例如 https://forms.gle/abcd1234）
2. 點擊「生成 QR Code」
3. 下載 QR Code 圖片（建議選擇 PNG 或 SVG 格式，適合印刷）

（AI 詳盡地提示生成 QR Code 的步驟）

　　我們先介紹取得問卷連結的方法，請進入 Google 表單畫面，按下**已發布**鈕，再點選**複製作答者連結**：

1 按下此鈕

發布選項

接受回應

作答者
🌐 知道連結的使用者　　　　　　　　管理

🔗 複製作答者連結　　　　　取消　儲存

2 按下此鈕

複製作答者連結
https://forms.gle/8TMr1L4mHYUgvriT7
☑ 縮短網址　　　　　　　　　　　複製

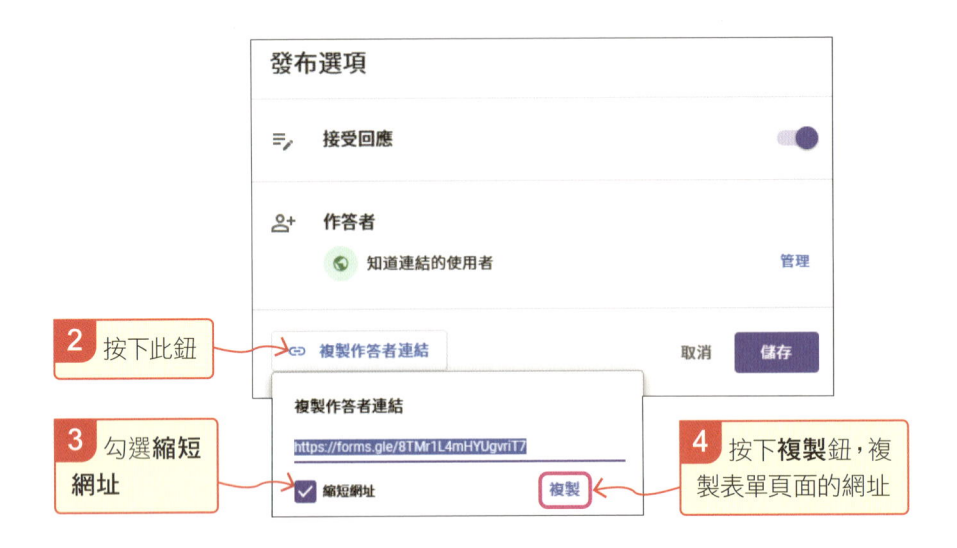

3 勾選**縮短網址**

4 按下**複製**鈕，複製表單頁面的網址

　　在前一頁的圖中，雖然 AI 提供 3 個線上 QR Code 產生器，但若想更節省一點時間，直接問問 AI 聊天機器人能不能幫我們製作 QR Code：

> 我的 Google 表單連結為「https://forms.gle/8TMr1L4mHYUgvriT7」，可以幫我產生 QRCode 嗎?

這是我們建立的 Google 表單網址，讀者建立的會和我們不同，請換成自己的 Google 表單網址再提問

AI 還真的可以幫我們產生 QR Code 耶，按下這個連結就可以下載 QR Code 囉 (下載的 QR Code 圖檔，會放在「Download」資料夾裡)！

> 我已經幫你生成了 Google 表單的 QR Code，你可以點擊以下連結下載並使用它：
> 📌 下載 QR Code
> 你可以將這個 QR Code 印在菜單、帳單、餐桌立牌或社群媒體，讓顧客更方便填寫問卷！😊 如果需要修改樣式或加上 Logo，請讓我知道喔！🎉 [>.<]

AI 產生的 QR Code

AI 還貼心地告訴我們可以將 QR Code 印在菜單、帳單、立牌、…等，以便顧客填寫

▸ 6-12

瀏覽問卷結果並儲存成 Excel 檔準備做分析

製作好問卷，只要請顧客掃描 QR Code 就可以填寫問卷，當你登入 Google 表單，切換到**回覆**頁次，即可瀏覽顧客的回覆。

1 按下**回覆**可查看顧客的回覆

2 由於下一節我們想利用 Excel 統計問卷結果並製作成樞紐分析表，所以請按下**在試算表中查看**，將問卷結果儲存成 Excel 檔

ⓐ 目前有 12 個回應數
ⓑ 摘要：會以圓形圖呈現每個問題回覆的百分比
ⓒ 問題：瀏覽每個問題的回應狀況
ⓓ 個別：逐筆查看每位顧客填寫的內容
ⓔ 當顧客填寫完問卷，Google 表單也會自動統計資料，並繪製成圓形圖
ⓕ 如果你覺得 Google 自動生成的圖表就夠用了，可以按下圖形右側的**複製圖表**鈕，將圖表貼到簡報或是 Word 裡

接下頁

選取回應目標位置　　　　　　　　　　✕

◉ 建立新試算表　用餐滿意度調查 (回覆)　　瞭解詳情

○ 選取現有的試算表

3 按下**建立**鈕

取消　建立

4 接著會開啟 Google 試算表，請執行**檔案 / 下載 / Microsoft Excel (.xlsx)** 將檔案儲存成 Excel 格式，並下載到電腦裡

TIP 如果下載的是**逗號分隔值檔案 (.csv)**，有些中文會變成亂碼，建議儲存為 Excel 檔。

TIP 在此提醒您，當問卷累積到足夠的樣本數 (份數)，再進行下載及統計的作業，避免反覆操作。

接下頁

▶ 6-14

在電腦中開啟剛才儲存的 Excel 檔即可瀏覽問卷結果：

下載回來的問卷結果字太小有點難閱讀。可按下此鈕，一次選取整個工作表的儲存格，變更文字大小、字體顏色、字型、…等

	A	B	C	D	E
1	1. 請問您對本餐廳的整體用餐體驗滿意度如何？	2. 請問您平均多久來餐廳用餐一次？	3. 今天來餐廳的主要原因是？	4. 請問您最喜歡本餐廳的哪一道主餐？	5. 請問您是否品嚐過開心果義式香蒜披薩？
2	☺ 滿意	每月2~3次	與家人朋友聚餐	松露野菇燉飯	☺ 是，覺得還不錯
3	☺ 非常滿意	每月1次	商務會議	手工義大利麵	☺ 是，非常喜歡！
4	☺ 非常滿意	偶爾來一次	與家人朋友聚餐	手工義大利麵	
5	☺ 非常滿意	每月1次	與家人朋友聚餐	松露野菇燉飯	一列代表一筆問卷記錄
6	☺ 普通	偶爾來一次	商務會議	手工義大利麵	
7	☺ 非常滿意	每週一次或以上	與家人朋友聚餐	松露野菇燉飯	☺ 是，覺得還不錯
8	☹ 不太滿意	第一次來	一個人用餐	手工義大利麵	✗ 尚未品嚐
9	☺ 滿意	第一次來	商務會議	松露野菇燉飯	☺ 是，覺得還不錯
10	☹ 非常不滿意	第一次來	一個人用餐	柴燒牛排	✗ 尚未品嚐
11	☺ 滿意	偶爾來一次	情侶約會	松露野菇燉飯	✗ 尚未品嚐
12	☺ 滿意	偶爾來一次	情侶約會	松露野菇燉飯	✗ 尚未品嚐
13	☺ 滿意	每月1次	與家人朋友聚餐	手工義大利麵	☺ 是，覺得還不錯
14	☺ 普通	偶爾來一次	一個人用餐	松露野菇燉飯	☺ 是，覺得還不錯
15	☺ 非常滿意	第一次來	情侶約會	松露野菇燉飯	✗ 尚未品嚐
16	☺ 滿意	偶爾來一次	與家人朋友聚餐	手工義大利麵	☺ 是，非常喜歡！

▲ 原始資料的第一欄會自動產生「**時間戳記**」欄，是記錄顧客填寫問卷的時間，如果想依照月份來做統計，那麼請保留此欄的資料。本例暫時用不到，因此上圖已將其刪除

6-2 用 Excel × AI 做樞紐分析統計問卷

使用 AI ▶ AI 聊天機器人
(ChatGPT、Copilot、Gemini…都可以)

延續前一節的內容，當顧客填完問卷後，可以等累積到一定的量 (樣本數)，再開始統計資料，以便從數據中統整出有價值的資訊。本範例收集了 50 筆問卷資料，我們用這個簡單的範例來說明如何用樞紐分析表統計問卷資料。

TIP 如果對樞紐分析表的操作還不熟，你可以翻回第 5 章了解如何請 AI 協助。

1 首先，選取**問卷結果**工作表的任一個儲存格，按下**插入**頁次中的**樞紐分析表**鈕：

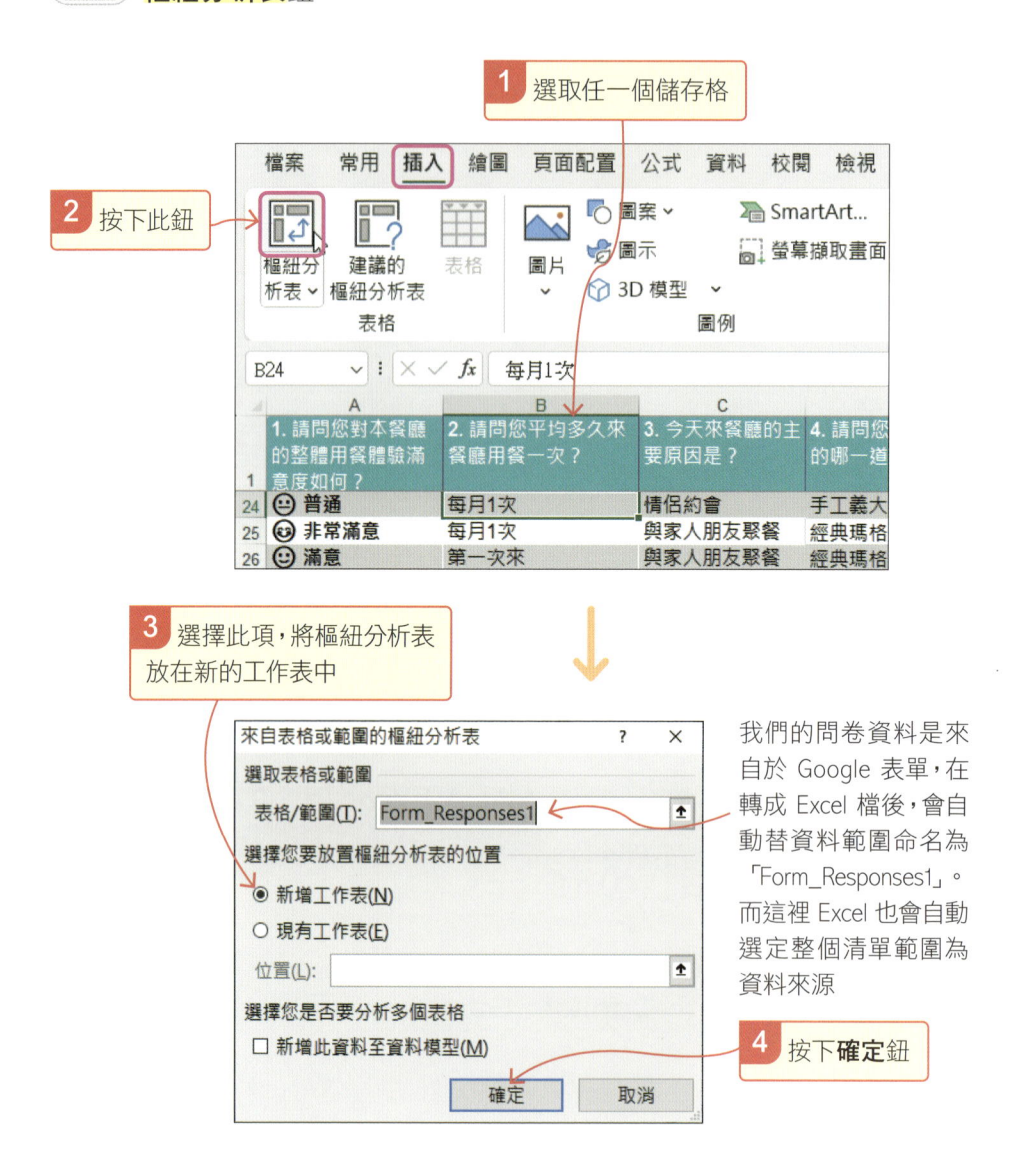

1 選取任一個儲存格

2 按下此鈕

3 選擇此項，將樞紐分析表放在新的工作表中

我們的問卷資料是來自於 Google 表單，在轉成 Excel 檔後，會自動替資料範圍命名為「Form_Responses1」。而這裡 Excel 也會自動選定整個清單範圍為資料來源

4 按下**確定**鈕

2 例如若想了解來店的顧客是女性較多，還是男性較多，就將**樞紐分析表欄位**工作窗格中的**性別**，分別拖曳到**列**及**值**。

6-16

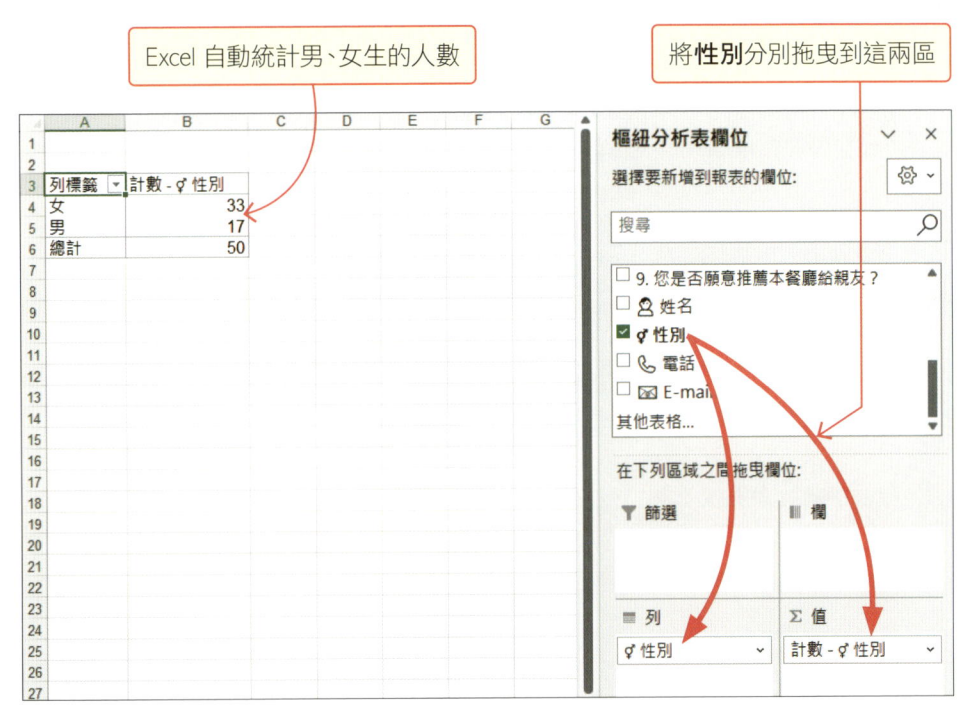

Excel 自動統計男、女生的人數

將**性別**分別拖曳到這兩區

	A	B
3	列標籤	計數 - ♂ 性別
4	女	33
5	男	17
6	總計	50

樞紐分析表欄位

選擇要新增到報表的欄位：

搜尋

☐ 9. 您是否願意推薦本餐廳給親友？
☐ 👤 姓名
☑ ♂ 性別
☐ 📞 電話
☐ ✉ E-mail
其他表格...

在下列區域之間拖曳欄位：

▼ 篩選　　　　　　Ⅲ 欄

≡ 列　　　　　　Σ 值
♂ 性別　　　　　計數 - ♂ 性別

3 上圖的計算結果是以性別的個數加總，如果想要改成「百分比」，則可如下操作：

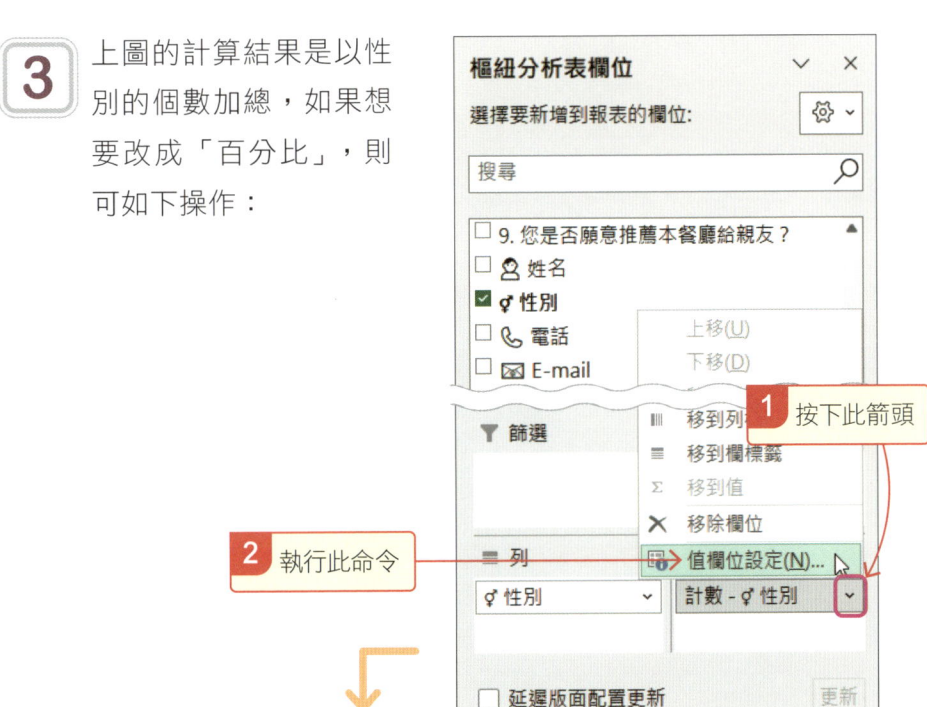

樞紐分析表欄位

選擇要新增到報表的欄位：

搜尋

☐ 9. 您是否願意推薦本餐廳給親友？
☐ 👤 姓名
☑ ♂ 性別
☐ 📞 電話
☐ ✉ E-mail

上移(U)
下移(D)

▼ 篩選

Ⅲ 移到列標籤
≡ 移到欄標籤
Σ 移到值
✕ 移除欄位
🔢 值欄位設定(N)...

1 按下此箭頭

2 執行此命令

≡ 列
♂ 性別　　　　　計數 - ♂ 性別

☐ 延遲版面配置更新　　更新

6-17

3 切換到**值的顯示方式**頁次

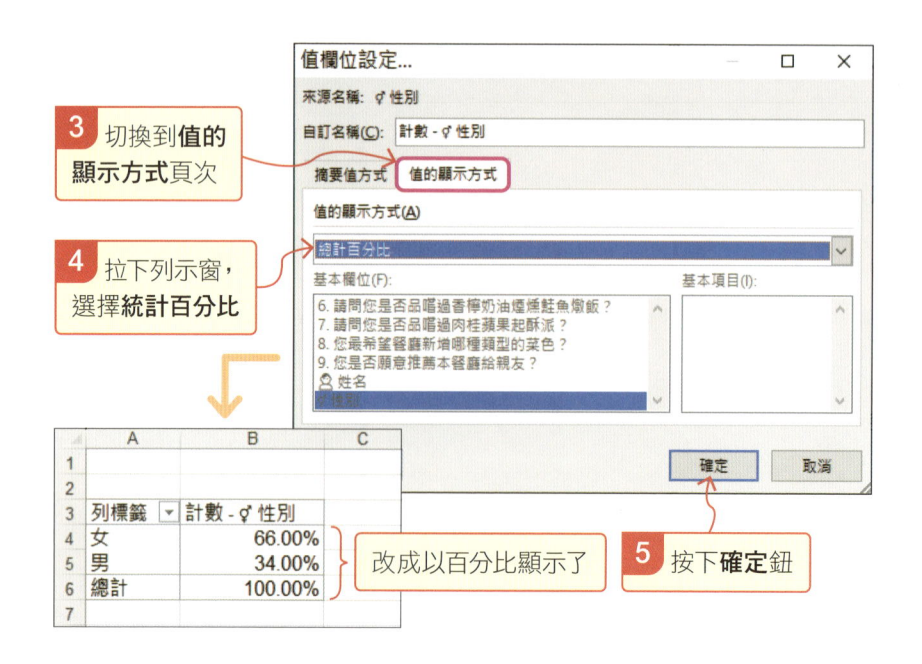

4 拉下列示窗，選擇**統計百分比**

改成以百分比顯示了

5 按下**確定**鈕

4 若要同時顯示小計及百分比的結果，就將**性別**欄再次拖曳到**值**：

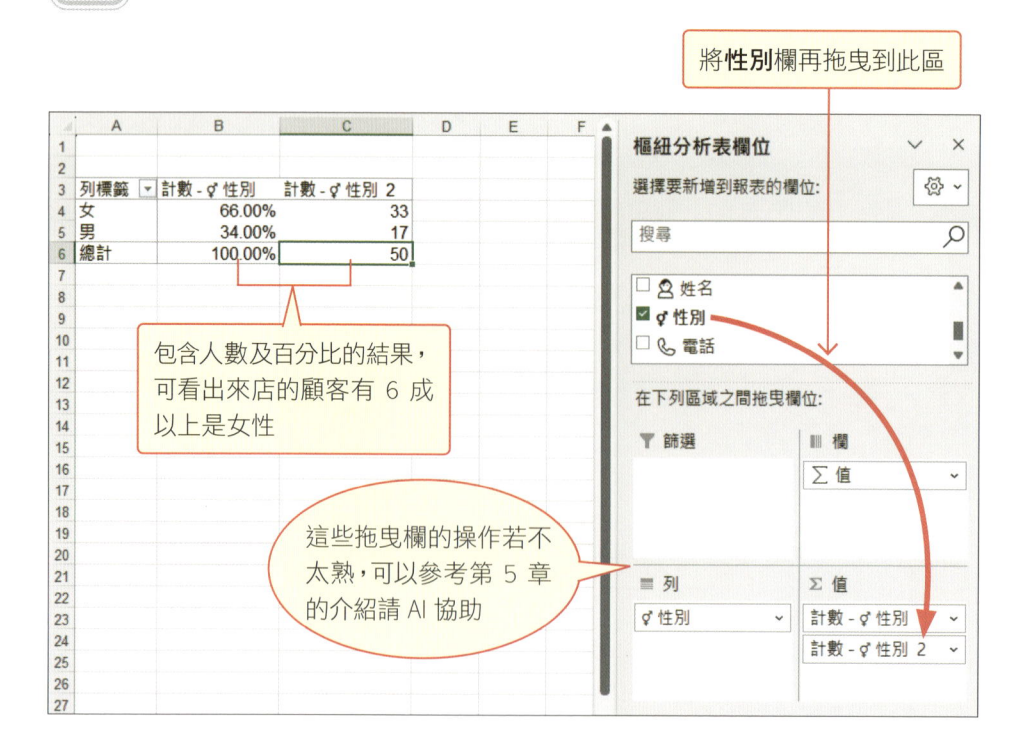

將**性別**欄再拖曳到此區

包含人數及百分比的結果，可看出來店的顧客有 6 成以上是女性

這些拖曳欄的操作若不太熟，可以參考第 5 章的介紹請 AI 協助

6-18

學會**性別**欄的統計後，本例依照相同的做法，將第 1 個問題到第 9 個問題也建立成樞紐分析表。在本節範例的**單一問題統計**工作表，可瀏覽統計後的結果。

用樞紐分析表統計好資料後，還可以將檔案餵給 AI 聊天機器人，請他自動做分析：

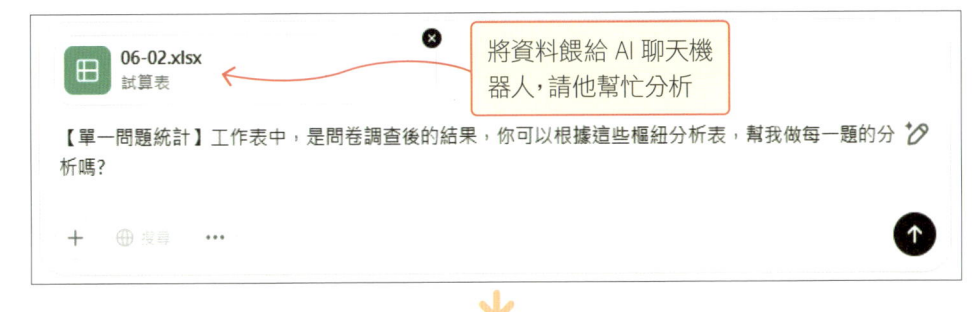

> 06-02.xlsx
> 試算表
>
> 將資料餵給 AI 聊天機器人，請他幫忙分析
>
> 【單一問題統計】工作表中，是問卷調查後的結果，你可以根據這些樞紐分析表，幫我做每一題的分析嗎？

ChatGPT 4o

分析結果：

1. **女性顧客的滿意度**
   - 10 位女性選擇「非常滿意」，17 位選擇「滿意」，總計 27 位（佔比較高）。
   - 4 位覺得「普通」，1 位「非常不滿意」，1 位「不太滿意」。
   - 總體來說，女性對餐廳的評價較為正向，約 85%（27/32）給出正面回饋。

2. **男性顧客的滿意度**
   - 5 位選擇「非常滿意」，7 位選擇「滿意」，合計 12 位（佔比稍低於女性）。
   - 2 位覺得「普通」，1 位「非常不滿意」，2 位「不太滿意」。
   - 男性顧客的滿意度雖然仍然偏正向，但正面評價比例較女性低。

關鍵觀察
- 女性顧客的滿意度較高，這可能與餐廳的環境、服務、菜單選擇有關。
- 男性對餐廳的負面評價比例稍高，值得探討是否有特定原因，例如餐點口味或其他體驗因素。

分析後的結果

進一步建議
1. 針對男性客群進行深入訪談或回饋調查，了解其較低滿意度的具體原因（如價格、份量、服務等）。

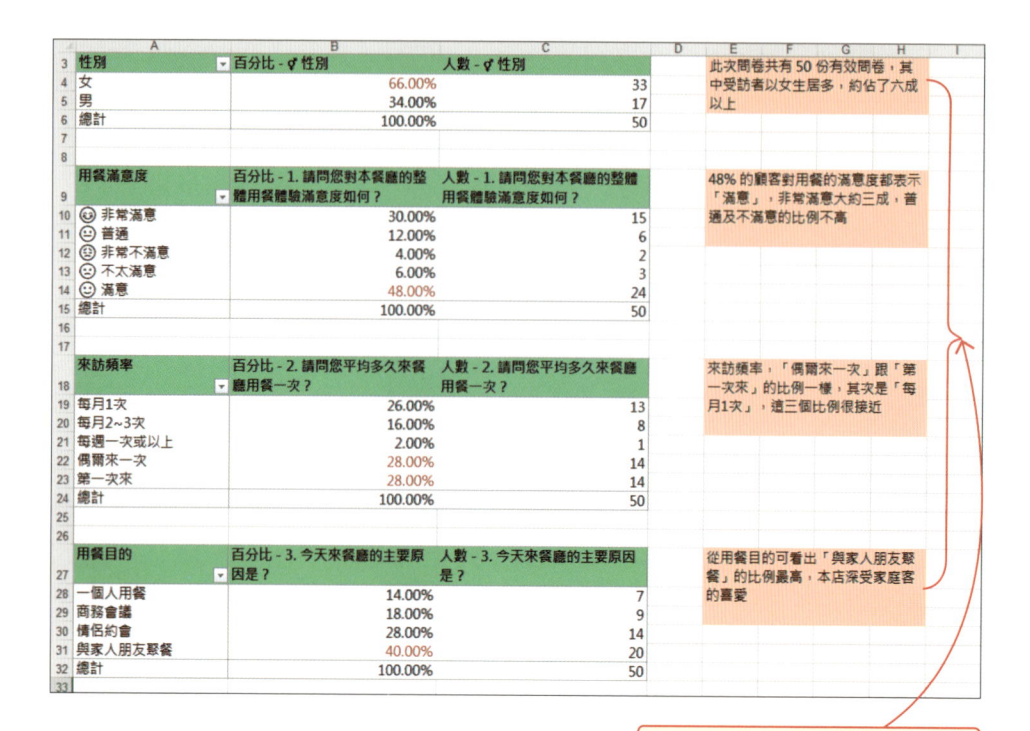

	A	B	C	D-I
3	性別	百分比 - 性別	人數 - 性別	
4	女	66.00%	33	此次問卷共有 50 份有效問卷，其中受訪者以女生居多，約佔了六成以上
5	男	34.00%	17	
6	總計	100.00%	50	
9	用餐滿意度	百分比 - 1. 請問您對本餐廳的整體用餐體驗滿意度如何？	人數 - 1. 請問您對本餐廳的整體用餐體驗滿意度如何？	48% 的顧客對用餐的滿意度都表示「滿意」，非常滿意大約三成，普通及不滿意的比例不高
10	😊 非常滿意	30.00%	15	
11	😐 普通	12.00%	6	
12	😠 非常不滿意	4.00%	2	
13	🙁 不太滿意	6.00%	3	
14	🙂 滿意	48.00%	24	
15	總計	100.00%	50	
18	來訪頻率	百分比 - 2. 請問您平均多久來餐廳用餐一次？	人數 - 2. 請問您平均多久來餐廳用餐一次？	來訪頻率，「偶爾來一次」跟「第一次來」的比例一樣，其次是「每月1次」，這三個比例很接近
19	每月1次	26.00%	13	
20	每月2~3次	16.00%	8	
21	每週一次或以上	2.00%	1	
22	偶爾來一次	28.00%	14	
23	第一次來	28.00%	14	
24	總計	100.00%	50	
27	用餐目的	百分比 - 3. 今天來餐廳的主要原因是？	人數 - 3. 今天來餐廳的主要原因是？	從用餐目的可看出「與家人朋友聚餐」的比例最高，本店深受家庭客的喜愛
28	一個人用餐	14.00%	7	
29	商務會議	18.00%	9	
30	情侶約會	28.00%	14	
31	與家人朋友聚餐	40.00%	20	
32	總計	100.00%	50	

本例參考 AI 聊天機器人的分析，將結果填入到每題問卷的右側，以方便對照、閱讀結果

> **TIP** 下一章，我們還會介紹其他 AI 資料分析工具，只要截圖後丟給 AI，就能產生更精闢的分析結果。

7

CHAPTER

【Excel 進階商業分析】AI

自動化資料探勘助手，從規劃到執行更高效！

7-1 請 AI 當你的 Excel 商業分析總規劃師

7-2 各種 Excel 商業分析工作，都請 AI 自動做！

前幾章示範了 Excel 銷售資料分析、問卷調查分析…等案例，所用的技巧包括**繪製圖表**、**建立樞紐分析表**…等，然而資料分析領域包山包海，針對一些比較深入的商業分析研究，例如想預測市場趨勢、分析消費者行為、分析科學數據資料集…等，已經算是資料探勘 (Data Mining)、甚至是資料科學 (Data Science) 範疇，不太可能單靠畫畫圖表、做樞紐分析就完事。

那麼，Excel 裡面有類似的**進階資料分析工具**嗎？

當然有！為了解決進階的商業分析需求，Excel 也提供了相關功能，例如若想在有限資源下，將銷售量與利潤拉到最大、或者將費用及成本壓到最小之類的問題，可以用**規劃求解 (Solver) 功能**做線性規劃；而 Excel 的**分析工具箱 (Analysis ToolPak)** 也可以執行迴歸分析、變異數分析 (ANOVA)…等統計建模分析工作 (例如評估廣告投入對銷售額的影響)。

> **TIP** 附帶一提，這些進階功能預設沒有啟用，必須先執行**檔案 / 選項**功能開啟 **Excel 選項**交談窗，切換到**增益集**頁次，再按下管理欄右側的**執行**鈕，就可開啟**增益集**交談窗來啟用上述功能。

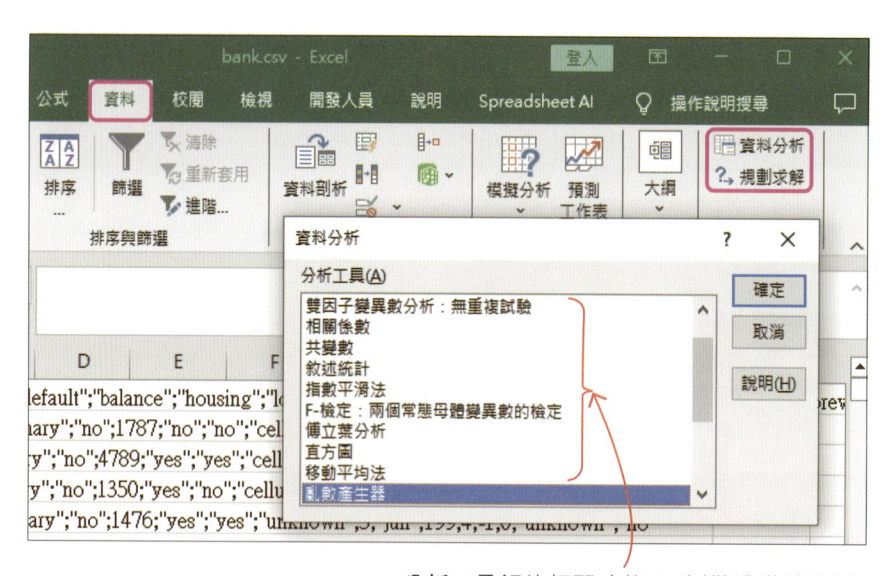

分析工具組的相關功能，可以做進階的資料分析工作，但…統計似乎得好一點 ☹

由於上述進階分析工具預設沒有啟用，因此筆者一向認為這是 Excel 內比較高段 (甚至有點冷門…) 的功能，而且使用時必須具備一定的統計知識，若沒有，對使用者來說，設定參數、判讀結果…等作業都是門檻。

當然，我們也可以像前幾章一樣，在 ChatGPT 等 AI 聊天機器人的幫助下**降低這些 Excel 工具的使用門檻**，然而，站在解決問題的角度來看，這種做法難免有點沒效率，畢竟我們的終極目標是希望**快速獲得分析結果並做出決策**。因此，何不把這些分析工作全盤交給 AI 自動化進行呢！當您手邊有一些待分析的 Excel 檔案、各式資料集，不用急著 K 深厚的統計知識，先試著用 AI 協助分析吧！

7-1 請 AI 當你的 Excel 商業分析總規劃師

使用AI ▶ Data Analysis & Report AI (GPT 機器人)

商業分析無非是希望通過分析過往數據得到可供決策的資訊，例如：銷售數據與市場趨勢的關聯、客戶意見與產品修正之間的關係…等。若對這個領域還不太熟悉，即便手邊已經有些資料，可能**第一步該做什麼還是沒什麼頭緒**。而即便是職場上打滾多年的資料科學家，每當面對一份新的資料，也免不了要做繁瑣的資料清理 (清洗)、視覺化、建模分析…等工作，耗時費力。

由此可見，Excel 商業分析實在是門大學問，需要智慧的 AI 工具來幫忙，這裡要介紹 **Data Analysis & Report AI** 這個強大的 AI 分析工具，它能夠幫助我們快速進行各種資料分析工作，舉凡分析的流程該如何規劃 (本節會示範)，或者資料清理、視覺化、分析出結論…等實際作業 (下一節會示範)，任何進階一點的資料分析問題都能請 AI 解決！

Data Analysis & Report AI 的基本用法

底下先熟悉 Data Analysis & Report AI 的用法,它有在 ChatGPT 網站的 GPT 商店上架,請先參考**附錄 A-2 節**的說明,開啟 GPT 商店,搜尋 "Data Analysis & Report AI" 機器人來使用:

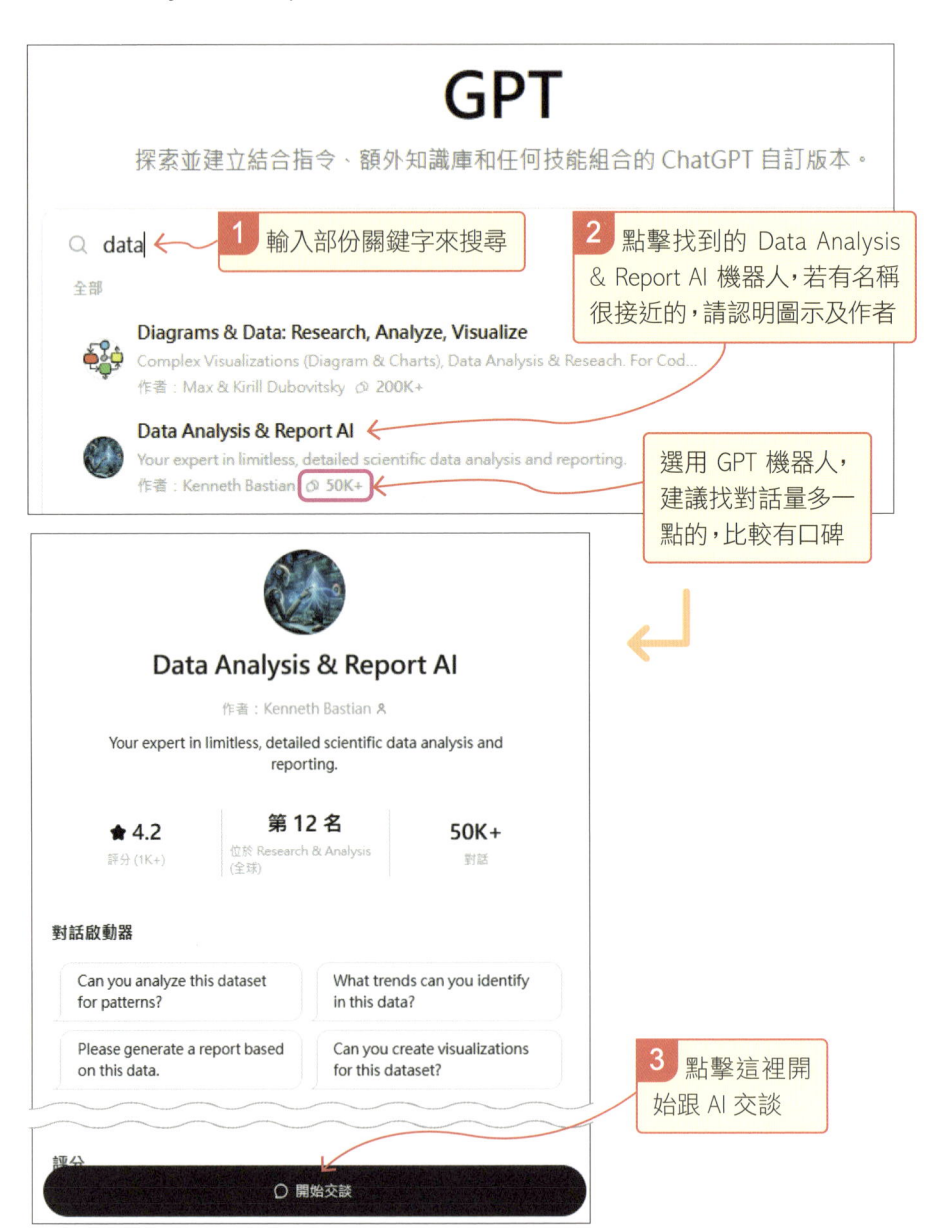

① 輸入部份關鍵字來搜尋

② 點擊找到的 Data Analysis & Report AI 機器人,若有名稱很接近的,請認明圖示及作者

選用 GPT 機器人,建議找對話量多一點的,比較有口碑

③ 點擊這裡開始跟 AI 交談

7-4

一開始先牛刀小試吧！要分析手邊的 Excel 資料之前，當然得先知道大概的流程有哪些，才不至於做到一半突然迷失方向。新手沒經驗、不知道流程沒關係，我們可以詢問 Data Analysis & Report AI 請它大致說明一下：

> 請告訴我資料分析的流程或步驟 ← 直接跟 AI 描述您想做的事

資料分析是一個多階段的過程，涉及從收集原始數據到最終生成有價值的見解。以下是詳細的資料分析流程及其步驟：

（列出非常多事要做，我們會挑其中幾項做示範）

1. **定義目標**
   - 明確分析的目的和問題。這一步驟確保所有分析活動都有明確的方向，並且每個分析步驟都與最終目標一致。

2. **資料收集**
   - 收集相關數據，可以來自內部系統、外部數據庫、公開資料源或調查問卷等。

3. **資料清洗**
   - 資料清洗是確保數據質量的重要步驟，包括處理缺失值、異常值、重複數據以及不一致的數據格式。這些問題會影響後續分析的準確性。

4. **資料探索**
   - 初步分析和可視化數據，以了解數據的基本結構、變量分佈和潛在的模式。這一步通常涉及

8. **數據解釋和可視化**
   - 生成詳細的報告和圖表，以解釋分析結果並將其傳達給相關方。這可能包括交互式圖表、儀表板和靜態報告。

9. **結果傳達**
   - 將分析結果向相關利益相關者呈現，並提供具體的建議和行動方案。這一步驟旨在確保數據見解能夠轉化為實際行動。

10. **持續監控和反饋**
    - 持續監控模型和分析結果的性能，並根據新的數據或變化的需求進行更新和調整。這保證分析結果的持續有效性和相關性。

當然，我們也可以將 AI 視為 Excel 商業分析的顧問，對於任何不了解的步驟或專業術語，直接詢問就行了：

> **Excel Help**：請幫我舉個例說明**資料清洗 (理)** 的細節

好的，以下是一個關於資料清洗的詳細例子，假設我們有一個包含客戶信息的數據集，我們需要對這些數據進行清洗。

> AI 實際舉個需要「清洗」的資料範例來解釋，有了例子更清楚了 (我們在第 5 章就示範過這項工作)

原始數據

```plaintext
Customer ID | Name        | Age | Email             | Phone Number  | Address
001         | Alice Wong  | 29  | alice@example.com | 123-456-7890  | 123 Main St
002         | Bob Lee     | 35  | bob@example.com   | 123-456-7890  | 456 Oak St
003         |             | 42  | carol@example.com | 987-654-3210  | 789 Pine St
004         | David Chen  | 28  |                   |               | 135 Maple Ave
005         | Eve Kim     |     | eve@example.com   | 123-456-7890  | 246 Cedar Blvd
001         | Alice Wong  | 29  | alice@example.com | 123-456-7890  | 123 Main St
```

> 資料若有遺漏，要先清理後再拿來用 (行話稱為 '清洗')

清洗步驟

1. 去除重複數據

- 檢查並刪除重複的數據行。根據 `Customer ID`，我們發現第一行和最後一行是重複的，因此刪除最後一行。

📗 直接餵 Excel 資料給 AI，取得分析方向

　　大概了解資料分析的流程以及各步驟該做的事情後，傳統上，我們習慣遵循既定的流程進行分析，但在 AI 時代，我們或許不必那麼「按部就班」地處理事情。若您對資料分析還懵懵懂懂、不確定該問 AI 什麼問題時，不妨把手邊的資料**直接餵給 AI**，或許馬上就能得到一些分析的方向，這比在電腦前思考老半天快多了。善用 AI 工具儘可能地自動化處理，絕對是在這個時代的勝出關鍵。

我們用個 Excel 商業範例來示範吧！以下範例是一家銀行的**行銷活動數據** (書附下載範例 / Ch07 / bank.xlsx)，內容是多次的電話行銷結果，行銷人員希望藉由這些分析資料，預測往後的新客戶是否會申請銀行的定存方案：

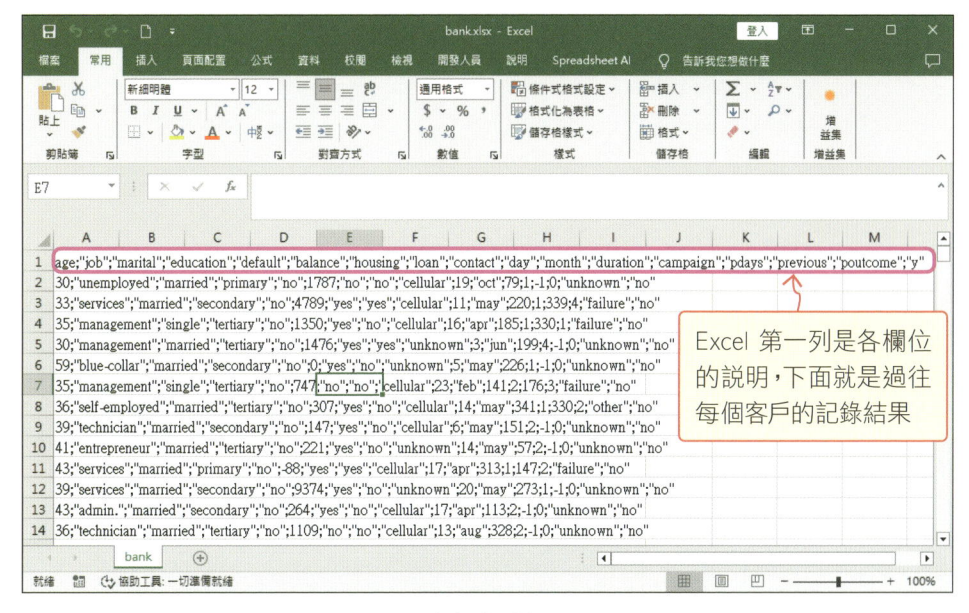

▲ 各欄位的說明

如上圖所示，資料內的變數 (欄位) 包括**客戶的資料** (年齡、職業、婚姻狀況等)、與**行銷活動相關的數據記錄** (如聯繫的天數、聯繫的次數等)，每一列資料的最後也記錄了 **yes、no，即該客戶的最終結果** (是否申請定存)。

> **TIP** 在機器學習 (Machine Learning) 領域，這稱為**監督式學習**，意思是這筆 Excel 資料集提供了每個客戶的最終結果 (即是否申請定存)，資料分析專家們可以用這種已經有結果 (註：做了標記) 的資料來訓練出一個模型，最終目的是預測**以後新的客戶是否會申請定存方案**，也可以提供銀行做更細緻的針對性行銷。以下我們就是要帶您稍微一窺這個資料分析作業的部分細節。

以這個 Excel 資料集為例，包含以下欄位：

age	客戶年齡	day	最後一次聯繫的日子
job	客戶職業	month	最後一次聯繫的月份
marital	客戶婚姻狀況	duration	最後一次聯繫的時長（秒）
education	客戶教育程度	campaign	本次行銷活動聯繫次數
default	是否有信貸違約	pdays	距離上次行銷活動後經過的天數
balance	年底存款餘額	previous	在本次行銷活動之前聯繫的次數
housing	是否有房貸	poutcome	之前行銷活動的結果
loan	是否有個人貸款	y	客戶是否訂購定期存款（是/否）
contact	聯繫方式（電話）		

我們先不考慮太多，直接把 Excel 檔案餵入 Data Analysis & Report AI：

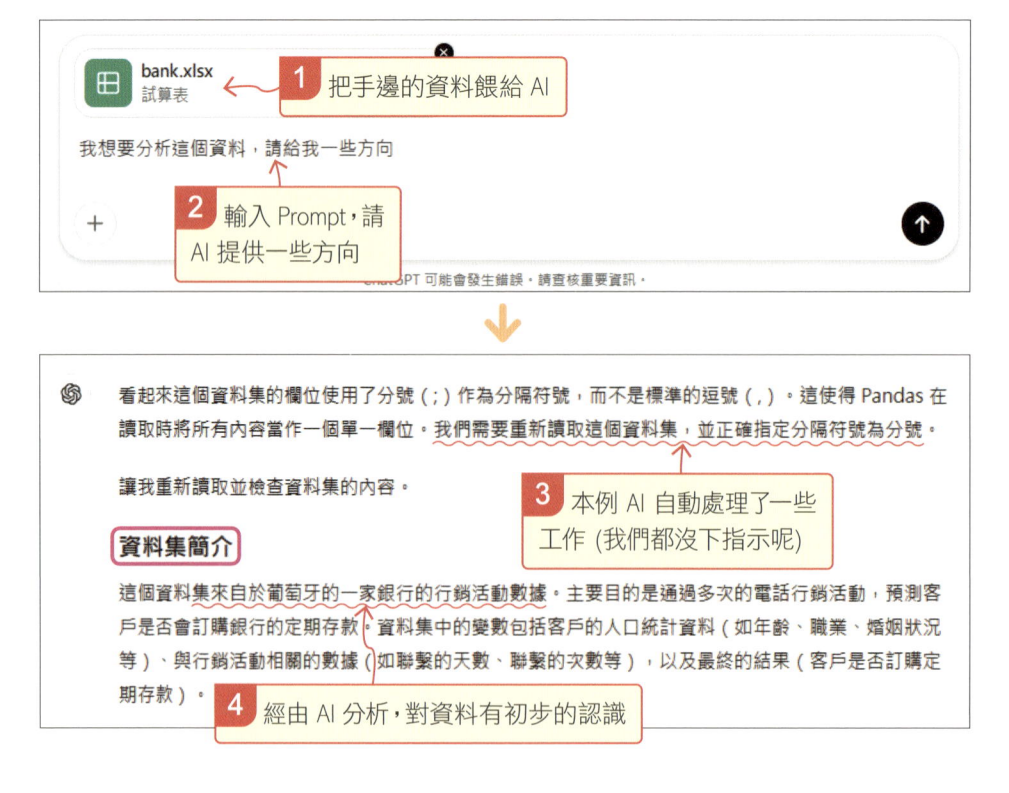

① 把手邊的資料餵給 AI

② 輸入 Prompt，請 AI 提供一些方向

③ 本例 AI 自動處理了一些工作 (我們都沒下指示呢)

看起來這個資料集的欄位使用了分號 (;) 作為分隔符號，而不是標準的逗號 (,)。這使得 Pandas 在讀取時將所有內容當作一個單一欄位。我們需要重新讀取這個資料集，並正確指定分隔符號為分號。

讓我重新讀取並檢查資料集的內容。

資料集簡介

這個資料集來自於葡萄牙的一家銀行的行銷活動數據。主要目的是通過多次的電話行銷活動，預測客戶是否會訂購銀行的定期存款。資料集中的變數包括客戶的人口統計資料（如年齡、職業、婚姻狀況等）、與行銷活動相關的數據（如聯繫的天數、聯繫的次數等），以及最終的結果（客戶是否訂購定期存款）。

④ 經由 AI 分析，對資料有初步的認識

此外，也看到 AI 自動提供滿具體的後續分析方向：

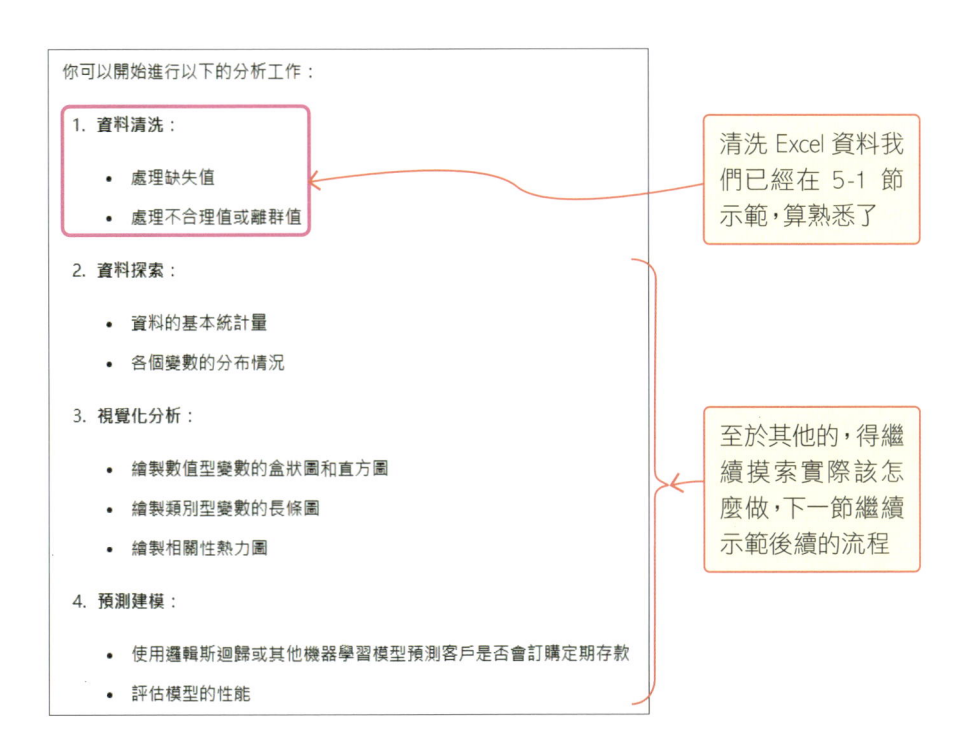

```
你可以開始進行以下的分析工作：

1. 資料清洗：
   • 處理缺失值
   • 處理不合理值或離群值

2. 資料探索：
   • 資料的基本統計量
   • 各個變數的分布情況

3. 視覺化分析：
   • 繪製數值型變數的盒狀圖和直方圖
   • 繪製類別型變數的長條圖
   • 繪製相關性熱力圖

4. 預測建模：
   • 使用邏輯斯迴歸或其他機器學習模型預測客戶是否會訂購定期存款
   • 評估模型的性能
```

> 清洗 Excel 資料我們已經在 5-1 節示範，算熟悉了

> 至於其他的，得繼續摸索實際該怎麼做，下一節繼續示範後續的流程

7-2 各種 Excel 商業分析工作，都請 AI 自動做！

使用 AI Data Analysis & Report AI (GPT 機器人)

前一節我們已經大致知道處理事情的輪廓，接著通常就是搬出各種工具 (例如 Excel) 一步步處理，大原則就是**能請 AI 幫忙就請 AI 幫忙**！過程中會常需要思考某件事要請 AI 自動處理，還是請 AI 提供 Excel 內的操作建議，無論哪一種，絕對都比之前花時間瞎子摸象來得快！

資料清洗請 AI 自動做最快！

延續前一節的範例。如同 5-1 節提到的，剛到手熱騰騰的資料可能會存在一些問題 (例如有缺失值、離群值…等)，這時就需要做**資料清理 (洗)**。最快的做法我們已經在 5-1 節示範過，就是通通丟給 AI 檢查、補齊。

而依筆者的經驗，針對進階的資料分析作業，使用 Data Analysis & Report AI 跟 ChatGPT 相比，前者回答起來會更「詳盡」，甚至像在**自動產生一份分析處理報告** (待會就會看到)。我們再試一次資料清理，看看跟 5-1 節純用 ChatGPT 的差異。

首先，我們就上傳資料給 Data Analysis & Report AI，請它幫我們檢查資料，必要時做自動做資料清洗：

(上傳 Excel 資料檔) ← 描述需求
請幫我做資料清洗，檢查並處理缺失值和不合理值

根據數據檢查結果，我們可以進行以下步驟來清洗數據：

1. **檢查缺失值**：檢查是否有任何列包含缺失值。
2. **處理不合理值**：檢查每列的數據範圍，特別是數值型變量是否有不合理值。

1. 檢查缺失值

從 `df.info()` 的輸出可以看到，所有列都沒有顯示缺失值，但我們仍然應該進行更詳細的檢查。

2. 處理不合理值

檢查每個數值型變量的基本統計描述，確保它們的值⋯⋯

讓我們先檢查缺失值和數據描述。

檢查缺失值

```python
df.isnull().sum()
```

檢查數值型變量的基本統計描述

```python
df.describe()
```

讓我們執行這些檢查。[>_]

> 這些讀者應該很熟悉了，AI 處理缺失值時都會自動撰寫程式來檢查 (此例 AI 是用 Python 程式)

本例 AI 做完後，會直接告訴我們結論：

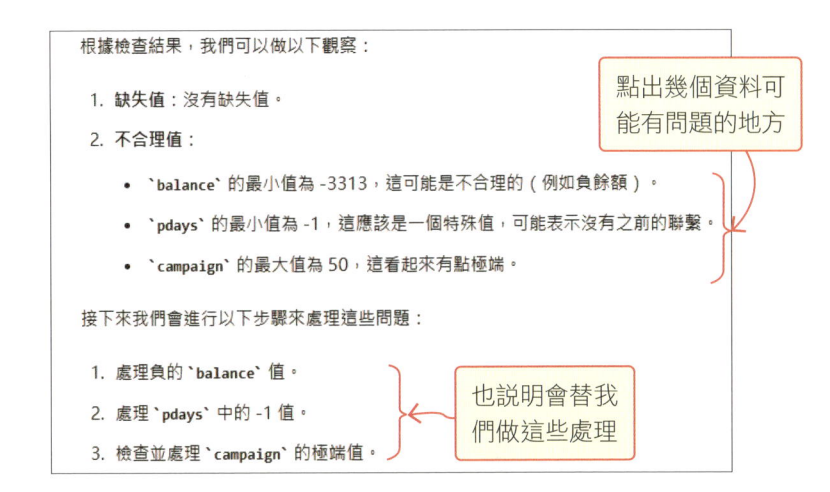

> 根據檢查結果，我們可以做以下觀察：
>
> 1. 缺失值：沒有缺失值。
> 2. 不合理值：
>   - `balance` 的最小值為 -3313，這可能是不合理的（例如負餘額）。
>   - `pdays` 的最小值為 -1，這應該是一個特殊值，可能表示沒有之前的聯繫。
>   - `campaign` 的最大值為 50，這看起來有點極端。
>
> 接下來我們會進行以下步驟來處理這些問題：
>
> 1. 處理負的 `balance` 值。
> 2. 處理 `pdays` 中的 -1 值。
> 3. 檢查並處理 `campaign` 的極端值。

（點出幾個資料可能有問題的地方）

（也說明會替我們做這些處理）

　　跟 5-1 節範例「僅單純完成資料清理」的差異來了，可以看到，必要時 Data Analysis & Report AI 會自動繪製一些圖表來查驗資料，此例為了檢查並處理 campaign 欄位 (行銷活動聯繫次數) 的極端值，AI 還主動繪製了圖表供我們參考，這個過程簡直像在**閱讀一份分析處理報告**：

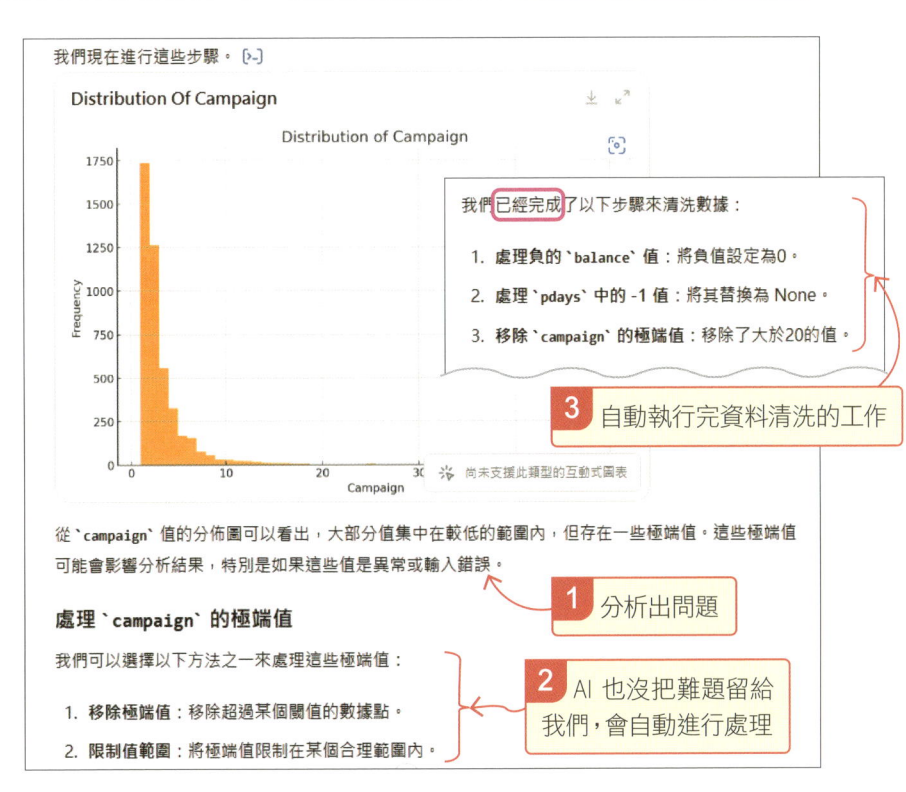

> 我們現在進行這些步驟。
>
> **Distribution Of Campaign**
>
> 我們已經完成了以下步驟來清洗數據：
>
> 1. 處理負的 `balance` 值：將負值設定為0。
> 2. 處理 `pdays` 中的 -1 值：將其替換為 None。
> 3. 移除 `campaign` 的極端值：移除了大於20的值。
>
> 從 `campaign` 值的分佈圖可以看出，大部分值集中在較低的範圍內，但存在一些極端值。這些極端值可能會影響分析結果，特別是如果這些值是異常或輸入錯誤。
>
> **處理 `campaign` 的極端值**
>
> 我們可以選擇以下方法之一來處理這些極端值：
>
> 1. 移除極端值：移除超過某個閾值的數據點。
> 2. 限制值範圍：將極端值限制在某個合理範圍內。

1 分析出問題

2 AI 也沒把難題留給我們，會自動進行處理

3 自動執行完資料清洗的工作

7-11

重新檢查數據描述後，我們可以看到這些更改已經生效，數據的基本統計描述也變得更合理。

接下來的步驟：

1. 確認清洗後數據的完整性和一致性。
2. 將清洗後的數據保存到新文件中。

保存清洗後的數據

```python
cleaned_file_path = '/mnt/data/cleaned_bank.csv'
df.to_csv(cleaned_file_path, index=False)
```

最後提供清洗後的資料讓我們下載 (依經驗，若檔案無法下載時，可以再詢問 AI 請它重新提供)

讓我們來執行保存數據的步驟。[>_]

已經完成數據清洗並將清洗後的數據保存至新文件：cleaned_bank.csv。

　　看到了吧！利用 AI 工具協助進行資料清洗就是這麼簡單！提醒讀者，您得到的結果通常會跟以上結果不同，不過大致上強大的 Data Analysis & Report AI 都會幫我們**發掘問題→ 自動處理問題 → 提供處理後的結果**，非常有幫助！

請 AI 提供 Excel 內各項分析工作的操作建議

　　針對資料清洗後的其他分析工作，若對於實際上到底該用哪個 Excel 功能、該怎麼處理不太確定，也可以繼續問 AI 聊天機器人：

> (**上傳 Excel 檔案**)
> 我的資料是一大堆銀行客戶的行為數據，希望分析哪些客戶最可能申請定存方案。請提供我 Excel 內的資料分析做法建議

指定 Excel 工具，比較可以得到理想的答案

7-12

假設我們有一組銀行客戶行為數據，希望分析哪些客戶最可能申請定存方案：

1 先用 Excel 樞紐分析 探索客戶行為模式

我們可以利用 **樞紐分析** 來檢視不同變數對結果 (是否申請定存) 的影響，例如：

- 按 **年齡區間** 分析定存申請比例。
- 按 **職業類別** 統計不同族群的定存申請率。
- 按 **聯繫次數** 檢視聯繫次數與申請率的關係。

👉 這樣能讓我們快速發現「哪些變數與定存申請較相關」。

> 本例 AI 先給出樞紐分析的操作建議 (若對具體的做法不熟，可參考第 5 章的介紹，用 AI 輔助做樞紐分析)

2 用 Data Analysis ToolPak 進行迴歸分析，找出影響定存申請的關鍵因子

接下來，我們可以使用 **Excel 的分析工具箱 (Analysis ToolPak)** 來執行 **邏輯迴歸分析**：

- 讓 **Y 變數** 為「是否申請定存」（Yes/No）。
- 讓 **X 變數** 包括「年齡、職業、教育程度、聯繫次數、上次聯繫的時間、存款餘額...」。

👉 迴歸分析的結果將告訴我們：

1. 哪些變數最顯著影響定存申請？
2. 影響的方向（正相關或負相關）。
3. 是否有過多變數影響模型準確度（多重共線性問題）。

> 接著也建議可以用前面提到的 Excel 進階**分析工具組**來做分析，這就得稍微再花時間研究

3 接著，我們可以請 AI 幫忙進行更進階的 Excel 分析

☑ 產生適合的 Excel 公式，例如預測未來客戶的定存申請率

- 使用 `FORECAST.ETS` 預測未來三個月內，銀行定存申請數量：

```excel
=FORECAST.ETS(A2, B2:B50, A2:A50, 1)
```

（其中 A2:A50 為時間序列，B2:B50 為過往申請數）

- 使用 `LOGEST` 公式計算 **邏輯回歸係數**，來預測哪些客戶最有可能申請定存：

```excel
=LOGEST(Y範圍, X範圍, TRUE, TRUE)
```

> AI 也教我們可以用一些函數做分析，也有教學。當然，與資料分析相關的工作免不了會用到一些統計函數

7-13

用 AI 快速分析 Excel 資料得出結論

　　一路下來讀者應該有感受到，Data Analysis & Report AI 的資料處理過程實在有點「詳盡」，免不了會出現許多資料分析/資料科學專業術語。而針對 AI 提供的後續分析做法，如果用是我們已經熟悉的 Excel 工具 (例如樞紐分析表)，就可以馬上依前一頁的 AI 建議展開一些工作；但如果您一點底子都沒有，而 AI 提供的是需要統計知識才能駕馭的 Excel 技巧，即便它有稍微教怎麼做，真要進行時還是會略感吃力，沒什麼方向感。

　　回歸本章「**希望快速得到資料分析結論**」的主軸，如果我們對這門學問還處在初級班，筆者的建議是可以先把 Excel 擺一旁，試著請 AI 「**直奔主題**」，直接告訴我們一些結論，事後再用 Excel 等工具來驗證也不遲。底下就來試試。

> 請試著直接完成分析，告知我這份 Excel 資料透露什麼資訊　　　請 AI 進行分析

　　本例一開始 AI 會先解釋一下本章範例各變數 (也就是各欄位) 的概要，看來 AI 認為認識資料欄位還是不可忽略：

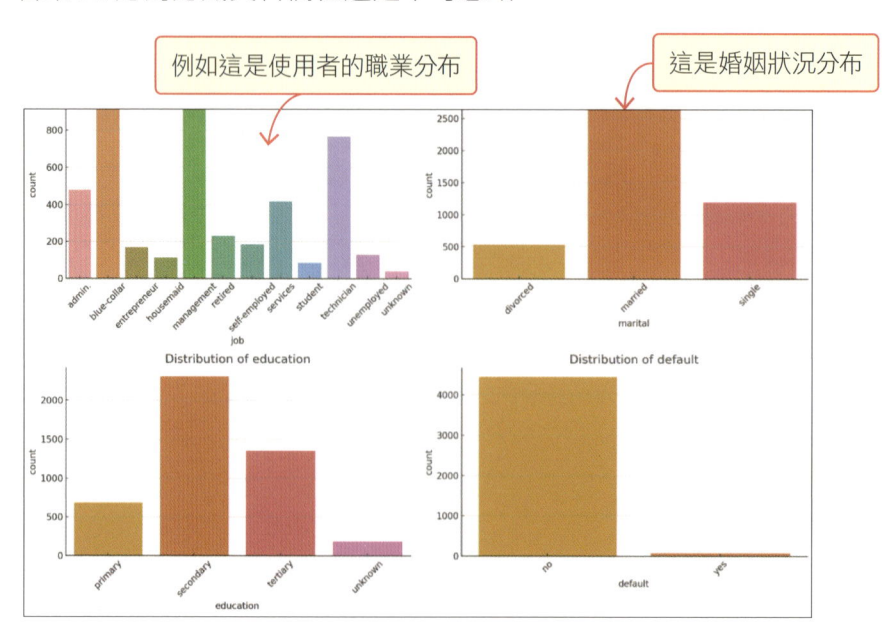

例如這是使用者的職業分布　　　這是婚姻狀況分布

> 簡單說明各欄位 (變數)的分佈情況

從上述圖表中,我們可以觀察到各個分類變數的分佈情況。以下是一些具體觀察結果:

1. **職業 (job)**:
   - 管理職位 (management) 佔據了最多的比例,其次是藍領 (blue-collar) 和技術員 (technician)。

2. **婚姻狀況 (marital)**:
   - 已婚 (married) 的比例最高,其次是單身 (single) 和離婚 (divorced)。

3. **教育程度 (education)**:
   - 中等教育 (secondary) 的比例最高,其次是高等教育 (tertiary) 和基礎教育 (primary)。

> 閱讀這些可以快速一覽 Excel 資料的樣貌

有辦法請 AI 直接告訴我們這份 Excel 資料的結論嗎? 此例無非是想要知道哪個因素跟「使用者最終決定是否申請定存」的關係最大,為此 AI 也繪製了相關圖表來說明:

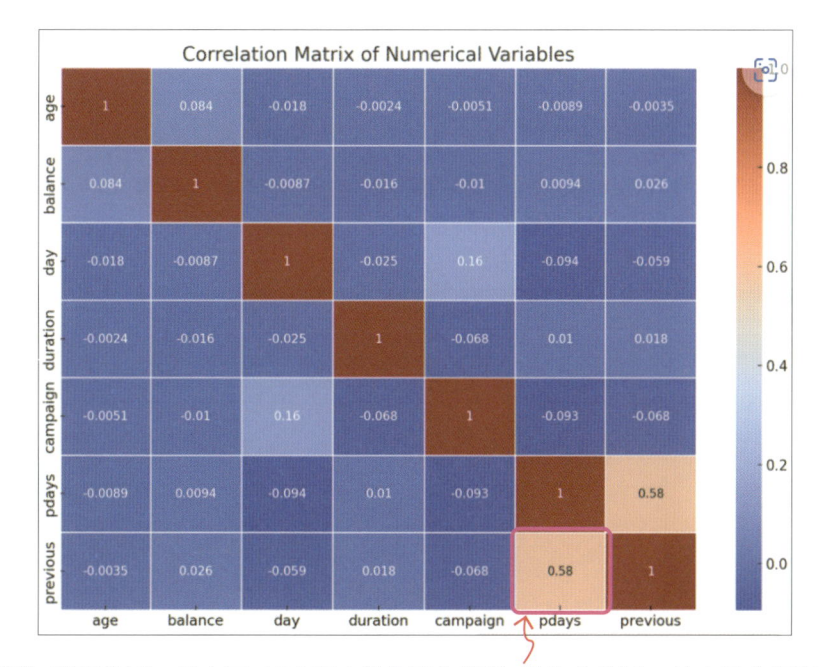

Correlation Matrix of Numerical Variables

	age	balance	day	duration	campaign	pdays	previous
age	1	0.084	-0.018	-0.0024	-0.0051	-0.0089	-0.0035
balance	0.084	1	-0.0087	-0.016	-0.01	0.0094	0.026
day	-0.018	-0.0087	1	-0.025	0.16	-0.094	-0.059
duration	-0.0024	-0.016	-0.025	1	-0.068	0.01	0.018
campaign	-0.0051	-0.01	0.16	-0.068	1	-0.093	-0.068
pdays	-0.0089	0.0094	-0.094	0.01	-0.093	1	0.58
previous	-0.0035	0.026	-0.059	0.018	-0.068	0.58	1

> 這稱為「相關係數」熱力圖,用來看出變數間的關聯,數值愈接近 1 的表示愈相關,例如圖中可以看到 **pdays** 和 **previous** 之間的相關性較強,因為它們的相關係數為 0.58

> **TIP** 相關係數：用以表示變數間的相關性，為介於 -1 (完全負相關) 至 1 (完全正相關) 的值。

看起來還是有點專業，如果 AI 還是很「熱心」解釋個不停，我們來換個 Prompt，看看能否直奔主題：

> 請直接提供我結論，**先不要列出太多資料分析細節**

申請定存的主要因素

根據數據分析，以下情況下客戶更有可能申請定期存款：

1. **年齡**：年齡較大的客戶更有可能申請定期存款，特別是40歲以上的客戶。
2. **教育程度**：受過高等教育（特別是大學及以上）的客戶更傾向於申請定期存款。
3. **銀行餘額**：銀行餘額較高的客戶更可能申請定期存款。
4. **職業**：管理層和專業人士的申請率較高。
5. **行銷接觸次數**：多次行銷接觸（特別是3次以上）的客戶更有可能申請定期存款。
6. **上次行銷活動結果**：上次行銷活動結果為成功的客戶，更有可能再次申請定期存款。

這些因素可以作為行銷策略的重點，以提高定期存款的申請率。如果需要進一步詳細分析或具體數據支持，請告知。

（似乎比較直接了，點出這項因素對客戶是否申請定存較有關係）

（有一些滿具體的建議）

經過嘗試，我們順利得到了一些結論。當您對複雜一點的 Excel 商業分析步驟有點陌生時，可以試著用上述做法先請 AI 分析出一些結論，若需要嚴謹的數字或報告來輔助，再回頭依前述的資料分析步驟請 AI 自動做，或者輔助我們在 Excel 內處理都可以。

> **TIP** 如同其名，Data Analysis & Report AI 這個工具相當擅長建立分析報告，如同您過程中所看到的，若能紮穩基本的資料分析/資料科學底子，用起這個工具會更得心應手！若想自學資料科學／機器學習的讀者，可以參閱旗標出版的相關書籍 (例如「**只要 Excel 六步驟，你也能做商業分析、解讀數據，學會用統計說故事**」、「**資料科學的建模基礎**」等書)。

PART

03 用 AI 輔助生成常用的 Excel 商用表單

AI 規劃表單、AI 優化表單、AI 生成函數功能

有了前兩篇的內容做為基礎，Part03 將進一步強化您的 Excel 實務能力。在職場上，Excel 廣泛應用於**行政**、**財務**、**銷售**等領域，最常見的例子包括用 Excel 製作訂貨表單、出缺勤結算、考績結算、庫存管理、…等各式表單。本篇將透過範例式的演練，在 AI 的協助下，迅速生成各類商業報表與表單！

8

CHAPTER

Excel ╳ AI
製作產品目錄及訂購單

AI 自動整理與生成訂購單功能，更快更省力！

8-1 請 AI 將雜亂的文字檔整理成產品目錄、並自動完成美化

8-2 請 AI 協助製作訂購單 - 生成表單架構、生成函數 / 公式、自動完成保護措施

本章將示範用 Excel × AI 製作一份簡易的**客戶訂購單**，讓消費者能夠透過 Excel 填寫訂購資訊並提交訂單。訂購的方式相當簡單，消費者只需下載「**產品目錄**」的 Excel 檔案 (本頁上圖)，填寫個人資料與所需產品的數量，並填妥「**訂購單**」檔案 (本頁下圖)，最後將檔案透過 Email 或傳真送出，即可完成訂購。製作這份產品目錄的工作，通常會落在由業務部門的助理身上。本章就透過這個範例，示範在 AI 的幫助下快速設計一份結構清晰、便於使用的 Excel 客戶訂購單。

▲「產品目錄」檔案

▶「訂購單」檔案

8-2

8-1 請 AI 將雜亂的文字檔整理成產品目錄、並自動完成美化

使用 AI　AI 聊天機器人
(ChatGPT、Copilot、Gemini…都可以)

　　本例首要任務是建立好各項產品資料，雖然在 Excel 內做產品建檔工作不難，但是當公司的產品品項眾多，光輸入及對照這些產品資料就要耗時很久。若手邊有任何曾經建立過的所有產品目錄，就算是純文字、格式稍微有點亂都沒關係，可以請 AI 協助我們自動整理成 Excel 格式。

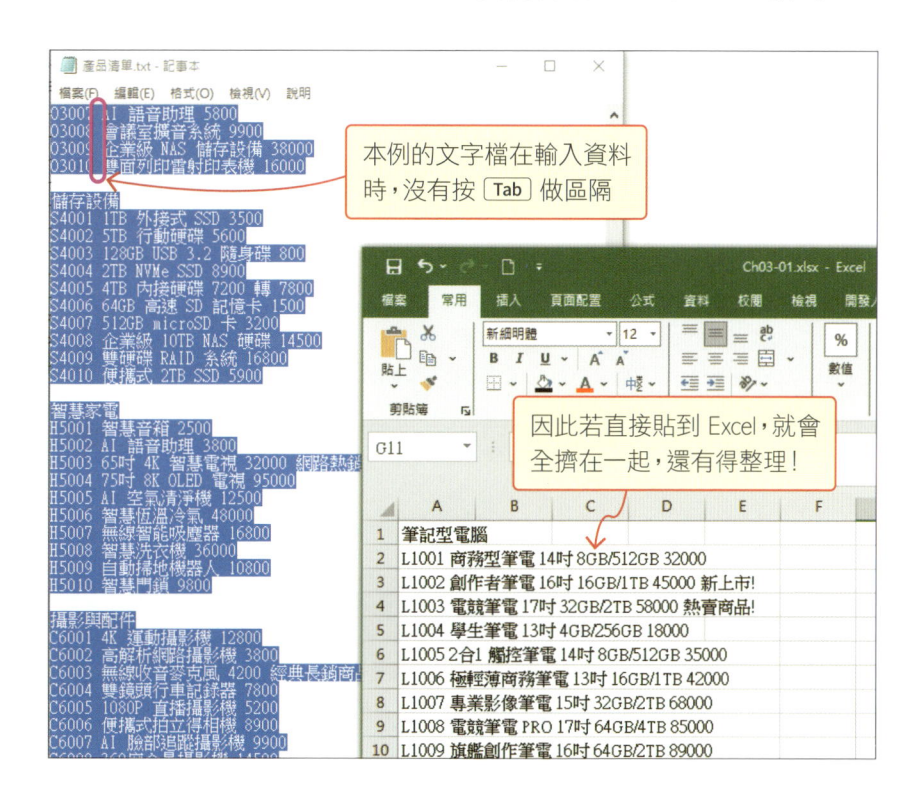

> 本例的文字檔在輸入資料時，沒有按 Tab 做區隔

> 因此若直接貼到 Excel，就會全擠在一起，還有得整理！

1　像這種情況，以往不管是在原 TXT 檔或者 Excel 內都需要手動整理。現在，可以請 ChatGPT 等 AI 聊天機器人幫忙整理，最後請 AI 存成 Excel 檔給我們即可。底下我們用 ChatGPT 試試。

第 8 章　Excel×AI 製作產品目錄及訂購單 — AI 自動整理與生成訂購單功能，更快更省力！

8-3

(上傳 txt 文字檔或貼上文字資料)

幫我把這份文字檔整理成產品目錄 (訂購單),並做美化

→ 直接整理完成

這是整理後的 **產品訂購單**,已經美化為易讀的表格格式,並標示出特價、熱銷及新上市商品。您可以提供進一步的需求,例如是否需要加上公司標誌、聯絡資訊或其他自訂欄位。

Product Order Form

產品訂購單

筆記型電腦

型號	產品名稱	規格	價格	備註
L1001	商務型筆電	14吋 8GB/512GB	32,000	
L1002	創作者筆電	16吋 16GB/1TB	45,000	新上市!

→ 原文字資料沒有附欄位,AI 自動幫我們加上,區隔出來的各欄也沒什麼問題

我已經將您的產品清單整理成一份美觀的 **產品訂購單**,包含分類、型號、規格、價格及特價或熱銷商品標註。請確認是否需要進一步調整,例如加上公司標誌、聯絡資訊或其他欄位!

```
# 顯示美化後的 Excel 檔案
styled_file_path
```

結果
'/mnt/data/美化版_產品訂購單.xlsx'

→ 連初步的美化工作都可以請 AI 先做看看,多少能省點時間,要事後再調整都可以

我已經美化 **產品訂購單** 的 Excel 檔案,包括標題加粗、居中對齊、欄位寬度調整及邊框設置,您可以在下方下載:

📥 下載美化版 Excel 檔案 [>.]

→ 如前 2 篇的介紹,多數情況都可以請 AI 提供 Excel 檔給我們下載,這樣最省事

8-4

	A	B	C	D	E	F
1	分類	型號	產品名稱	規格	價格 (NTD	備註
2	筆記型電腦	L1001	商務型筆電	14吋 8GB/512GB	32000	
3	筆記型電腦	L1002	創作者筆電	16吋 16GB/1TB	45000	新上市!
4	筆記型電腦	L1003	電競筆電	17吋 32GB/2TB	58000	熱賣商品!
5	筆記型電腦	L1004	學生筆電	13吋 4GB/256GB	18000	
6	筆記型電腦	L1005	2合1 觸控筆電	14吋 8GB/512GB	35000	
7	筆記型電腦	L1006	極輕薄商務筆電	13吋 16GB/1TB	42000	
8	筆記型電腦	L1007	專業影像筆電	15吋 32GB/2TB	68000	
9	筆記型電腦	L1008	電競筆電 PRO	17吋 64GB/4TB	85000	
10	筆記型電腦	L1009	旗艦創作筆電	16吋 64GB/2TB	89000	
11	筆記型電腦	L1010	高效能商務筆電	15吋 16GB/512GB	48000	
12	顯示器	M2001	4K IPS 顯示器	27吋	15000	
13	顯示器	M2002	曲面超寬螢幕	34吋	21000	特價回饋!
14	顯示器	M2003	全高清顯示器	24吋	8900	
15	顯示器	M2004	HDR 電競螢幕	32吋	17500	
16	顯示器	M2005	超寬帶魚顯示器	49吋	32000	

請 AI 初步整理完成的產品目錄

2 若想要為這個 Excel 產品目錄檔加上標題並做美化，這種一次性的調整工作手動自己做也很快，當量很大或很頻繁的要去做的工作，再思考請 AI 幫忙就好。底下是筆者針對上圖再做的手動調整：

1 在第 1 列資料前插入空白列，用來輸入主標題。

2 在單價欄之後再插入 2 欄，並自行調整在第 2 列的標題，修改成**產品編號**、**名稱**、**單價**、**數量**、**小計**及**備註**共 6 個欄位。

3 在各類商品最後，新增一列**合計**。

4 其他美化工作版依需求自行處理即可。

結果如右圖所示：

	A	B	C	D	E	F
1			●●公司商品目錄			
2	產品編號	名稱		單價	數量	小計	備註
3		筆記型電腦				
4	L1001	商務型筆電		32000			
5	L1002	創作者筆電		45000			
6	L1003	電競筆電		58000			
7	L1004	學生筆電		18000			新上市!
8	L1005	2合1 觸控筆電		35000			
9	L1006	極輕薄商務筆電		42000			
10	L1007	專業影像筆電		68000			
11	L1008	電競筆電 PRO		85000			
12	L1009	旗艦創作筆電		89000			熱賣商品!
13	L1010	高效能商務筆電		48000			
14		合計					
15							
16		顯示器					
17	M2001	4K IPS 顯示器		15000			
18	M2002	曲面超寬螢幕		21000			網路熱銷 TOP3
19	M2003	全高清顯示器		8900			
20	M2004	HDR 電競螢幕		17500			特價回饋!

新增**合計**欄位，讓客戶在填訂單項目時，隨時看得到各分類的加總金額

第 8 章　Excel×AI 製作產品目錄及訂購單 — AI 自動整理與生成訂購單功能，更快更省力！

8-5

請 AI 生成公式，計算各類產品合計金額

例 AI 生成 SUBTOTAL 函數

請 AI 協助建立好產品品項之後，接著就要在表單中設計計算公式了，也就是前頁下圖所示，希望客戶填單時隨時看得到合計的花費金額。

1 首先，我們要建立**小計**欄 (E 欄) 的公式，**小計**的計算公式：**單價 * 數量**，是很簡單的四則運算，這部份就不用 AI 出馬了。

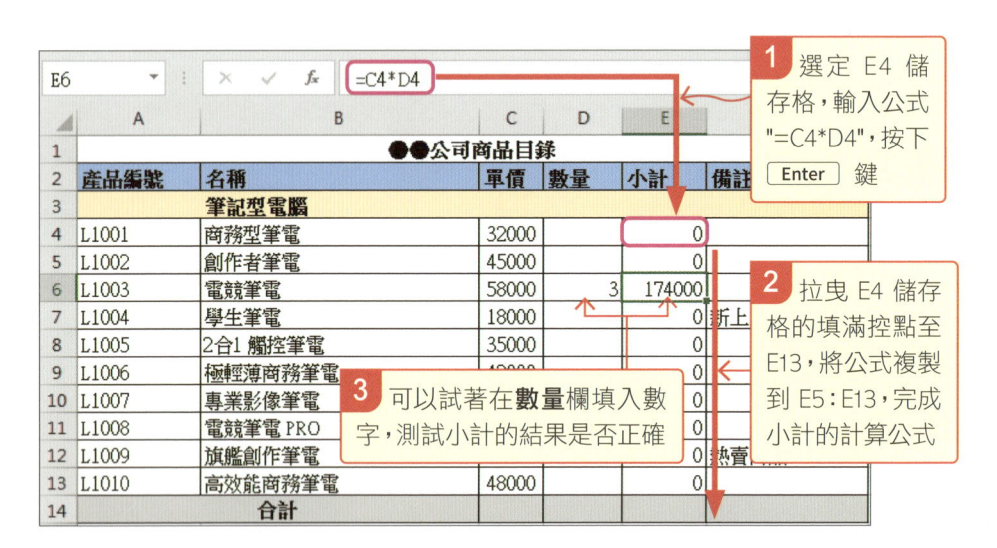

產品編號	名稱	單價	數量	小計	備註
	●●公司商品目錄				
	筆記型電腦				
L1001	商務型筆電	32000		0	
L1002	創作者筆電	45000		0	
L1003	電競筆電	58000	3	174000	
L1004	學生筆電	18000		0	新上
L1005	2合1 觸控筆電	35000		0	
L1006	極輕薄商務筆電			0	
L1007	專業影像筆電			0	
L1008	電競筆電 PRO			0	
L1009	旗艦創作筆電			0	熱賣
L1010	高效能商務筆電	48000		0	
	合計				

1 選定 E4 儲存格，輸入公式 "=C4*D4"，按下 Enter 鍵

2 拉曳 E4 儲存格的填滿控點至 E13，將公式複製到 E5：E13，完成小計的計算公式

3 可以試著在**數量**欄填入數字，測試小計的結果是否正確

2 接著要計算上圖 E14 的各類產品**合計**總額，你可能會想到要利用**加總**鈕來加總 E4:E13 的結果，這當然可以，但筆者常遇到一個情況就是 E 欄的**小計**公式寫錯了，連帶使得**合計**的結果是錯的，這時筆者習慣使用 SUMPRODUCT 函數來算：

=SUMPRODUCT(C4:C13, D4:D13)

公式直接計算**單價 (C4:C13) × 數量 (D4:D13)**，然後加總，確保數值準確，而不是單純從小計去加總

8-6

但有時候就是「我哪知道要考慮這些」，沒關係，不知道用哪個函數、公式時，請 AI 幫忙考慮仔細一點就行了：

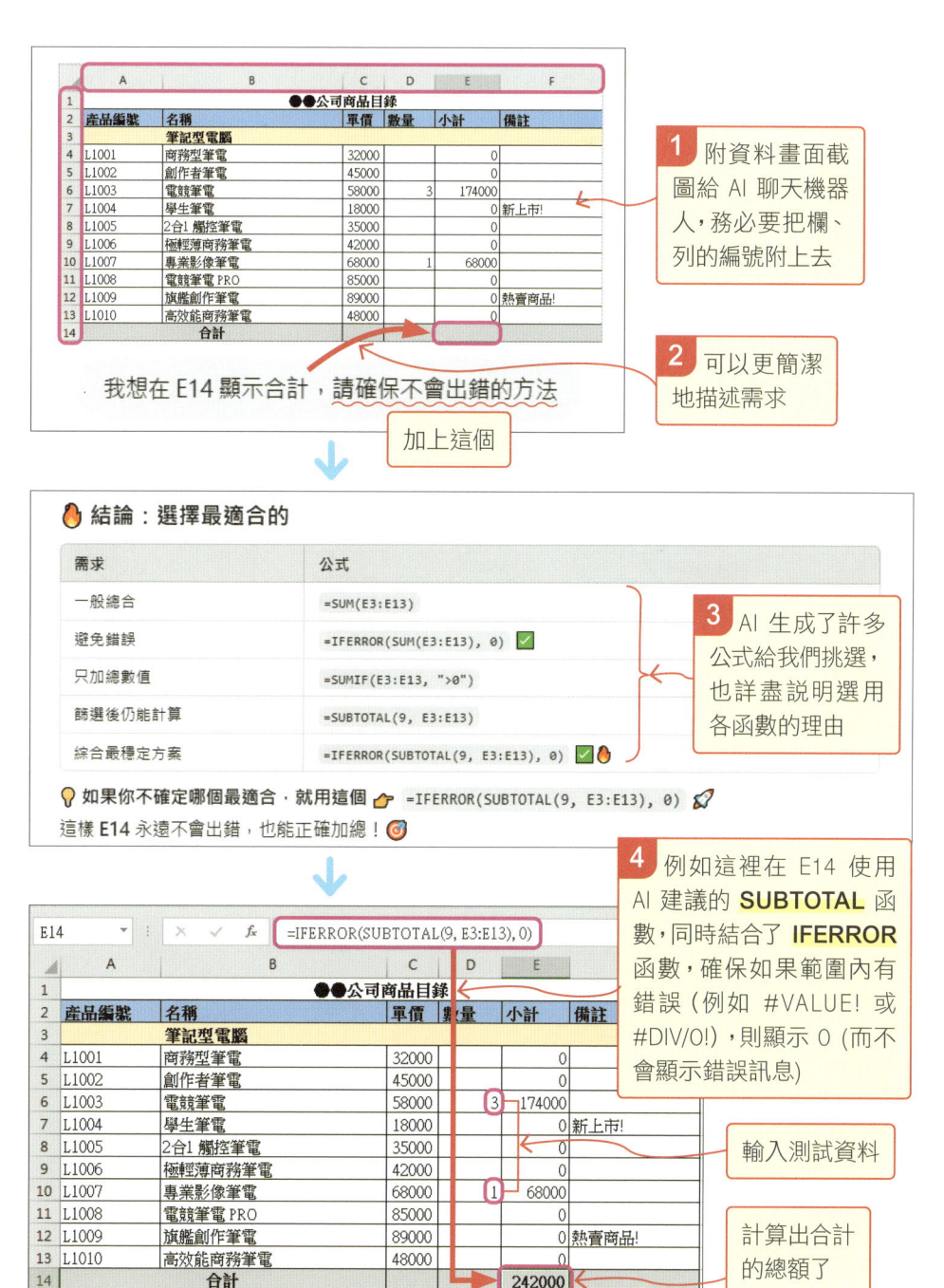

	A	B	C	D	E	F
1	●●公司商品目錄					
2	產品編號	名稱	單價	數量	小計	備註
3		筆記型電腦				
4	L1001	商務型筆電	32000		0	
5	L1002	創作者筆電	45000		0	
6	L1003	電競筆電	58000	3	174000	
7	L1004	學生筆電	18000		0	新上市!
8	L1005	2合1 觸控筆電	35000		0	
9	L1006	極輕薄商務筆電	42000		0	
10	L1007	專業影像筆電	68000	1	68000	
11	L1008	電競筆電 PRO	85000		0	
12	L1009	旗艦創作筆電	89000		0	熱賣商品!
13	L1010	高效能商務筆電	48000		0	
14		合計				

① 附資料畫面截圖給 AI 聊天機器人，務必要把欄、列的編號附上去

我想在 E14 顯示合計，請確保不會出錯的方法 ← 加上這個

② 可以更簡潔地描述需求

⬇

🔥 **結論：選擇最適合的**

需求	公式
一般總合	=SUM(E3:E13)
避免錯誤	=IFERROR(SUM(E3:E13), 0) ✅
只加總數值	=SUMIF(E3:E13, ">0")
篩選後仍能計算	=SUBTOTAL(9, E3:E13)
綜合最穩定方案	=IFERROR(SUBTOTAL(9, E3:E13), 0) ✅🔥

💡 如果你不確定哪個最適合，就用這個 👉 =IFERROR(SUBTOTAL(9, E3:E13), 0) 🚀
這樣 E14 永遠不會出錯，也能正確加總！🎯

③ AI 生成了許多公式給我們挑選，也詳盡說明選用各函數的理由

⬇

E14　fx =IFERROR(SUBTOTAL(9, E3:E13),0)

	A	B	C	D	E	F
1	●●公司商品目錄					
2	產品編號	名稱	單價	數量	小計	備註
3		筆記型電腦				
4	L1001	商務型筆電	32000		0	
5	L1002	創作者筆電	45000		0	
6	L1003	電競筆電	58000	3	174000	
7	L1004	學生筆電	18000		0	新上市!
8	L1005	2合1 觸控筆電	35000		0	
9	L1006	極輕薄商務筆電	42000		0	
10	L1007	專業影像筆電	68000	1	68000	
11	L1008	電競筆電 PRO	85000		0	
12	L1009	旗艦創作筆電	89000		0	熱賣商品!
13	L1010	高效能商務筆電	48000		0	
14		合計				242000	

④ 例如這裡在 E14 使用 AI 建議的 **SUBTOTAL** 函數，同時結合了 **IFERROR** 函數，確保如果範圍內有錯誤（例如 #VALUE! 或 #DIV/0!），則顯示 0 (而不會顯示錯誤訊息)

輸入測試資料

計算出合計的總額了

第 8 章　Excel × AI 製作產品目錄及訂購單 — AI 自動整理與生成訂購單功能，更快更省力！

8-7

TIP 如何？看起來很單純的加總公式，AI 可以幫我們**把客戶操作時可能發生的例外狀況通通考慮進去**，很多我們壓根沒想到的情境，AI 都會納入考慮，簡言之 AI 生成出來的公式絕對比我們自己寫細膩多了 (當然，在前一頁上圖輸入提示語時就必須提 "確保不會出錯的方法" 這類的需求)！

3 這張表單最後的步驟就很簡單了，只要依樣畫葫蘆，依序完成其他類商品的**小計**及**合併**公式就可以了。

	A	B	C	D	E	F
1			●●公司商品目錄			
2	產品編號	名稱	單價	數量	小計	備註
3		筆記型電腦				
4	L1001	商務型筆電	32000		0	
5	L1002	創作者筆電	45000		0	
6	L1003	電競筆電	58000	3	174000	
7	L1004	學生筆電	18000		0	新上市!
8	L1005	2合1 觸控筆電	35000		0	
9	L1006	極輕薄商務筆電	42000		0	
10	L1007	專業影像筆電	68000	1	68000	
11	L1008	電競筆電 PRO	85000		0	
12	L1009	旗艦創作筆電	89000		0	熱賣商品!
13	L1010	高效能商務筆電	48000		0	
14		合計			$242,000	
15						
16		顯示器				
17	M2001	4K IPS 顯示器	15000		0	
18	M2002	曲面超寬螢幕	21000		0	網路熱銷 TOP3
19	M2003	全高清顯示器	8900		0	
20	M2004	HDR 電競螢幕	17500		0	特價回饋!
21	M2005	超寬帶魚顯示器	32000		0	
22	M2006	超薄顯示器	7500		0	
23	M2007	144Hz 電競顯示器	14000		0	
24	M2008	240Hz 超流暢螢幕	18500		0	補貨中!
25	M2009	5K 創作者顯示器	28000		0	
26		合計			$0	

這些複製公式的 Excel 基本功就不多贅述了 (不熟悉請把附錄 B 讀一遍)

4 最後，本例的標題欄位名稱是輸入在 A2:F2 儲存格中，當你捲動垂直捲軸瀏覽底下其他產品品項時，欄位名稱就會被捲上去而看不到。此時，我們可以讓標題保持在螢幕不動，也就是將標題儲存格凍結起來。

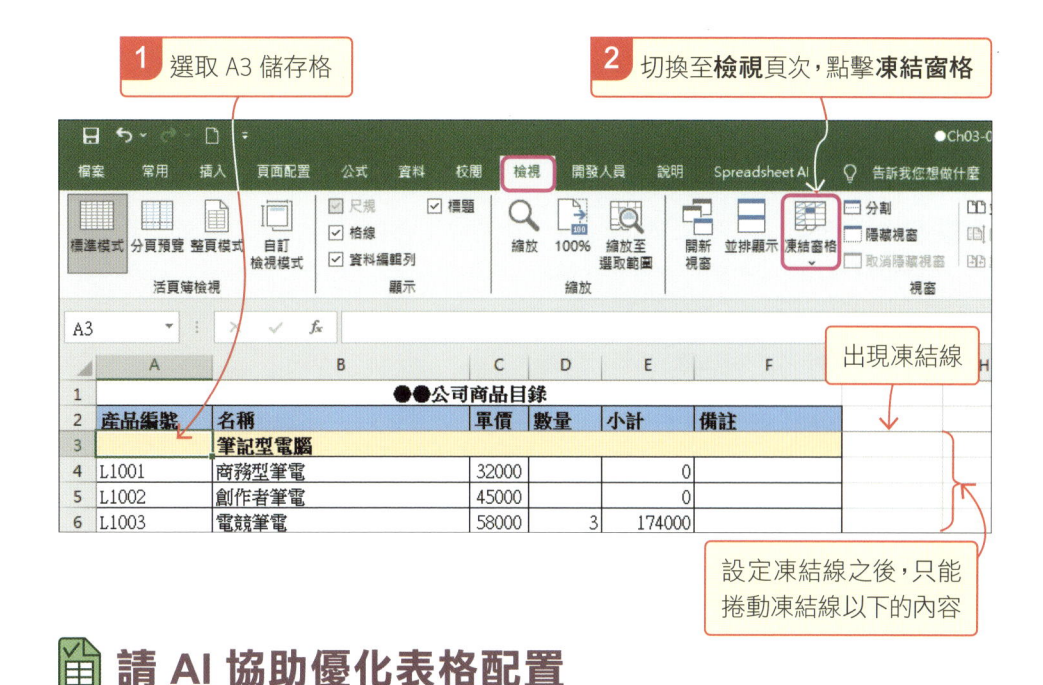

1 選取 A3 儲存格　　**2** 切換至**檢視**頁次，點擊**凍結窗格**

出現凍結線

設定凍結線之後，只能捲動凍結線以下的內容

請 AI 協助優化表格配置

　　進行到這裡還有什麼要加強的呢？當製作這類產品目錄時，表格是否夠清晰、美觀，都會影響用戶的操作體驗。若想提升表格的易用性，也可以請 AI 協助檢視目前的配置，提供格式優化方面的建議，這比自己思考老半天方便多囉！

(上傳表格截圖)
我目前的配置有需要改善的地方嗎，任何格式建議都可以提

附上目前的配置截圖請 AI 協助分析

我目前的配置有需要改善的地方嗎，任何格式建議都可以提

第 8 章　Excel×AI 製作產品目錄及訂購單 — AI 自動整理與生成訂購單功能，更快更省力！

8-9

你的 Excel 產品訂購單 配置已經不錯，但仍有一些可以 優化與美化 的地方，讓它更 清晰、專業、易讀。以下是我的建議：

◆ **1. 表格格式優化**

☑ **調整列高與字體**

- 標題行（第 2 行）加大字體，使用 **16pt 粗體**，提升可讀性。
- 普通內容（第 3 行以後）建議用 **12pt**，適合長時間閱讀。
- 數字對齊右側，文字對齊左側，讓數據更整齊。

☑ **合計列（第 14 行）突出顯示**

- 使用 **加粗 + 藍色填充**（或其他醒目顏色）讓合計更加明顯。
- 數值部分（E14）建議使用千位逗號格式，像這樣：

> AI 會給出滿多建議，甚至也會教我們該如何做

例如這裡將 E14 的合計金額改成貨幣及千分位符號 $242,000，這個建議就很實用

> **TIP** 提醒一下，針對 AI 提的這麼多表格優化建議，我們當然可以無腦丟檔案給 AI，請它試著幫我們自動做好，但當表單已經設計到一半就不太合適了，像本例已經在表格中套了一些公式、做了美化了。
>
> 面對這種情況，筆者習慣<u>從 AI 給的優化建議中挑出覺得不錯的建議</u>，然後參考 AI 提供的指引手動設定完成（也要再次提醒，AI 提供的步驟式教學不可能 100% 正確）。總之，要採用哪種 AI 解法，都應該視當下的表單完成度來決定。

8-2 請 AI 協助製作訂購單 –
生成表單架構、生成函數 / 公式、
自動完成保護措施

使用 AI AI 聊天機器人
(ChatGPT、Copilot、Gemini⋯都可以)

前一節的 **產品目錄** 是讓客戶可以選填要購買的項目，該操作完成後，我們要接著製作 **客戶訂購單**，方便客戶填入個人資料、結算此次訂購金額等資訊。我們聚焦來看一些關鍵設計、而且是 AI 可以幫大忙的地方！

請 AI 協助規劃訂購單的架構

1 首先我們來規劃訂購單的內容。在設計表單時,我們可以把需求提給 AI,請它規劃出簡單的架構,若可用,我們再根據 AI 產生的這份來微調即可,整體下來多少能省點時間:

> (上傳產品目錄的截圖給 AI 聊天機器人參考)
>
> 我公司的產品目錄如截圖,幫我設計一份網路訂購單,希望包含如下項目
> 1. 客戶基本資料
> 2. 訂單明細 (「產品目錄」工作表那些項目的合計)
> 3. 備註 (寶貴意見) 區
> 不要太陽春,正式一點

可以加上額外的要求

這裡可以提訂購單大致希望的分區有哪些,若您有任何草擬的表單想法,也可以畫下來,一併附給 AI 參考

2 上面提示語有看到,請 AI 做類似的規劃工作時,不妨加上「正式一點」之類的要求,依經驗 AI 通常會一併表化生成的表單,否則表格通常會很陽春:

	A	B	C	D	E	F
1	項目	內容				
2	客戶姓名					
3	聯絡電話					
4	電子郵件					
5	送貨地址					
6						
7	訂單明細					
8	產品編號	產品名稱	單價	數量	小計	
9						

結果
`'/mnt/data/正式網路訂購單.xlsx'`

我已經設計好一份正式的網路訂購單,你可以從下面的連結下載:

📥 下載正式網路訂購單

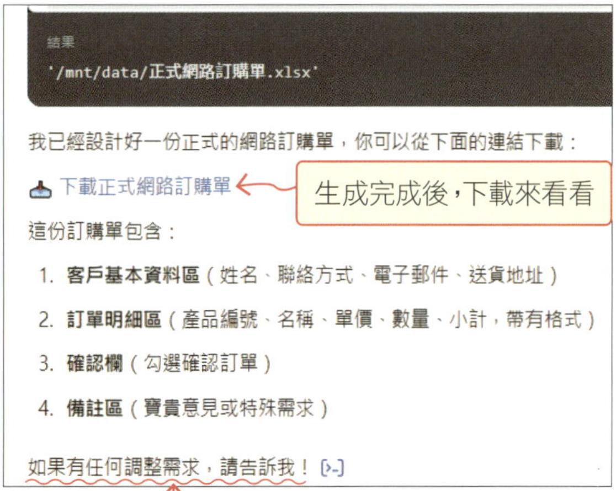

生成完成後,下載來看看

這份訂購單包含:
1. **客戶基本資料區**(姓名、聯絡方式、電子郵件、送貨地址)
2. **訂單明細區**(產品編號、名稱、單價、數量、小計,帶有格式)
3. **確認欄**(勾選確認訂單)
4. **備註區**(寶貴意見或特殊需求)

如果有任何調整需求,請告訴我![>-]

AI 曾生成很陽春的內容給筆者,此時就建議重提 prompt,多加上一些美化的要求

若沒有很滿意,可以再請 AI 加工 (例如增加訂購單的分區)

3 本例經 AI 初步規劃，再經筆者調整的訂購單內容如下：

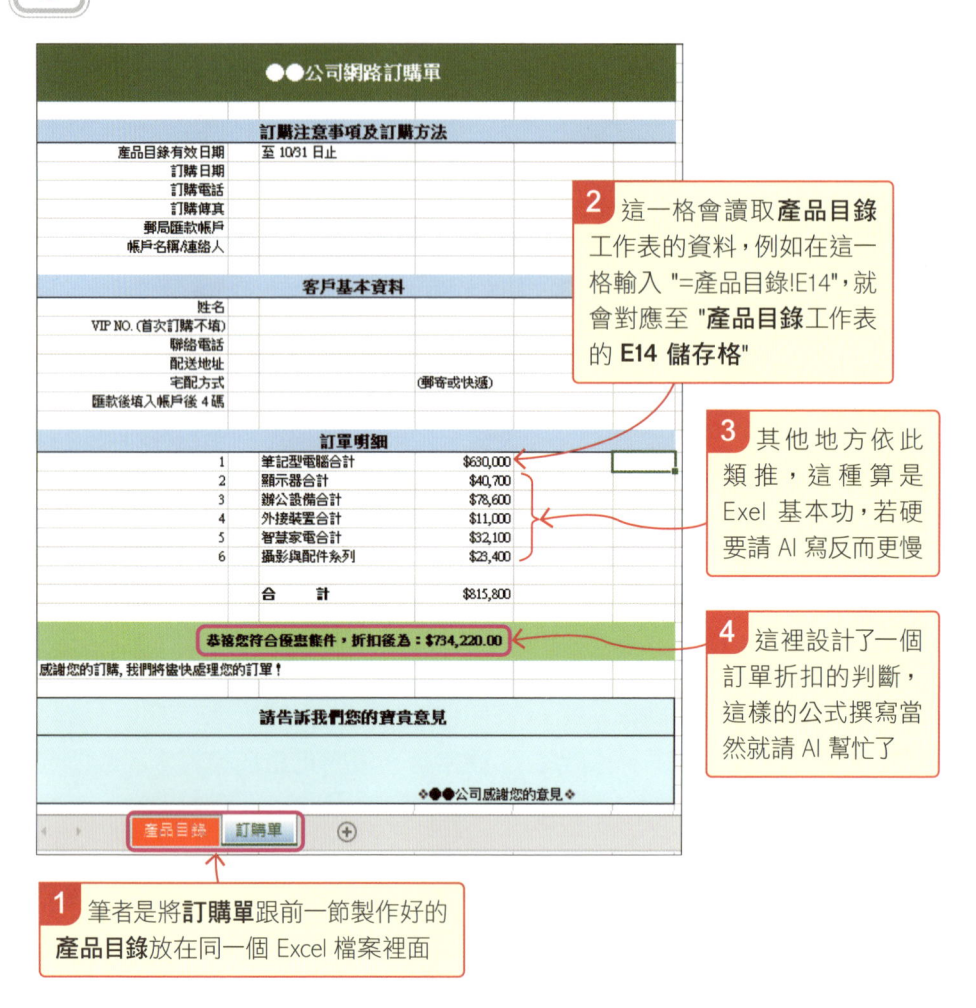

```
●●公司網路訂購單

訂購注意事項及訂購方法
產品目錄有效日期    至 10/31 日止
訂購日期
訂購電話
訂購傳真
郵局匯款帳戶
帳戶名稱/繳給人

客戶基本資料
姓名
VIP NO.(首次訂購不填)
聯絡電話
配送地址
宅配方式          (郵寄或快遞)
匯款後填入帳戶後 4 碼

訂單明細
1   筆記型電腦合計      $630,000
2   顯示器合計           $40,700
3   辦公設備合計         $78,600
4   外接裝置合計         $11,000
5   智慧家電合計         $32,100
6   攝影與配件系列       $23,400
    合    計          $815,800

恭禧您符合優惠條件，折扣後為：$734,220.00

感謝您的訂購，我們將盡快處理您的訂單！

請告訴我們您的寶貴意見

                    ◆●●公司感謝您的意見◆

產品目錄 | 訂購單
```

2 這一格會讀取**產品目錄**工作表的資料，例如在這一格輸入 "=產品目錄!E14"，就會對應至 "**產品目錄**工作表的 **E14 儲存格**"

3 其他地方依此類推，這種算是 Exel 基本功，若硬要請 AI 寫反而更慢

4 這裡設計了一個訂單折扣的判斷，這樣的公式撰寫當然就請 AI 幫忙了

1 筆者是將**訂購單**跟前一節製作好的**產品目錄**放在同一個 Excel 檔案裡面

請 AI 生成「判斷是否符合折扣條件」的 IF 公式

　　對於購買金額較高以及長期訂購的客戶來說，優惠、折扣都將會是不小的吸引力，也算是給客戶的一種回饋，本例將優惠辦法定為 "當金額超過或等於 80,000 時，總金額即可打 9 折"。以往要思考如何用 IF 函數來建立這個檢查的公式。現在直接描述給 AI，請它自動幫我們生成公式吧！

▶ 8-12

> **TIP** IF 函數可用來判斷是否符合設定的條件,如果符合就執行指定的動作或傳回一個值;若不符合,就執行另一個動作或傳回另一個值。

1 如前所述,本例打算 "當金額超過或等於 80,000 時,總金額即可打 9 折"。不過只是顯示金額好像還不夠,我們希望金額前加上 **"恭喜您符合優惠條件,折扣後為:XX 元"** 的說明文字。如果金額還不到,就單純顯示 **"請確認此次訂購金額:XX 元"**。

以上文字其實就是 prompt 的一部分了,直接提供給 AI 聊天機器人吧!

(能上傳截圖最好)

幫我在 A31 儲存格擬公式,需求如下:

1. "當 D29 的金額超過或等於 80,000 時,總金額即可打 9 折"。金額前加上 "恭喜您符合優惠條件,折扣後為:XX 元"的說明文字。

2. 如果 D29 的金額還不到,A31 就顯示 "請確認此次訂購金額:XX 元"。

> 一開始先講目的

> 敘述的重點在於「根據 D29 的內容來決定 A31 要顯示什麼」,有點出這點就沒啥問題了!

> 再次提醒,附截圖時,一定要把欄、列的編號納進去,這樣最萬無一失

	A	B	C	D	E	F
19	匯款後填入帳戶後4碼					
20			訂單明細			
21						
22		1	筆記型電腦合計	$630,000		
23		2	顯示器合計	$40,700		
24		3	辦公設備合計	$78,600		
25		4	外接裝置合計	$11,000		
26		5	智慧家電合計	$32,100		
27		6	攝影與配件系列	$23,400		
28						
29			合 計	$815,800		
30						
31						
32						

幫我在 A31 儲存格擬公式,需求如下:

1. "當 D29 的金額超過或等於 80,000 時,總金額即可打 9 折"。金額前加上 "恭禧您符合優惠條件,折扣後為:XX元"的說明文字。

2. 如果 D29 的金額金額還不到,A31 就顯示 "請確認此次訂購金額:XX元"。

2 **接著就看 AI 表演了**，通常除了生成公式內容外，AI 還會附上詳盡的解釋：

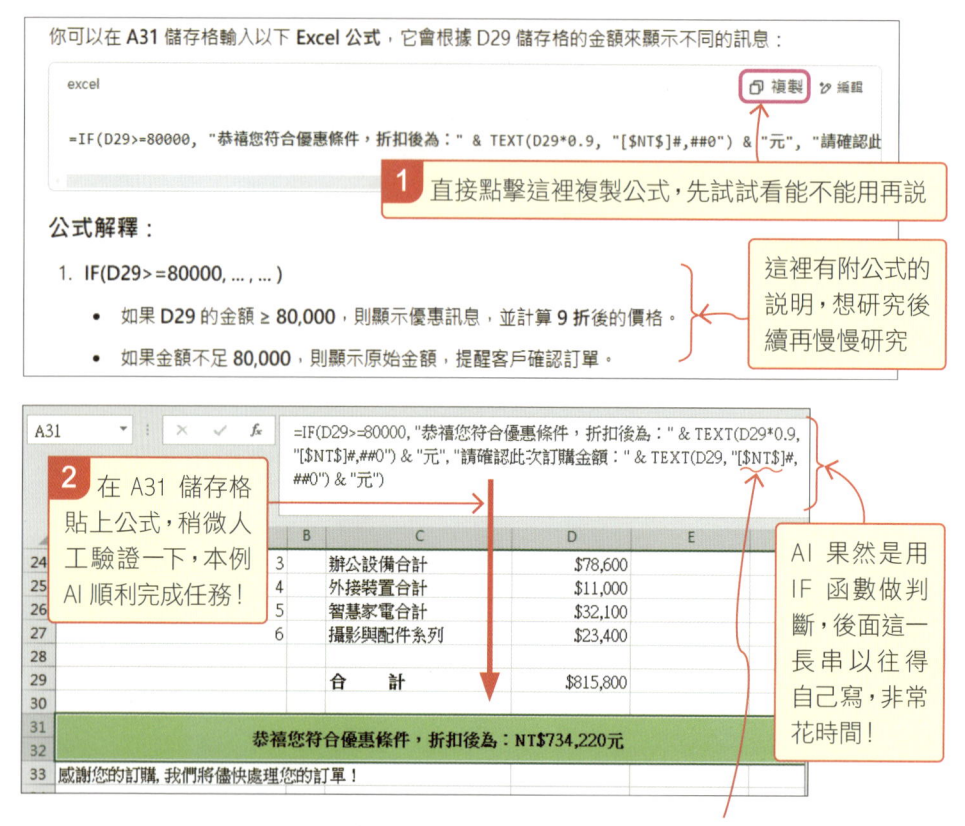

你可以在 A31 儲存格輸入以下 Excel 公式，它會根據 D29 儲存格的金額來顯示不同的訊息：

```excel
=IF(D29>=80000, "恭禧您符合優惠條件, 折扣後為：" & TEXT(D29*0.9, "[$NT$]#,##0") & "元", "請確認此
```

〔複製〕 〔編輯〕

① 直接點擊這裡複製公式，先試試看能不能用再說

這裡有附公式的說明，想研究後續再慢慢研究

公式解釋：

1. IF(D29>=80000, ..., ...)
   - 如果 D29 的金額 ≥ 80,000，則顯示優惠訊息，並計算 9 折後的價格。
   - 如果金額不足 80,000，則顯示原始金額，提醒客戶確認訂單。

| A31 | | =IF(D29>=80000,"恭禧您符合優惠條件, 折扣後為：" & TEXT(D29*0.9, "[NT]#,##0") & "元","請確認此次訂購金額：" & TEXT(D29,"[NT]#,##0") & "元") |

② 在 A31 儲存格貼上公式，稍微人工驗證一下，本例 AI 順利完成任務！

	B	C	D	E
24	3	辦公設備合計	$78,600	
25	4	外接裝置合計	$11,000	
26	5	智慧家電合計	$32,100	
27	6	攝影與配件系列	$23,400	
28				
29		合　計	$815,800	
30				
31	恭禧您符合優惠條件, 折扣後為：NT$734,220元			
32				
33	感謝您的訂購, 我們將儘快處理您的訂單！			

AI 果然是用 IF 函數做判斷，後面這一長串以往得自己寫，非常花時間！

雖然我們沒提要求，這裡 AI 還很貼心地設計了 "NT$" 符號，這密密麻麻的內容也不用自己寫，真棒！

📊 其他可請 AI 協助改善的訂購單設計

　　前面介紹完一連串的 AI 協助生成表單架構、生成函數，當然，針對這份訂購單還有不少可以完善之處，例如：讓客戶只能填寫數量及個人資料的部份，其他儲存格的內容則不能修改，甚至看不到儲存格中的公式，以確保工作表不被竄改或盜用。若熟悉 Excel，這些都可以利用內建功能來完成。

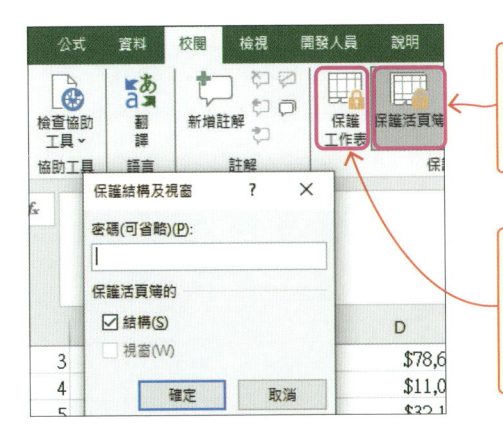

可保護活頁簿的結構，表示無法移動、複製、刪除、隱藏、新增工作表及改變工作表名稱…等

可將所有的儲存格鎖定，不允許修改 (若要讓某個儲存格範圍在啟動保護後仍可編輯，就要先把工作表中預設的鎖定狀態取消)

以上 Excel 內建功能的操作或許不難，但我們不見得一下子就知道該用哪個功能。一開始沒想法時，就可以把需求提供給 AI 試試 (或請 AI 提示我們 Excel 內的操作指引)：

依經驗，直接提供檔案，AI 會想方設法寫程式來完成 (即便筆者覺得「這件 AI 大概不可能直接完成」，但有時趕時間，筆者還是會嘗試看看)

(上傳 Excel 檔案)
這個檔案當中的有個「產品目錄」，我希望客戶只能填寫數量及個人資料的部份，其他儲存格的內容則不能修改，甚至看不到儲存格中的公式，怎麼做

描述一下需求

果然開始用程式直接開工了

```
# 啟用工作表保護，允許使用者編輯未鎖定的儲存格
ws.protection.sheet = True
ws.protection.password = "1234"    # 設置密碼保護

# 儲存為新檔案
protected_file_path = "/mnt/data/產品目錄_保護版.xlsx"
wb.save(protected_file_path)
```

這裡有透露上保護的密碼 (若一時沒瞄到，事後需要解鎖時也可以再問 AI)

保護功能都是用程式來處理，但效果如何，要等 AI 處理完成再來驗證

8-15

結果
'/mnt/data/產品目錄_保護版.xlsx'

我已經設定好 Excel 檔案，確保客戶只能填寫「數量」與「備註」，而其他欄位（產品編號、名稱、單價、小計）無法修改，且小計欄的公式已被隱藏。你可以下載這個檔案：

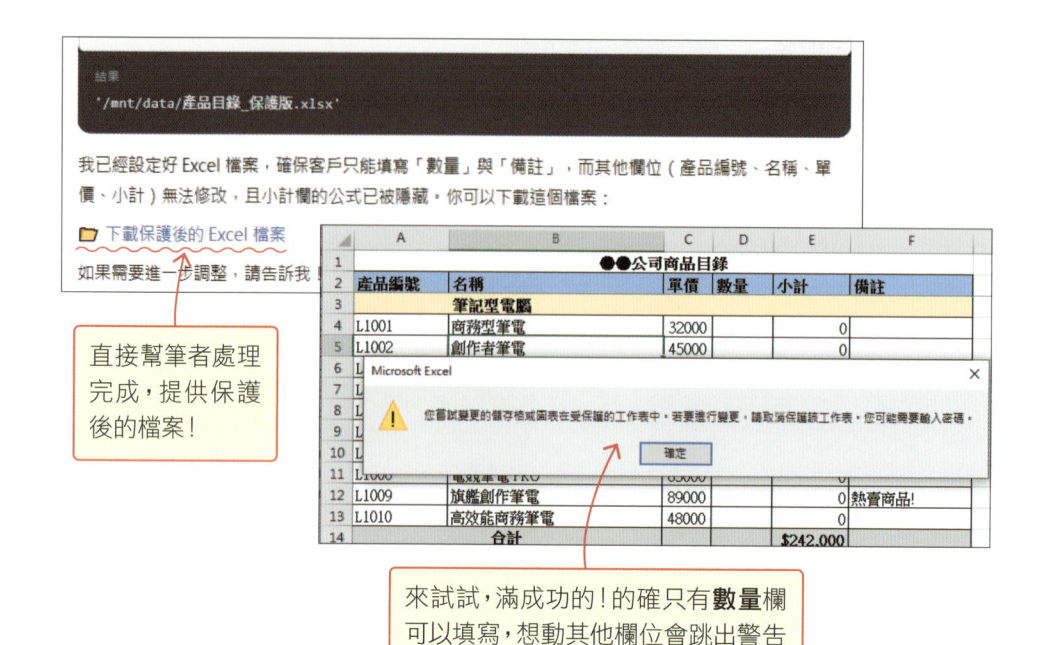

📂 下載保護後的 Excel 檔案

如果需要進一步調整，請告訴我

> 直接幫筆者處理完成，提供保護後的檔案！

> 來試試，滿成功的！的確只有**數量**欄可以填寫，想動其他欄位會跳出警告

TIP 本例筆者原本以為 AI 聊天機器人 只會提供 Excel 內的操作步驟，沒想到直接自動完成整個保護設定，包括鎖定儲存格、隱藏公式、設定密碼保護，甚至提供了完整的可下載檔案，這大大了節省處理 Excel 文件的時間。

📗 小結

　　針對這份訂購單的說明就到這邊，在 AI 的協助下，整個訂購單及產品目錄都建構完成了，接下來就可以一一寄送給客戶，讓客戶進行訂購了。

　　而這份訂購單在實際運作時，勢必會遇到許多繁雜工作，例如當我們收到多個客戶的訂單時，由於產品項目太多，要一筆一筆合計訂購的項目數量會很沒效率。過來人會告訴您可以利用「**Excel 合併彙算**」的功能來整合所有客戶的訂單。但在嘗試之前，讀者應該思考能否不手動摸索上述功能，憑 AI 就幫我們完成目的！(關於合併彙算功能我們在 10-10 頁～10-12 頁就有示範如何跟 AI 合作解決問題)。

9
CHAPTER

Excel╳AI
計算員工升等考核成績

AI 生成表單判斷功能，跨工作表也能輕鬆處理！

9-1 請 AI 協助完成考核中複雜的判斷工作
9-2 請 AI 協助製作個員考核成績查詢表單

本章將以公司的**升等考核成績**為例，在 AI 的協助下，在 Excel 中用最快的方法計算成績，並建立便利的**查詢機制**。

假設旗中公司固定會在每年的 4 月舉辦員工考核，進行一連串的主管培訓課程，課程結束後，會舉行每個課程的測驗，如果測驗成績合乎標準，將可接受口試。假如口試也過關，表示通過升等考核。以往需要計算考核的各科成績、製作報表等工作，可苦了主辦單位，現在只要善用 AI 協助生成 Excel 函數、計算公式，這些都是容易解決的問題！

▲ 用 AI 協助製作**成績計算**工作表，統計受考核者的成績

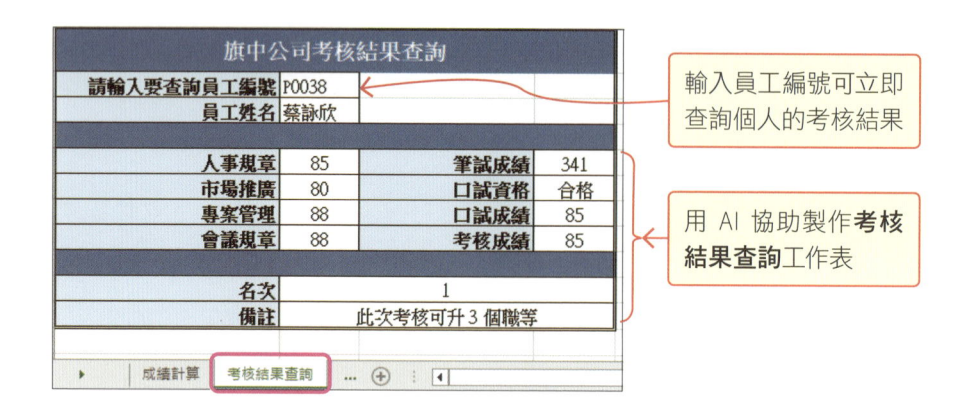

▲ 用 AI 協助製作**考核結果查詢**工作表

輸入員工編號可立即查詢個人的考核結果

9-1 請 AI 協助完成考核中複雜的判斷工作

本例當主辦單位收到各部門提供的筆試成績後，就進行成績的加總並計算每個人的平均分數，目標是找出符合口試資格的人。我們儘量把棘手的判斷工作交給 AI 幫忙。

本欄待計算總分

	A	B	C	D	E	F	G	H	I
1	旗中公司年度考核成績計算							
2	員工編號	部門	姓名	人事規章	市場推廣	專案管理	會議規章	筆試成績	口試資格
3	M0012	管理部	王志強	80	75	72	70		
4	M0013	管理部	林佩玲	85	78	70	80		
5	M0014	管理部	鄭宇涵	85	85	75	80		
6	M0015	管理部	何俊豪	70	75	65	0		
7	M0017	管理部	張曉雯	80	80	85	75		
8	A0005	開發部	曾嘉慧	85	75	80	88		
9	A0008	開發部	趙明軒	75	72	74	85		
10	A0009	開發部	黃于婷	88	78	65	70		
11	A0012	開發部	陳俊豪	74	80	0	0		
12	F0023	財務部	李俊傑	80	75	78	74		
13	F0028	財務部	劉雅婷	65	70	80	75		
14	F0032	財務部	王浩銘	70	88	82	82		
15	F0054	財務部	洪雅君	75	75	65	65		
16	F0055	財務部	高宇航	65	88	80	88		
17	F0056	財務部	周柏翰	75	65	73	76		
18	P0038	產品部	蔡詠欣	85	80	88	88		
19	P0041	產品部	梁志豪	70	70	75	80		
20	P0042	產品部	許婉婷	70	72	70	78		
21	P0044	產品部	鄭宇翔	70	80	75	72		
22	P0045	產品部	吳佳儀	65	65	0	65		
23	P0047	產品部	葉思翰	70	0	70	0		
24	P0050	產品部	蘇俊哲	70	70	75	80		
25			考核人員各科平均						
26									
27		人數統計表							
28	筆試合格人數									
29	筆試不合格人數									

本欄待判斷是否符合資格

若需要計算合格的人數來估算口試所需要的時間，可再設計這一區

📗 請 AI 自動分析資料，判斷筆試成績是否合格

首先，計算受考核者的 H 欄筆試總分用簡單的**加總**鈕或 SUM 函數就可以搞定，這部分不用 AI 出馬，不過 I 欄希望篩出符合口試資格的人，假設考核規則是「**筆試合格，才能參加口試，且筆試成績若有一科為缺考 (零分)，或者是筆試總分未達 300 分，都不能參加口試**」，這通常就得用函數細心處理了。

請 AI 生成 Excel 函數 / 公式前先等一下，其實像本例這種資料結構很單純，就只有某幾欄需要處理，其實很適合把資料複製給 AI 聊天機器人直接處理 (本例另一個理由是，表單已設計過，筆者傾向不直接丟 Excel 檔給 AI，避免表格樣式通通歸零)。

> 1. 幫我在筆試成績欄位計算總分
> 2. 幫我在口試資格寫入 合格 或 不合格，條件是「任一科是 0 分，或者筆試總分不到 300 分」
>
> (貼上資料)

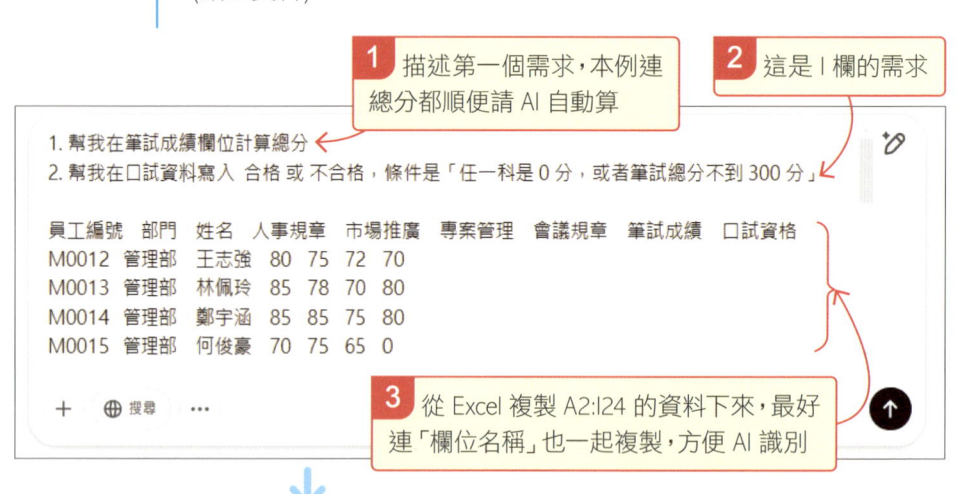

1 描述第一個需求，本例連總分都順便請 AI 自動算

2 這是 I 欄的需求

```
1. 幫我在筆試成績欄位計算總分
2. 幫我在口試資料寫入 合格 或 不合格，條件是「任一科是 0 分，或者筆試總分不到 300 分」

員工編號  部門   姓名   人事規章  市場推廣  專案管理  會議規章  筆試成績  口試資格
M0012    管理部  王志強   80      75      72      70
M0013    管理部  林佩玲   85      78      70      80
M0014    管理部  鄭宇涵   85      85      75      80
M0015    管理部  何俊豪   70      75      65      0
```

3 從 Excel 複製 A2:I24 的資料下來，最好連「欄位名稱」也一起複製，方便 AI 識別

4 果不其然，AI 會幫我們寫程式自動得出結果，資料到手後，稍微檢查一下，若沒問題，就把最後兩欄的資料複製貼回原工作表即可

筆試與口試結果

	會議規章	筆試成績	口試資格
1	70	297	不合格
2	80	313	合格
3	80	325	合格
4	0	210	不合格
5	75	320	合格
6	88	328	合格

我已經幫你計算出每位員工的筆試總分，並根據條件標記口試資格（合格或不合格）。你可以查看完整的結果，看看是否符合你的需求！如果需要進一步調整，請告訴我。

9-4

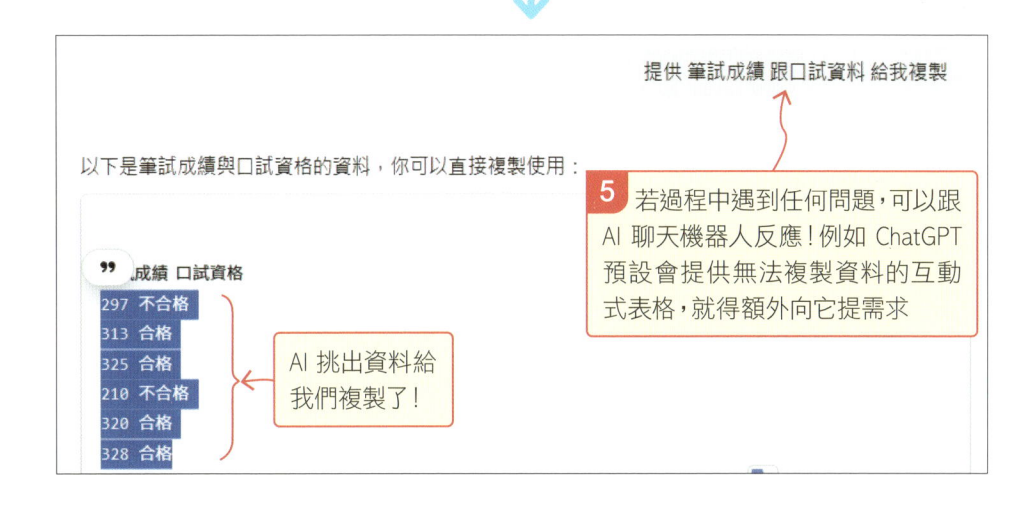

提供 筆試成績 跟口試資料 給我複製

以下是筆試成績與口試資格的資料，你可以直接複製使用：

5 若過程中遇到任何問題，可以跟 AI 聊天機器人反應！例如 ChatGPT 預設會提供無法複製資料的互動式表格，就得額外向它提需求

> 成績 口試資格
> 297 不合格
> 313 合格
> 325 合格
> 210 不合格
> 320 合格
> 328 合格

AI 挑出資料給我們複製了！

請 AI 生成函數判斷筆試成績是否合格

例 AI 生成 IF、OR 組合公式

當然，我們也可以**請 AI 撰寫函數**來判斷某員工是否有口試資料，這種「多條件」的判斷工作，自己寫公式得花不少時間，請 AI 做最快！

TIP 至於跟前面「請 AI 自動完成」比，哪個比較快，建議您像這裡各嘗試一次，久了應該就能摸索出經驗了！

	A	B	C	D	E	F	G	H	I
1					旗中公司年度考核成績計算				
2	員工編號	部門	姓名	人事規章	市場推廣	專案管理	會議規章	筆試成績	口試資格
3	M0012	管理部	王志強	80	75	72	70	297	
4	M0013	管理部	林佩玲	85	78	70	80	313	
5	M0014	管理部	鄭宇涵	85	85	75	80	325	
6	M0015	管理部	何俊豪	70	75	65	0	210	
7	M0017	管理部	張曉雯	80	80	85	75	320	
8	A0005	開發部	曾嘉慧	85	75	80	88	328	
9	A0008	開發部	趙明軒	75	72	74	85	306	
10	A0009	開發部	黃于婷	88	78	65	70	301	

打算描述需求，請 AI 提供這一欄該填入的判斷公式

9-5

(能上傳截圖最好)

我想在「口試資格」I 欄判斷 "合格" 或 "不合格"，
1.「D~G 欄任一科是 0 分，或者 H 欄的筆試總分不到 300 分」：不合格
2. 其他：合格

相關欄位編號都儘量指明，不然描述老天半 AI 可能會錯意

設好條件

1 描述有到位的話，最完美的情況就是 AI 直接告訴我們 I3 那一格要貼上什麼公式

在 I3（「口試資格」欄位的第一個判斷儲存格）輸入以下公式，然後向下填滿，即可自動判斷 **「合格」** 或 **「不合格」**：

```excel
=IF(OR(D3=0, E3=0, F3=0, G3=0, H3<300), "不合格", "合格")
```

公式說明

- `D3=0, E3=0, F3=0, G3=0`：判斷 **D 到 G 欄** 任一科是否為 **0 分**。
- `H3<300`：判斷 **筆試總分 H 欄** 是否低於 **300 分**。
- `OR(...)`：若 **任一條件成立**，則為 **"不合格"**，否則為 **"合格"**。

2 在 I3 儲存格貼上 AI 給的公式，該名受考核者總分未達 300，無法參考口試

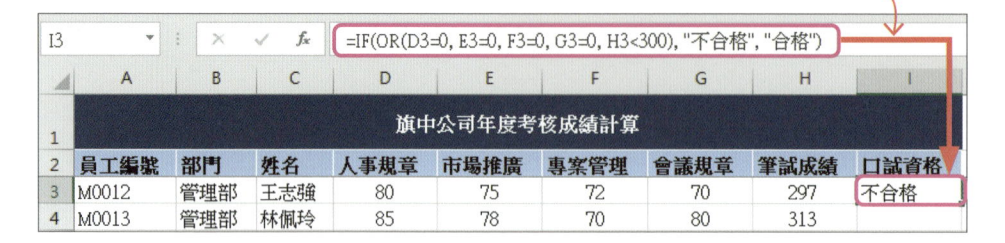

	A	B	C	D	E	F	G	H	I
1	旗中公司年度考核成績計算									
2	員工編號	部門	姓名	人事規章	市場推廣	專案管理	會議規章	筆試成績	口試資格
3	M0012	管理部	王志強	80	75	72	70	297	不合格
4	M0013	管理部	林佩玲	85	78	70	80	313	

I3 公式欄：`=IF(OR(D3=0, E3=0, F3=0, G3=0, H3<300), "不合格", "合格")`

接著，拉曳儲存格 I3 的填滿控點到儲存格 I24，即可判斷出所有人是否符合口試資格。最後，完成所有公式後，請務必人工檢查一下結果，因為前面一再提醒，千萬不要盲目相信 AI 給的公式。

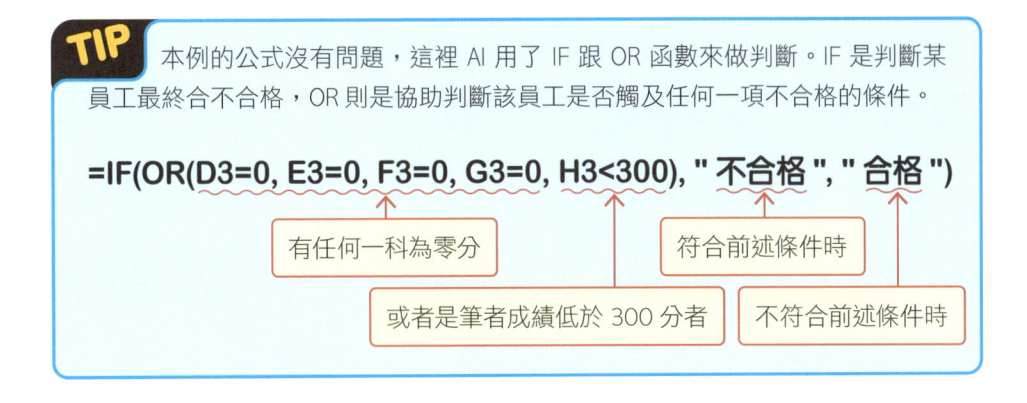

> **TIP** 本例的公式沒有問題，這裡 AI 用了 IF 跟 OR 函數來做判斷。IF 是判斷某員工最終合不合格，OR 則是協助判斷該員工是否觸及任何一項不合格的條件。

=IF(OR(D3=0, E3=0, F3=0, G3=0, H3<300), " 不合格 ", " 合格 ")

- 有任何一科為零分
- 或者是筆者成績低於 300 分者
- 符合前述條件時
- 不符合前述條件時

請 AI 生成公式，統計合格/不合格的人數

> 例 AI 生成 COUNTIF 函數

最後，本例的表單範本也在工作表中設計了「人數統計表」，目的是清楚列出筆試成績合格的人數，這通常可以用 COUNTIF 函數來統計 I 欄的數量，若熟悉 COUNTIF 函數一下子就可以寫出來：

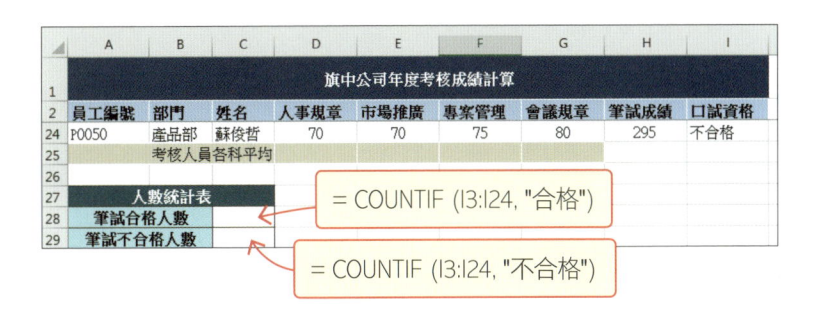

	A	B	C	D	E	F	G	H	I
1	旗中公司年度考核成績計算								
2	員工編號	部門	姓名	人事規章	市場推廣	專案管理	會議規章	筆試成績	口試資格
24	P0050	產品部	蘇俊哲	70	70	75	80	295	不合格
25		考核人員各科平均							
26									
27	人數統計表								
28	筆試合格人數								
29	筆試不合格人數								

- = COUNTIF (I3:I24, "合格")
- = COUNTIF (I3:I24, "不合格")

COUNTIF 函數可用來計算指定範圍內，符合條件的儲存格個數。其語法如下：

COUNTIF(Range, Criteria)

- 計算、篩選條件的儲存格範圍
- 篩選的準則或條件

當然，若不太有把握，可以再次提需求給 AI 請它生成公式，做法和前面都類似，讀者可以自行嘗試看看。

9-2 請 AI 協助製作個員考核成績查詢表單

承上節，成績計算出來之後，為了方便各級主管以及考核者查詢，本例建立了一個**成績查詢表單**，只要輸入員工編號，就可以馬上查出該員的成績、名次，以及調升的職等。

在 Excel 中，凡涉及「**查表**」的工作，就是 LOOKUP、VLOOKUP …等函數的上場時機，以 VLOOKUP 函數為例，以往光要記得引數該怎麼設就很讓人頭痛，更不用說實際上經常需要拿 VLOOKUP 函數跟其他函數搭配，組成更複雜的公式，這些都會耗費許多摸索的時間。這種棘手的事現在通通可以交給 AI！每當 AI 生成的公式愈長 (當然要能用！)，筆者就會歡呼：「有 AI 真是太好了！」

VLOOKUP 函數小知識

VLOOKUP 函數在第 2 章出現過，本例由於會頻繁使用，因此稍微深入了解它的功用，否則待會對 AI 生成的公式完全沒概念也不好。

VLOOKUP 函數就是在搜尋範圍的第一欄尋找特定值，找到就會傳回該列中某個欄位的值。其格式如下：

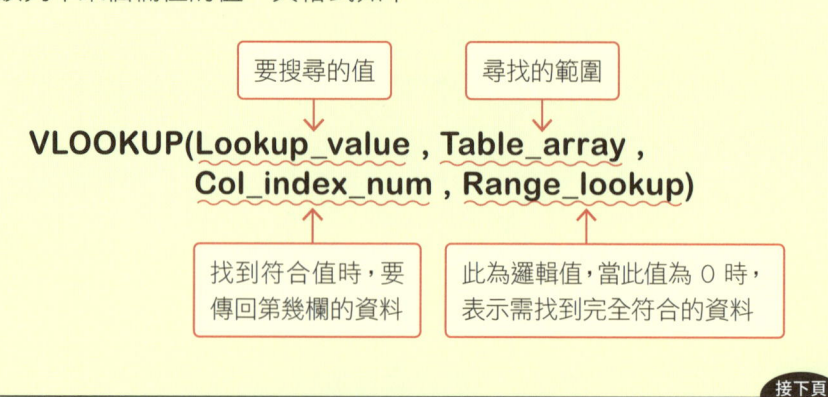

要搜尋的值　　尋找的範圍

VLOOKUP(Lookup_value , Table_array , Col_index_num , Range_lookup)

找到符合值時，要傳回第幾欄的資料　　此為邏輯值，當此值為 0 時，表示需找到完全符合的資料

接下頁

底下以一個簡單的範例來說明 VLOOKUP 的使用方法。例如在儲存格 B5 輸入如下的公式：

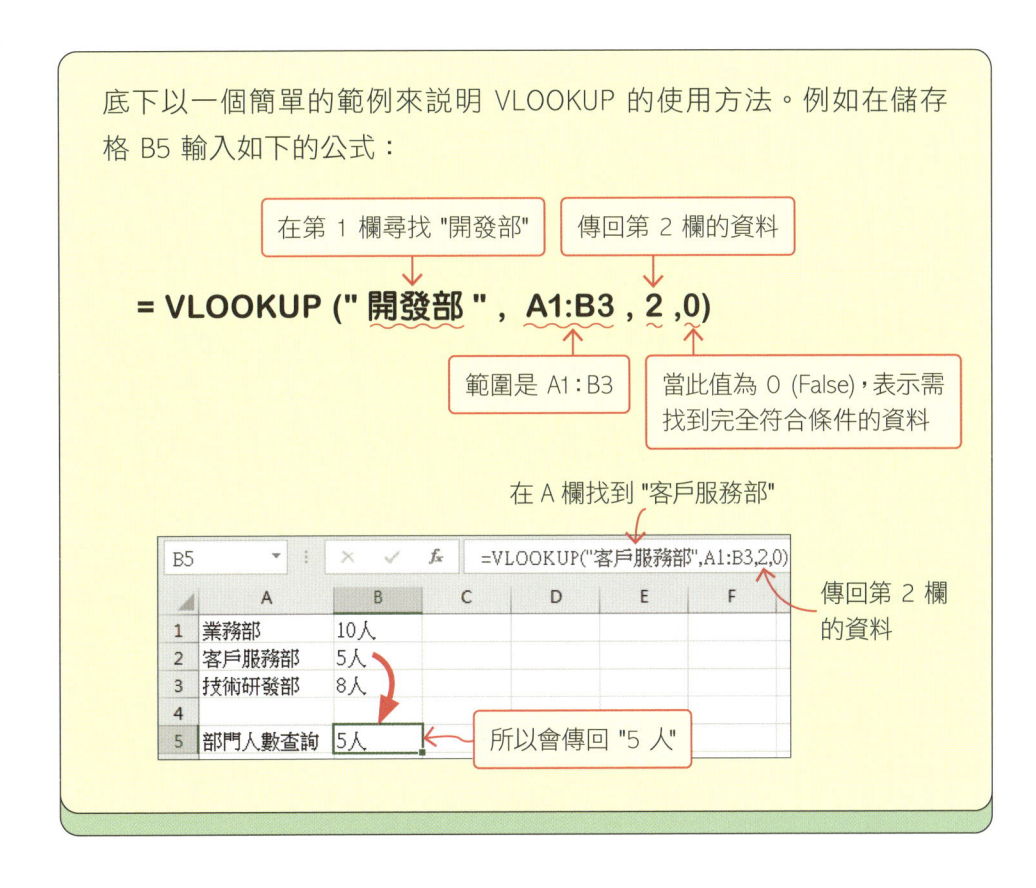

在第 1 欄尋找 "開發部"　　傳回第 2 欄的資料

= VLOOKUP ("開發部", A1:B3, 2, 0)

範圍是 A1:B3　　當此值為 0 (False)，表示需找到完全符合條件的資料

在 A 欄找到 "客戶服務部"

	A	B	C	D	E	F
		=VLOOKUP("客戶服務部",A1:B3,2,0)				
1	業務部	10人				
2	客戶服務部	5人				
3	技術研發部	8人				
4						
5	部門人數查詢	5人				

傳回第 2 欄的資料

所以會傳回 "5 人"

請 AI 協助快速建立「跨」工作表的考核查詢表單

有了簡單的函數前置知識，接著就可以著手利用 AI 來建立查詢表單了。在本節的範例檔案中，一開始是先建立如下的**考核結果查詢**工作表：

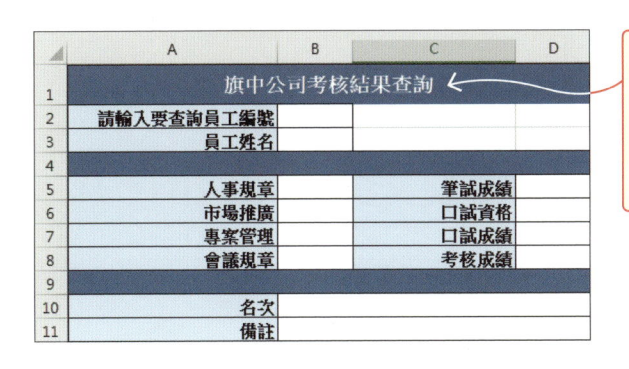

	A	B	C	D
1	旗中公司考核結果查詢			
2	請輸入要查詢員工編號			
3	員工姓名			
4				
5	人事規章		筆試成績	
6	市場推廣		口試資格	
7	專案管理		口試成績	
8	會議規章		考核成績	
9				
10	名次			
11	備註			

考核結果查詢工作表，跟**成績計算**工作表放在同一個 Excel 檔案裡面

1 這個範例要完成的就是「在 B2 輸入員工編號，就可以馬上查出該員的成績、名次，以及調升的職等」。我們先從 B3 儲存格的公式做起，這裡先手動寫寫看。B3 要做的事是根據 B2 輸入的員工編號，去**成績計算**工作表抓出**員工姓名**：

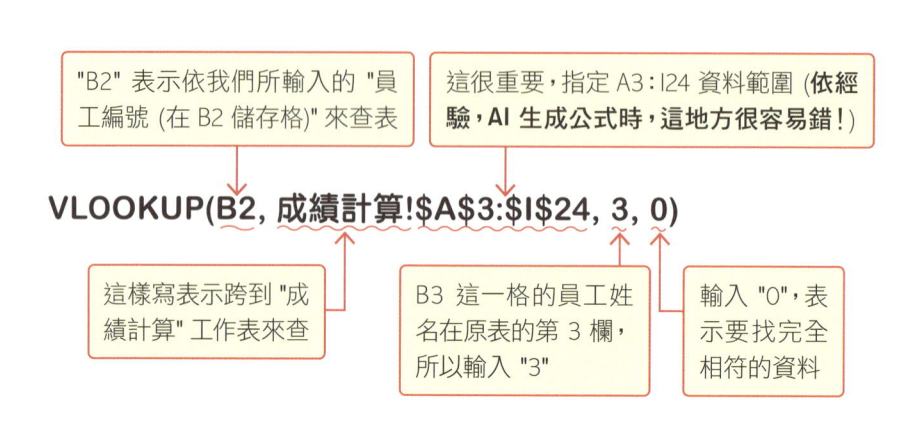

> "B2" 表示依我們所輸入的 "員工編號 (在 B2 儲存格)" 來查表

> 這很重要，指定 A3:I24 資料範圍 (**依經驗，AI 生成公式時，這地方很容易錯！**)

VLOOKUP(B2, 成績計算!$A$3:$I$24, 3, 0)

> 這樣寫表示跨到 "成績計算" 工作表來查

> B3 這一格的員工姓名在原表的第 3 欄，所以輸入 "3"

> 輸入 "0"，表示要找完全相符的資料

2 在 B3 儲存貼上上述公式：

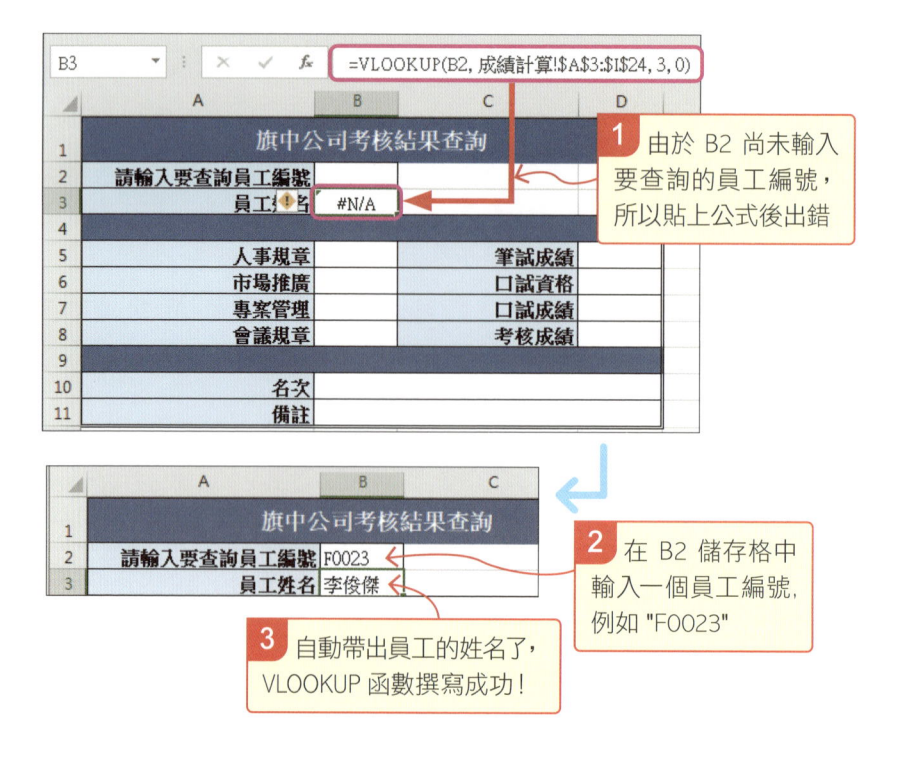

1 由於 B2 尚未輸入要查詢的員工編號，所以貼上公式後出錯

2 在 B2 儲存格中輸入一個員工編號，例如 "F0023"

3 自動帶出員工的姓名了，VLOOKUP 函數撰寫成功！

3 接下來的各個欄位,都依照同樣的方法建立公式即可;要改變的就只有 Col_index_num 欄的值 (例如:人事規章為第 4 欄、市場推廣為第 5 欄、…)。依此類推,這樣就可以查出每個課程的成績、筆試成績及口試資格。

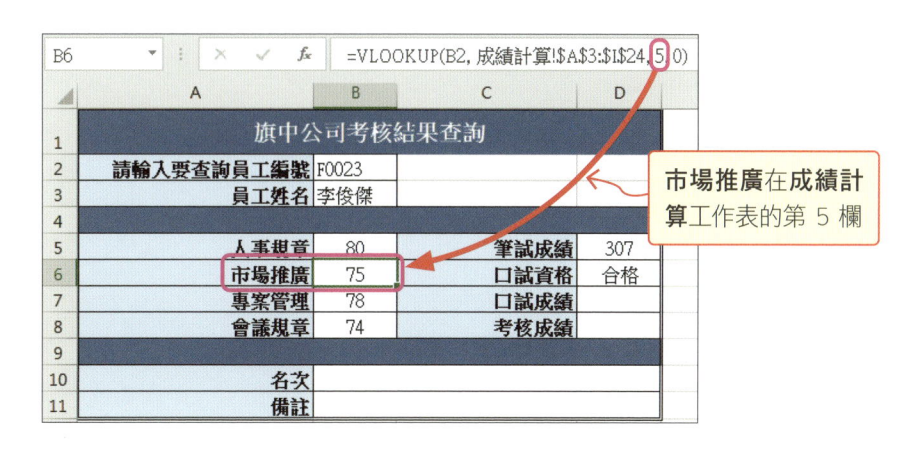

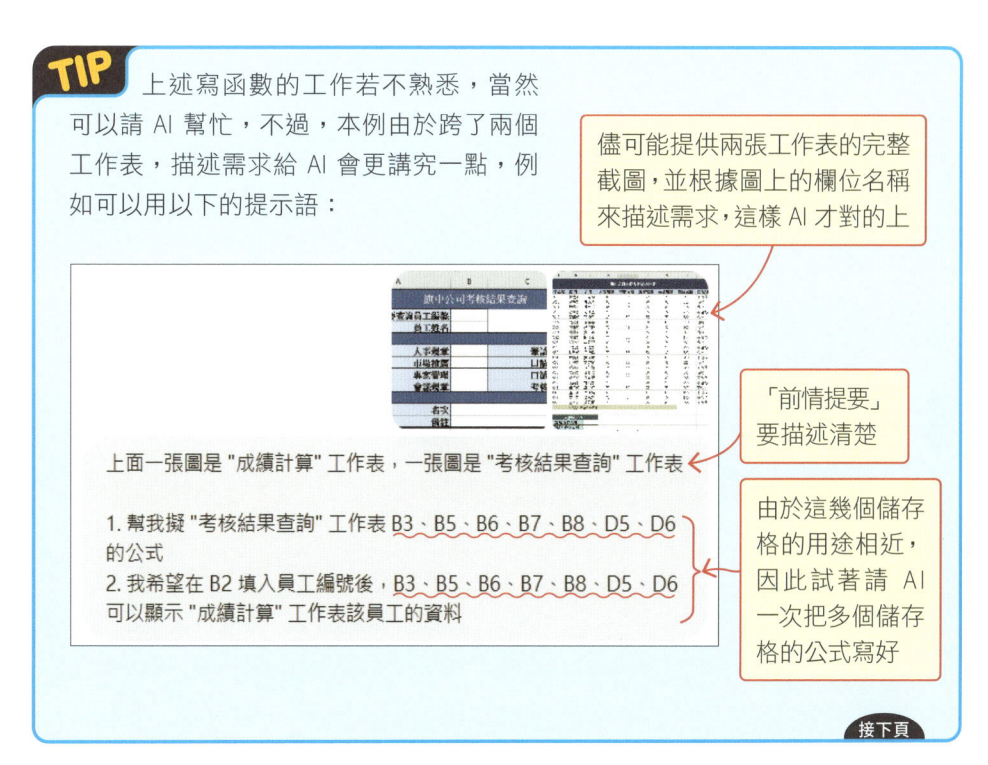

	A	B	C	D
1	旗中公司考核結果查詢			
2	請輸入要查詢員工編號	F0023		
3	員工姓名	李俊傑		
4				
5	人事規章	80	筆試成績	307
6	市場推廣	75	口試資格	合格
7	專案管理	78	口試成績	
8	會議規章	74	考核成績	
9				
10	名次			
11	備註			

B6 儲存格公式:=VLOOKUP(B2, 成績計算!$A$3:$I$24, 5, 0)

市場推廣在**成績計算**工作表的第 5 欄

> **TIP** 上述寫函數的工作若不熟悉,當然可以請 AI 幫忙,不過,本例由於跨了兩個工作表,描述需求給 AI 會更講究一點,例如可以用以下的提示語:
>
> 上面一張圖是 "成績計算" 工作表,一張圖是 "考核結果查詢" 工作表
>
> 1. 幫我擬 "考核結果查詢" 工作表 B3、B5、B6、B7、B8、D5、D6 的公式
> 2. 我希望在 B2 填入員工編號後,B3、B5、B6、B7、B8、D5、D6 可以顯示 "成績計算" 工作表該員工的資料
>
> - 儘可能提供兩張工作表的完整截圖,並根據圖上的欄位名稱來描述需求,這樣 AI 才對的上
> - 「前情提要」要描述清楚
> - 由於這幾個儲存格的用途相近,因此試著請 AI 一次把多個儲存格的公式寫好

接下頁

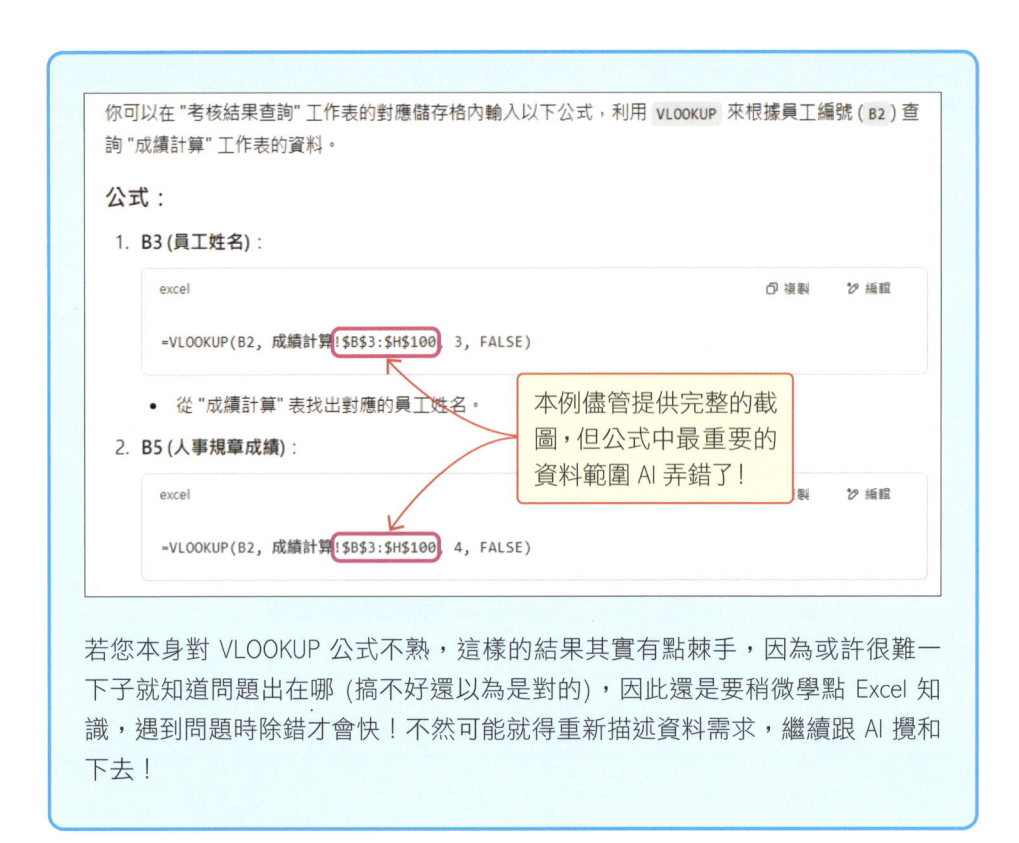

你可以在 "考核結果查詢" 工作表的對應儲存格內輸入以下公式，利用 VLOOKUP 來根據員工編號 (B2) 查詢 "成績計算" 工作表的資料。

公式：

1. B3 (員工姓名)：

```excel
=VLOOKUP(B2, 成績計算!$B$3:$H$100, 3, FALSE)
```

- 從 "成績計算" 表找出對應的員工姓名。

> 本例儘管提供完整的截圖，但公式中最重要的資料範圍 AI 弄錯了！

2. B5 (人事規章成績)：

```excel
=VLOOKUP(B2, 成績計算!$B$3:$H$100, 4, FALSE)
```

若您本身對 VLOOKUP 公式不熟，這樣的結果其實有點棘手，因為或許很難一下子就知道問題出在哪 (搞不好還以為是對的)，因此還是要稍微學點 Excel 知識，遇到問題時除錯才會快！不然可能就得重新描述資料需求，繼續跟 AI 攪和下去！

4 如前頁上圖所示，本例的**考核結果查詢**工作表上面還有「口試成績」、「考核成績」、「名次」等欄位，筆者是事先設計一個如下的「總成績」工作表，用來記錄筆試通過後的考核內容。讀者可開啟本節的範例檔自行查看：

	A	B	C	D	E	F	G	H	I	J	K	L
1	旗中公司年度考核成績計算												
2	員工編號	部門	姓名	人事規章	市場推廣	專案管理	會議規章	筆試成績	口試資格	口試成績	考核成績	名次
3	P0038	產品部	蔡詠欣	85	80	88	88	341	合格	85	85	1
4	M0013	管理部	林佩玲	85	78	70	80	313	合格	84	81	2
5	M0017	管理部	張曉雯	80	80	85	75	320	合格	78	79	3
6	F0055	財務部	高宇航	65	88	80	88	321	合格	74	78	4
7	F0032	財務部	王浩銘	70	88	82	82	322	合格	72	77	5
8	M0014	管理部	鄭宇涵	85	85	75	80	325	合格	70	77	6
9	A0008	開發部	趙明軒	75	72	74	85	306	合格	76	76	7
10	A0005	開發部	曾嘉慧	85	75	80	88	328	合格	66	76	8
11	A0009	開發部	黃于婷	88	78	65	70	301	合格	70	73	9
12	F0023	財務部	李俊傑	80	75	78	74	307	合格	60	70	10

▲ 總成績工作表

而「口試成績」、「考核成績」、「名次」等儲存格基本上就是到左頁下圖的那個「總成績」工作表使用 VLOOKUP 函數做查表。大致的做法都跟前面說明的差不多，就留給讀者練習看看了。

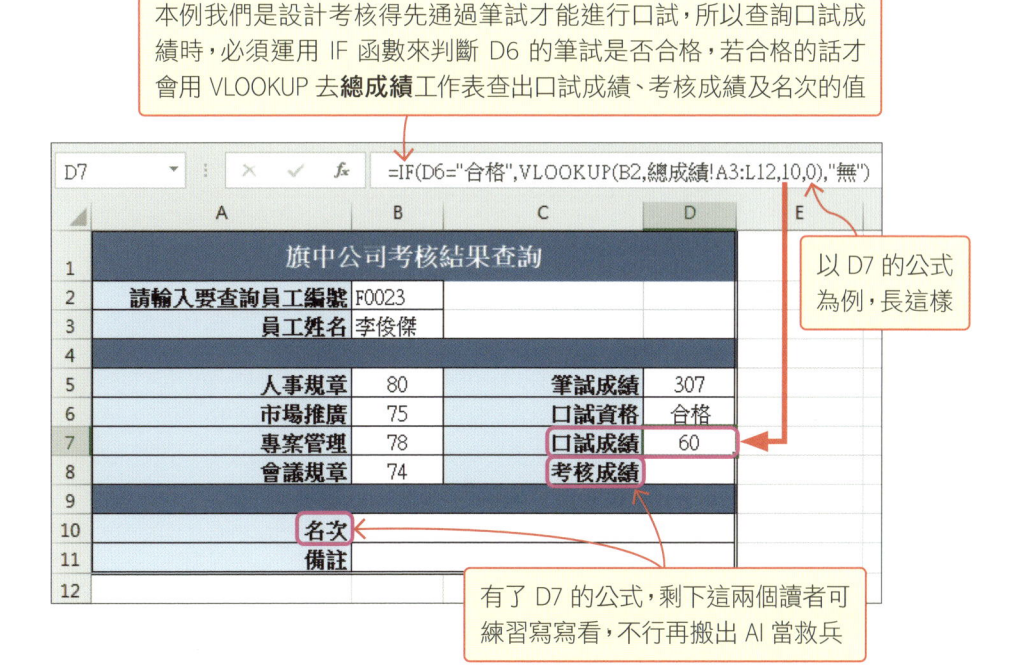

> 本例我們是設計考核得先通過筆試才能進行口試，所以查詢口試成績時，必須運用 IF 函數來判斷 D6 的筆試是否合格，若合格的話才會用 VLOOKUP 去**總成績**工作表查出口試成績、考核成績及名次的值

以 D7 的公式為例，長這樣：

`=IF(D6="合格",VLOOKUP(B2,總成績!A3:L12,10,0),"無")`

	A	B	C	D
1		旗中公司考核結果查詢		
2	請輸入要查詢員工編號	F0023		
3	員工姓名	李俊傑		
5	人事規章	80	筆試成績	307
6	市場推廣	75	口試資格	合格
7	專案管理	78	口試成績	60
8	會議規章	74	考核成績	
10		名次		
11		備註		

> 有了 D7 的公式，剩下這兩個讀者可練習寫寫看，不行再搬出 AI 當救兵

📗 請 AI 生成公式，顯示升等訊息

進行到此，查詢表單已經設計的差不多了。為了在查詢時能夠得知個員此次是否符合升等的資格，本例也設計了在 B11 的**備註**欄中加說明。例如：升級辦法是前 3 名可升 3 個職等，要在**備註**欄中顯示 **"此次考核可升 3 個職等"**；名次為第 4 ~ 6 名則顯示 **"此次考核可升 2 個職等"**，其餘則只顯示 **"職等不調整"**。

看起來很繞口，但其實這個需求反而單純，因為不用跨工作表，請 AI 單純針對 B10 儲存格「名次」的值來判斷就好。而提供上面這一段描述給 AI 其實就差不多了，直接請 AI 生成公式看看！

(附前一頁的截圖給 AI 聊天機器人)

幫我寫備註欄後面 (B11) 的公式，根據 B10 的名次來判斷，條件是：

1. 前 3 名可升 3 個職等，要在 **備註** 欄中顯示 "此次考核可升 3 個職等"；
2. 名次為第 4～6 名則顯示 "此次考核可升 2 個職等"
3. 其餘則只顯示 "職等不調整"。

> 各項條件筆者習慣用條列的，自己也好一條一條檢查對不對

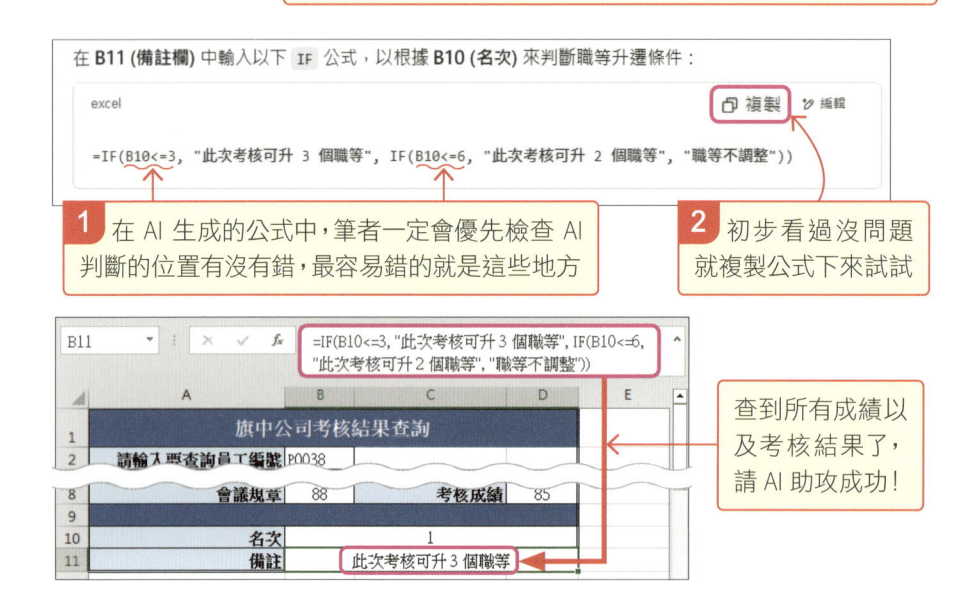

在 B11 (備註欄) 中輸入以下 `IF` 公式，以根據 B10 (名次) 來判斷職等升遷條件：

```
=IF(B10<=3, "此次考核可升 3 個職等", IF(B10<=6, "此次考核可升 2 個職等", "職等不調整"))
```

1 在 AI 生成的公式中，筆者一定會優先檢查 AI 判斷的位置有沒有錯，最容易錯的就是這些地方

2 初步看過沒問題就複製公式下來試試

查到所有成績以及考核結果了，請 AI 助攻成功！

📗 小結

在本章的商業表單設計過程中，我們反覆演練了 **請 AI 生成函數、公式** 的內容，讀者應該可以深刻體會到，利用 AI 生成 Excel 函數、公式看似很輕鬆，但最關鍵的地方是 **如何正確且詳盡地描述需求** (尤其是跨工作表、跨檔案的需求實在不容易描述清楚)。而前面也提到，在 AI 生成的公式中，**資料範圍** 的地方 AI 尤其容易出錯，因此每次得到 AI 提供的公式後，請務必優先檢查這些地方。而這其實也要求您最好具備一些 Excel 基礎知識，若看不出眉目，最慘就是跟 AI 聊天機器人耗很久還解決不了問題。

10
CHAPTER

其他 Excel╳AI 商用表單生成實例

行政／銷售／總務／財會／人事…，各類表單用 AI 協助輕鬆生成

10-1　Excel ╳ AI 結算每月員工出缺勤時數

10-2　Excel ╳ AI 員工考績計算

10-3　Excel ╳ AI 計算業務員的業績獎金

10-4　Excel ╳ AI 年度預算報表製作

10-5　Excel ╳ AI 計算資產設備的折舊

10-6　Excel ╳ AI 計算人事薪資、勞健保、勞退提撥

經過 Ch08、Ch09 這兩章的介紹，相信讀者已經感受到利用 AI 製作 Excel 商用表單的威力，我們幾乎只需要專注於表單該怎麼設計，至於表單內各欄位的計算、篩選⋯等功能，幾乎都可請 AI 聊天機器人幫忙 (甚至，連表單該怎麼規劃，也可以如 8-2 節的示範，一句話請 AI 協助發想)。

而這兩章讀者應該也能體認到，AI 在 Excel 商用表單製作中的角色絕非「**我們提個需求、一次幫我們把 Excel 表單通通做好**」，這不太切實際。依筆者的經驗，除非遇到一些繁瑣作業需要直接丟檔案給 AI 處理外，大部分的表單細節都是在 Excel 裡面完成，當設計上遇到什麼問題才會問 AI。而過程中 AI 最能幫上忙的地方，無疑是自動生成函數、公式了，這大大幫我們省下鑽研函數、自己寫冗長公式 (還容易錯！) 的時間。

本章我們將列舉其他職場上常用的 Excel 商業表單範本，例如**出缺勤時數結算**、**員工考績計算**、**業務員獎金計算**、**年度預算報表**、**薪資表**⋯等，在這些範本中，AI 能幫上忙的地方和前兩章相去不遠，我們將展示各表單最後的成品、並聚焦在 AI 如何參與設計。這些範本不只讓您在遇到類似情境時可以做為參考 (甚至直接套用)，更可以體會不同表單場景下的 AI 應用時機，以後面對各種製作表單的工作場景時，必能更得心應手、發揮 Excel × AI 的最大威力！

10-1 Excel × AI 結算每月員工出缺勤時數

使用 AI　AI 聊天機器人 (ChatGPT、Copilot、Gemini⋯都可以)

若公司沒花錢導入出缺勤系統，想必滿多行政人員還是會以 Excel 處理公司員工的請假單，並且每個月製作出缺勤報表，將員工的請假時數、假別等資訊統計出來。本節的表單範本是用 Excel × AI 計算員工的出缺勤時數，並加上**樞紐分析表**功能，快速完成報表的製作。

▲ 請假紀錄

▲ 單月的員工出缺勤統計表

請 AI 設計請假單內用到的查表、計算公式

首先，如下圖所示，**請假記錄**工作表是要讓行政專員登錄請假單的地方，為了加速資料的登錄速度，在下圖中，我們為 C 欄的**姓名**欄設計公式，只要在 B 欄的**員工編號**欄中輸入資料，C 欄的姓名就會自動填好：

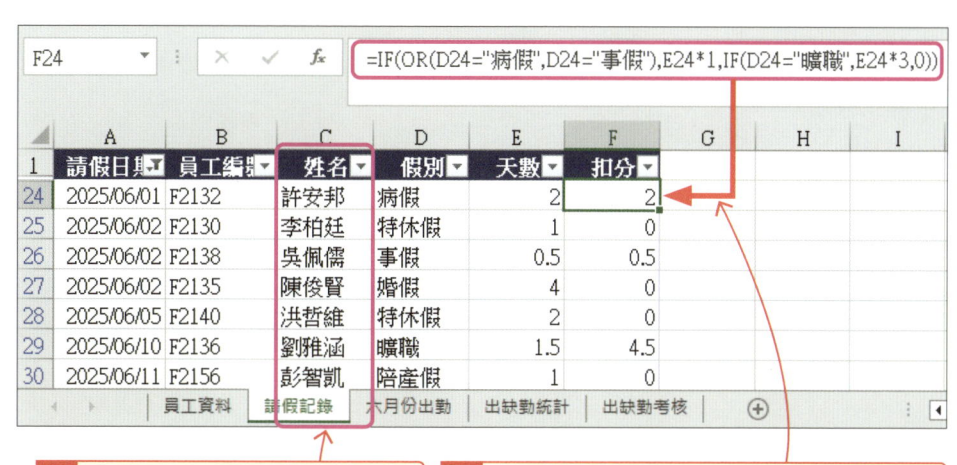

1 自動填入員工姓名的設計，需要 VLOOKUP 之類的查表函數來做

2 扣分欄也需要設計公式，根據 D 欄 (假別)、E 欄 (天數)，並參考公司請假規章來計算

10-3

1 由於 C 欄的查表工作是跨工作表的作業，給 AI 的提示語重點在於要講清楚要到哪個工作表去查表，最好能提供「**請假記錄**工作表(要請 AI 撰寫公式的所在地)」以及**員工資料**工作表 (要去哪個工作表查表)」兩者的截圖。

(**附上截圖**)

幫我撰寫 C2 的公式

1. 只要在 B2 輸入員工編號，就到 "員工資料" 工作表去查表
2. "員工資料" 工作表如截圖，資料範圍是 A2:B68，用絕對參照

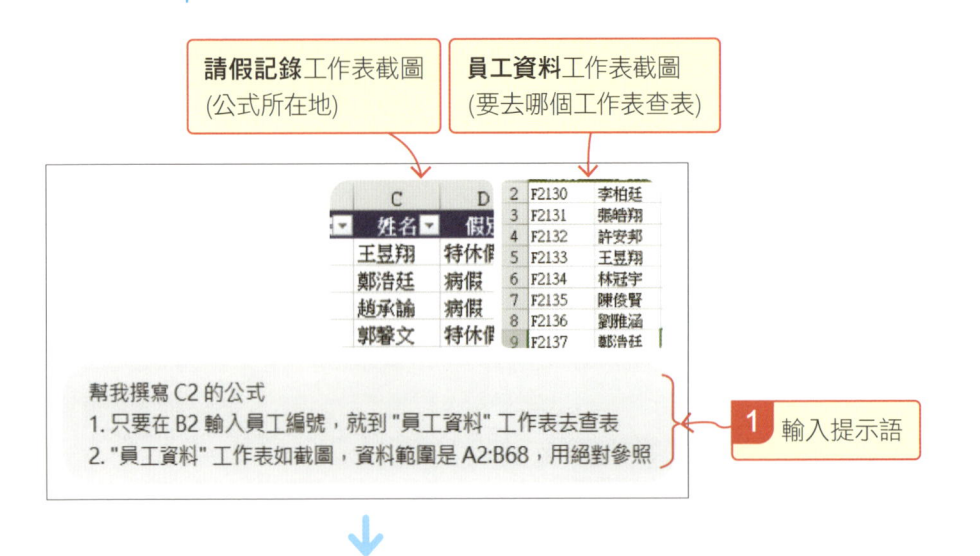

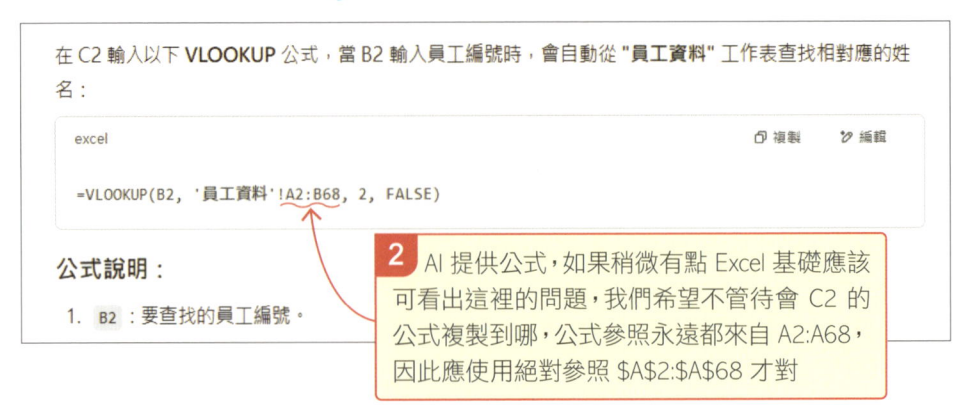

請假記錄工作表截圖
(公式所在地)

員工資料工作表截圖
(要去哪個工作表查表)

C	D		
姓名	假別	2	F2130	李柏廷
王昱翔	特休假	3	F2131	張晴翔
鄭浩廷	病假	4	F2132	許安邦
趙承諭	病假	5	F2133	王昱翔
郭馨文	特休假	6	F2134	林冠宇
		7	F2135	陳俊賢
		8	F2136	劉雅涵
		9	F2137	鄭浩廷

幫我撰寫 C2 的公式
1. 只要在 B2 輸入員工編號，就到 "員工資料" 工作表去查表
2. "員工資料" 工作表如截圖，資料範圍是 A2:B68，用絕對參照

1 輸入提示語

在 C2 輸入以下 **VLOOKUP** 公式，當 B2 輸入員工編號時，會自動從 "**員工資料**" 工作表查找相對應的姓名：

```
excel                                    複製  編輯

=VLOOKUP(B2, '員工資料'!A2:B68, 2, FALSE)
```

公式說明：

1. **B2** ：要查找的員工編號。

2 AI 提供公式，如果稍微有點 Excel 基礎應該可看出這裡的問題，我們希望不管等會 C2 的公式複製到哪，公式參照永遠都來自 A2:A68，因此應使用絕對參照 $A$2:$A$68 才對

10-4

	A	B	C
1	請假日期	員工編號	姓名
2	2015/04/01	F2133	王昱翔
3	2015/04/06	F2137	鄭浩廷

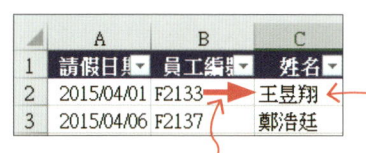

3 在 C2 貼上正確的公式

4 只要 B2 輸入員工編號，C2 就會自動填入員工姓名了

> **TIP** 雖然左頁的步驟 **1** 在給 AI 聊天機器人 prompt 時有提醒要使用「絕對參照」，但 AI 忽略掉了，這是常有的事。像這樣的錯誤若自己抓不出來，通常就要等到複製公式到 C3 或其他儲存格出錯時才會發現。所以說跟 AI 互動前，先參考**附錄 B** 熟悉一些 Excel 基本知識非常重要。

2 至於 F 欄的**扣分**方式是根據 D 假別及 E 請假天數來設計公式。這是同一個工作表的運算，AI 就不太會出錯了。

	A	B	C	D	E	F
1	請假日期	員工編號	姓名	假別	天數	扣分
2	2015/04/01	F2133	王昱翔	特休假	3	0
3	2015/04/06	F2137	鄭浩廷	病假	7	7
4	2015/04/06	F2168	趙承諭	病假	1	1

> 幫我撰寫 F2 的公式，D 欄若是曠職，1 日扣 3 分、病假或事假 1 日扣 1 分，其餘不扣分

這是本範本設計的規則

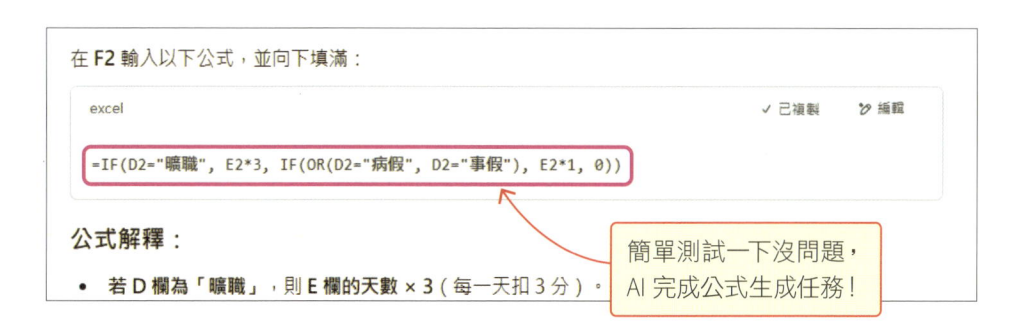

在 **F2** 輸入以下公式，並向下填滿：

```excel
=IF(D2="曠職", E2*3, IF(OR(D2="病假", D2="事假"), E2*1, 0))
```

簡單測試一下沒問題，AI 完成公式生成任務！

公式解釋：

- 若 D 欄為「曠職」，則 E 欄的天數 ×3（每一天扣 3 分）。

10-5

請 AI 輔助做樞紐分析,製作出缺勤統計表

本出缺勤範本還設計了「**出缺勤統計表**」,假設行政專員要製作 6 月份的出缺勤報表,只要先將 6 月份的資料篩選出來,再用<u>樞紐分析</u>功能,就可建立出缺勤統計表。

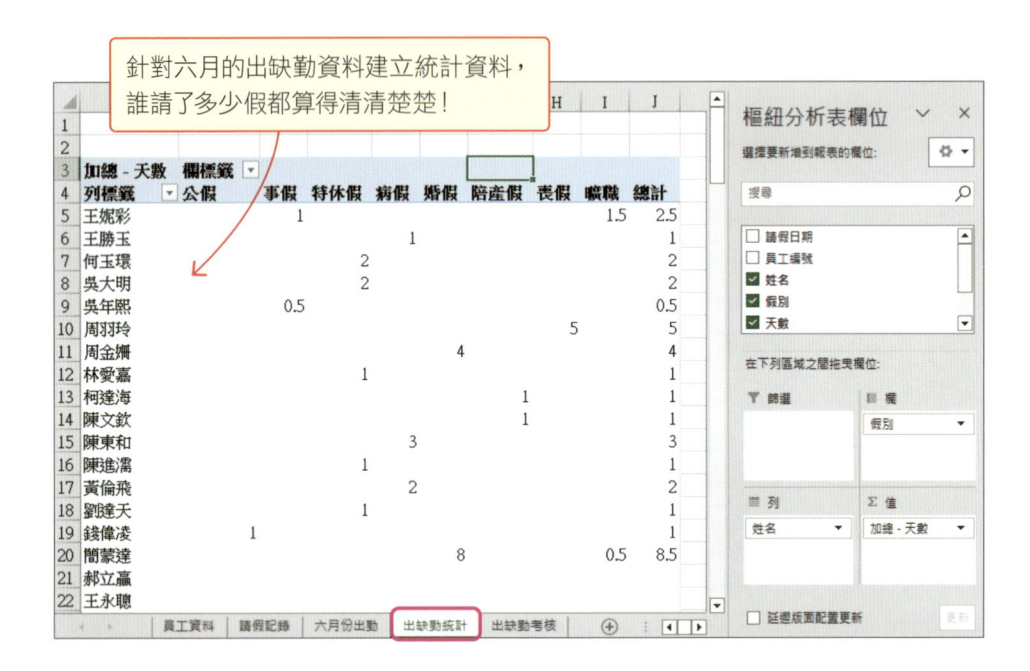

針對六月的出缺勤資料建立統計資料,誰請了多少假都算得清清楚楚!

如果您還不太熟樞紐分析,針對樞紐分析的 AI 輔助用法第 5 章就介紹過,大致就是如下提供提示語給 AI 聊天機器人:

提供資料截圖,讓 AI 清楚資料的結構

(提供六月份出勤的資料截圖)
我有一筆資料如截圖,想製作出缺勤統計表,上面各欄顯示假別,左邊各列顯示各員工的編號,我想在 Excel 裡面做,請提示我怎麼拉樞紐分析表欄位

加上這個

描述您希望呈現的統計表樣貌 (欄希望呈現什麼、列希望呈現什麼)

10-6

◆ 步驟 2：拖曳欄位至樞紐分析表

當「樞紐分析表欄位清單」出現後，請按照以下方式拖曳欄位：

☑ 「列標籤」(Rows)： 1
- 拖曳 **員工編號** 到「列標籤」區域，讓每位員工有獨立的一列。

☑ 「欄標籤」(Columns)： 2
- 拖曳 **假別** 到「欄標籤」區域，使不同的假別成為各自的欄位。

☑ 「數值欄位」(Values)： 3
- 拖曳 **天數** 到「數值」區域，並確認其顯示為「**求和 (Sum)**」，這樣 Excel 會自動計算每位員工不同假別的累計天數。

這次沒遇到「AI 常把欄說成列、列說成欄」的問題，描述是正確的

本例在樞紐分析工作窗格中稱照著 AI 的回答做，可以正確得到結果如下：

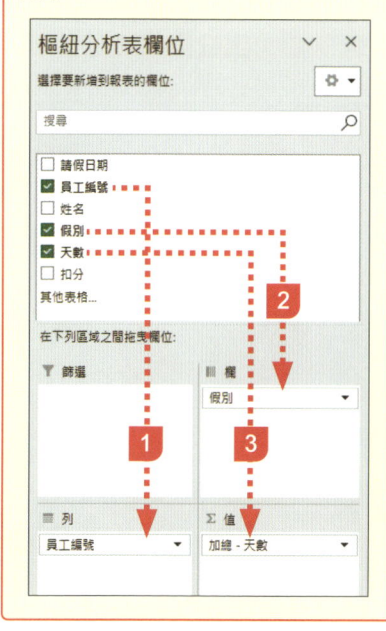

> **TIP** 提醒您，若給 AI 聊天機器人的提示語沒有加「**我想在 Excel 裡面做**」之類的敘述，AI 通常就會自動寫程式，直接給我們想要的分析報表：

```
# 修改樞紐分析表，使其顯示「員工編號 + 姓名」作為索引
df["員工識別"] = df["員工編號"] + " - " + df["姓名"]

# 重新生成樞紐分析表
pivot_table_named = df.pivot_table(index="員工識別", columns="假別", values="天數", aggfunc="su

# 顯示結果
tools.display_dataframe_to_user(name="缺勤統計表（包含姓名）", dataframe=pivot_table_named)
```

AI 自動直接用 Python 程式完成分析結果

本節的出缺勤範本還額外提供了「**出缺勤考核表**」的設計，例如可以結算每位員工在 4~6 月之間，一共因為請假而扣了多少考核分數，同樣利用 AI ╳ 樞紐分析表即可快速產生這份報表，有興趣可以參考這一節書附範例檔的**出缺勤考核**工作表。

> **TIP** 而本節所舉例的處理員工假單只是其中之一而已，另外像是處理文具用品申請單…等等行政類單據，也都可以仿照本章的做法，將重複性高的計算工作交給 Excel ╳ AI 幫我們處理。

10-2 Excel ╳ AI 員工考績計算

使用 AI AI 聊天機器人
(ChatGPT、Copilot、Gemini…都可以)

計算員工的考績就像一回冗長的數學遊戲，每家公司的考績計算規則與評分週期都不盡相同，有的完全依照員工業績來評分，有的則同時重視員工的工作表現及出缺勤情況。本節的**員工考績計算**範本是假設公司每季都要對員工做一次考核，到了年底再來做總結算，並依成績高低給予年度考績等級，決定員工可以領多少年終獎金。

▶ 計算各季考績

員工編號	姓名	工作表現	出勤扣分	出勤得分	本季考績
A5001	林欣慧	82	1	19	84.6
A5002	李岱霖	71	1.5	18.5	75.3
A5003	周飛揚	61	0	20	68.8
A5004	吳佩芸	80	1	19	83
A5005	陳雪柔	92	0	20	93.6
A5006	張佳蓉	81	0	20	84.8
A5007	楊明軒	92	0	20	93.6
A5008	許柏霖	71	0	20	76.8

員工第二季考績一覽表

第一季考績　第二季考績　第三季考績　第四季考績　年度考績

算出各季考核後，計算年度考績

10-8

請 AI 協助進行考績前的出缺勤彙整工作

1 在這個範本中，員工考績是以 80% 比重的「工作表現」加上 20% 比重的「出勤得分」做為「當季考績」分數。而出缺勤的資料已事先計算好，並儲存在不同 Excel 檔案裡。因此考績計算的第一步就是先整理好各季的請假扣分記錄：

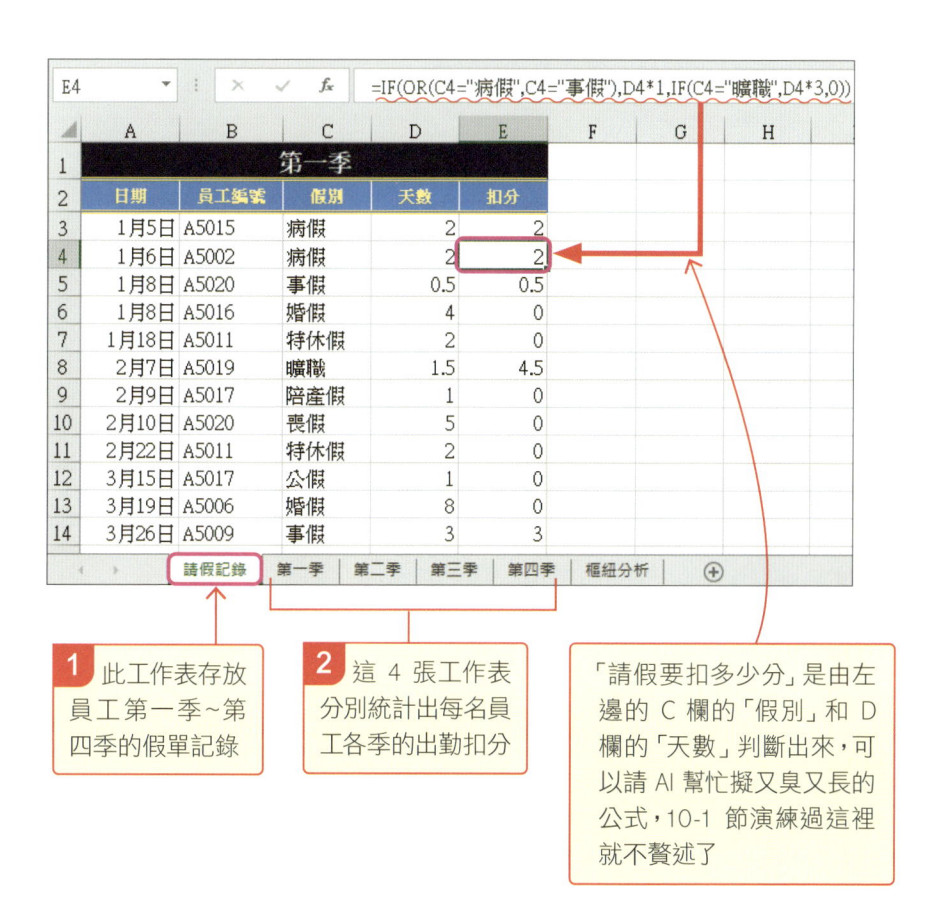

	A	B	C	D	E
1			第一季		
2	日期	員工編號	假別	天數	扣分
3	1月5日	A5015	病假	2	2
4	1月6日	A5002	病假	2	2
5	1月8日	A5020	事假	0.5	0.5
6	1月8日	A5016	婚假	4	0
7	1月18日	A5011	特休假	2	0
8	2月7日	A5019	曠職	1.5	4.5
9	2月9日	A5017	陪產假	1	0
10	2月10日	A5020	喪假	5	0
11	2月22日	A5011	特休假	2	0
12	3月15日	A5017	公假	1	0
13	3月19日	A5006	婚假	8	0
14	3月26日	A5009	事假	3	3

E4 儲存格公式：`=IF(OR(C4="病假",C4="事假"),D4*1,IF(C4="曠職",D4*3,0))`

工作表：請假記錄、第一季、第二季、第三季、第四季、樞紐分析

1 此工作表存放員工第一季~第四季的假單記錄

2 這 4 張工作表分別統計出每名員工各季的出勤扣分

「請假要扣多少分」是由左邊的 C 欄的「假別」和 D 欄的「天數」判斷出來，可以請 AI 幫忙擬又臭又長的公式，10-1 節演練過這裡就不贅述了

2 接著的考績計算也通通是運用 AI 生成函數的手法：

10-9

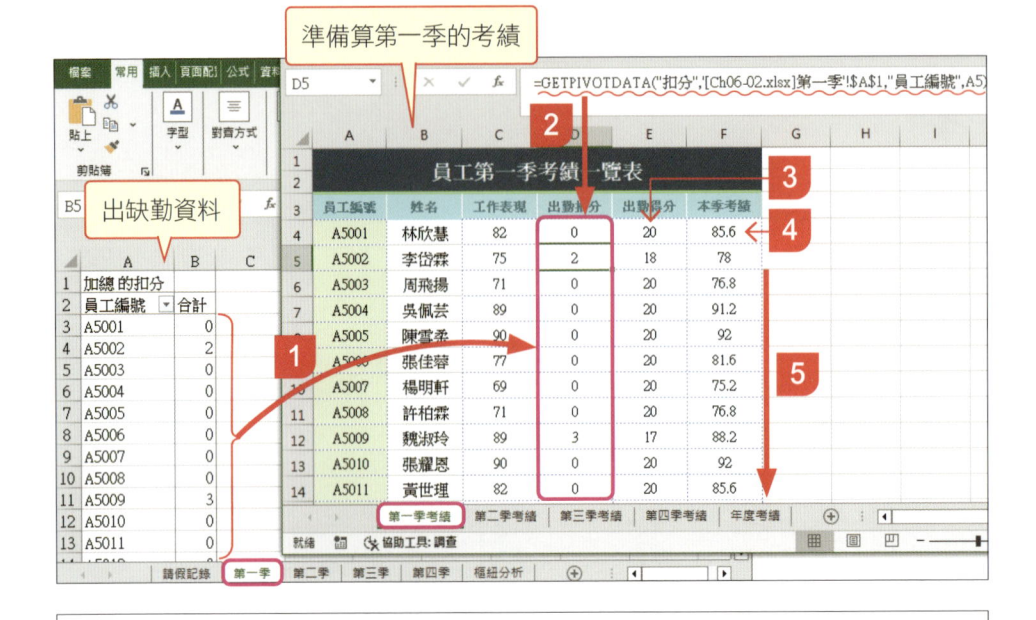

1. 首先，每一季的考績資料都要跨檔案去存取出缺勤資料
2. 本範本的公式可看到利用 GETPIVOTDATA 函數去取得「出缺勤資料」檔案中的樞紐分析表資料，但這部分其實不用寫公式，直接跨檔案去點擊左邊出缺勤檔案裡面的 B3 儲存格，就會自動寫好 GETPIVOTDATA 公式
3. "出勤得分" 則是滿分 20 分減去 "出勤扣分" 欄的數值，可以請 AI 撰寫 IF 函數
4. 計算季考績的公式 =C4*0.8+E4 （工作表現佔 8 成, 出勤佔 2 成），這自己來就好
5. 最後再將 F4 的公式拉曳複製到 F23，便完成第一季考績的計算工作了。

> **TIP** 而剩下的第二季、第三季、第四季考績只要比照上圖辦理，就可以完成四季的考核。

請 AI 協助跨工作表計算考績分數

　　最後，就是計算員工**年度考績**的環節，重點工作就是跨工作表的作業。要從最後一個「年度考績」工作表去讀取「第一季考績～第四季考績」這四個工作表的資料，並計算出考積平均：

10-10

	A	B	C	D	E	F
1	員工第一季考績一覽表					
2							
3	員工編號	姓名	工作表現	出勤扣分	出勤得分	本季考績
4	A5001	林欣慧	82	0	20	85.6
5	A5002	李岱霖	75	2	18	78
6	A5003	周飛揚	71	0	20	76.8
7	A5004	吳佩芸	89	0	20	91.2
8	A5005	陳雪柔	90	0	20	92
9	A5006	張佳蓉	77	0	20	81.6
10	A5007	楊明軒	69	0	20	75.2

工作表：第一季考績　第二季考績　第三季考績　第四季考績　年度考績

要將 4 個工作的資料彙整到最後一個**年度考績**工作表

1 針對跨工作表的彙整工作，Excel 有提供**合併彙算**功能，可以便利地完成作業：

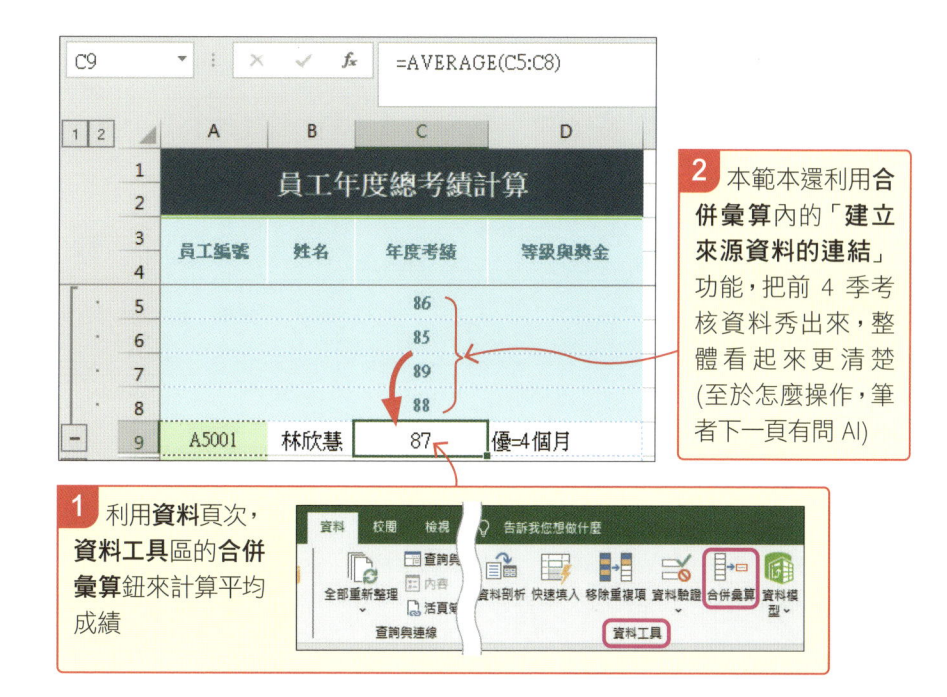

C9　=AVERAGE(C5:C8)

	A	B	C	D
1	員工年度總考績計算			
2					
3	員工編號	姓名	年度考績	等級與獎金
4					
5			86	
6			85	
7			89	
8			88	
9	A5001	林欣慧	87	優=4個月

2 本範本還利用**合併彙算**內的「**建立來源資料的連結**」功能，把前 4 季考核資料秀出來，整體看起來更清楚 (至於怎麼操作，筆者下一頁有問 AI)

1 利用**資料**頁次，**資料工具**區的**合併彙算**鈕來計算平均成績

2 若不用 Excel 的**合併彙算**功能，上圖這樣的跨工作表彙整作業，當然可以求助 AI，重點在於要把環境描述清楚：

10-11

(附上任一季的截圖 + 年度考績表格截圖)　　　　用文字描述好背景環境

我有一個 Excel 考績檔，內含第 1~4 季考績 四個工作表、每個工作表的 F4~F23 是每個員工的該季考績分數

現在，我還想在同檔案的「年度考績」工作表中計算考績平均，需要存取這四個工作表的資料來算

提供需求

方法 1：直接用 AVERAGE 函數　← AI 聊天機器人最常提供函數的做法

如果你的四個工作表名稱是「**第1季**」、「**第2季**」、「**第3季**」、「**第4季**」，那麼在「年度考績」工作表中，假設 **F4~F23** 是員工的**年度考績平均**，可以這樣輸入：

```
excel                                                       複製    編輯

=AVERAGE('第1季'!F4, '第2季'!F4, '第3季'!F4, '第4季'!F4)
```

然後將這個公式往下填充到 F23，即可算出所有員工的年度平均考績。

第一個方法，AI 教我們用 AVERAGE 計算跨工作表的資料，這裡的工作表名稱要自行修改成我們的內容 (給 AI 的提示語要描述夠清楚，這裡的公式才有可能改都不用改，但本例改這個，小事啦)

本例筆者也請 AI 聊天機器人提示前一頁提到的「合併彙算」步驟，教學還滿到位的，都做的出來！

使用「合併彙算」來計算考績平均

1. **開啟「年度考績」工作表**，將游標放在要存放平均考績的儲存格
2. 前往「**資料**」選單 → 選擇「**合併彙算**」(英文版為 *Data → Con...*)
3. **選擇函數類型：**
   - 在「**函數**」下拉選單中，選擇「**平均值 (Average)**」。
4. **新增考績範圍：**
   - 點擊「**參照位置**」，依次選擇「**第1季**」→ **F4:F23**，按「**新增**」。
   - 重複這個步驟，選擇「第2季」「第3季」「第4季」的 **F4:F23**，每次都點擊「**新增**」。
5. **勾選「建立連結至來源資料」**（如果希望未來數據變更時自動更新）。
6. **按「確定」**，Excel 會自動計算每個員工的四季平均分數，並填入「年度考績」表中。

本節「**員工考績計算**」範本就大致介紹到這邊，不管生成函數、教 Excel 操作，AI 的表現都滿給力的。最後提醒您，關係到成績或金錢的資料是最敏感的了，因此在處理這類資料的時候，若公式是由 AI 所生成的，一定要格外小心驗證，避免出錯！

10-3 Excel × AI 計算業務員的業績獎金

使用 AI　AI 聊天機器人
　　　　　(ChatGPT、Copilot、Gemini…都可以)

發放業績獎金的方式有很多種，譬如從業績金額當中提撥固定的百分比當作獎金、或者規定每達到一個業績水準，就可領取對應額度的獎金，另外也有論件計酬的方式，也就是每成交一筆，就固定可得到某一數目的獎金…。

在本節的 Excel 表單範本中，設計了「推廣會員」的業務員獎金計算功能。在**業績標準**工作表 (右圖) 存放招募會員業績獎金的發放標準，一共分成兩階段來計算業績獎金：第一階段採取「論件計酬」的方式，也就是說只要成功推廣一人成為終身會員，可得 500 元獎金、推廣一人成為 5 年期會員則得 100 元獎金；之後再按照第一階段所得到的獎金金額來核發第二階段的累進獎金。而**計算獎金**工作表 (下頁上圖) 則建立了各區業務員的各項資料，可在此完成業績獎金的計算工作。

	B	C	D
1			
2		第一階段標準	
3		終身會員	500
4		5 年期會員	100
5		第二階段標準	
6		業績標準	獎金
7		5000	3500
8		8000	5000
9		12000	8000
10		20000	13000
11		50000	25000

▲ **業績標準**工作表

10-13

業績獎金計算

	區別	姓名	到職日	年資	終身 會員人數	5年期 會員人數	第一階段 獎金	第二階段 獎金	獎金合計
3	南區	王柏翰	112/05/20	1.8	16	55	13500	8000	21500
4	北區	李欣穎	108/08/16	5.6	15	32	10700	5000	15700
5	中區	陳建勳	105/07/22	8.7	7	59	9400	5000	14400
6	中區	張嘉榮	101/09/10	12.5	21	18	12300	8000	20300
7	北區	劉昀恩	108/05/15	5.8	23	36	15100	8000	23100
8	北區	黃世宏	106/06/06	7.8	4	17	3700	0	3700
9	北區	吳彥君	106/04/10	7.9	18	21	11100	5000	16100
10	中區	陳怡靜	105/09/03	8.5	24	65	18500	8000	26500
11	中區	丁冠翔	104/08/02	9.6	15	45	12000	8000	20000
12	北區	孫詠涵	107/07/30	6.6	7	14	4900	0	4900
13	北區	吳培祥	108/07/06	5.7	17	27	11200	5000	16200

▲ **計算獎金**工作表

計算第一階段獎金

1 在上圖中，第一階段獎金的計算很簡單，就只是參照前一頁**業績標準**工作表中的內容，例如下圖 G3 儲存格的第一位業務員的公式就是：

= E3 * 業績標準 !D3 + F3 * 業績標準 !D4

業績標準工作表的 D3 存放終身會員的獎金 "500"

業績標準工作表的 D4 存放 5 年期會員的獎金 "100"

接著，將以上公式中的 D3、D4 改成絕對參照位址 "$D$3"、"$D$4"，然後把公式複製到 G4：G13，即可完成第一階段獎金的計算工作。這種跨工作表的簡易計算連函數都不用，一定要訓練自己不靠 AI 就能快速完成。

▲ 計算第一階段獎金

請 AI 生成 IF、LOOKUP 公式計算第二階段獎金

第二階段的累進獎金算法，就涉及多函數的組合，這就可以用 AI 協助快速撰寫了：

> (上傳業績標準、計算獎金兩個工作表的截圖)
>
> 我有兩個工作表如截圖
>
> 請給我 H3 的公式，它是根據 "業績標準" 工作表裡面所訂的標準，視 G 欄的結果而定的

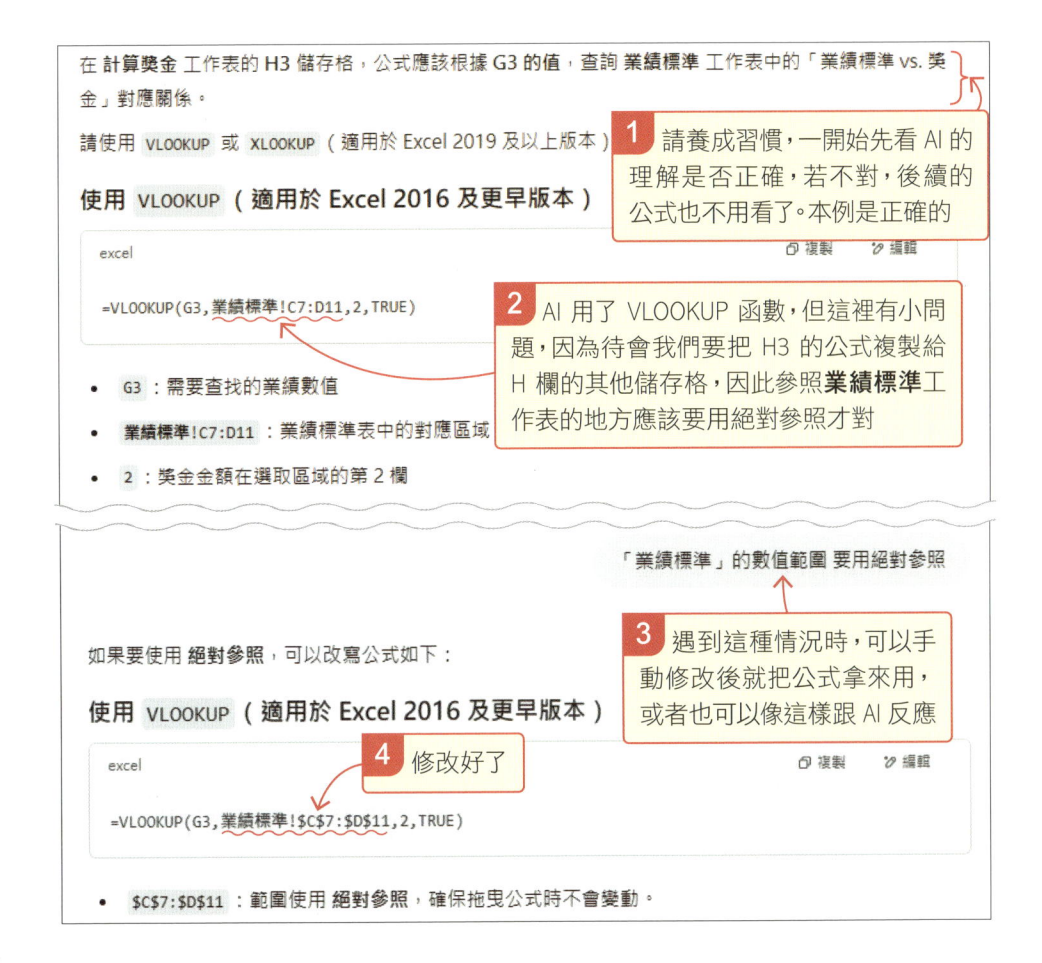

在 **計算獎金** 工作表的 H3 儲存格，公式應該根據 G3 的值，查詢 **業績標準** 工作表中的「業績標準 vs. 獎金」對應關係。

請使用 `VLOOKUP` 或 `XLOOKUP`（適用於 Excel 2019 及以上版本）

使用 `VLOOKUP`（適用於 Excel 2016 及更早版本）

```excel
=VLOOKUP(G3,業績標準!C7:D11,2,TRUE)
```

① 請養成習慣，一開始先看 AI 的理解是否正確，若不對，後續的公式也不用看了。本例是正確的

② AI 用了 VLOOKUP 函數，但這裡有小問題，因為待會我們要把 H3 的公式複製給 H 欄的其他儲存格，因此參照**業績標準**工作表的地方應該要用絕對參照才對

- `G3`：需要查找的業績數值
- `業績標準!C7:D11`：業績標準表中的對應區域
- `2`：獎金金額在選取區域的第 2 欄

「業績標準」的數值範圍 要用絕對參照

③ 遇到這種情況時，可以手動修改後就把公式拿來用，或者也可以像這樣跟 AI 反應

如果要使用 **絕對參照**，可以改寫公式如下：

使用 `VLOOKUP`（適用於 Excel 2016 及更早版本）

④ 修改好了

```excel
=VLOOKUP(G3,業績標準!$C$7:$D$11,2,TRUE)
```

- `$C$7:$D$11`：範圍使用 **絕對參照**，確保拖曳公式時不會變動。

後續將 H3 公式複製到 H4:H13 就是例行性作業，在此就不贅述了。

請 AI 優化執行錯誤的公式

附帶一提，即便上面 AI 給的 VLOOKUP 公式沒問題，但有可能遇到以下錯誤訊息：

7	北區	劉昀恩	108/05/15	5.8	23	36	15100	8000	23100
8	北區	黃世宏	106/06/06	7.8	4	17	3700	#N/A	#N/A
9	南區	吳彥君	106/04/10	7.9	18	21	11100	5000	16100
10	中區	陳怡靜	105/09/03	8.5	24	65	18500	8000	26500
11	中區	丁冠翔	104/08/02	9.6	15	45	12000	8000	20000
12	北區	孫詠涵	107/07/30	6.6	7	14	4900	#N/A	#N/A
13	北區	吳培祥	108/07/06	5.7	17	27	11200	5000	16200

套用 VLOOKUP 公式後出現 "#N/A" 的錯誤訊息，出了什麼問題？查不到資料？

筆者先不透露原因，以後遇到問題時，請養成直接問 AI 聊天機器人的習慣：

描述遇到的問題，能提供截圖更好

(提供出錯訊息的截圖，即上圖)
H8 跟 H12 複製完公式後，顯示 #N/A 錯誤訊息

答案揭曉！正是 AI 所分析的第一個原因，本例 "黃世宏" 第一階段的獎金為 3,700 元，少於第二階段最低業績標準 5,000 (即 **業績標準** 工作表的 C7 儲存格)，因此傳回 "#N/A" 錯誤訊息

可能的問題：

1. **G8 或 G12 的值小於「業績標準」表格內的最小值**
   - `VLOOKUP` 在 `TRUE` 模式下會找到不超過查找值的最大匹配數值，若 `G8` 的值小於 `C7:C11` 範圍內的最小值，則找不到匹配結果，導致 `#N/A`。

2. 「業績標準」表的 C 欄數據未排序
   - `TRUE` 模式要求 C 欄（業績標準）需 從小到大排序，否則查找結果可能會出錯或找不到對應值。

3. G8 或 G12 含有非數值類型
   - 如果 `G8` 或 `G12` 是文字格式，而 `業績標準!C7:C11` 是數字格式，則 `VLOOKUP` 會因類型不同無法找到匹配值。

方法 2：使用 IFERROR 來避免 #N/A

若查找不到匹配值，可改用 IFERROR 來預防錯誤：

```excel
=IFERROR(VLOOKUP(G8,業績標準!$C$7:$D$11,2,TRUE), 0)
```

> 貼心的 AI 幫我們優化了公式，多用了 IFERROR 函數讓錯誤的儲存格顯示 0。本例直接用這個公式就解決問題了！

這樣當 VLOOKUP 找不到結果時，H8 會顯示 0 而不是 #N/A。

本節的 Excel 表單範本就展示到這邊，在此範本中，D 欄還設有「**年資**」欄位，可以用來做更進一步的分析、獲得更多寶貴的資訊。譬如，可以找出資歷很淺，但是業績表現卻很出色的業務員，日後可多加栽培訓練。至於第一步：**年資欄位該怎麼算**，讀者可先考考自己該怎麼處理 (提示：C 欄的「到職日」+ ROUND 函數 + TODAY 函數)，真搞不定，就試著向 AI 提問吧！

10-4 Excel × AI 年度預算報表製作

使用 AI AI 聊天機器人
(ChatGPT、Copilot、Gemini…都可以)

編列來年的 **年度預算** 可以讓老闆了解部門的營運計畫，有效控管營運經費的支出，日後還可對預算執行的成效進行分析，適時調整營運方針。本節的範本是以某部門經理的預算製作工作為例：先編列一張如下圖的 **預算底稿**，詳列每一筆預算的用途、使用人員、歸屬的會計科目、金額…等，然後再依類別 (如科目別、專案別、個員別) 製作成彙總表。

▲ 預算底稿

10-17

部門名稱：產品部		$2,580,590	部門名稱：產品部		$2,580,590	部門名稱：產品部		$2,580,590
會計科目	科目代號	科目別預算總額	案序	專案名稱	專案別預算總額	編號	員工姓名	個員別預算總額
薪資支出	6201000	$1,976,500	P-01	網路專線月租費	$24,000	001	林柏昇	$1,189,054
租金支出	6202000	$60,000	P-02	名片製作	$900	002	張育捷	$477,144
文具用品	6203000	$16,040	P-03	印表機墨水匣	$12,800	003	許恩慈	$437,248
旅費	6204000	$0	P-04	傳真紙	$180	004	周明軒	$477,144
運費	6205000	$6,100	P-05	購買光碟片	$2,160			
書報雜誌	6226000	$24,838	P-22	中秋禮品	$2,000			
退休金	6227000	$22,500	P-23	旅遊補助	$20,000			
交通費	6228000	$8,200	P-24	端午禮金	$2,000			

▲ 科目別預算總表　　　▲ 專案別預算總表　　　▲ 個員別預算總表

VLOOKUP 查表、SUMIF 彙整預算，通通請 AI 協助生成公式

1 預算的編列雖然有些繁雜但並不困難，底下提一些範本的設計概念，要自己練習做或請 AI 生成都可以：

1 D 欄用了**資料驗證**的**清單**功能來簡化輸入的操作，直接拉下清單即可選擇要輸入的項目，可節省打字的時間，也可以避免出錯

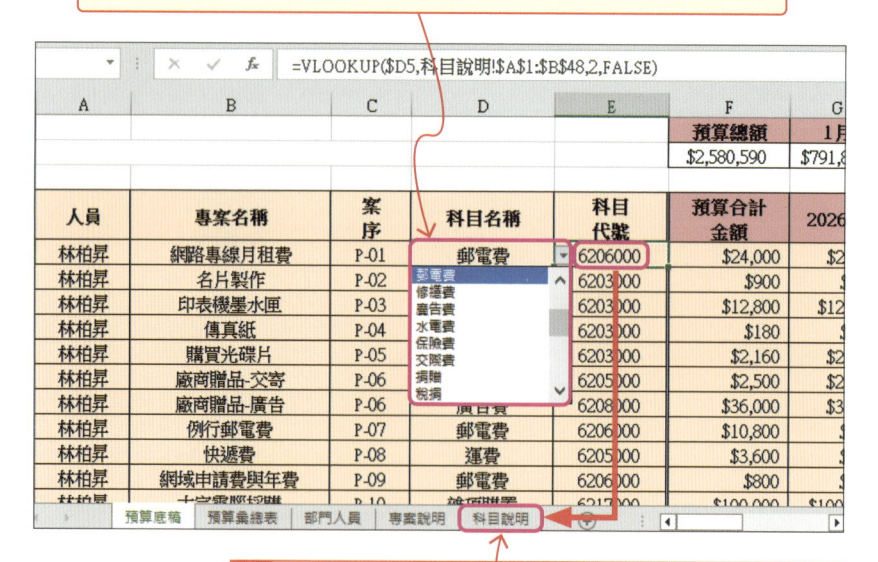

`=VLOOKUP($D5,科目說明!$A$1:$B$48,2,FALSE)`

2 每個**科目名稱**都有自己的**科目代號**，為避免 E 欄輸入錯誤出錯，在 E 欄用 VLOOKUP 函數，到另一個**科目說明**工作表去查表，讓 E 欄根據 D 欄的結果自動顯示代號

2 至於左頁最上面看到的**預算彙總表**則包含 3 個彙整項目 (科目別、專案別、個員別)，不過它們的運算方式是一致的。譬如要合計**薪資支出**這個會計科目總共編列多少預算，就到**預算底稿**工作表中將所有屬於**薪資支出**科目的記錄通通找出來，然後再將這些記錄的預算金額加總起來就知道了；同樣的，若要合計某員工 "許恩慈" 總共編列多少預算，就到**預算底稿**工作表中找出人員為 "許恩慈" 的所有記錄，然後再將這些記錄的預算金額加總即可。

既要找出符合某條件的記錄，又要做加總運算，若將此需要請 AI 聊天機器人處理，高機率會教我們用 SUMIF 函數來做！

例如以**薪資支出**科目為例，想請 AI 協助生成公式

(上傳截圖)

1. 在**預算底稿**工作表的 E 欄 (**科目代號**欄位) 中找出符合**預算彙總表**工作表儲存格 B4 (**薪資支出**的**科目代號**) 的記錄，然後將那些記錄的 F 欄 (**預算合計金額**欄位) 值加總起來

2. **查表時請用絕對參照**

粗體的這些都要指明清楚，比較容易得到正確的結果

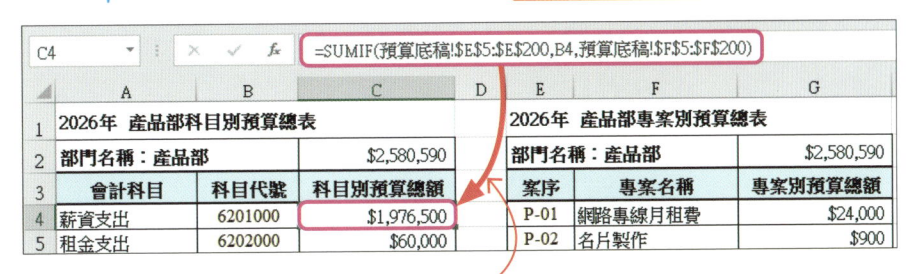

```
C4    =SUMIF(預算底稿!$E$5:$E$200,B4,預算底稿!$F$5:$F$200)
```

	A	B	C		E	F	G
1	2026年　產品部科目別預算總表				2026年　產品部專案別預算總表		
2	部門名稱：產品部		$2,580,590		部門名稱：產品部		$2,580,590
3	會計科目	科目代號	科目別預算總額		案序	專案名稱	專案別預算總額
4	薪資支出	6201000	$1,976,500		P-01	網路專線月租費	$24,000
5	租金支出	6202000	$60,000		P-02	名片製作	$900

AI 幫我們生成 SUMIF 公式後，試試，本例沒問題

本例在 AI 生成的 SUMIF 公式中，最容易搞錯的就是「**哪些地方要用絕對參照、哪些地方不用絕對參照**」，例如每個會計科目的公式都一樣，只是尋找的科目代號不同而已 (這也是我們沒把公式中的**搜尋準則** B4 設成絕對位址的原因)。這些一定要懂點 Excel 知識才有辦法判斷出來。而您跟 AI 狂問或許也能解決問題，但光描述問題、公式出錯的情況…等，可能就會耗去不少時間。

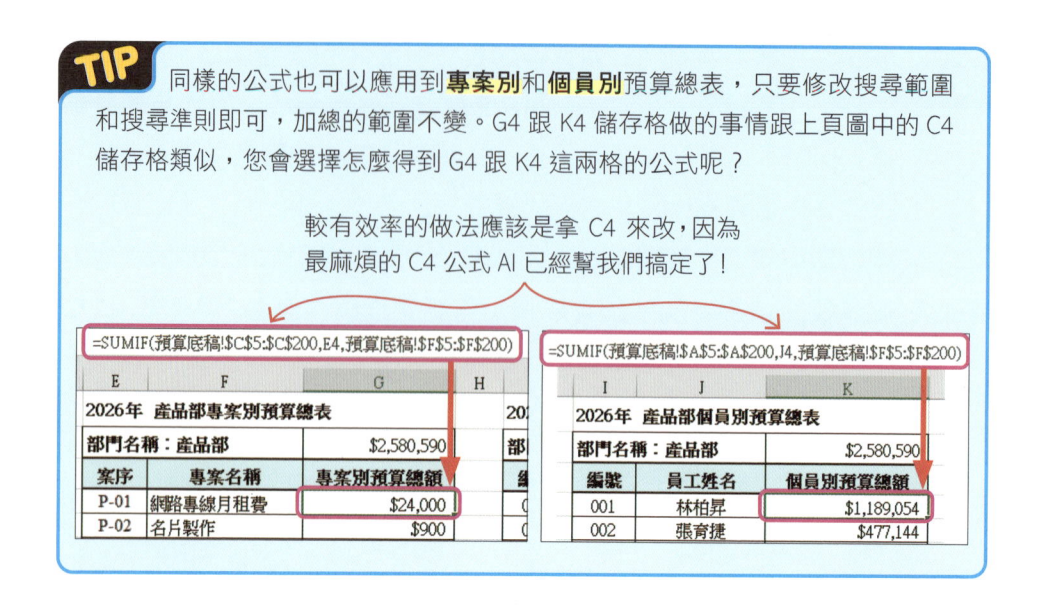

> **TIP** 同樣的公式也可以應用到**專案別**和**個員別**預算總表，只要修改搜尋範圍和搜尋準則即可，加總的範圍不變。G4 跟 K4 儲存格做的事情跟上頁圖中的 C4 儲存格類似，您會選擇怎麼得到 G4 跟 K4 這兩格的公式呢？

較有效率的做法應該是拿 C4 來改，因為最麻煩的 C4 公式 AI 已經幫我們搞定了！

=SUMIF(預算底稿!$C$5:$C$200,E4,預算底稿!$F$5:$F$200)

=SUMIF(預算底稿!$A$5:$A$200,J4,預算底稿!$F$5:$F$200)

2026年	產品部專案別預算總表	
部門名稱：產品部		$2,580,590
案序	專案名稱	專案別預算總額
P-01	網路專線月租費	$24,000
P-02	名片製作	$900

2026年	產品部個員別預算總表	
部門名稱：產品部		$2,580,590
編號	員工姓名	個員別預算總額
001	林柏昇	$1,189,054
002	張育捷	$477,144

　　編列預算的需求幾乎隨處可見，除了本節介紹的 Excel 年度預算編列範本外，凡企業中任何一個專案、計畫在推行之前，也必先進行預算的編列與規劃工作，本節提供的範本跟 AI 輔助技巧就留給讀者參考囉！

10-5　Excel × AI 計算資產設備的折舊

使用 AI ▶ AI 聊天機器人
(ChatGPT、Copilot、Gemini…都可以)

　　這一節的 Excel 表單範本在處理「**折舊**」問題。**折舊**是指將運輸設備、辦公設備、房屋建築…等營運用的固定資產，依據可使用的年限和估計最後的殘值，合理的方式分攤其成本。折舊的方法有很多，目前企業常用的有「直線法」、「年數合計法」、「倍數餘額遞減法」…等。其中最簡單快速的折舊方法就是「直線法」；有些企業則會選擇「倍數餘額遞減法」來加速計算固定資產的折舊額。

> **2** 重點在於得瞭解什麼樣的折舊法要用哪個對應的 Excel 函數來寫
>
> **1** 本節提供直線法、年數合計法…等折舊計算表單

傳統的 Excel 處理做法

關於用 Excel 處理折舊處理作業，負責的人員當然得事先了解各種折舊法的知識，以**直線法折舊法**為例，傳統的做法就是要先知道折舊的計算公式為：

(成本 — 殘值) / 可用年限

公式中的**成本**是指固定資產購買時的原始成本；**殘值**是指估計固定資產在可用年限屆滿時最後的價值；**可用年限**就是估計固定資產可使用的年數，只要根據這 3 個數據，即可為固定資產算出折舊額。

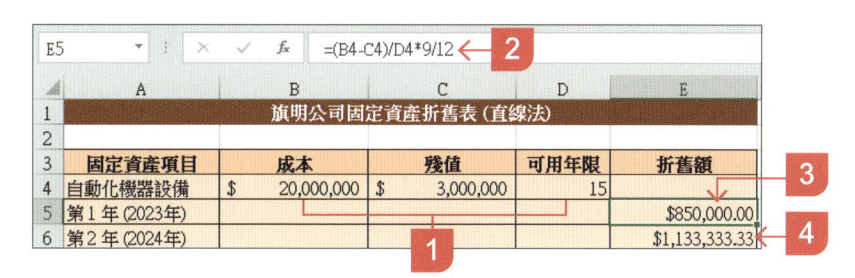

1 例如公司在 2023 年 4 月購買了一套自動化機器設備，成本是 2000 萬，預計可使用 15 年，估計最後的殘值為 300 萬

2 只有第 1 年要稍微留意一下，由於機器設備是在 2013 年 4 月時購買的，4~12 月佔了一整年的 9/12，因此我們在公式的後方乘上 9/12

3 這才是 2023 (第 1 年) 要提列的折舊額

4 至於之後 2024、2025 年…提列折舊時，期間都是從 1 月 1 日到 12 月 31 日，只要套上公式 (B4-C4) /D4 就可以了 (直線折舊法每年的折舊金額都是相同的)

10-21

除了可以利用公式來計算折舊外，Excel 也幫我們準備了現成的「折舊函數」，大致的操作步驟如下，可以不費吹灰之力算出固定資產的折舊金額：

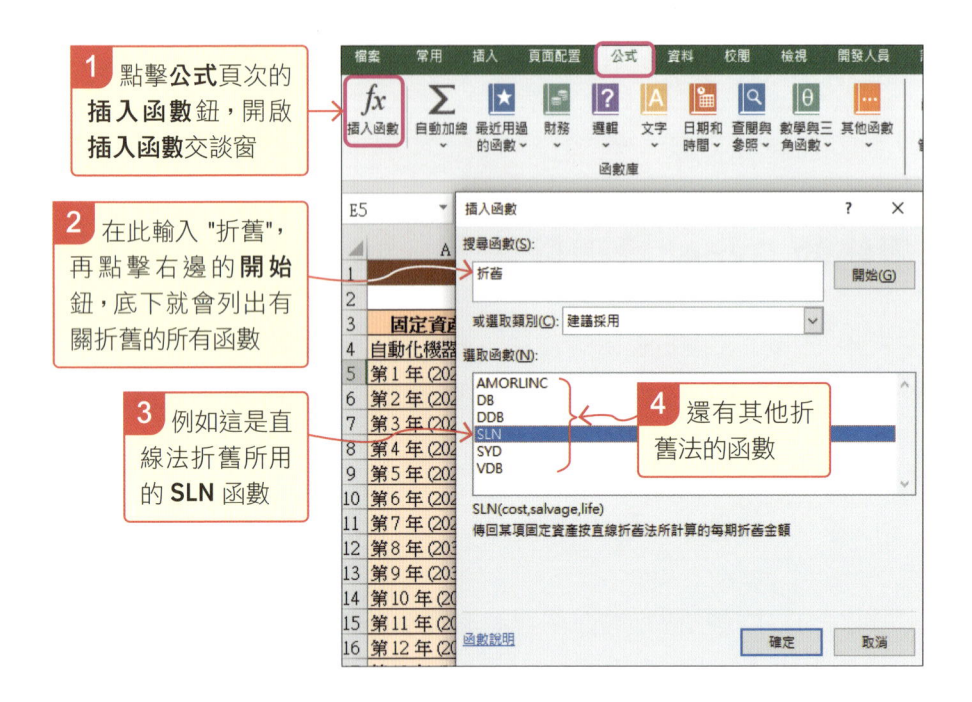

1 點擊**公式**頁次的**插入函數**鈕，開啟**插入函數**交談窗

2 在此輸入 "折舊"，再點擊右邊的**開始**鈕，底下就會列出有關折舊的所有函數

3 例如這是直線法折舊所用的 **SLN** 函數

4 還有其他折舊法的函數

請 AI 協助說明折舊知識 + 生成函數 / 公式

雖然 Excel 提供現成的「折舊函數」可以用，但如同剛才提到的，關於折舊的處理作業，負責計算的承辦人員得事先了解各種折舊法的做法，如果不太熟，空有這些函數也不知道怎麼用，**有了 AI 後或許可以不用這麼按部就班**。

1 若您還不太熟，比較有效率的做法，就是把上圖 Excel 提供的折舊函數視窗提供給 AI，請 AI 把「折舊的知識 + 函數的用法」，甚至是欄位該怎麼規劃一次教給我們！

(**提供 Excel 的折舊函數圖 AI 參考**)

我想用 Excel 處理資產折舊的問題，但還不太熟，能否大致說明截圖這些 Excel 折舊函數的功用

當然！你在 Excel 中看到的這些折舊函數（Depreciation Functions）主要用於計算資產的折舊，適用於不同的會計與財務需求。以下是它們的基本功能：

1. SLN (Straight-Line Depreciation) — 直線折舊法

- **用途**：計算資產的直線折舊，每年折舊相同金額。
- **公式**：

$$折舊額 = \frac{成本 - 殘值}{使用年限}$$

- **適用情境**：適用於設備、建築等價值穩定的資產，每年折舊費用相同。

2. DB (Declining Balance) — 固定百分比遞減法

- **用途**：使用固定的折舊率計算資產的折舊，前期折舊額較高，後期折舊額較低。
- **公式**：

$$折舊額 = 期初帳面價值 \times 折舊率$$

- **適用情境**：適用於設備、機器等折舊較快的資產，例如 IT 設備或汽車。

> 沒讓人失望！AI 提供了各函數的背景知識

---

2 我們來試一個看看，例如請 AI 幫我們生成「年數合計法」所用的 SYD 公式：

4. SYD (Sum-of-the-Years-Digits) — 年數合計法

- **用途**：根據資產的剩餘年限計算折舊，前期折舊較高，後期較低。
- **公式**：

$$折舊額 = \frac{剩餘使用年限}{年數總和} \times (成本 - 殘值)$$

- **適用情境**：適用於某些會計準則要求的資產折舊，如某些製造業設備。

> 請 AI 進一步嘗試這個折舊做法

5. VDB (Variable Declining Balance) — 可變遞減法

- **用途**：類似於 DDB，但允許在接近資產壽命終點時轉換為直線折舊，以確保合理分配折舊費用。
- **適用情境**：適用於需要更靈活折舊方式的會計處理，例如報表合規需求。

6. AMORLINC（線性折舊法，適用於歐洲會計標準）

- **用途**：類似 SLN，但根據歐洲會計法規進行調整，允許不同的計算規則。
- **適用情境**：若你的財務報表需符合 IFRS（國際財務導準則），可能會用到這個函數。

1 首先當然是先照著此折舊的公式，把必要的欄位規劃好

	A	B	C	D	E	F
1		旗明公司固定資產折舊表 (年數合計法)				
2						
3	使用期數	固定資產項目	成本	殘值	可用年限	折舊額
4	新購(年)		$ 1,560,000	$ 200,000	8	
5	1		$ 1,560,000	$ 200,000	8	
6	2		$ 1,560,000	$ 200,000	8	
7	3		$ 1,560,000	$ 200,000	8	
8	4	運輸設備	$ 1,560,000	$ 200,000	8	
9	5		$ 1,560,000	$ 200,000	8	
10	6		$ 1,560,000	$ 200,000	8	
11	7		$ 1,560,000	$ 200,000	8	
12	8		$ 1,560,000	$ 200,000	8	

(附以上截圖給 AI)

截圖是我的資料，我想採用 SYD (Sum-of-the-Years-Digits) — 年數合計法，請給我 F5 的公式

2 送出需求

3 AI 生成了關鍵的 SYD 公式 (當然也可能像這裡一樣多用 IF 函數做了一些判斷)

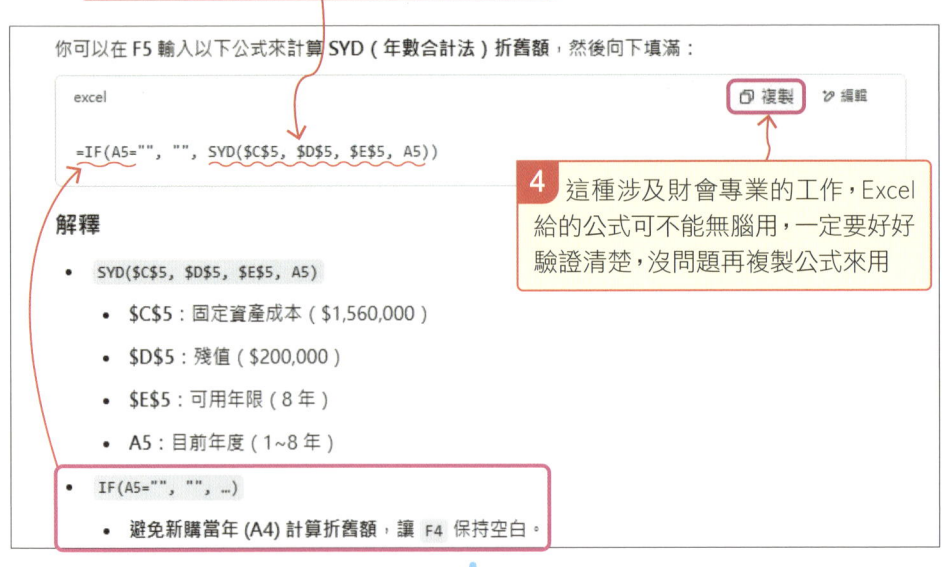

你可以在 F5 輸入以下公式來計算 SYD（年數合計法）折舊額，然後向下填滿：

```
excel                                          複製   編輯
=IF(A5="", "", SYD($C$5, $D$5, $E$5, A5))
```

4 這種涉及財會專業的工作，Excel 給的公式可不能無腦用，一定要好好驗證清楚，沒問題再複製公式來用

解釋

- `SYD($C$5, $D$5, $E$5, A5)`
  - `$C$5`：固定資產成本（$1,560,000）
  - `$D$5`：殘值（$200,000）
  - `$E$5`：可用年限（8 年）
  - `A5`：目前年度（1~8 年）

- `IF(A5="", "", …)`
  - 避免新購當年 (A4) 計算折舊額，讓 F4 保持空白。

↓

5 貼上公式後，第 1 年的折舊額計算出來了

	A	B	C	D	E	F
1			旗明公司固定資產折舊表 (年數合計法)			
2						
3	使用期數	固定資產項目	成本	殘值	可用年限	折舊額
4	新購(年)		$ 1,560,000	$ 200,000	8	-
5	1		$ 1,560,000	$ 200,000	8	$302,222.22
6	2		$ 1,560,000	$ 200,000	8	$264,444.44
7	3		$ 1,560,000	$ 200,000	8	$226,666.67
8	4	運輸設備	$ 1,560,000	$ 200,000	8	$188,888.89
9	5		$ 1,560,000	$ 200,000	8	$151,111.11
10	6		$ 1,560,000	$ 200,000	8	$113,333.33
11	7		$ 1,560,000	$ 200,000	8	$75,555.56
12	8		$ 1,560,000	$ 200,000	8	$37,777.78

F5 儲存格公式：=IF(A5="", "", SYD($C$5, $D$5, $E$5, A5))

6 將 F5 儲存格的填滿控點向下拉曳至 F12 儲存格，就完成了

　　本例我們再度見識到 AI 的強大教學 + 輔助功能。要特別提醒讀者的是，AI 雖然一下子就提供折舊函數的使用方式，甚至幫助我們規劃公式與欄位，但絕對不能完全依賴它！畢竟折舊的計算涉及企業財務報表的準確性，針對 AI 生成的公式，絕對需要專業的會計人員進行人工驗證。畢竟，這不是單純的數字加減，而是正式的財會工作，**容不得任何誤差！**

10-6 Excel × AI 計算人事薪資、勞健保、勞退提撥

使用 AI ▸ AI 聊天機器人
(ChatGPT、Copilot、Gemini…都可以)

　　對會計人員來說，計算公司員工薪水是十足辛苦的差事，過程中要查詢每個人應扣的所得稅、健保、勞保、計算勞退提撥金…等。本節提供的是可協助計算薪資的商用表單範本，可簡化人工查詢扣繳費用及核算實際應付薪資的工作。

10-25

本範本的簡要說明

先大致說明一下本節範本的用法，終極目標是希望完成**員工薪資的計算**，如下：

	A	B	C	D	E	F	G	H	I	J	K
1					旗中公司員工薪資表						
2	員工姓名	本薪	職務津貼	薪資總額	所得稅	健保	勞保	請假	應扣小計	應付薪資	本月勞退提撥
3	吳美麗	36,000	3200	39,200	0	1689	764	300	2,753	36,447	2,406
10	劉淑容	26,400		26,400	0	389	528		917	25,483	1,584
11	黃震琪	28,540	1800	30,340	0	446	606		1,052	29,288	1,908
12	高聖慧	32,000		32,000	0	468	636		1,104	30,896	1,998
13	林英俊	43,000		43,000	0	619	840		1,459	41,541	2,634
14	錢貴鑫	52,000		52,000	0	745	878		1,623	50,377	3,180
15	倪曉佩	38,500	3450	41,950	0	591	802	780	2,173	39,777	2,520
16	蘇義宏	48,000		48,000	0	1350	878	300	2,528	45,472	2,892
17	陳正霖	29,500	2000	31,500	0	446	606	800	1,852	29,648	1,908

員工基本資料 / 所得扣繳稅額表 / 健保負擔金額表 / 勞保負擔金額表 / 勞退金月提撥分級表 / **薪資表**

在**薪資表**這張主要工作表中完成薪資計算

由於需要計算各員工的所得稅、健保、勞保…等扣除額，本範本的重點在於各項目要到對應的工作表去查表，取得正確的扣除額納入薪資計算

我們舉當中「**所得稅**」的查表例子，示範公式如何設計，再思考這個範例是否適合請 AI 協助計算。

1 查詢應扣的「所得稅」是以所屬級距中較低的等級為主，也就是要找出小於或等於搜尋值的最大值。例如要查出某員工 "吳美麗" 應扣的所得稅，就是要利用 VLOOKUP 函數先到上圖最前面的**員工基本資料**工作表中查詢扶養人數，然後再到**所得扣繳稅額表**工作表中依據吳美麗的「薪資總額」及「扶養人數」查詢應扣的所得稅。所以薪資表工作表 E3 儲存格，公式會如下這樣：

吳美麗的薪資總額

=VLOOKUP (D3, 所得稅額表 ,
　　VLOOKUP (A3, 員工基本資料 , 4, FALSE)+2,TRUE)

本範本已事先定義好名稱的查表範圍
(**所得扣繳稅額表**工作表中的 A3:G67)

本範本也事先定義好名稱的查表範圍
(**員工基本資料**工作表中的 A3:F32)

> **TIP** 以本例而言，要計算員工的薪資，我們得依序查詢各工作表，由於這幾個工作表中的資料範圍都很大，為了避免查表時暈頭轉向，本例範本已事先為這幾個查表範圍定義好名稱，這樣在進行函數或公式運算時會比較清楚易懂。

定義的名稱	工作表名稱	資料範圍
員工姓名	員工基本資料	A3：A32
員工基本資料	員工基本資料	A3：F32
所得稅額表	所得扣繳稅額表	A3：G67
健保負擔表	健保負擔金額表	C6：G57
勞保負擔表	勞保負擔金額表	A3：C21

在 Excel 中，可以切換到**公式**頁次，點擊**定義名稱**來做名稱的設定。若要事後查看，則可以點擊**名稱管理員**來查看

● 左頁的公式中，內層的 VLOOKUP 函數用來查詢扶養人數：

以員工姓名為搜尋值

VLOOKUP(A3, 員工基本資料 , 4 , FALSE)

到**員工基本資料**工作表中的 A3：F32 中的第 4 欄查詢扶養人數

此值設為 FALSE 表示要完全符合搜尋值

扶養人數在**員工基本資料**工作表中的第 4 欄

	A	B	C	D	E	F
1	旗中公司員工基本資料					
2	員工姓名	部門	銀行帳號	扶養人數	健保眷口人數	本薪
3	吳美麗	產品部	205-163401	2	2	36,000
4	呂小婷	財務部	205-161403	0	0	39,540
5	林裕暐	財務部	205-163561	1	0	86,000
6	徐誌明	電腦室	205-161204	1	2	66,000

所以查到吳美麗的扶養人數為 2

10-27

- 外層的 VLOOKUP 函數則是依據薪資總額以及查詢到的扶養人數,到**所得扣繳稅額表**工作表中查詢應扣所得稅:

步驟 2:查詢薪資所得的級距

=VLOOKUP(D3, 所得稅額表,
　　VLOOKUP (A3, 員工基本資料 , 4, FALSE)+2,TRUE)

步驟 1:找出扶養人數

前一頁內層 VLOOKUP 已經找到吳美麗的扶養人數為 2 人,如下圖所示,在**所得扣繳稅額表**工作表中的**扶養人數 2 人是位在第 4 欄,扶養人數 3 人位在第 5 欄**,所以可看到上面公式我們將查到的扶養人數值 **+2**,即可對應到外層 VLOOKUP 函數要查的欄位。

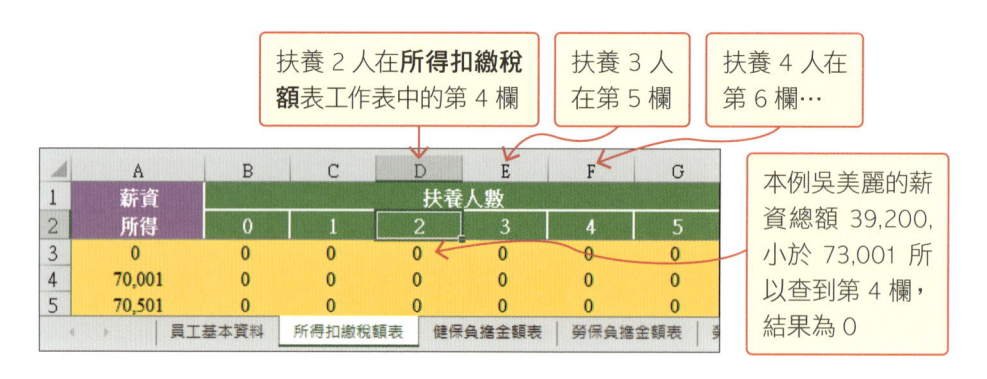

扶養 2 人在**所得扣繳稅額表**工作表中的第 4 欄

扶養 3 人在第 5 欄

扶養 4 人在第 6 欄…

本例吳美麗的薪資總額 39,200,小於 73,001 所以查到第 4 欄,結果為 0

	A	B	C	D	E	F	G
1	薪資			扶養人數			
2	所得	0	1	2	3	4	5
3	0	0	0	0	0	0	0
4	70,001	0	0	0	0	0	0
5	70,501	0	0	0	0	0	0

員工基本資料　所得扣繳稅額表　健保負擔金額表　勞保負擔金額表

2 在薪資表的 E3 儲存格中輸入兩層的 VLOOKUP 公式後,即可查出吳美麗的應扣所得稅為 0。接著,拉曳儲存格 E3 的填滿控點到 E32,即可算出所有人的所得稅扣繳稅額:

E3　=VLOOKUP(D3,所得稅額表,VLOOKUP(A3,員工基本資料,4,FALSE)+2,TRUE)

旗中公司員工薪資表

	員工姓名	本薪	職務津貼	薪資總額	所得稅	健保	勞保	請假	應扣小計	應付薪資
3	吳美麗	36,000	3200	39,200	0	1689	764	300	2,753	36,447
4	呂小婷	39,540		39,540	0	563	764	800	2,127	37,413
5	林裕暐	86,000		86,000	2440	1236	878		4,554	81,446

📊 小結

除了所得稅外，範本中的**健保負擔金**、**勞保負擔金**、**勞退提撥**…這三個工作表的設計邏輯也都一樣，看完前面的解說，應該就了解本節這個範本的設計邏輯了。

在範本中，重點就是利用 VLOOKUP 函數去各工作表查表。而前幾個小節看下來，請 AI 生成 VLOOKUP 函數的演練我們也看了不少，相信無形中您的 VLOOKUP 函數使用功力也有提升，本例能試著自己寫出來是最好，若實在卡關想問 AI，也要評估一下可行性如何。

怎麼說呢？像前面查**所得稅**時用到了「雙層」VLOOKUP 函數，要想請 AI 一次生成到好，說實在難度不小 (光描述連兩層的查表會很花時間)。像這種情況，不要想一次到位，不妨從內層的 VOOLKUP 公式請 AI 生成起。至於，左頁提到外層的那個 VLOOKUP 有個 +2 的特殊設計，像這種公式中需要額外修改的，應該也不適合請 AI 操刀。

**=VLOOKUP(D3, 所得稅額表 ,　　　　　　　　　　　
　　VLOOKUP (A3, 員工基本資料 , 4, FALSE)+2,TRUE)**

> 在**所得扣繳稅額表**工作表中，扶養人數 +2 = 所在的欄數，這種是範本內的特殊規則，手動自己撰寫公式會比較實際

> **TIP** 本節的範本還有一個重點：不管是**所得扣繳稅額表**、**健保負擔金額表**、**勞保負擔金額表**、**勞退金月提繳分級表**，**隨時都有可能會更新**，您可以到健保局、勞保局或國稅局的網站查詢最新資訊 (比較快就是以關鍵字搜尋，可以快速連到對應的網頁)，記得，務必先更新完本節範本中的資訊再來使用，畢竟錢的事可不能開玩笑呢！

MEMO

11
CHAPTER

更方便的 Excel×AI 商用表單製作技巧

以零用金支出自動化整合表單為例

- 11-1 超方便的「AI 函數」！瞬間合併多個表格來完成表單
- 11-2 用 AI 函數「跨工作表」合併關聯表格來完成表單

零用金通常是一筆用於小額支出的現金，常用來支付交通費、文具用品、誤餐費等雜項支出。以往用 Excel 的**篩選**＋**小計**功能就能快速統計當月、當年的加總，或是利用**樞紐分析表**依指定的條件統計部門或員工的總支出。

上述提到的這些表單、報表需求，用 Ch8～Ch10 示範的 AI 聊天機器人互動技巧同樣可以輕鬆搞定，不過 AI 工具可不只有 ChatGPT 等聊天機器人，有時候彈性地選用其他 AI 工具，可以更方便地解決**特定 Excel 表單製作需求**。

例如，零用金是很單純的計算，不過有時候也會遇到需要整合多個表格的情況。例如：零用金的支出明細在第一個表格、「申請人」及「部門名稱」的對照在第二個表格、「科目編號」及「科目名稱」的對照在第三個表格，這三個表格彼此都有關聯 (參見下圖的範例)：

想將這三個表格整合在一起 (如右頁上圖)

日期	申請人	科目名稱	金額	摘要		申請人	部門名稱		科目編號	科目名稱
03/03	謝淑琳	交通費	480	搭計程車拜訪客戶		黃美慧	產品部		6001	交通費
03/06	黃美慧	文具用品	380	添購文具一批		謝淑琳	業務部		6002	文具用品
03/11	林千惠	郵電費	80	寄合約給客戶		林千惠	會計部		6003	郵電費
03/13	藍忠霖	誤餐費	420	參加研討會午餐費		許佳琪	倉管部		6004	誤餐費
03/17	施里陽	書報雜誌費	849	部門參考用書		蘇志沛	資訊部		6005	水電費
03/18	李永欣	水電費	1388	1、2月電費		戴宇俊	資訊部		6006	廣告費
03/19	徐旻龍	雜項費用	1508	贈送顧客禮品		卓郁芸	倉管部		6007	管理費
03/21	江貝仔	管理費	1800	3月管理費		藍忠霖	倉管部		6008	書報雜誌費
03/21	田可妮	文具用品	638	添購文具一批		劍牌耀	產品部		6009	雜項費用
03/26	蕭建成	書報雜誌費	240	部門參考用書		曹玲萱	倉管部			
03/31	鄭育敏	郵電費	120	寄信給客戶		施里陽	研發部			
04/01	蘇志沛	書報雜誌費	350	部門參考用書		蕭建成	研發部			
04/07	許翔庭	交通費	1430	搭高鐵拜訪客戶		李永欣	業務部			
04/08	姚仁翊	雜項費用	260	匯款手續費		薛婕蘭	會計部			
04/09	許翔庭	誤餐費	150	參加展覽午餐費		趙詠琪	研發部			
04/14	徐旻龍	雜項費用	1500	園藝保養費		徐旻龍	資訊部			
04/14	李永欣	交通費	480	佈展來回交通		陳煒君	會計部			
04/18	方珺昀	水電費	1250	1、2月水費		方珺昀	產品部			
04/18	田可妮	文具用品	390	添購文具一批		江貝仔	產品部			
04/21	周萬墉	郵電費	180	寄送文件給客戶		周萬墉	研發部			
04/24	林千惠	管理費	1800	4月管理費		陸薩玫	研發部			
04/29	田可妮	書報雜誌費	590	部門參考用書		任安萱	研發部			
04/30	謝淑琳	交通費	845	搭高鐵拜訪客戶		田可妮	業務部			
05/02	蘇志沛	雜項費用	120	購買感應扣		姚仁翊	會計部			
05/05	李永欣	雜項費用	150	影印、傳真		許翔庭	研發部			
05/07	卓郁芸	文具用品	420	添購文具一批		鄭育敏	產品部			
						胡景華	業務部			

共同的欄位名稱為「申請人」　　共同的欄位名稱為「科目名稱」

	A	B	C	D	E	F	G
31	零用金支出明細						
32	日期	申請人	部門名稱	科目編號	科目名稱	金額	摘要
33	03/03	謝淑琳	業務部	6001	交通費	480	搭計程車拜訪客戶
34	03/06	黃美慧	產品部	6002	文具用品	380	添購文具一批
35	03/11	林千惠	會計部	6003	郵電費	80	寄合約給客戶
36	03/13	藍忠霖	倉管部	6004	誤餐費	420	參加研討會午餐費
37	03/17	施星陽	研發部	6008	書報雜誌費	849	部門參考用書
38	03/18	李永欣	業務部	6005	水電費	1388	1、2月電費
39	03/19	徐昊龍	資訊部	6009	雜項費用	1508	贈送顧客禮品
40	03/21	江貝仔	產品部	6007	管理費	1800	3月管理費
41	03/21	田可妮	業務部	6002	文具用品	638	添購文具一批
42	03/26	蕭建成	業務部	6008	書報雜誌費	240	部門參考用書
43	03/31	鄭宥敏	產品部	6003	郵電費	120	寄信給客戶
44	04/01	蘇志沛	資訊部	6008	書報雜誌費	350	部門參考用書
45	04/07	許翔庭	研發部	6001	交通費	1430	搭高鐵拜訪客戶
46	04/08	姚仁翔	產品部	6009	雜項費用	260	匯款手續費
47	04/09	許翔庭	研發部	6004	誤餐費	150	參加展覽午餐費
48	04/14	徐昊龍	資訊部	6009	雜項費用	1500	園藝保養費
49	04/14	李永欣	業務部	6001	交通費	480	佈展來回交通
50	04/18	方斑昀	研發部	6005	水電費	1250	1、2月水費
51	04/18	田可妮	業務部	6002	文具用品	390	添購文具一批
52	04/21	周萬墉	研發部	6003	郵電費	180	寄送文件給客戶
53	04/24	林千惠	會計部	6007	管理費	1800	4月管理費
54	04/29	田可妮	業務部	6008	書報雜誌費	590	部門參考用書
55	04/30	謝淑琳	業務部	6001	交通費	845	搭高鐵拜訪客戶
56	05/02	蘇志沛	資訊部	6009	雜項費用	120	購買感應扣
57	05/05	李永欣	業務部	6009	雜項費用	150	影印、傳真
58	05/07	卓郁芸	倉管部	6002	文具用品	420	添購文具一批
59							

◀ 將所有資料整合在一起 (加入與「申請人」對應的「部門名稱」及與「科目名稱」對應的「科目編號」)

像這種「**想要快速整合多個表格或是多個工作表資料**」的整併需求，本章就示範如何用 AI 聊天機器人以外的工具更快速地完成。

TIP 本章使用的是第三方的 Excel AI 助理－Spreadsheet AI，本節會用到的功能適用 Excel 2021、Excel 2024 以及 Microsoft 365 的版本。

11-1 超方便的「AI 函數」！瞬間合併多個表格來完成表單

使用 AI 第三方 Excel 內建 AI 助理
(Spreadsheet AI、GPT for Work…等)

經過我們測試，像本例這樣的資料整併需求，最快、最直接的方法就是使用**內建在 Excel 裡面的 AI 助理**來完成。例如 1-4 節介紹過的 Spreadsheet AI 就設計了獨特的「**AI 函數**」，有別於傳統的 Excel 函數用法，不用花時間摸索函數該怎麼設，直接用一句話可以「全自動」完成本例的表單整併工作 (待會就會看到示範)。

11-3

> **TIP** 如 1-4 節所介紹，Spreadsheet AI 是一款專為 Excel 所設計的**增益集**，你不用頻繁切換畫面，依照 1-4 節的說明安裝好後，就可以直接在 Excel 中操作，就像有專家從旁協助一樣。

認識 Spreadsheet AI 提供的超強 AI 函數

我們先快速回顧 Spreadsheet AI 的用法。安裝好 Spreadsheet AI 後，在 Excel 畫面最上方的功能頁次會多出一個 **Spreadsheet AI**，切換到此頁次，會看到四個功能按鈕，點按 **AI Chat Copilot**，即可在畫面的右側顯示工作窗格，讓你以提問的方式詢問 AI 工具。

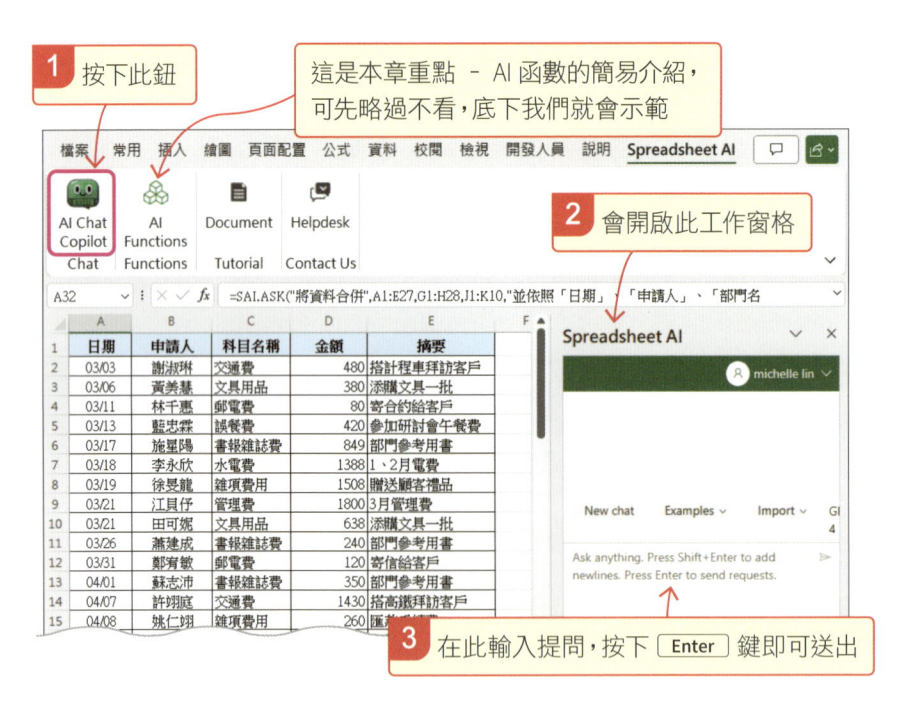

當我們安裝好 Spreadsheet AI 後，其實就可以在 Excel 儲存格開始使用 Spreadsheet 專屬的 AI 函數了。但目前我們對它還不太熟，在示範之前，我們先一覽 Spreadsheet AI 提供哪些精心設計的 AI 函數可以用。首先，按下使用者名稱旁的箭頭，即會出現選單，按下選單中的 **Spreadsheet AI Functions**，就會看到各種函數：

11-4

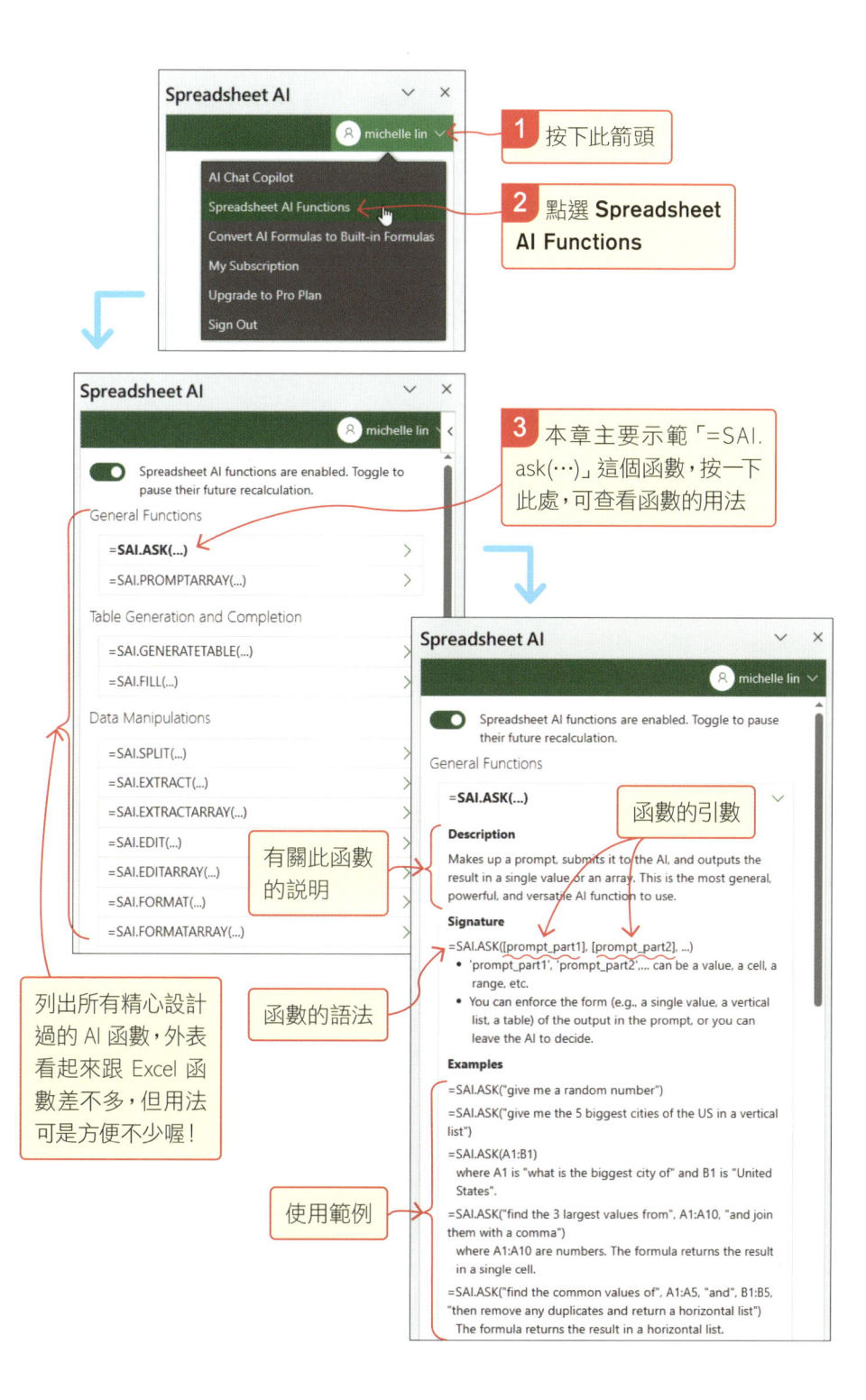

1 按下此箭頭

2 點選 Spreadsheet AI Functions

3 本章主要示範「=SAI.ask(…)」這個函數，按一下此處，可查看函數的用法

有關此函數的說明

列出所有精心設計過的 AI 函數，外表看起來跟 Excel 函數差不多，但用法可是方便不少喔！

函數的引數

函數的語法

使用範例

第 11 章　更方便的 Excel × AI 商用表單製作技巧 — 以零用金支出自動化整合表單為例

11-5

先別被看到的一大串英文畫面給嚇到，這個 SAI.ASK 函數的用法很簡單，其實跟下 Prompt 差不多，先擬出一句提示語 (=我們的需求)，然後把這句提示語稍微「加工」一下就可以了，例如：

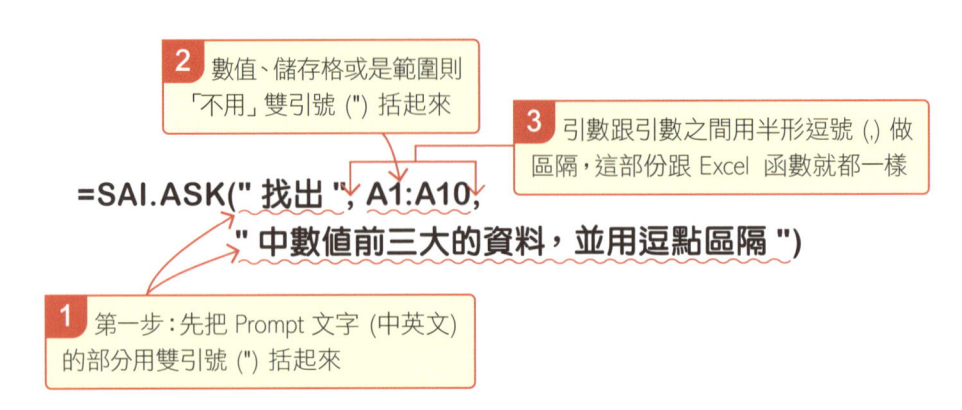

2 數值、儲存格或是範圍則「不用」雙引號 (") 括起來

3 引數跟引數之間用半形逗號 (,) 做區隔，這部份跟 Excel 函數就都一樣

=SAI.ASK(" 找出 ", A1:A10, " 中數值前三大的資料，並用逗點區隔 ")

1 第一步：先把 Prompt 文字 (中英文) 的部分用雙引號 (") 括起來

關於 Spreadsheet AI 的使用點數

在此提醒您，雖然 Spreadsheet AI 方便好用，每個月也會提供免費的點數供使用者使用，但每次提問會依處理的複雜度扣專屬的 IQ 點數，像上面這一行用 SAI.ASK 找出數值前三大的範例，經筆者測試，執行 SAI.ASK 公式後扣了 25 點，所以在使用 Spreadsheet AI 時，不要像用免費 AI 聊天機器人那樣隨口問問，否則點數很快就會用完。

要查看點數可按下使用者名稱，點選 **My Subscription**：

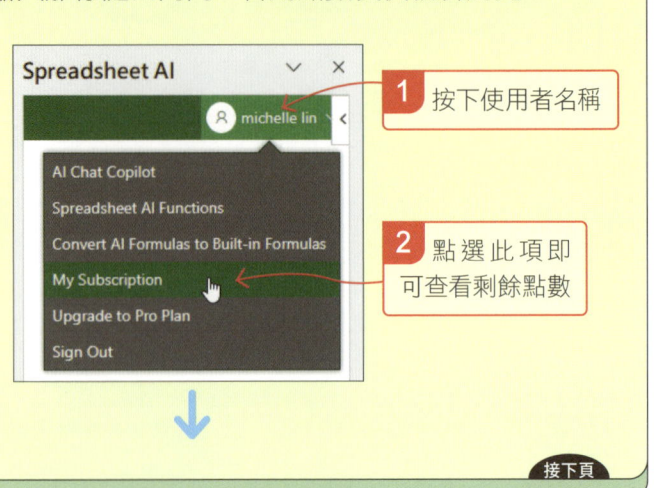

1 按下使用者名稱

2 點選此項即可查看剩餘點數

接下頁

[圖：兩個 Spreadsheet AI 訂閱資訊畫面]

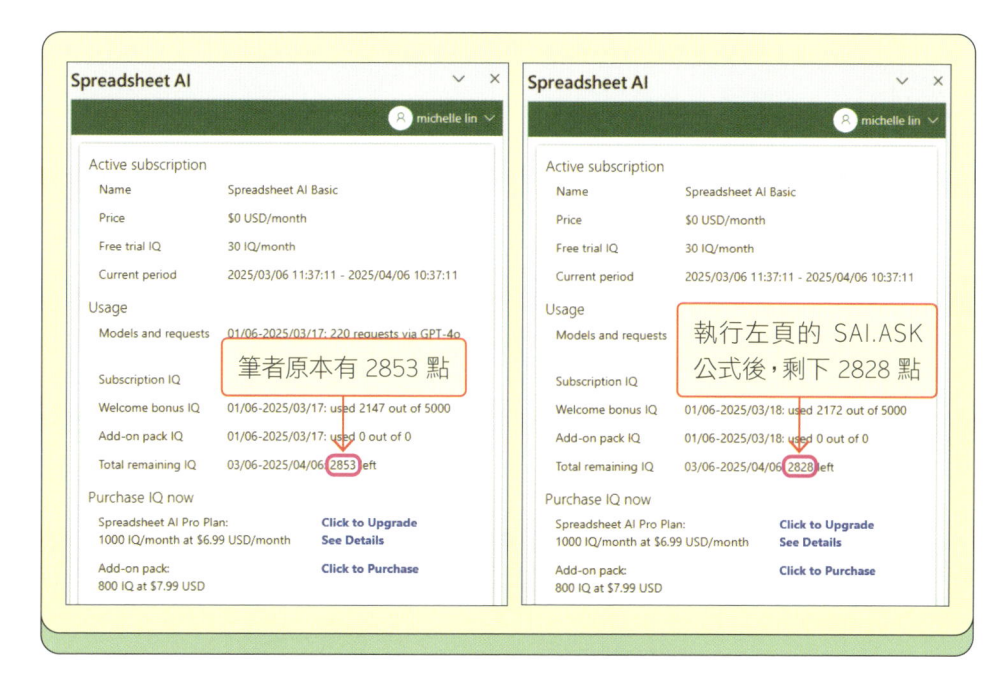

筆者原本有 2853 點

執行左頁的 SAI.ASK 公式後，剩下 2828 點

用 AI 函數自動合併多個關聯表格資料

大致了解 SAI.ASK 函數的用法後，我們就來演練下圖的例子，利用此 AI 函數自動合併三個表格。

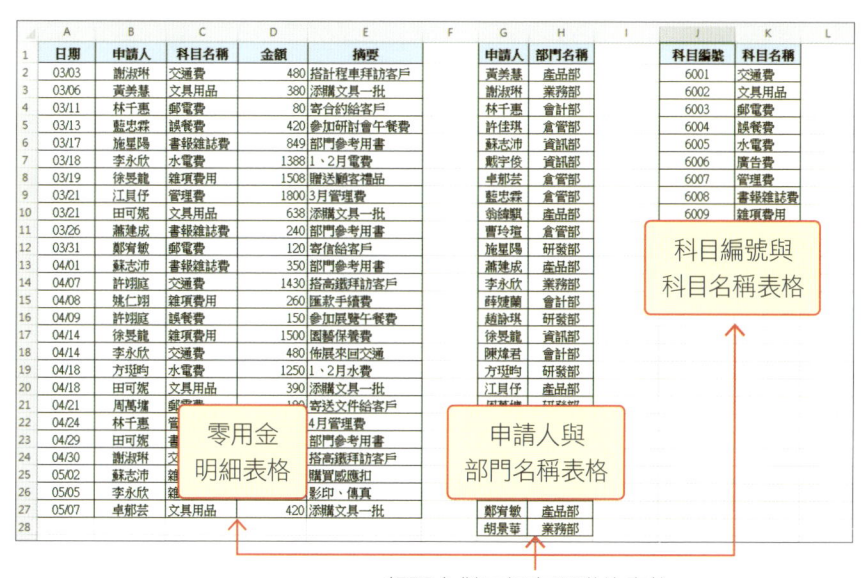

[圖：Excel 表格]

科目編號與科目名稱表格

申請人與部門名稱表格

零用金明細表格

想要合併三個有關聯的表格

11-7

請先切換到 **Spreadsheet AI** 功能頁次，接著在 A32 儲存格輸入底下的公式，將三個關聯的表格合併：

=SAI.ASK(" 將資料合併 ",A1:E27,G1:H28,J1:K10)

零用金明細表格　申請人與部門名稱表格　科目編號與科目名稱表格

1 切換到此頁次

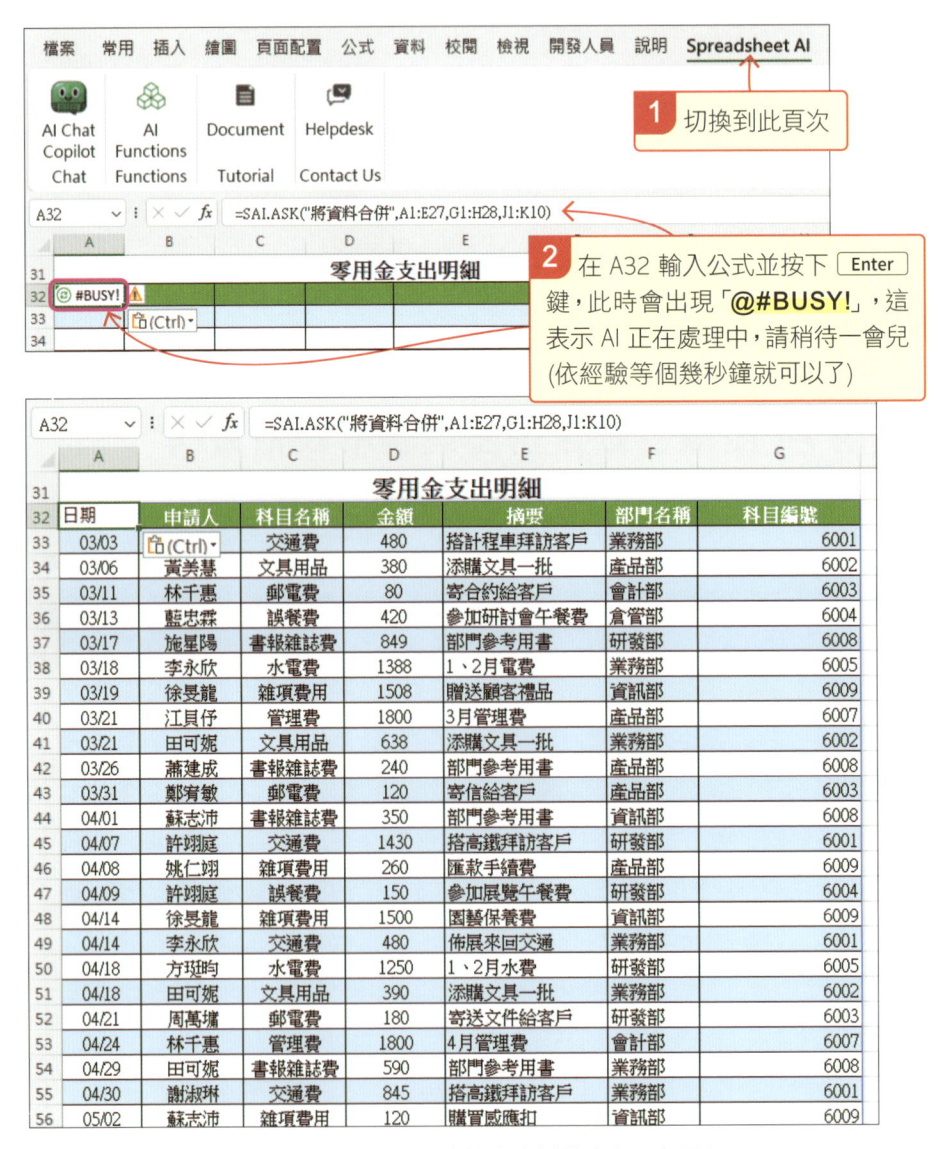

2 在 A32 輸入公式並按下 Enter 鍵，此時會出現「@#BUSY!」，這表示 AI 正在處理中，請稍待一會兒 (依經驗等個幾秒鐘就可以了)

	A	B	C	D	E	F	G
31				零用金支出明細			
32	日期	申請人	科目名稱	金額	摘要	部門名稱	科目編號
33	03/03	(Ctrl)	交通費	480	搭計程車拜訪客戶	業務部	6001
34	03/06	黃美慧	文具用品	380	添購文具一批	產品部	6002
35	03/11	林千惠	郵電費	80	寄合約給客戶	會計部	6003
36	03/13	藍忠霖	誤餐費	420	參加研討會午餐費	倉管部	6004
37	03/17	施星陽	書報雜誌費	849	部門參考用書	研發部	6008
38	03/18	李永欣	水電費	1388	1、2月電費	業務部	6005
39	03/19	徐旻龍	雜項費用	1508	贈送顧客禮品	資訊部	6009
40	03/21	江貝仔	管理費	1800	3月管理費	產品部	6007
41	03/21	田可妮	文具用品	638	添購文具一批	業務部	6002
42	03/26	蕭建成	書報雜誌費	240	部門參考用書	產品部	6008
43	03/31	鄭宥敏	郵電費	120	寄信給客戶	產品部	6003
44	04/01	蘇志沛	書報雜誌費	350	部門參考用書	資訊部	6008
45	04/07	許翊庭	交通費	1430	搭高鐵拜訪客戶	研發部	6001
46	04/08	姚仁翔	雜項費用	260	匯款手續費	產品部	6009
47	04/09	許翊庭	誤餐費	150	參加展覽午餐費	研發部	6004
48	04/14	徐旻龍	雜項費用	1500	園藝保養費	資訊部	6009
49	04/14	李永欣	交通費	480	佈展來回交通	業務部	6001
50	04/18	方斑昀	水電費	1250	1、2月水費	研發部	6005
51	04/18	田可妮	文具用品	390	添購文具一批	業務部	6002
52	04/21	周萬墉	郵電費	180	寄送文件給客戶	研發部	6003
53	04/24	林千惠	管理費	1800	4月管理費	會計部	6007
54	04/29	田可妮	書報雜誌費	590	部門參考用書	業務部	6008
55	04/30	謝淑琳	交通費	845	搭高鐵拜訪客戶	業務部	6001
56	05/02	蘇志沛	雜項費用	120	購買感應扣	資訊部	6009

▲ AI 函數「瞬間」把三個表格的資料整合在一起了！

雖然資料很快地整合在一起，但是欄位的順序不是我們想要的，在此希望欄位能夠依照「日期」、「申請人」、「部門名稱」、「科目編號」、「科目名稱」、「金額」、「摘要」的順序排列，經筆者測試只要修改剛才 AI 函數裡面的公式，**加上我們想要的欄位順序就可以了**，請在 A32 儲存格按下 F2 鍵，進入編輯模式，將公式修改如下：

=SAI.ASK(" 將資料合併 ",A1:E27,G1:H28,J1:K10,
 " 並依照「日期」、「申請人」、「部門名稱」、「科目編號」、
 「科目名稱」、「金額」、「摘要」的順序排列 ")

請 AI 依照這樣的順序排列。記得這些中文描述都要用雙引號括起來

修改公式

	A	B	C	D	E	F	G
31				零用金支出明細			
32	日期	申請人	部門名稱	科目編號	科目名稱	金額	摘要
33	03/03	謝淑琳	業務部	6001	交通費	480	搭計程車拜訪客戶
34	03/06	黃美慧	產品部	6002	文具用品	380	添購文具一批
35	03/11	林千惠	會計部	6003	郵電費	80	寄合約給客戶
36	03/13	藍忠霈	倉管部	6004	誤餐費	420	參加研討會午餐費
37	03/17	施星陽	研發部	6008	書報雜誌費	849	部門參考用書
38	03/18	李永欣	業務部	6005	水電費	1388	1、2月電費
39	03/19	徐旻龍	資訊部	6009	雜項費用	1508	贈送顧客禮品
40	03/21	江貝仔	產品部	6007	管理費	1800	3月管理費
41	03/21	田可妮	業務部	6002	文具用品	638	添購文具一批
42	03/26	蕭建成	產品部	6008	書報雜誌費	240	部門參考用書
43	03/31	鄭宥敏	產品部	6003	郵電費	120	寄信給客戶
44	04/01	蘇志沛	資訊部	6008	書報雜誌費	350	部門參考用書
45	04/07	許翊庭	研發部	6001	交通費	1430	搭高鐵拜訪客戶
46	04/08	姚仁翊	產品部	6009	雜項費用	260	匯款手續費
47	04/09	許翊庭	研發部	6004	誤餐費	150	參加展覽午餐費
48	04/14	徐旻龍	資訊部	6009	雜項費用	1500	園藝保養費
49	04/14	李永欣	業務部	6001	交通費	480	佈展來回交通
50	04/18	方斑昀	研發部	6005	水電費	1250	1、2月水費
51	04/18	田可妮	業務部	6002	文具用品	390	添購文具一批
52	04/21	周萬墉	研發部	6003	郵電費	180	寄送文件給客戶
53	04/24	林千惠	會計部	6007	管理費	1800	4月管理費
54	04/29	田可妮	業務部	6008	書報雜誌費	590	部門參考用書
55	04/30	謝淑琳	業務部	6001	交通費	845	搭高鐵拜訪客戶
56	05/02	蘇志沛	資訊部	6009	雜項費用	120	購買感應扣
57	05/05	李永欣	業務部	6009	雜項費用	150	影印、傳真
58	05/07	卓郁芸	倉管部	6002	文具用品	420	添購文具一批

再執行一次 SAI.ASK 公式，欄位依我們指定的順序排好了

會自動蓋掉第一次合併好的表單

第 11 章　更方便的 Excel × AI 商用表單製作技巧 ─ 以零用金支出自動化整合表單為例

11-9

AI 函數會自動帶出符合條件的資料

附帶一提，Spreadsheet AI 的 AI 函數採用 Excel 2021 及 Microsoft 365 的 **「溢出」**(spill) 功能來呈現計算結果。以我們的例子來說，在 A32 儲存格內輸入函數，執行後其他儲存格就會自動帶出 (溢出) 符合條件的資料。而且仔細看會發現，只有輸入公式的那個儲存格公式為黑色，而帶出資料的儲存格其公式為灰色。但要注意灰色這些儲存格公式不要亂動，否則可能導致資料被刪除。

在 A32 儲存格輸入公式

符合公式的資料會自動帶出

點選任何一個自動帶出的資料，其公式為灰色，不要動到

再次提醒，Spreadsheet AI 會依**問題的複雜度**扣點數，剛才我們調整欄位前還有 2828 點，調整欄位後剩餘 2659 點了 (此操作用了 169 點)。

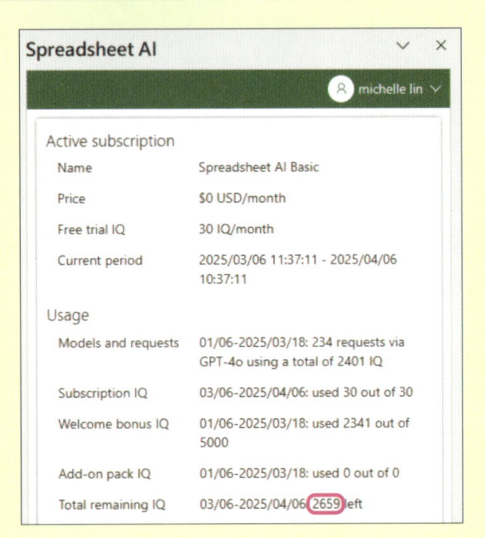

▶ 11-10

11-2 用 AI 函數「跨工作表」合併關聯表格來完成表單

使用AI 第三方 Excel 內建 AI 助理
(Spreadsheet AI、GPT for Work…等)

在上一節的範例中，關聯表格都放在同一個工作表裡，那如果具有關聯的表格是**存放在不同工作表中**，也可以用 Spreadsheet AI 內的 AI 函數來快速合併嗎？當然可以，我們用底下這個例子來做示範。

▲「費用明細」工作表　　　▲「部門」工作表　　　▲「科目」工作表

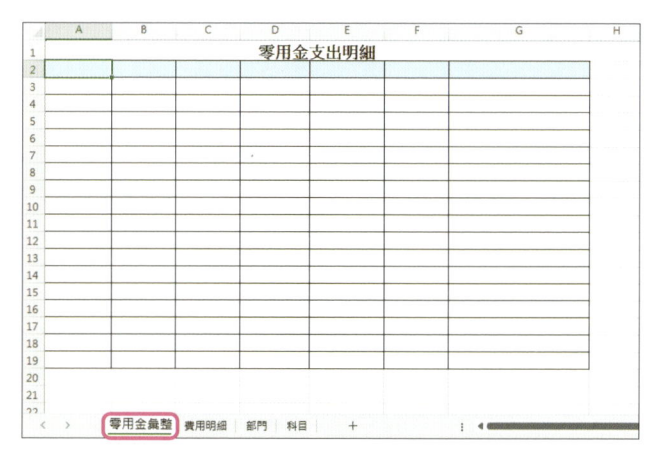

▲ 用來做整合的「零用金彙整」工作表

11-11

在此同樣使用 Spreadsheet AI 的「=SAI.ASK」函數就可以處理合併跨工作表的關聯表格了。而且公式內容幾乎跟上一節一樣，**重點在於加上「工作表名稱」**(其格式為「工作表名稱」＋「!」)。首先切換到「零用金彙整」工作表，選取 A2 儲存格，輸入如下的公式，就可以整合「費用明細」、「部門」及「科目」三個工作表的內容到「零用金彙整」工作表中，而且還會依我們指定的順序排列好欄位。

=SAI.ASK(" 將資料合併 ", 費用明細 !A1:E27, 部門 !A1:B28, 科目 !A1:B10," 並依照「日期」、「申請人」、部門名稱」、「科目編號」、「科目名稱」、「金額」、「摘要」的順序排列 ")

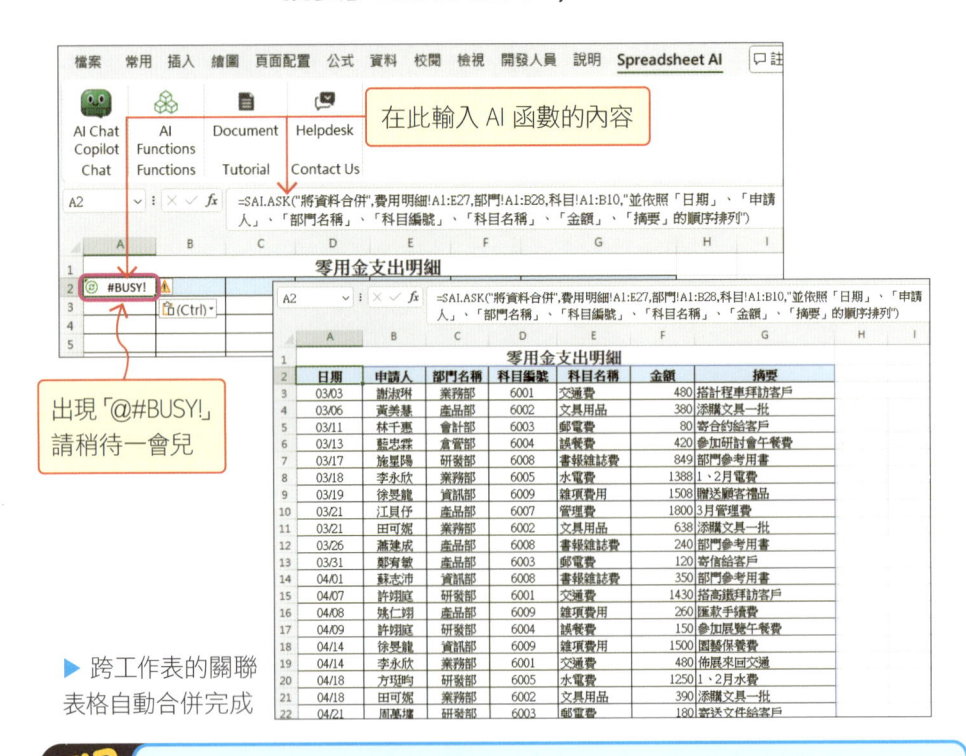

▶ 跨工作表的關聯表格自動合併完成

> **TIP** 除了 Spreadsheet AI 外，也有其他第三方 Excel 內建 AI 助理提供類似的 AI 函數功能，例如 GPT for work 增益集也提供 GPT、GPT_LIST、GPT_TABLE、GPT_FORMAT、GPT_EXTRACT…等特殊函數 (需付費)，用法跟本章介紹的大同小異，都是用自然語言方式就可以快速完成函數設定，有興趣的讀者可以參考 https://gptforwork.com/help/ 的說明。

PART **04** 自動化無極限！
打造跨平台、跨工具的 Excel 自動化流程

12 CHAPTER

用 AI 輕鬆生成 VBA 程式

一鍵解決一連串重複性工作

12-1 複雜的表單按鈕建立工作，請 AI 協助搞定
12-2 請 AI 幫忙寫程式，查表、預覽、列印一鍵搞定

看完前面各章的介紹，相信你已經學會善用 AI 寫 Excel 函數 / 公式、自動整理大量資料、輔助製作商用表單了。然而職場上的 Excel 工作不僅於此，**有些並非單純的 Excel 處理工作**，例如列印。很多財會人員每個月都要列印薪資單，萬一員工人數很多，重複處理起來也很費時，但 Excel 預設只能一張一張印啊，真希望像反覆列印這種即便丟給 AI 可能也無法完成的工作，也能被施展魔法，自動處理完成。

在 Excel 中，以往若談到「自動化」，很容易就會提到 **VBA 程式**，由於大多數人沒有程式基礎，也害怕寫程式，因此 VBA 一直被視為高段技巧。現在有了 AI 輔助，寫程式一點都不難，只要把需求告訴 AI，叫 AI 幫忙寫程式就可以了！本章就以自動列印大量薪資單為例，教你用 AI 協助建立一個「**一鍵完成**」的按鈕，我們只需按下按鈕就能印出所有員工的薪資單。當然，想一鍵完成其他 XXX 工作也不是難題，只要試著把需求告訴 AI 就可以了！

> **TIP** 你可能會聽到很多人說 VBA 過時了，現在流行用 Python 寫程式，但是在 Excel 就能直接執行 VBA 程式，還是很方便的，反正程式是請 AI 產生，我們只要懂得「用」就好。

12-1 複雜的表單按鈕建立工作，請 AI 協助搞定

使用 AI AI 聊天機器人
(ChatGPT、Copilot、Gemini…都可以)

先看一下本節範例的背景。每個月財會人員得在「薪資總表」工作表彙總每位員工的出勤資料，計算請假、加班的費用，還有每個人的勞保、健保、退休金提撥、…等等。製作好這些資料後，得繼續在「薪資單」工作表中逐一輸入員工編號，從薪資總表抓出對應的資料，完成以後，還得逐一列印每個人的薪資單，如果員工人數很多，這項工作就會非常費時！

	A	B	C	D	E	F	G	H	I	J	K	L	M
1	員工編號	員工姓名	本薪	職務津貼	薪資總額	加班費	所得稅	勞保	健保	請假	應扣小計	應付薪資	本月退休金提撥
2	1006	謝振華	36,800	3,200	40,000	3,667		955	592	300	1,847	41,820	2,509
3	1008	許湘凌	40,000		40,000	1,667		1,002	622	800	2,424	39,243	2,355
4	1010	林崢殷	89,000		89,000		2,020	1,145	1,428		4,593	84,407	5,064
5	1022	張佩樺	66,500	450	66,950	1,674		1,145	1,036		2,181	66,443	3,987
6	1031	鍾冠群	42,000		42,000			1,050	651	300	2,001	39,999	2,400
7	1035	黃葳葳	55,000	5,000	60,000			1,145	859		2,004	57,996	3,480
8	1044	劉慧柔	76,500		76,500	2,550		1,145	1,187	450	2,782	76,268	4,576
9	1051	王明川	28,900		28,900			758	470		1,228	27,672	1,660
10	1060	張婉玉	30,000	1,800	31,800	530		758	470		1,228	31,102	1,866
11	1071	李玫秀	35,000		35,000			908	563		1,471	33,529	2,012
12	1081	鄭宗凡	46,000		46,000			1,145	748		1,893	44,107	2,646
13	1090	蘇柏華	52,500		52,500			1,145	822		1,967	50,533	3,032
14	1100	倪詩洋	38,500	3,450	41,950	1,748		1,002	622	780	2,404	41,294	2,478
15	1105	蔡伊芸	49,000		49,000			1,145	785	300	2,230	46,770	2,806
16	1108	吳正迪	35,000	2,000	37,000			908	563	800	2,271	34,729	2,084

▲「薪資總表」工作表，這裡存放所有人的薪資資料 (10-6 節有示範如何製作這類表單)

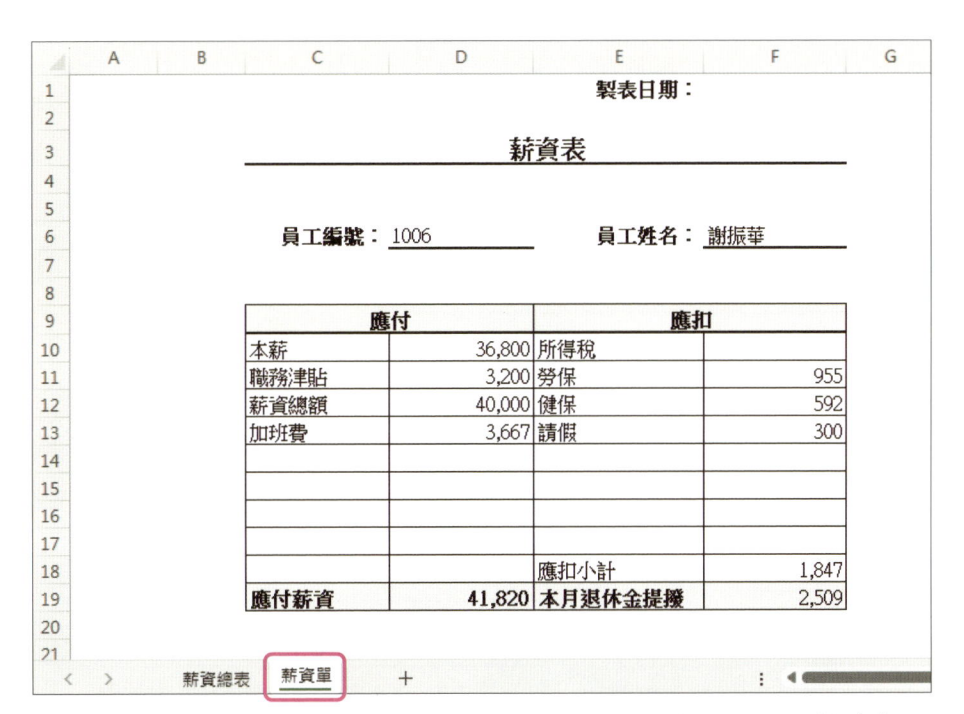

	A	B	C	D	E	F	G
1					製表日期：		
2							
3				薪資表			
4							
5							
6		員工編號：	1006		員工姓名：	謝振華	
7							
8							
9			應付			應扣	
10		本薪		36,800	所得稅		
11		職務津貼		3,200	勞保		955
12		薪資總額		40,000	健保		592
13		加班費		3,667	請假		300
14							
15							
16							
17							
18					應扣小計		1,847
19		應付薪資		41,820	本月退休金提撥		2,509
20							
21							

▲「薪資單」工作表，從「薪資總表」抓取每個人對應的資料，還要一一列印出來…

　　列印薪資單的工作，有多少員工就得重複執行多少次，如果能夠按個按鈕，從「薪資總表」自動抓取每個人的資料，並顯示在「薪資單」對應的欄位裡並自動列印出來，該有多好。

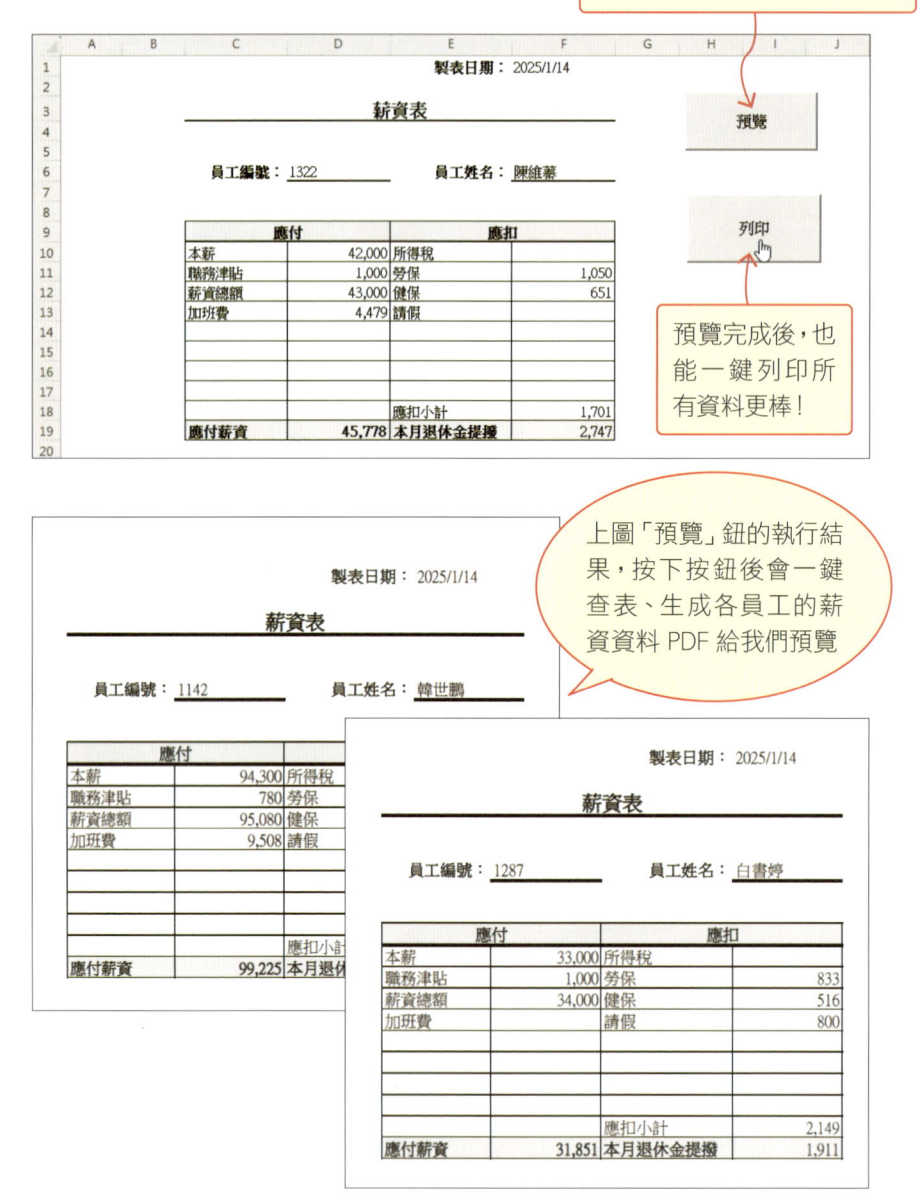

希望按下按鈕，自動帶出對應的員工薪資資料讓我們預覽

	A	B	C	D	E	F	G	H	I	J
1							製表日期：2025/1/14			
2										
3					薪資表				預覽	
4										
5										
6			員工編號：1322			員工姓名：陳維蕭				
7										
8									列印	
9			應付			應扣				
10		本薪		42,000	所得稅					
11		職務津貼		1,000	勞保		1,050			
12		薪資總額		43,000	健保		651			
13		加班費		4,479	請假					
14										
15										
16										
17										
18					應扣小計		1,701			
19		應付薪資		45,778	本月退休金提撥		2,747			
20										

預覽完成後，也能一鍵列印所有資料更棒！

製表日期：2025/1/14

薪資表

員工編號：1142　　　　員工姓名：韓世鵬

應付			
本薪	94,300	所得稅	
職務津貼	780	勞保	
薪資總額	95,080	健保	
加班費	9,508	請假	
		應扣小計	
應付薪資	99,225	本月退休…	

上圖「預覽」鈕的執行結果，按下按鈕後會一鍵查表、生成各員工的薪資資料 PDF 給我們預覽

製表日期：2025/1/14

薪資表

員工編號：1287　　　　員工姓名：白書婷

應付		應扣	
本薪	33,000	所得稅	
職務津貼	1,000	勞保	833
薪資總額	34,000	健保	516
加班費		請假	800
		應扣小計	2,149
應付薪資	31,851	本月退休金提撥	1,911

　　底下會先請 AI 協助我們在表單中建立測試用按鈕，至於讓按鈕可做到我們需求（一鍵預覽、一鍵列印) 的 VBA 程式，則留待下一節再請 AI 協助生成。

請 AI 協助建立測試用按鈕

　　左頁圖有看到，要完成自動化處理的工作，習慣上是先建立一個按鈕 (不建立按鈕也行，但有按鈕，操作上比較直覺)，按鈕是用來存放 VBA 程式用的。而怎麼在表單上放置按鈕呢？我們來問問 AI 聊天機器人：

> 儘量指明版本

我想在 Excel 2021 的工作表中建立一個按鈕，以便存放 VBA 程式，按鈕要如何建立呢？

> 本例 AI 提供的參考步驟，共有 4 個步驟 (大致上都滿到位，卡關機率不大)

我想在 Excel 2021 的工作表中建立一個按鈕，以便存放 VBA 程式，按鈕要如何建立呢？

在 Excel 2021 中建立按鈕並連結到 VBA 程式，以下是詳細步驟：

步驟 1：啟用「開發人員」選項卡

1. 開啟 Excel。
2. 按下 **檔案 > 選項 > 自訂功能區**。
3. 在右側的功能區選項中，勾選 **開發人員**。
4. 按下 **確定**，即可在功能區中看到「開發人員」選項卡。

步驟 2：插入按鈕

1. 切換到 **開發人員** 選項卡。
2. 點選 **插入**，然後選擇 **表單控制項** 下的 **按鈕 (表單控制項)**。
3. 滑鼠游標會變成十字，拖曳滑鼠在工作表上繪製按鈕。

第 12 章　用 AI 輕鬆生成 VBA 程式 — 一鍵解決一連串重複性工作

12-5

步驟 3：連結 VBA 程式

1. 當按鈕被插入後，系統會自動彈出「指派巨集」對話框。如果未出現，右鍵點擊按鈕並選擇 指派巨集。
2. 點擊 新增 以創建新的 VBA 程式，會自動跳到 VBA 編輯器。
3. 輸入你的 VBA 程式，例如：

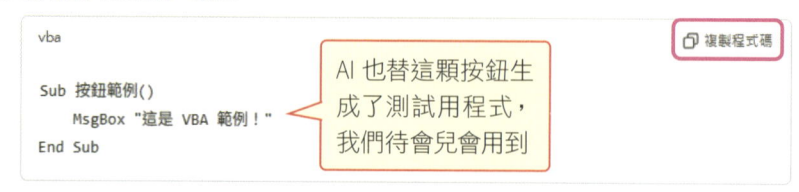

```vba
Sub 按鈕範例()
    MsgBox "這是 VBA 範例！"
End Sub
```

> AI 也替這顆按鈕生成了測試用程式，我們待會兒會用到

4. 按下 Ctrl + S 儲存程式，然後關閉 VBA 編輯器。
5. 回到「指派巨集」視窗，選擇剛建立的程式名稱並點擊 確定。

步驟 4：測試按鈕

1. 在工作表中點擊按鈕，應該會執行 VBA 程式。
2. 若按鈕需要重新命名，右鍵點擊按鈕，選擇 編輯文字，輸入自訂名稱。

---

1 首先開啟還沒有帶入員工資料的 **薪資單** 工作表，我們跟著 AI 的說明，試著把按鈕做出來。請參考前頁「步驟 1」AI 的教學，把 **開發人員** 頁次顯示出來，這是寫 VBA 程式會用到的頁次。

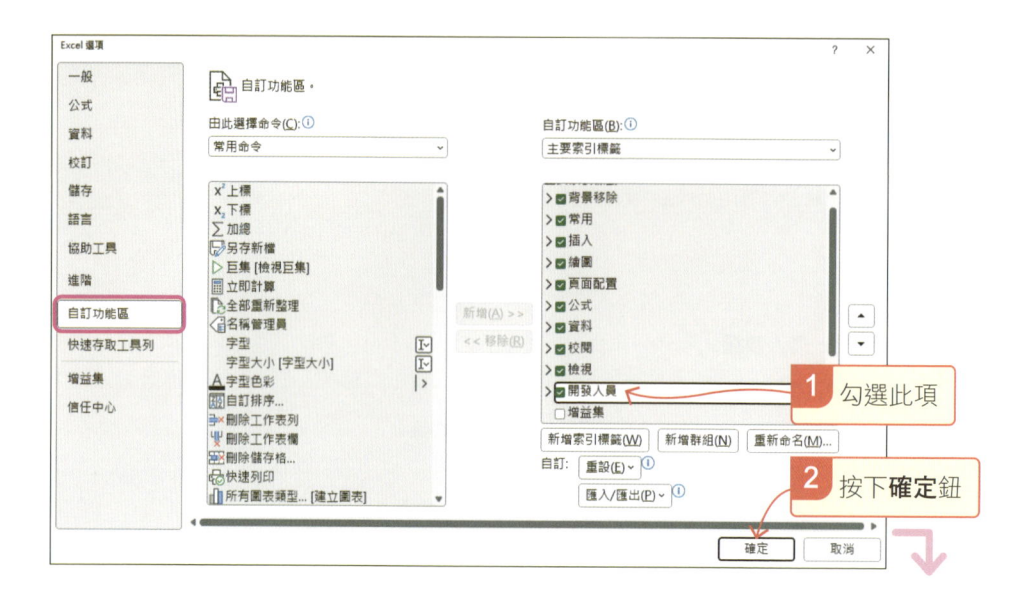

（Excel 選項對話框：自訂功能區，勾選「開發人員」後按下確定鈕）

1 勾選此項
2 按下確定鈕

12-6

顯示**開發人員**頁次了

2 接著參考 AI 說明的「步驟2」，在工作表中插入按鈕。

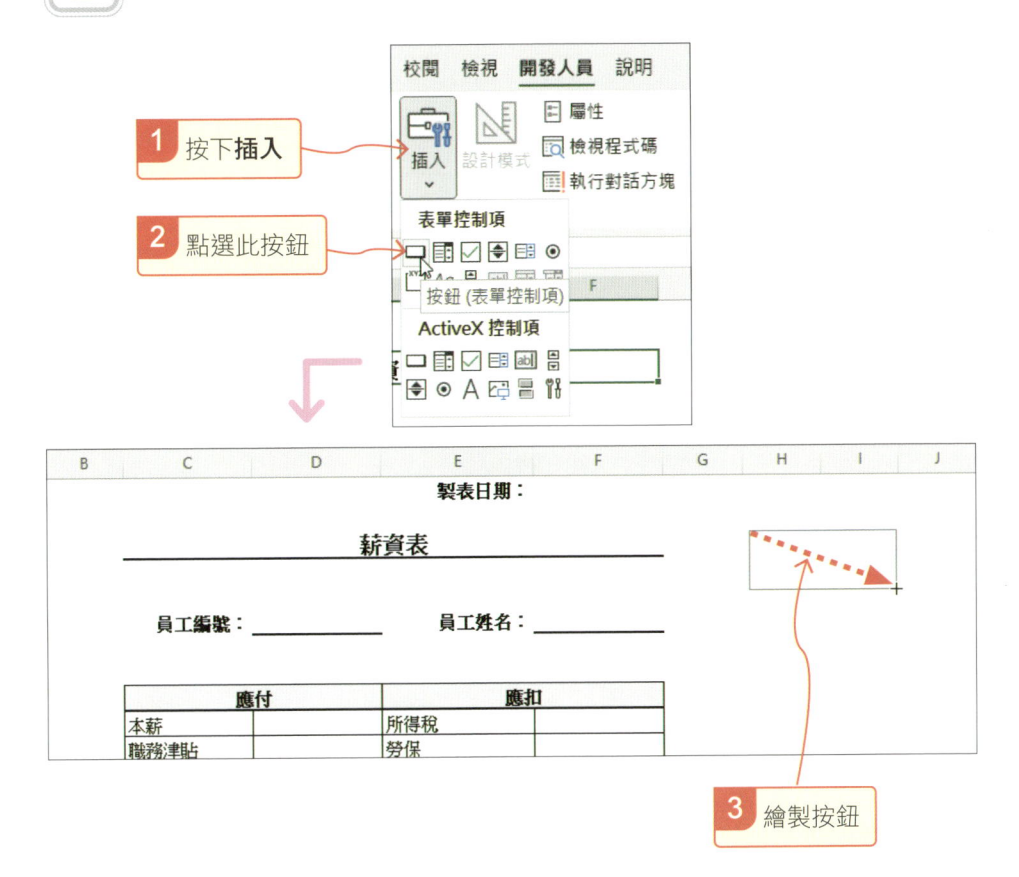

1 按下**插入**

2 點選此按鈕

3 繪製按鈕

12-7

3 繼續參考 AI 給我們的「步驟3」操作，我們讓這個按鈕稍微有點作用，填入 12-6 頁 AI 所生成的測試程式：

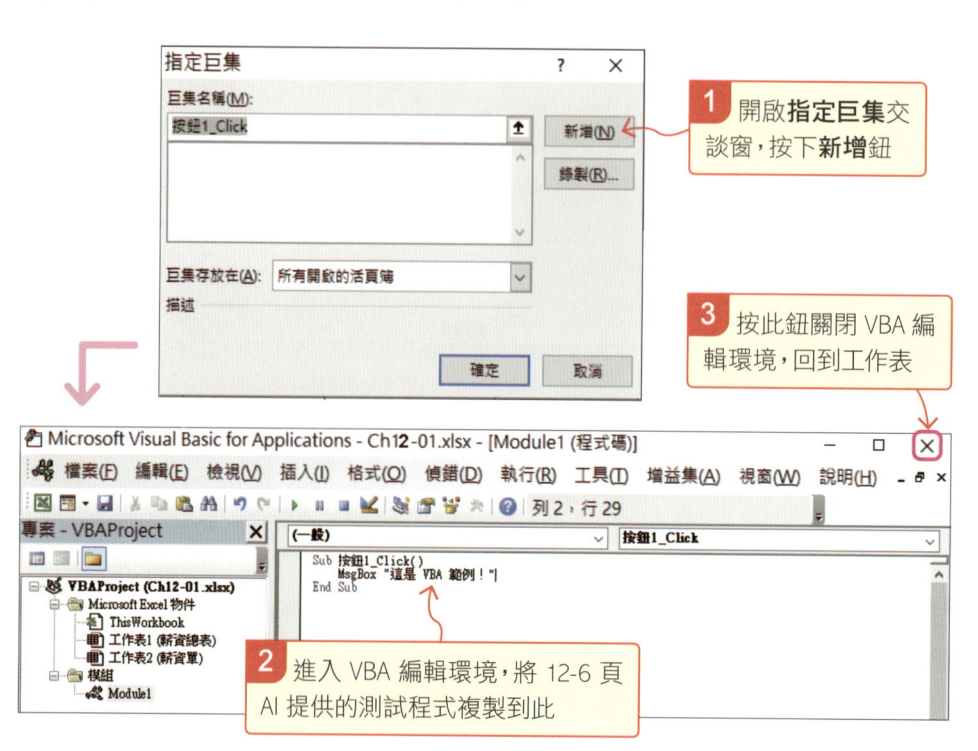

1 開啟**指定巨集**交談窗，按下**新增**鈕

3 按此鈕關閉 VBA 編輯環境，回到工作表

2 進入 VBA 編輯環境，將 12-6 頁 AI 提供的測試程式複製到此

```
Sub 按鈕1_Click()
    MsgBox "這是 VBA 範例！"
End Sub
```

4 依照 AI 說明的「步驟4」，來測試按鈕。

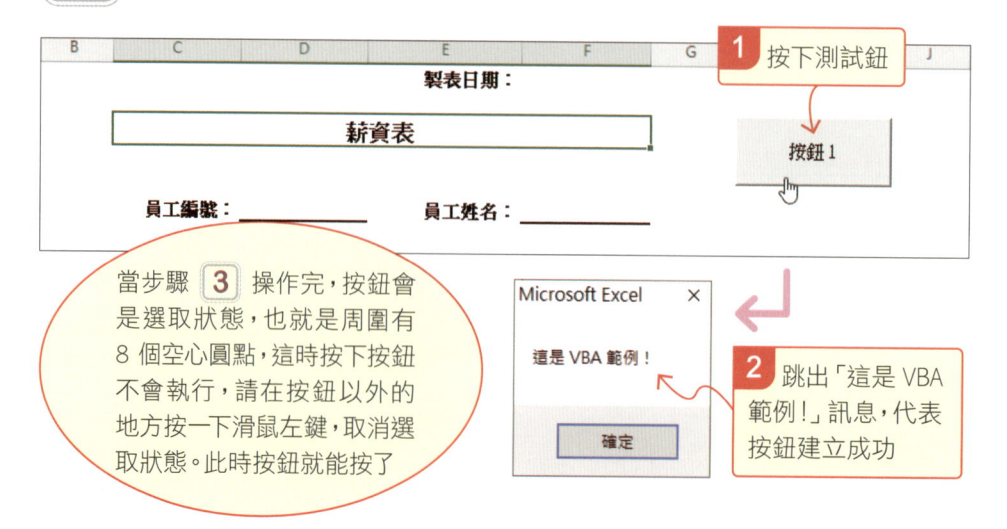

1 按下測試鈕

2 跳出「這是 VBA 範例！」訊息，代表按鈕建立成功

當步驟 **3** 操作完，按鈕會是選取狀態，也就是周圍有 8 個空心圓點，這時按下按鈕不會執行，請在按鈕以外的地方按一下滑鼠左鍵，取消選取狀態。此時按鈕就能按了

12-8

5 剛才我們依照 AI 的說明，在測試鈕裡寫了一個簡單的 VBA 程式，請按下 Ctrl + S 存檔，儲存檔案時，將**存檔類型**選擇 **Excel 啟用巨集的活頁簿 (*.xlsm)**，這樣才會儲存 VBA 程式。

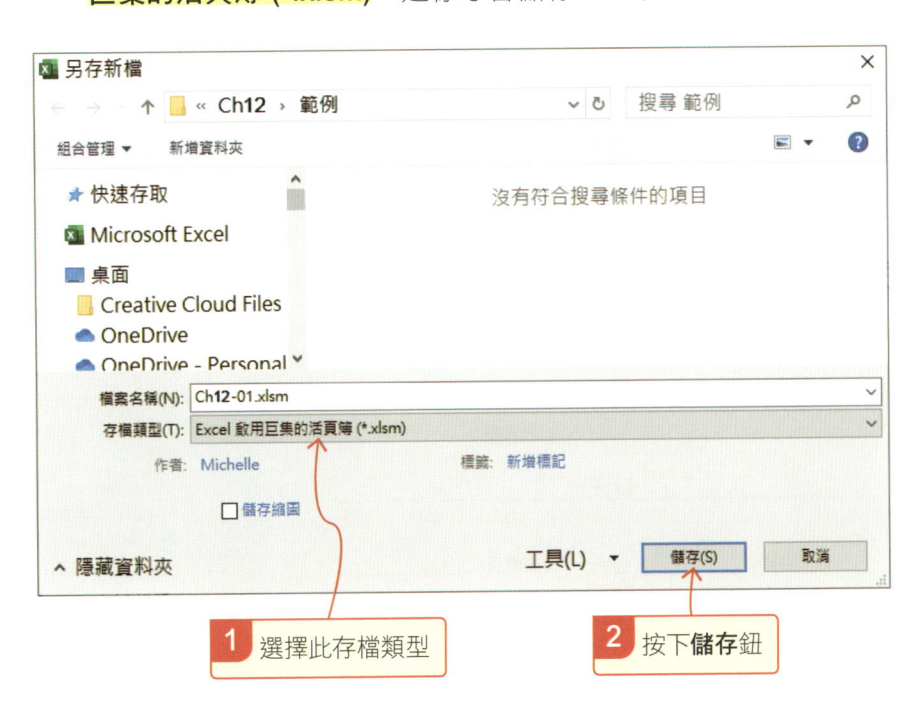

1 選擇此存檔類型　　**2** 按下**儲存**鈕

出現巨集的「安全性警告」

為了避免電腦中毒，Excel 對含有巨集的活頁簿制定了安全性機制。當你開啟含有巨集的活頁簿時，畫面最上方會顯示**安全性警告**。按一下**安全性警告**訊息列的**啟用內容**鈕，就可以啟用巨集。

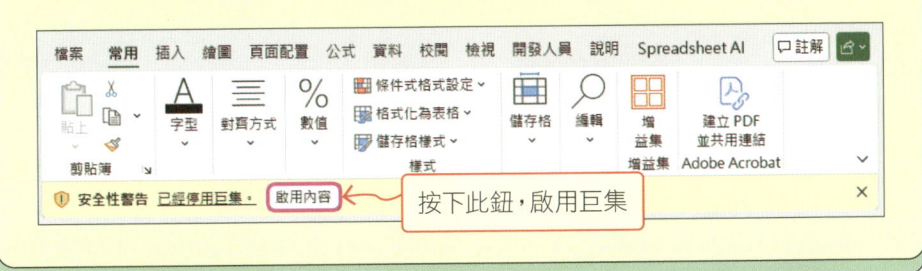

按下此鈕，啟用巨集

12-9

修改按鈕上的顯示文字

剛才建立的測試鈕，預設會顯示為「按鈕 1」，為了日後方便辨識，我們來更改按鈕上的顯示文字。首先在按鈕上按一下滑鼠右鍵，使其呈選取狀態，再點選 編輯文字，就可以輸入想要的文字了，在此我們變更為「預覽」。

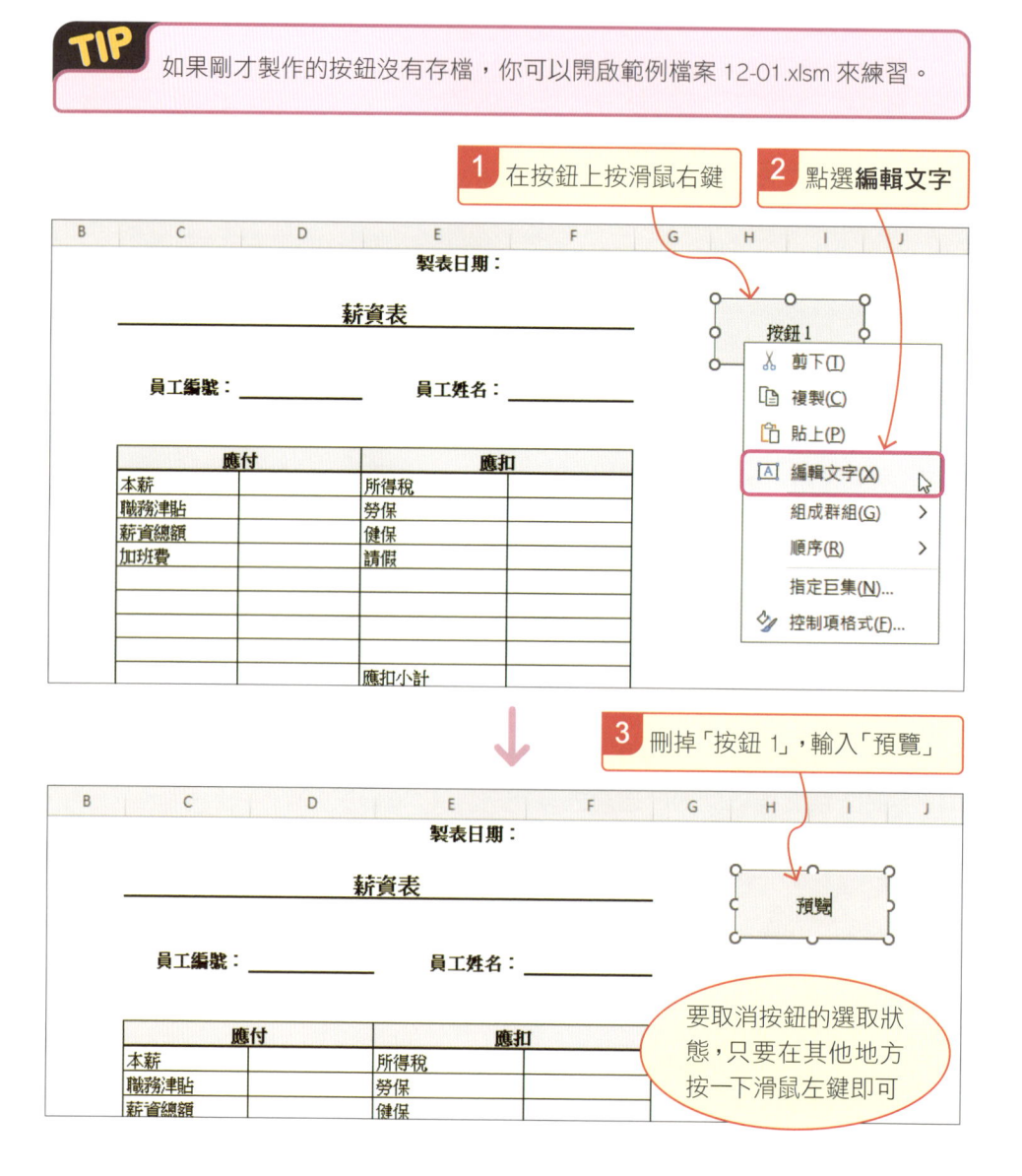

TIP 如果剛才製作的按鈕沒有存檔，你可以開啟範例檔案 12-01.xlsm 來練習。

1 在按鈕上按滑鼠右鍵

2 點選 編輯文字

3 刪掉「按鈕 1」，輸入「預覽」

要取消按鈕的選取狀態，只要在其他地方按一下滑鼠左鍵即可

12-2 請 AI 幫忙寫程式，查表、預覽、列印一鍵搞定

使用 AI　AI 聊天機器人
(ChatGPT、Copilot、Gemini…都可以)

請 AI 幫忙寫 VBA 程式 (一)：一鍵自動查表、將所有員工的薪資單轉成 PDF

在 Excel 中製作好按鈕，接著就可以請 AI 聊天機器人幫我們生成該預覽鈕所需要的程式。由於列印薪資單畢竟是跟金錢有關的作業，得要謹慎處理，為了避免印錯，還有得再次檢查欄位資料是否抓取正確，本例打算請 AI 寫個程式將所有人的薪資單儲存成 PDF，確認薪資單的所有金額都正確抓取「薪資總表」工作表的對應欄位後，再列印出來，比較保險。

> **TIP　再次提醒**：像薪資單或是企業裡比較機密的資料，如果擔心 AI 會拿來當成訓練資料，你可以在上傳檔案前將人名或是重要資訊以「假資料」代替，我們只是要借助 AI 學習解決問題的方法，學會以後再套用到實際的檔案即可。

Excel Help

我有一個 Excel 檔案，裡面分別有「薪資總表」及「薪資單」兩個工作表，我想從「薪資總表」取出對應的資料到「薪資單」中，並且將所有人的薪資表儲存成 PDF 檔，可以幫我寫一個 VBA 程式嗎？各個欄位要對應儲存格如下：

- 「員工編號」請填入 D6 儲存格
- 「員工姓名」請填入 F6 儲存格
- 「本薪」請填入 D10 儲存格
- 「職務津貼」請填入 D11 儲存格
- 「薪資總額」請填入 D12 儲存格
- 「加班費」請填入 D13 儲存格
- 「應付薪資」請填入 D19 儲存格
- 「所得稅」請填入 F10 儲存格
- 「勞保」請填入 F11 儲存格
- 「健保」請填入 F12 儲存格
- 「請假」請填入 F13 儲存格
- 「應扣小計」請填入 F18 儲存格
- 「本月退休金提撥」請填入 F19 儲存格

在此分享一下筆者下提示語的經驗，一開始筆者沒有指定各個欄位對應的儲存格位址，因此在執行 AI 產生的程式後，出現資料亂抓的情況，欄位跟資料完全對應不起來，後來重新提問了三次後，並一一指定對應的儲存格位址才成功抓取資料，所以讀者在下提示語時，請務必**明確且清楚指定儲存格的位址或範圍**。

1 將我們的需求餵給 AI 聊天機器人,並且上傳 Excel 檔案 (本例為 12-01.xlsx),稍待一會兒,ChatGPT 就幫我們寫好程式了。

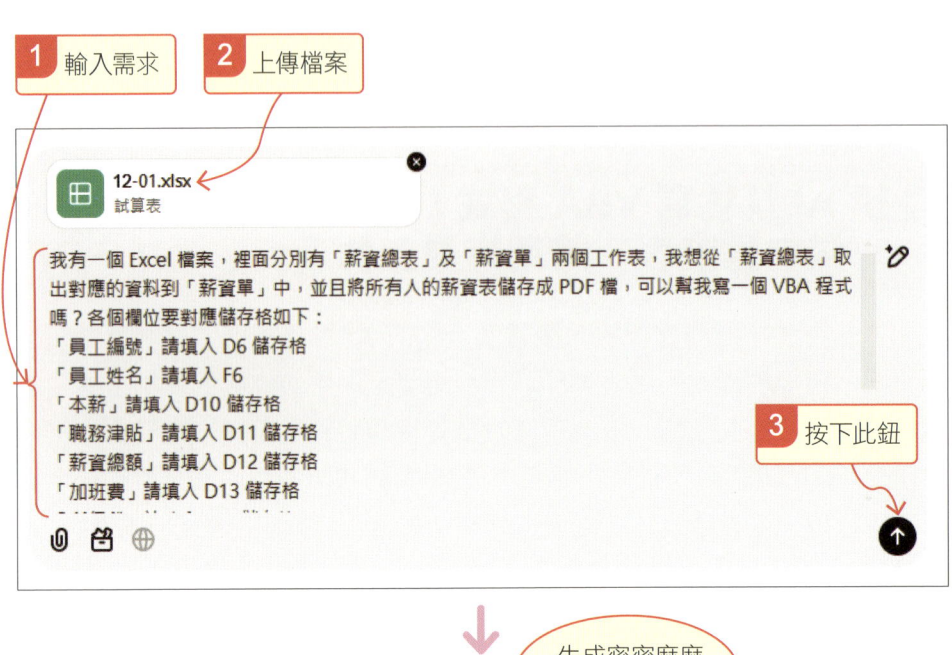

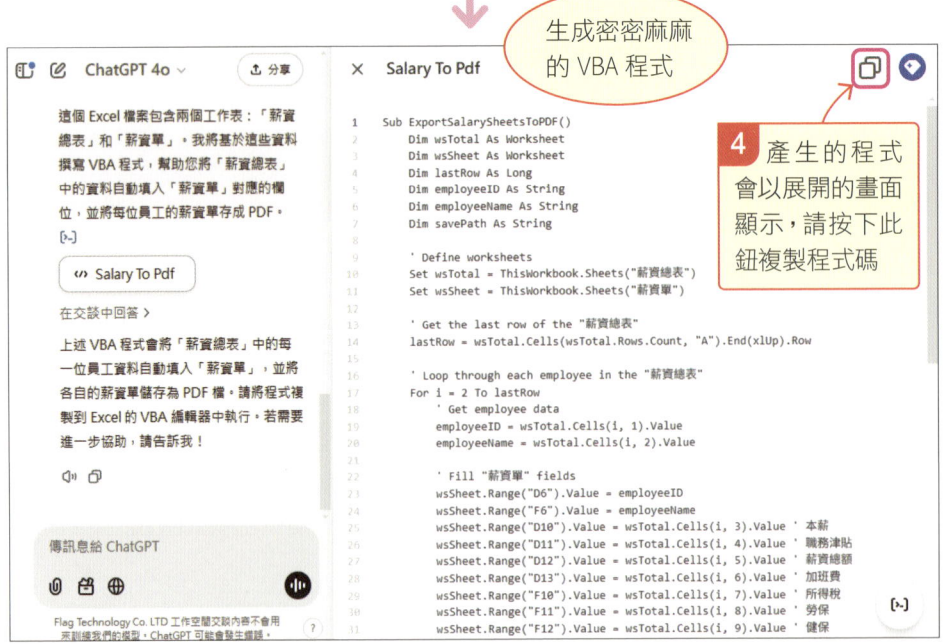

1 輸入需求
2 上傳檔案

12-01.xlsx
試算表

我有一個 Excel 檔案,裡面分別有「薪資總表」及「薪資單」兩個工作表,我想從「薪資總表」取出對應的資料到「薪資單」中,並且將所有人的薪資表儲存成 PDF 檔,可以幫我寫一個 VBA 程式嗎?各個欄位要對應儲存格如下:
「員工編號」請填入 D6 儲存格
「員工姓名」請填入 F6
「本薪」請填入 D10 儲存格
「職務津貼」請填入 D11 儲存格
「薪資總額」請填入 D12 儲存格
「加班費」請填入 D13 儲存格

3 按下此鈕

生成密密麻麻的 VBA 程式

4 產生的程式會以展開的畫面顯示,請按下此鈕複製程式碼

這個 Excel 檔案包含兩個工作表:「薪資總表」和「薪資單」。我將基於這些資料撰寫 VBA 程式,幫助您將「薪資總表」中的資料自動填入「薪資單」對應的欄位,並將每位員工的薪資單存成 PDF。[..]

Salary To Pdf

在交談中回答 >

上述 VBA 程式會將「薪資總表」中的每一位員工資料自動填入「薪資單」,並將各自的薪資單儲存為 PDF 檔。請將程式複製到 Excel 的 VBA 編輯器中執行。若需進一步協助,請告訴我!

```
Sub ExportSalarySheetsToPDF()
    Dim wsTotal As Worksheet
    Dim wsSheet As Worksheet
    Dim lastRow As Long
    Dim employeeID As String
    Dim employeeName As String
    Dim savePath As String
    
    ' Define worksheets
    Set wsTotal = ThisWorkbook.Sheets("薪資總表")
    Set wsSheet = ThisWorkbook.Sheets("薪資單")
    
    ' Get the last row of the "薪資總表"
    lastRow = wsTotal.Cells(wsTotal.Rows.Count, "A").End(xlUp).Row
    
    ' Loop through each employee in the "薪資總表"
    For i = 2 To lastRow
        ' Get employee data
        employeeID = wsTotal.Cells(i, 1).Value
        employeeName = wsTotal.Cells(i, 2).Value
        
        ' Fill "薪資單" fields
        wsSheet.Range("D6").Value = employeeID
        wsSheet.Range("F6").Value = employeeName
        wsSheet.Range("D10").Value = wsTotal.Cells(i, 3).Value   ' 本薪
        wsSheet.Range("D11").Value = wsTotal.Cells(i, 4).Value   ' 職務津貼
        wsSheet.Range("D12").Value = wsTotal.Cells(i, 5).Value   ' 薪資總額
        wsSheet.Range("D13").Value = wsTotal.Cells(i, 6).Value   ' 加班費
        wsSheet.Range("F10").Value = wsTotal.Cells(i, 7).Value   ' 所得稅
        wsSheet.Range("F11").Value = wsTotal.Cells(i, 8).Value   ' 勞保
        wsSheet.Range("F12").Value = wsTotal.Cells(i, 9).Value   ' 健保
```

12-12

② 接著開啟前一節製作好、已內含一個「預覽」按鈕的薪資表檔案 (12-02.xlsm)。首先切換到**開發人員**頁次，按下最左邊的 **Visual Basic** 鈕，將左頁圖 AI 所生成的程式碼複製進來。

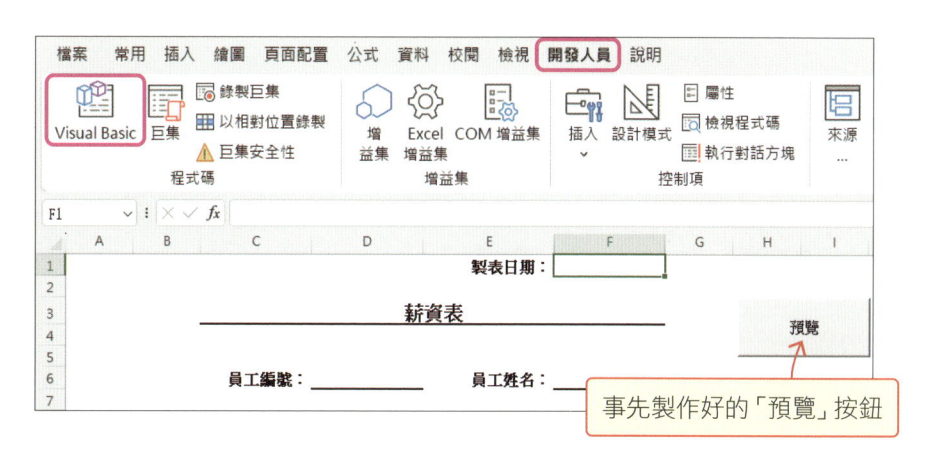

事先製作好的「預覽」按鈕

③ 進入 VBA 編輯環境後，請將右側窗格的所有程式碼刪掉，再按下 Ctrl + V 鍵，將左頁圖複製的新程式貼上，覆蓋前一節生成的測試程式。

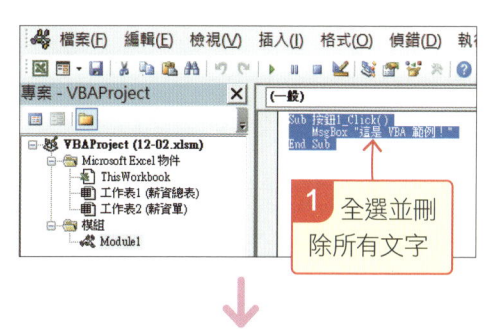

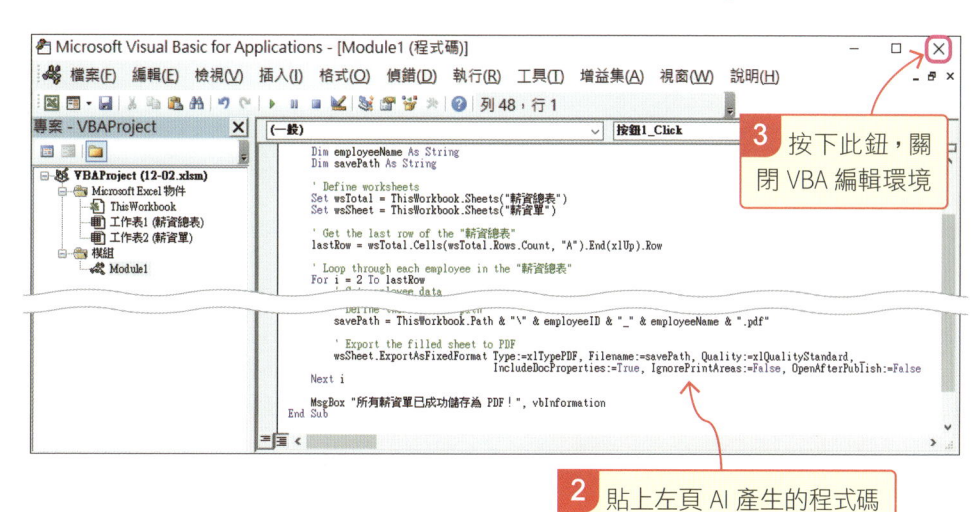

1 全選並刪除所有文字

2 貼上左頁 AI 產生的程式碼

3 按下此鈕，關閉 VBA 編輯環境

第 12 章　用 AI 輕鬆生成 VBA 程式 — 一鍵解決一連串重複性工作

12-13

4 回到工作表，按下「預覽」鈕，就會開始自動處理資料，並將每位員工的薪資單轉成 PDF 檔。

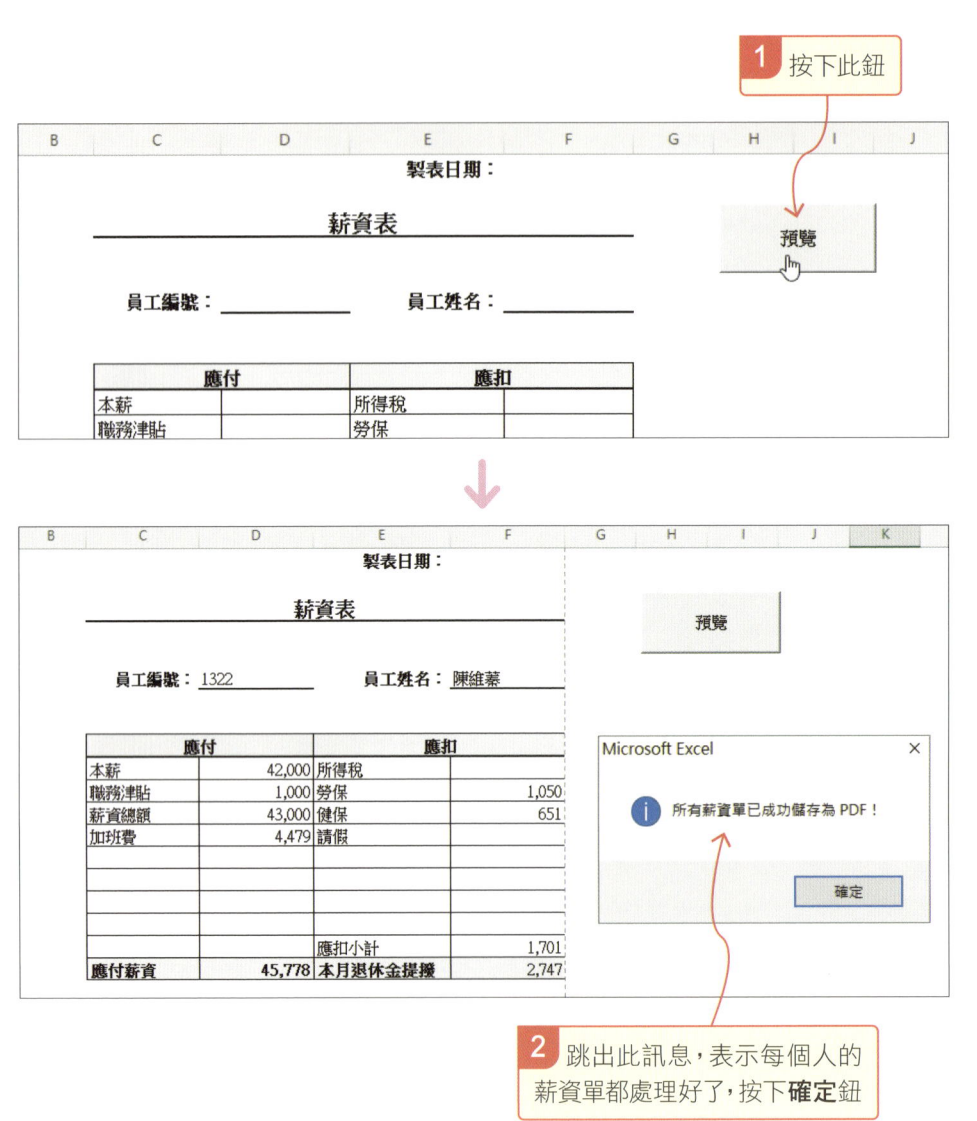

1 按下此鈕

2 跳出此訊息，表示每個人的薪資單都處理好了，按下**確定**鈕

5 本例開啟與 Excel 範例檔案相同的資料夾後，就會看到 30 個 PDF 檔 (有 30 位員工)，而且 AI 生成的程式還幫我們以「員工編號_員工姓名」來命名檔案，真是貼心！

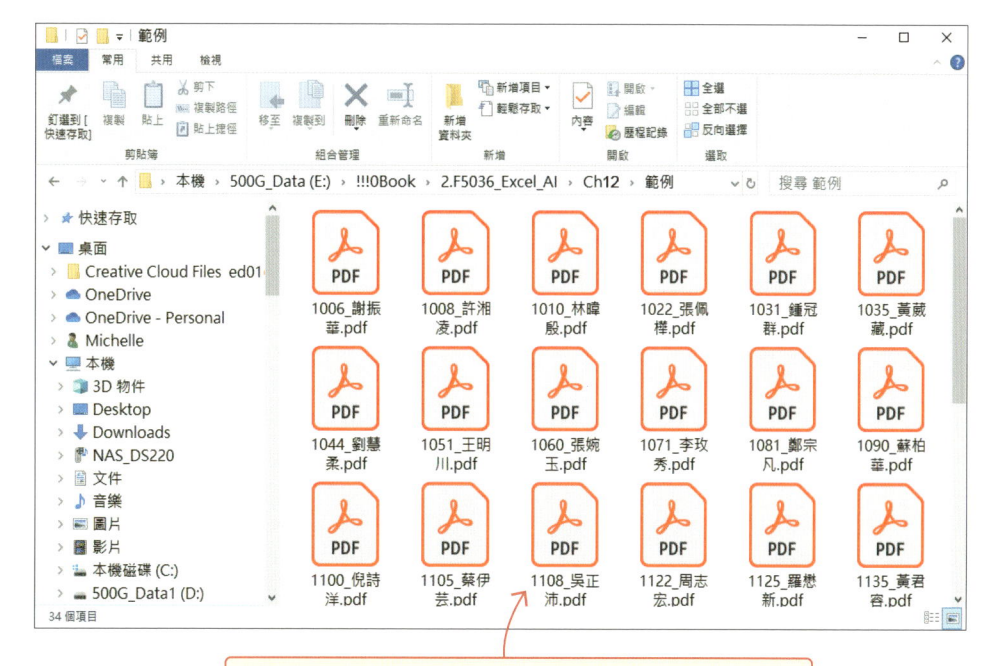

自動產生每位員工的薪資單，雙按 PDF 即可瀏覽內容

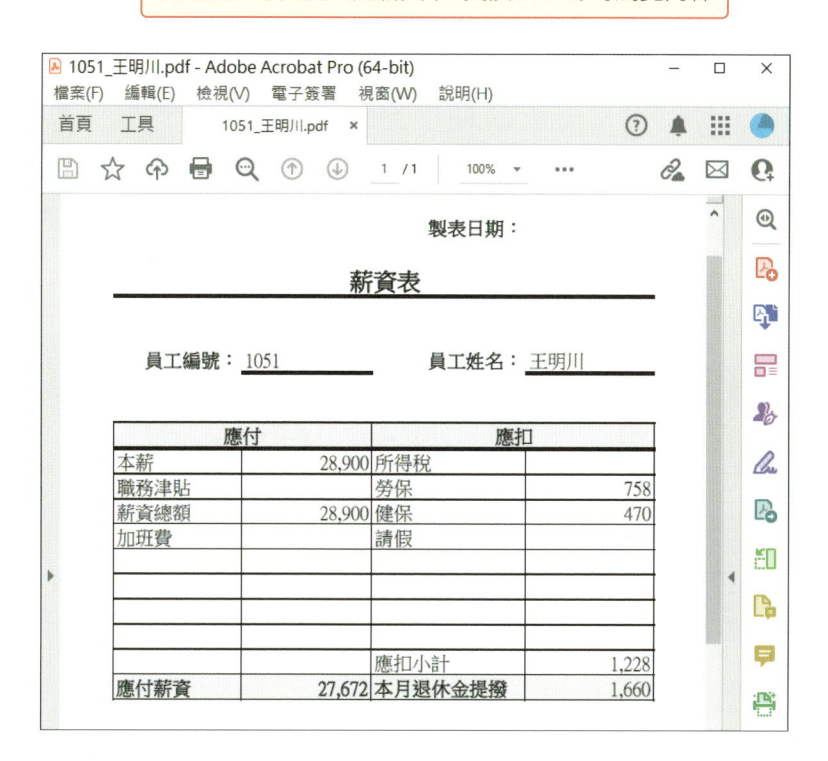

第 12 章　用 AI 輕鬆生成 VBA 程式－一鍵解決一連串重複性工作

12-15

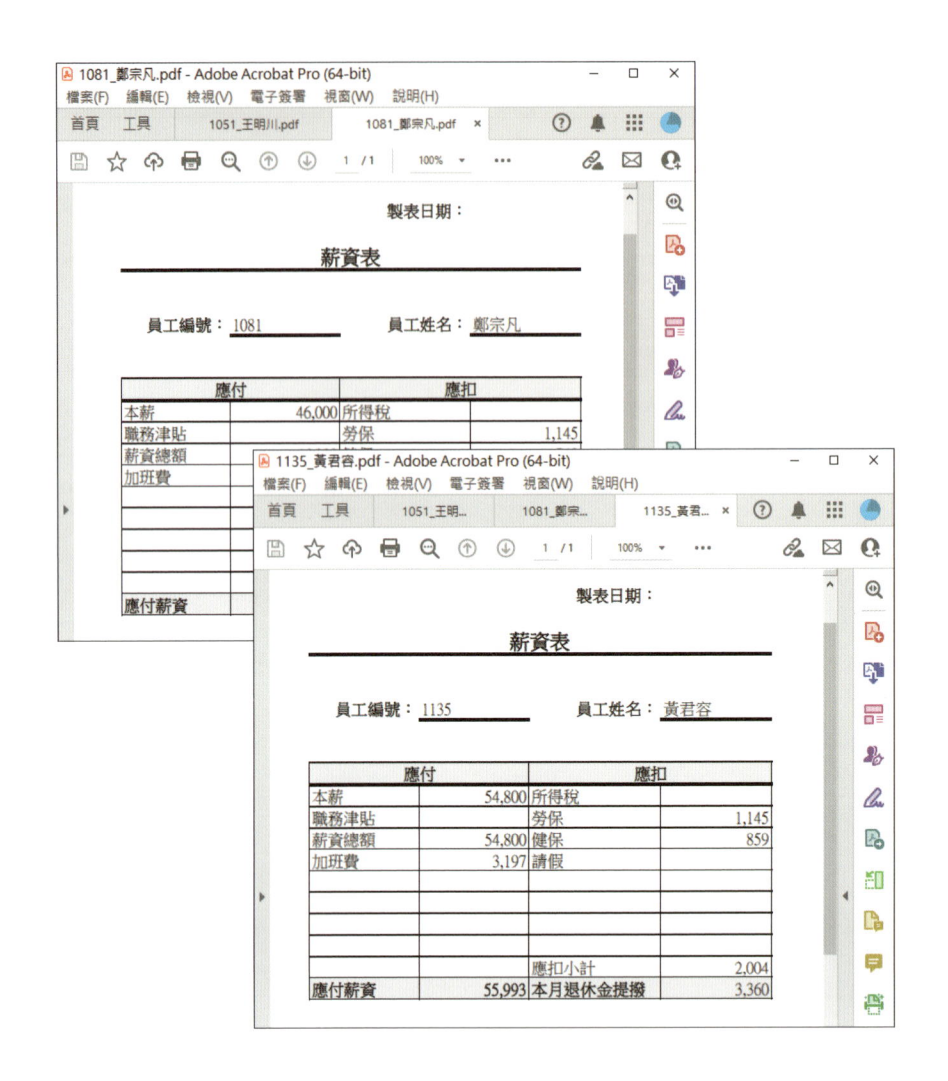

請 AI 幫忙寫 VBA 程式 (二)：一鍵自動查表、列印所有人的薪資單

　　你可以將製作好的 PDF 與「薪資總表」比對，看看對應的欄位資料是否正確。若是 PDF 檔的資料沒有錯誤可以直接列印出來，但由於我們的範例有 30 位員工，這麼做得要列印 30 次，實在是很沒有效率，本例想再做一個「列印」鈕，並請 AI 幫我們寫個「一鍵完成查表 + 列印」的程式。

12-16

可以再幫我寫一個程式，用來列印每位員工的薪資嗎？

AI 馬上就寫好一個自動抓取「薪資總表」的資料並自動列印的程式

請按下此鈕，複製程式碼

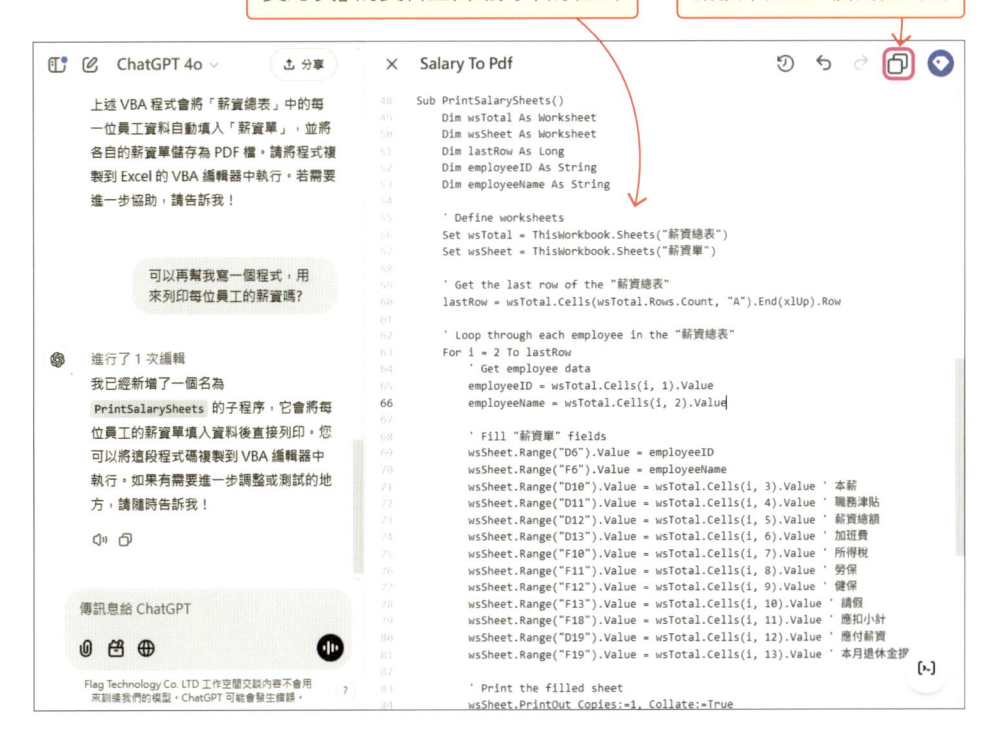

```
Sub PrintSalarySheets()
    Dim wsTotal As Worksheet
    Dim wsSheet As Worksheet
    Dim lastRow As Long
    Dim employeeID As String
    Dim employeeName As String

    ' Define worksheets
    Set wsTotal = ThisWorkbook.Sheets("薪資總表")
    Set wsSheet = ThisWorkbook.Sheets("薪資單")

    ' Get the last row of the "薪資總表"
    lastRow = wsTotal.Cells(wsTotal.Rows.Count, "A").End(xlUp).Row

    ' Loop through each employee in the "薪資總表"
    For i = 2 To lastRow
        ' Get employee data
        employeeID = wsTotal.Cells(i, 1).Value
        employeeName = wsTotal.Cells(i, 2).Value

        ' Fill "薪資單" fields
        wsSheet.Range("D6").Value = employeeID
        wsSheet.Range("F6").Value = employeeName
        wsSheet.Range("D10").Value = wsTotal.Cells(i, 3).Value   ' 本薪
        wsSheet.Range("D11").Value = wsTotal.Cells(i, 4).Value   ' 職務津貼
        wsSheet.Range("D12").Value = wsTotal.Cells(i, 5).Value   ' 薪資總額
        wsSheet.Range("D13").Value = wsTotal.Cells(i, 6).Value   ' 加班費
        wsSheet.Range("F10").Value = wsTotal.Cells(i, 7).Value   ' 所得稅
        wsSheet.Range("F11").Value = wsTotal.Cells(i, 8).Value   ' 勞保
        wsSheet.Range("F12").Value = wsTotal.Cells(i, 9).Value   ' 健保
        wsSheet.Range("F13").Value = wsTotal.Cells(i, 10).Value  ' 請假
        wsSheet.Range("F18").Value = wsTotal.Cells(i, 11).Value  ' 應扣小計
        wsSheet.Range("D19").Value = wsTotal.Cells(i, 12).Value  ' 應付薪資
        wsSheet.Range("F19").Value = wsTotal.Cells(i, 13).Value  ' 本月退休金提

        ' Print the filled sheet
        wsSheet.PrintOut Copies:=1, Collate:=True
```

1 針對「列印」的按鈕，請參考前一節的說明來建立 (範例檔案 12-04.xlsm 已建立好)。

第 12 章 用 AI 輕鬆生成 VBA 程式 — 一鍵解決一連串重複性工作

12-17

2 接下來的步驟就跟「預覽」按鈕的操作差不多。在「列印」按鈕上按滑鼠右鍵，選取**指定巨集**命令，在開啟的**指定巨集**交談窗中按下**編輯**鈕，將 AI 生成的 VBA 程式貼入「列印」鈕 (也就是「按鈕2」)。

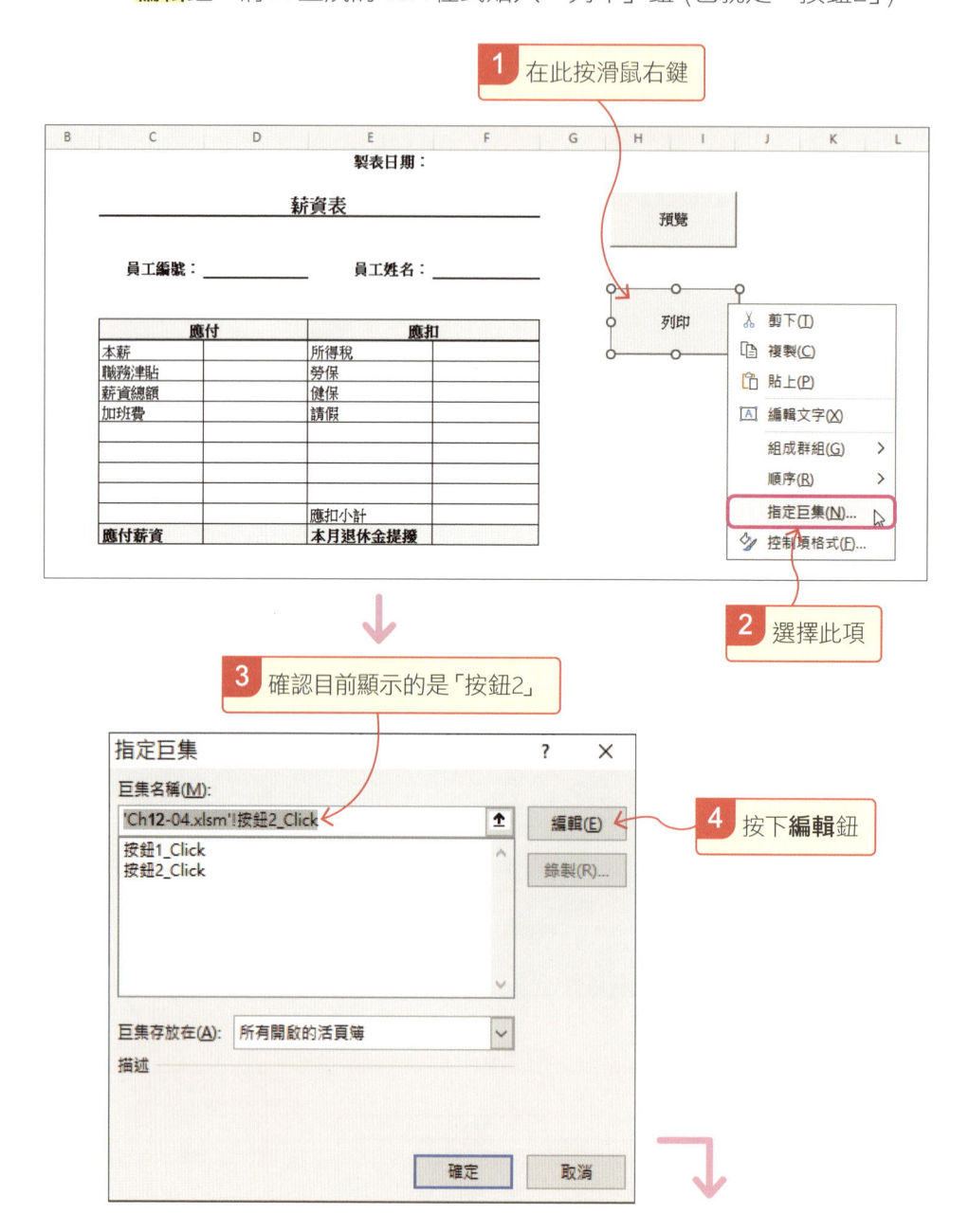

1 在此按滑鼠右鍵

2 選擇此項

3 確認目前顯示的是「按鈕2」

4 按下**編輯**鈕

12-18

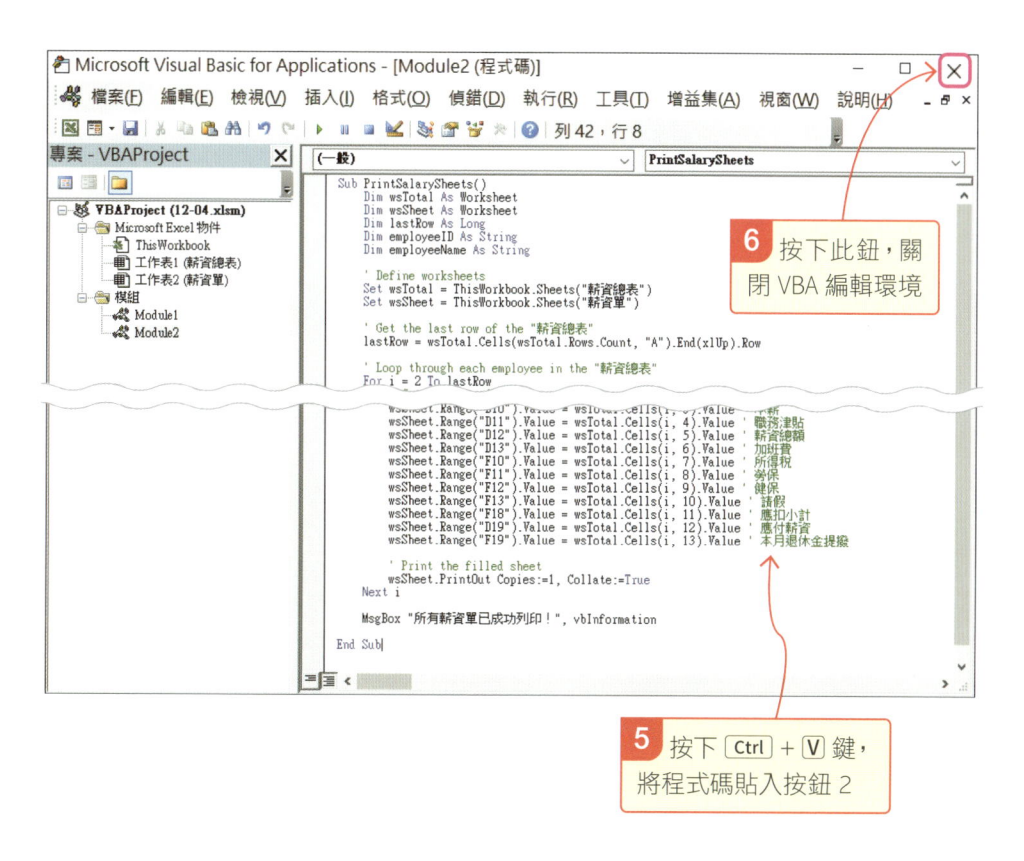

```
Sub PrintSalarySheets()
    Dim wsTotal As Worksheet
    Dim wsSheet As Worksheet
    Dim lastRow As Long
    Dim employeeID As String
    Dim employeeName As String

    ' Define worksheets
    Set wsTotal = ThisWorkbook.Sheets("薪資總表")
    Set wsSheet = ThisWorkbook.Sheets("薪資單")

    ' Get the last row of the "薪資總表"
    lastRow = wsTotal.Cells(wsTotal.Rows.Count, "A").End(xlUp).Row

    ' Loop through each employee in the "薪資總表"
    For i = 2 To lastRow
```

～～～

```
        wsSheet.Range("D10").Value = wsTotal.Cells(i, 3).Value  '本薪
        wsSheet.Range("D11").Value = wsTotal.Cells(i, 4).Value  '職務津貼
        wsSheet.Range("D12").Value = wsTotal.Cells(i, 5).Value  '薪資總額
        wsSheet.Range("D13").Value = wsTotal.Cells(i, 6).Value  '加班費
        wsSheet.Range("F10").Value = wsTotal.Cells(i, 7).Value  '所得稅
        wsSheet.Range("F11").Value = wsTotal.Cells(i, 8).Value  '勞保
        wsSheet.Range("F12").Value = wsTotal.Cells(i, 9).Value  '健保
        wsSheet.Range("F13").Value = wsTotal.Cells(i, 10).Value '請假
        wsSheet.Range("F18").Value = wsTotal.Cells(i, 11).Value '應扣小計
        wsSheet.Range("D19").Value = wsTotal.Cells(i, 12).Value '應付薪資
        wsSheet.Range("F19").Value = wsTotal.Cells(i, 13).Value '本月退休金提撥

        ' Print the filled sheet
        wsSheet.PrintOut Copies:=1, Collate:=True
    Next i

    MsgBox "所有薪資單已成功列印！", vbInformation
End Sub
```

6 按下此鈕，關閉 VBA 編輯環境

5 按下 Ctrl + V 鍵，將程式碼貼入按鈕 2

3 回到工作表，按下「**列印**」鈕，程式就會開始自動到薪資總表查表，並逐一將每位員工的薪資單列印出來。

1 按下此鈕，即會開始列印

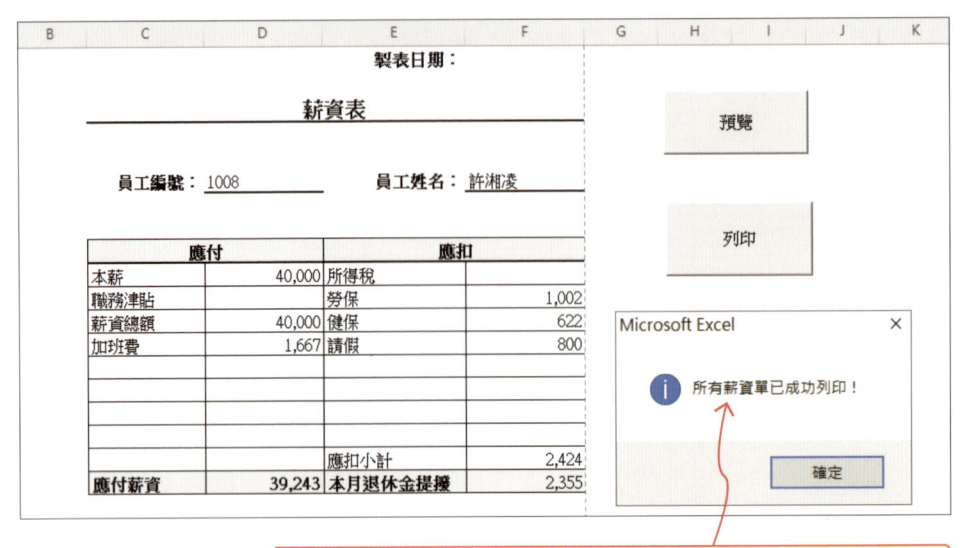

	B	C	D	E	F	G	H	I	J	K
					製表日期：					
			薪資表				預覽			
	員工編號：	1008	員工姓名：	許湘凌						
		應付		應扣			列印			
	本薪		40,000	所得稅						
	職務津貼			勞保	1,002					
	薪資總額		40,000	健保	622					
	加班費		1,667	請假	800					
				應扣小計	2,424					
	應付薪資		39,243	本月退休金提撥	2,355					

Microsoft Excel：所有薪資單已成功列印！ 確定

2 跳出此訊息，表示每個人的薪資單都已經列印完成。背後的工作可不是表面看到的列印那麼簡單，而是一連串的自動查表 + 列印作業。這些通通用 AI 生成的 VBA 程式輕鬆搞定！

> **TIP** 附帶一提，你可以在 F2 儲存格中輸入「=today()」，這樣**製表日期**就會自動顯示當天的日期。

　　本章在 AI 的協助下，我們試著提出需求給 AI，經過重提幾次提示語的測試作業後，AI 終於幫我們生成好自動化的程式碼。如果你手邊也有類似的重複性作業想自動化處理，不妨也提需求給 AI，試著請 AI 解決看看。

　　但有一點提醒讀者，請 AI 生成程式可不像生成函數、公式那麼單純，當程式執行失敗、或結果跟你想的有落差時，不見得容易引導 AI 改成正確的程式。若您毫無程式基礎，大概只能回饋 "執行不出來" 這樣的意見給 AI、或者像筆者一樣回頭檢查自己的提示語是否有疏漏。

　　因此針對本章介紹的這一招，筆者的經驗是最好需要具備一些程式基礎，比較有機會引導 AI 把程式改對。無論如何，若您試過本章的「AI 輔助寫程式」技巧還是頻頻卡關，後續兩章有介紹其他**免程式**的自動化流程輔助工具，讀者可多參考！

13
CHAPTER

突破 AI 瓶頸！
Excel 跨平台流程串接（一）

免程式搞定 Excel 協作自動通知機制

13-1 打造 Excel 報表更新後的自動通知機制
13-2 確認 Excel 自動化通知流程是否正常運作

在前面章節中，從生成函數 / 公式、生成 VBA 程式、資料整理、分析..等，我們示範了如何透過 AI 協助自動處理各種 Excel 工作。然而，在現實工作環境中，**一定還是有不少 Excel 需求無法單靠 AI 完全解決**，特別是一些涉及「**流程**」的需求，例如「更新 Excel 報表後自動寄送給相關單位」、「定期到特定網站抓取最新商品價格，再自動彙整到 Excel」」…這類**跨操作平台 (Excel、郵件系統、瀏覽器...)、跨工具**的工作流程，若您請教別人怎麼做，得到的答案多半會是：「啊這個要寫程式啦！」

而針對「請 AI 寫程式」這件事讀者應該不會太陌生，前面章節我們請 AI 解決 Excel 問題時，很多時候 AI 都是在背後撰寫程式來處理，但那些程式我們並沒有要拿來用，萬一，我們是希望 AI「**生成程式給我們運用**」，例如前一章所示範的「請 AI 輔助生成 VBA 程式」那樣，依筆者的經驗，當涉及複雜一點的需求，卡關的機率是非常大的，最常遇到的就是 AI 的確生成了一段程式，但請它調老半天還是不能用！

> **TIP** 以「Excel 網路爬蟲」這類需求為例，由於網站結構千變萬化，新手想依靠 AI 聊天機器人生成程式來爬取網頁資料，往往會得到無法運作的程式，耗費大量時間請 AI 修正後，還是沒任何結果。

因此，針對一些「單憑 AI 無法輕鬆解決、而請 AI 生成程式的可行性也不高」的 Excel 任務，最好的解法就是**利用其他工具來補足**。例如接連兩章將介紹 **Power Automate** 這套微軟服務，它可以協助我們輕鬆串接造 Excel 與各種平台 (例如郵件系統、雲端服務、瀏覽器) 的自動化流程，打造「只要設定一次，之後通通幫你做」的 Excel 自動化流程。

本章我們先以「**自動將更新後的 Excel 報表寄給相關單位**」為例，帶讀者熟悉 Power Automate 的用法。下一章則會示範用 Power Automate 的電腦端工具打造一個「**全自動化 Excel 爬蟲**」的抓網頁資料流程 (見下章)。

13-1 打造 Excel 報表更新後的自動通知機制

Power Automate 是微軟針對雲端服務所設計的自動化流程平台，可將不同平台的雲端服務整合在一起，讓彼此可以相互串聯、自動協同運作。首先請備妥您的 Microsoft 帳戶 (若沒有請上 "http://account.microsoft.com" 網站申請一個來用)，這裡我們打算結合微軟的 OneDrive 雲端硬碟服務，打造一個「**當 OneDrive 雲端硬碟內的 Excel 報表檔有異動，就發出通知信給指定信箱**」的全自動通知機制。

📗 將 Excel 報表上傳到微軟 OneDrive 雲端硬碟

OneDrive (https://onedrive.live.com) 是微軟公司提供的雲端硬碟服務，只要將你的檔案資料存放在雲端的 OneDrive 裡，不論在何處、使用電腦、手機，只要能夠上網，就能存取到自己存放在 OneDrive 中的資料。Windows 10 開始已經將 OneDrive 整合到「檔案總管」，可直接透過資料夾的存取來上傳、管理 OneDrive 中的資料。

1 首先我們要確認電腦上已經啟用 OneDrive 雲端硬碟功能，然後將手邊的 Excel 報表檔存放到裡頭：

1 在 Windows 的開始功能表中找到 **OneDrive**，請點擊它

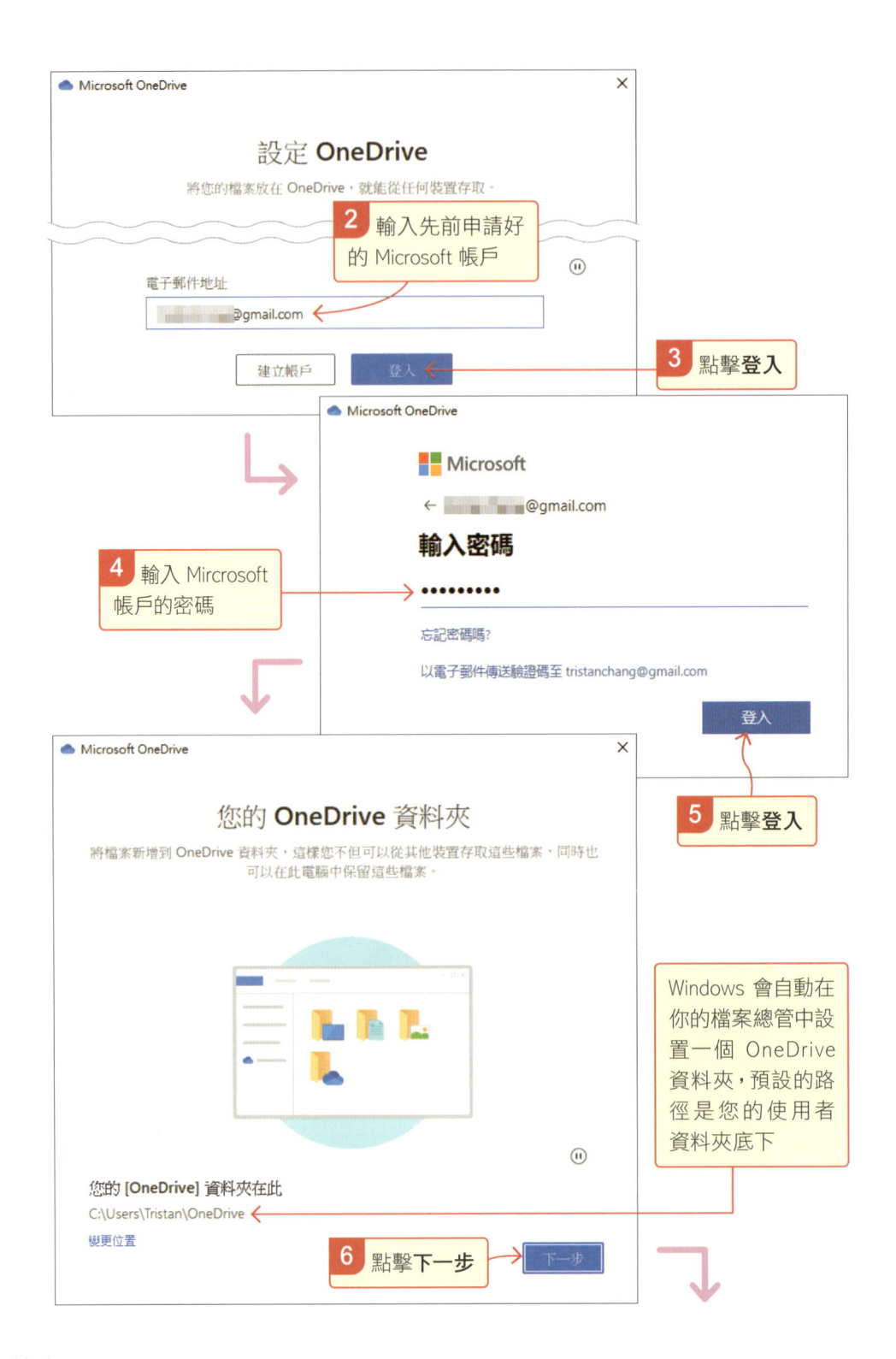

設定 OneDrive

將您的檔案放在 OneDrive，就能從任何裝置存取。

電子郵件地址

▢▢▢▢▢▢@gmail.com

建立帳戶　　登入

2 輸入先前申請好的 Microsoft 帳戶

3 點擊**登入**

Microsoft

← ▢▢▢▢▢▢@gmail.com

輸入密碼

●●●●●●●●

忘記密碼嗎？

以電子郵件傳送驗證碼至 tristanchang@gmail.com

登入

4 輸入 Mircrosoft 帳戶的密碼

5 點擊**登入**

您的 OneDrive 資料夾

將檔案新增到 OneDrive 資料夾，這樣您不但可以從其他裝置存取這些檔案，同時也可以在此電腦中保留這些檔案。

您的 [OneDrive] 資料夾在此
C:\Users\Tristan\OneDrive

變更位置

6 點擊**下一步** → 下一步

Windows 會自動在你的檔案總管中設置一個 OneDrive 資料夾，預設的路徑是您的使用者資料夾底下

▶ 13-4

[圖：Microsoft OneDrive「備份您的資料夾」對話方塊]

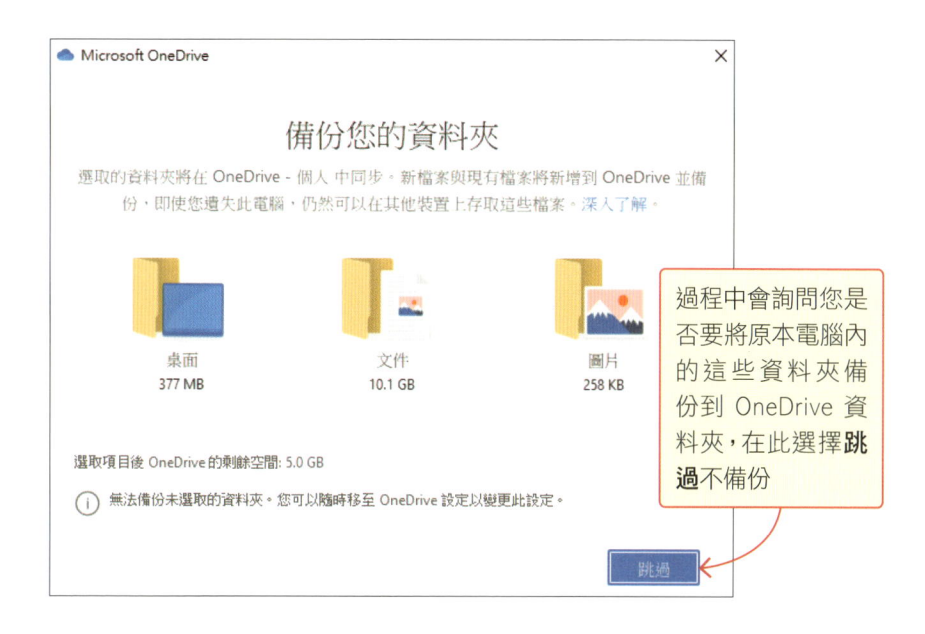

> 過程中會詢問您是否要將原本電腦內的這些資料夾備份到 OneDrive 資料夾，在此選擇**跳過**不備份

2 之後的引導畫面請依畫面指令操作，大部分都可以選擇**略過**，這裡只要確認已經用 Microftsoft 帳戶登入 OneDrive 就可以了。接著，我們就可以將任何 Excel 報表檔搬到 OneDrive 資料夾內，著手打造自動通知機制了：

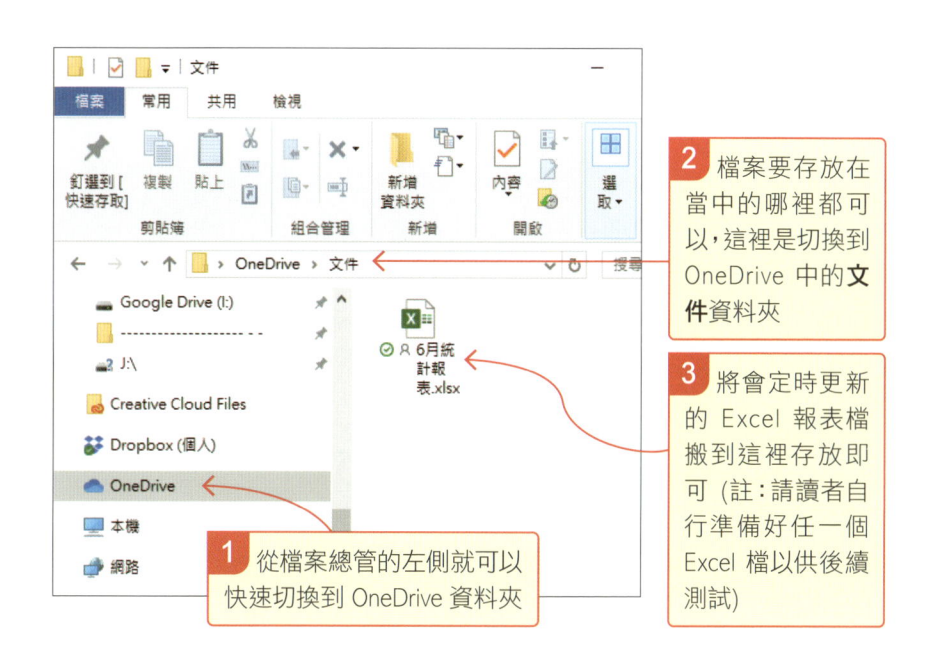

[圖：檔案總管顯示 OneDrive > 文件 資料夾，內含 6月統計報表.xlsx]

1 從檔案總管的左側就可以快速切換到 OneDrive 資料夾

2 檔案要存放在當中的哪裡都可以，這裡是切換到 OneDrive 中的**文件**資料夾

3 將會定時更新的 Excel 報表檔搬到這裡存放即可 (註：請讀者自行準備好任一個 Excel 檔以供後續測試)

> **TIP** 除了在自己的電腦上存取 OneDrive 中的資料外，你還可以在任何電腦或者手機上，以瀏覽器 (例如 Microsoft Edge 或 Chrome) 連到 onedrive.com 網站，登入你的 Microsoft 帳戶後，就可以存取 OneDrive 中的資料了。

使用 Microsoft 帳戶登入 Power Automate 雲端平台

備妥 Excel 報表檔後，我們就連到 Power Automate 網站 "https://powerautomate.microsoft.com/zh-tw/" 開始設計自動通知機制：

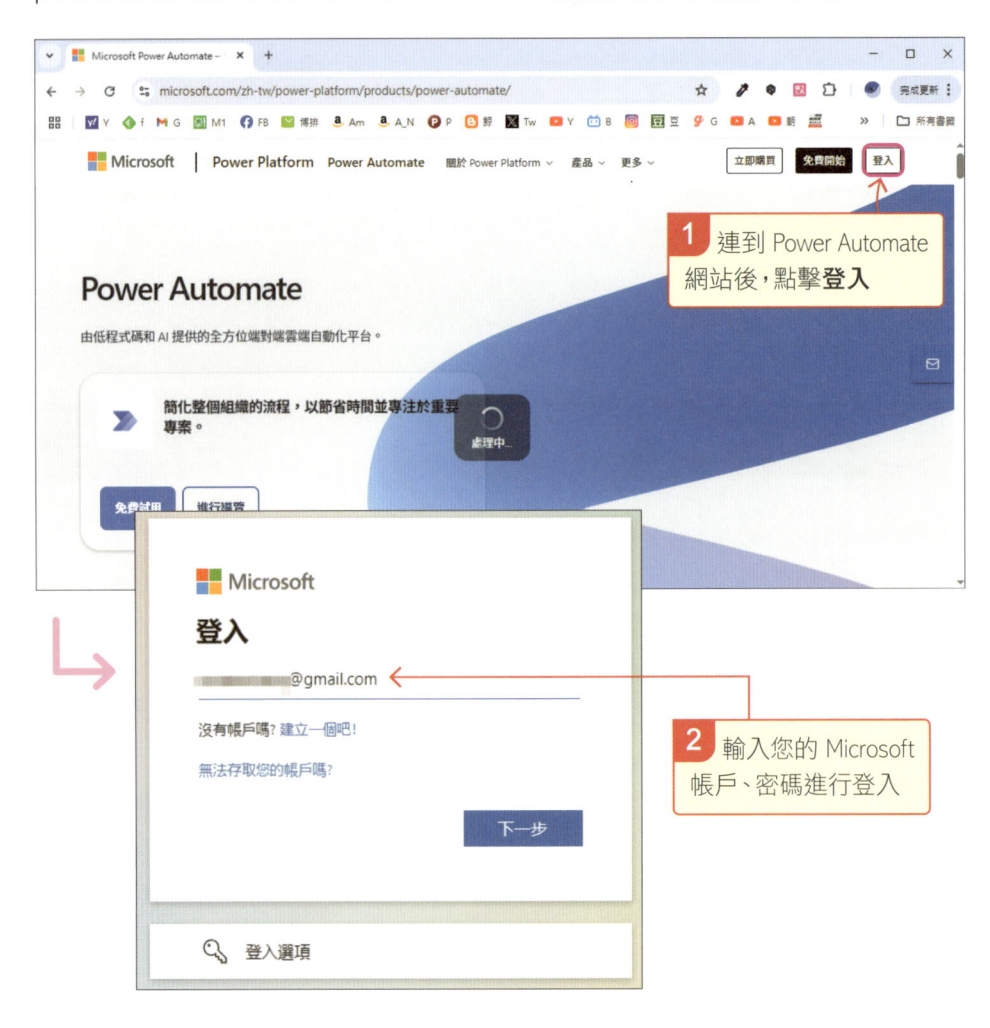

1 連到 Power Automate 網站後，點擊**登入**

2 輸入您的 Microsoft 帳戶、密碼進行登入

13-6

設計自動化雲端流程 (1/2) － 設定什麼情況下觸發 Excel 自動化流程

　　Power Automate 提供了各種**不用寫程式**的操作介面，任何人都可以輕鬆設計自動化流程。網站上甚至提供一些設計好的**自動化範本**給我們快速套用。本例我們打算自己設計看看，過程也都很直覺。

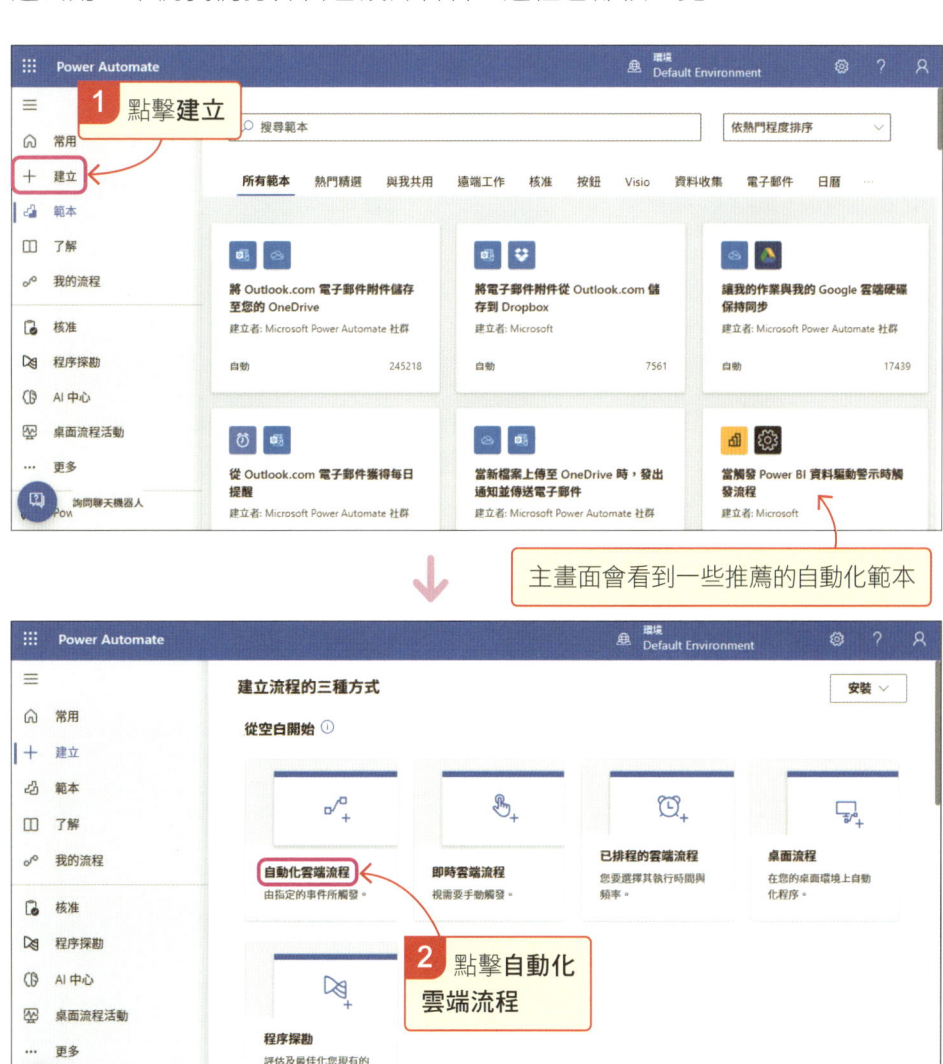

① 點擊**建立**

主畫面會看到一些推薦的自動化範本

② 點擊**自動化雲端流程**

3 替自動化流程取一個名稱

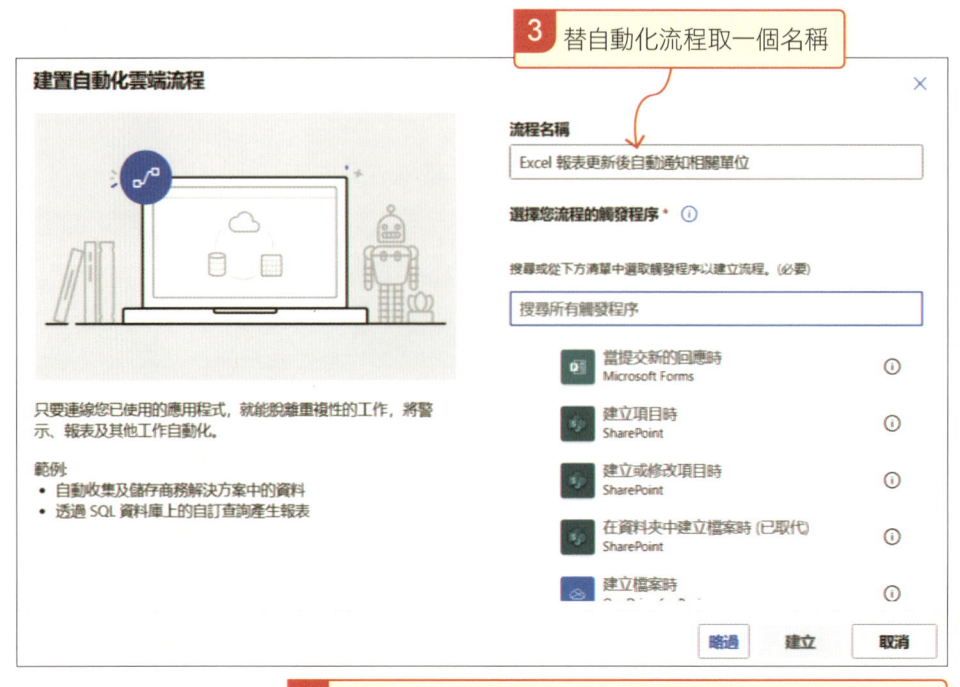

流程名稱：Excel 報表更新後自動通知相關單位

4 我們要打造的流程是「當 OneDrive 雲端硬碟內的 Excel 報表檔有異動，就發出通知信給指定信箱」，這裡先來設定啟動的條件，請在底下找到這一項，意思就是「OneDrive 內的檔案被修改、儲存」的那當下觸發自動化流程

選擇：修改檔案時 (僅限屬性) OneDrive

5 點擊 **建立**

▶ 13-8

TIP

左頁有看過，由於自動化雲端流程的選項非常多，難免會遇到不知該用那一個項目來匹配我們的需求，真沒有頭緒時，筆者會嘗試問 AI 聊天機器人，請它提供一些思路做為參考：

我想利用微軟的線上 power automate 服務利用打造「**當 OneDrive 雲端硬碟內的 Excel 報表檔有異動，就發出通知信給指定信箱**」，你熟悉怎麼操作嗎

詢問 AI 聊天機器人

> 你熟悉微軟的線上 powerautomate 服務嗎?我想打造「當 OneDrive 雲端硬碟內的 Excel 報表檔有異動，就發出通知信給指定信箱」，你熟悉怎麼操作嗎
>
> 是的，我非常熟悉 Microsoft Power Automate，而且你描述的需求：「**當 OneDrive 雲端硬碟內的 Excel 報表檔有異動，就發出通知信給指定信箱**」，完全可以用 Power Automate 線上版來實現。以下是完整的操作步驟教學：
>
> **❶ 建立 Power Automate 流程**
>
> 1. 登入 Power Automate 線上版。
> 2. 左側選單點「**建立**」，選「**自動化雲端流程**」。
> 3. 流程名稱：自訂，例如「OneDrive Excel 異動通知」。
> 4. 觸發器選擇：「**當檔案在資料夾中建立或修改 (OneDrive)**」或「**當檔案在資料夾中建立或修改 (OneDrive for Business)**」（取決於你是 OneDrive 個人版還是公司版）。
>
> **❷ 設定 OneDrive 監控資料夾**
>
> 1. 在觸發器中設定你要監控的「**資料夾路徑**」，這個資料夾裡的檔案只要有異動，就會觸發流程。
> 2. 「**包含子資料夾**」可選擇「**是**」，如果你想要監控所有子資料夾。

AI 回答的很有自信！但讀者「絕對」不可全盤相信！因為 AI 會虛構出不存在的功能，筆者通常都是把 AI 回覆的內容做為參考，看能不能讓流程的規劃更有頭緒

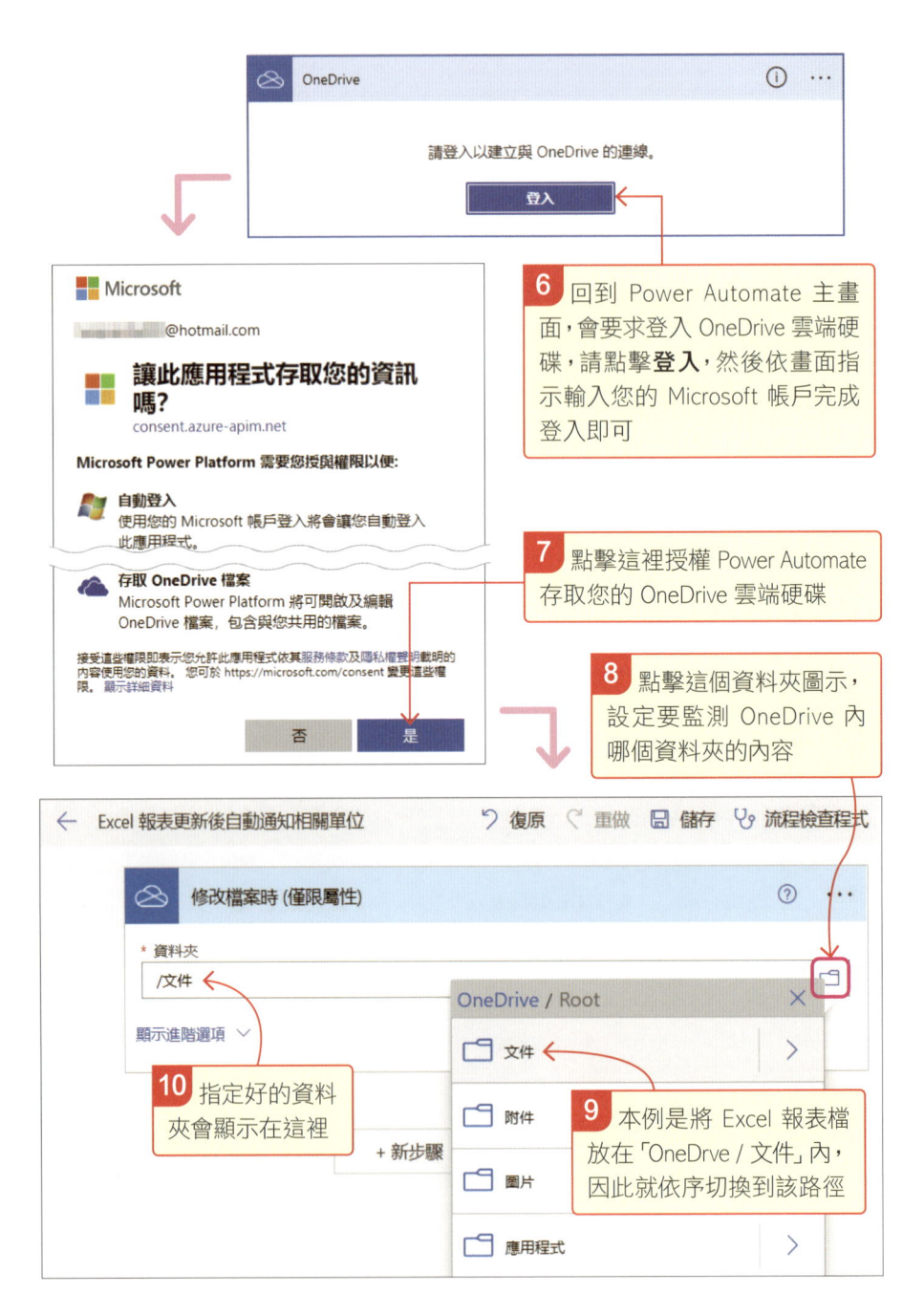

6 回到 Power Automate 主畫面，會要求登入 OneDrive 雲端硬碟，請點擊**登入**，然後依畫面指示輸入您的 Microsoft 帳戶完成登入即可

7 點擊這裡授權 Power Automate 存取您的 OneDrive 雲端硬碟

8 點擊這個資料夾圖示，設定要監測 OneDrive 內哪個資料夾的內容

9 本例是將 Excel 報表檔放在「OneDrve / 文件」內，因此就依序切換到該路徑

10 指定好的資料夾會顯示在這裡

　　以上操作就設定好自動化流程的觸發條件了，本例的條件是「**當 OneDrive 文件資料夾內的檔案被修改 (儲存) 時⋯**」。

設計自動化雲端流程 (2/2) － Excel 更新後，自動寄發郵件通知

接著我們來設計「當條件觸發時，要自動執行什麼動作」，本例是希望自動寄發郵件通知給相關單位，來看看怎麼操作：

1 延續剛才的操作，請點擊**新步驟**

新步驟跟剛才的觸發條件中間會以箭頭相連，表示兩者是連動的 (當上面的條件觸發時，執行底下的作業)

2 在此可以搜尋 Power Automate 所提供的各種作業，我們輸入 "郵件" 來搜尋

3 在下方找到此項，筆者想要透過現有的 Gmail 帳號來幫忙寄通知信

4 必須先通過 Gmail 帳號的認證，請點擊**登入**

TIP 雖然 Power Automate 是微軟提供的服務，但不是非得用微軟的信箱來寄信，用外部的 Gmail 也行，算是滿方便的！

13-11

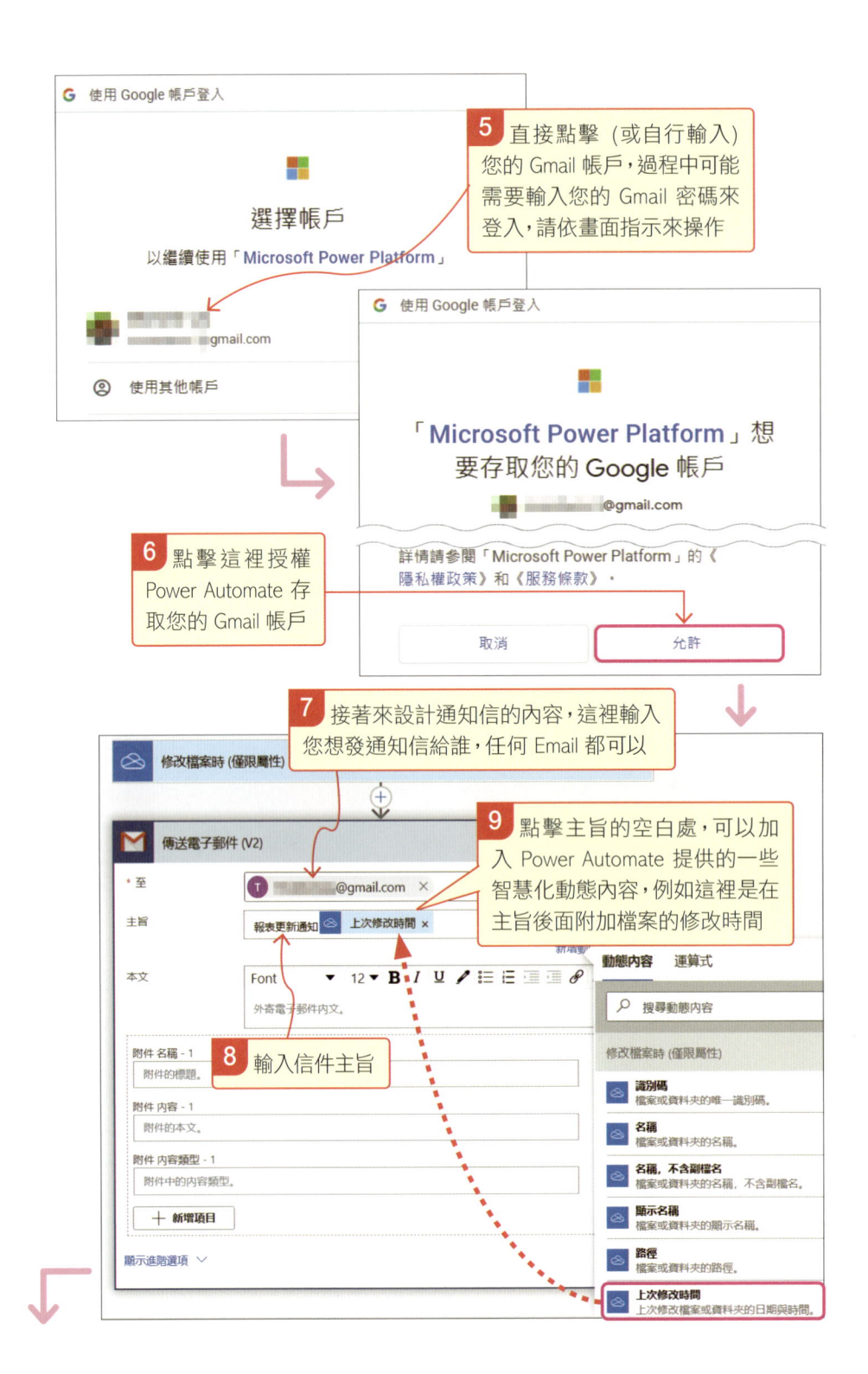

5 直接點擊（或自行輸入）您的 Gmail 帳戶，過程中可能需要輸入您的 Gmail 密碼來登入，請依畫面指示來操作

6 點擊這裡授權 Power Automate 存取您的 Gmail 帳戶

7 接著來設計通知信的內容，這裡輸入您想發通知信給誰，任何 Email 都可以

8 輸入信件主旨

9 點擊主旨的空白處，可以加入 Power Automate 提供的一些智慧化動態內容，例如這裡是在主旨後面附加檔案的修改時間

13-12

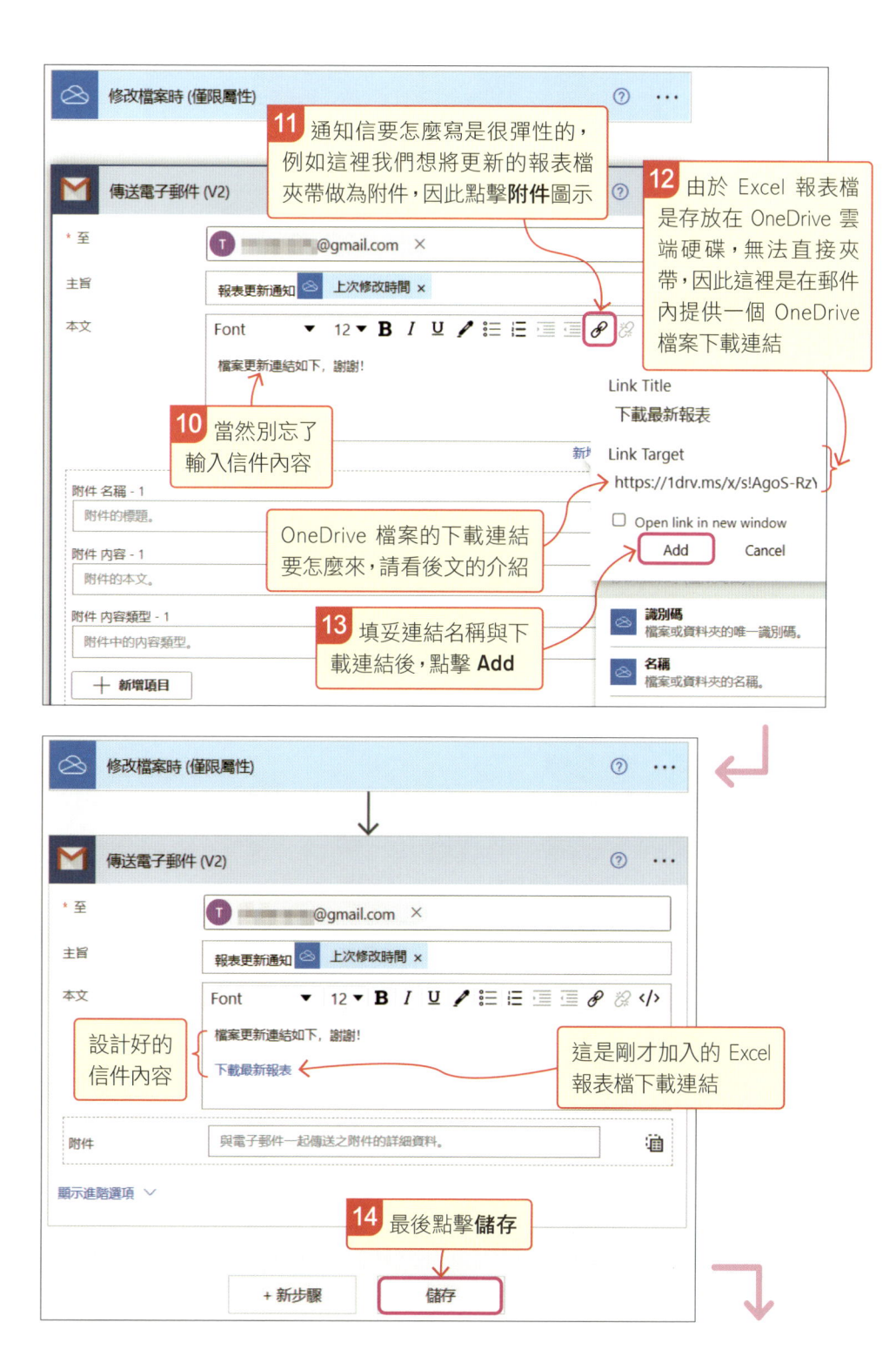

11 通知信要怎麼寫是很彈性的，例如這裡我們想將更新的報表檔夾帶做為附件，因此點擊**附件**圖示

12 由於 Excel 報表檔是存放在 OneDrive 雲端硬碟，無法直接夾帶，因此這裡是在郵件內提供一個 OneDrive 檔案下載連結

10 當然別忘了輸入信件內容

OneDrive 檔案的下載連結要怎麼來，請看後文的介紹

13 填妥連結名稱與下載連結後，點擊 **Add**

設計好的信件內容

這是剛才加入的 Excel 報表檔下載連結

14 最後點擊**儲存**

13-13

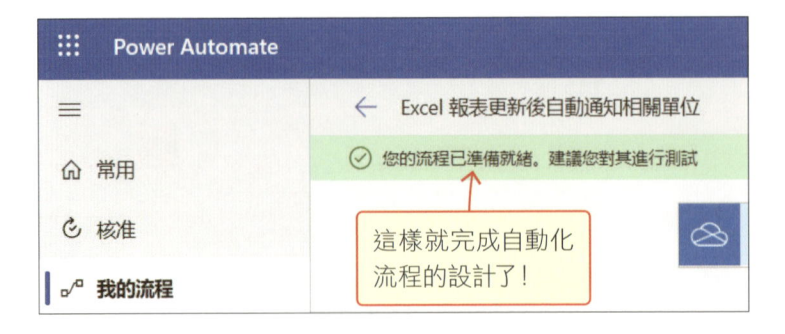

(畫面上方圖示說明)

Power Automate

← Excel 報表更新後自動通知相關單位

✓ 您的流程已準備就緒。建議您對其進行測試

常用
核准
我的流程

這樣就完成自動化流程的設計了！

如何將 OneDrive 內的 Excel 報表檔分享出去 (取得下載連結)？

假如你需要讓其他人存取您 OneDrive 中的資料，只要利用 "共用" 功能就可以了，這可以產生一個連結，讓其他人存取您指定的檔案或資料夾，這個方法比起用電子郵件的附件來寄送檔案要方便多了，而且還不用擔心附件太大，超出對方電子郵件信箱的限制！

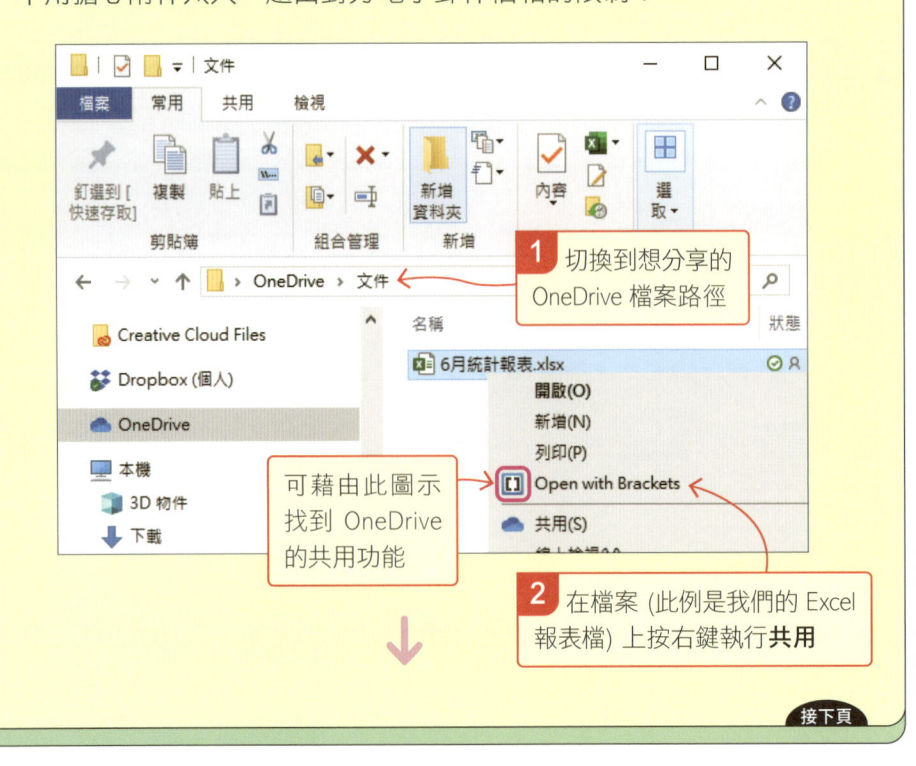

1 切換到想分享的 OneDrive 檔案路徑

可藉由此圖示找到 OneDrive 的共用功能

2 在檔案 (此例是我們的 Excel 報表檔) 上按右鍵執行 **共用**

接下頁

13-14

共用「6月統計報表.xlsx」

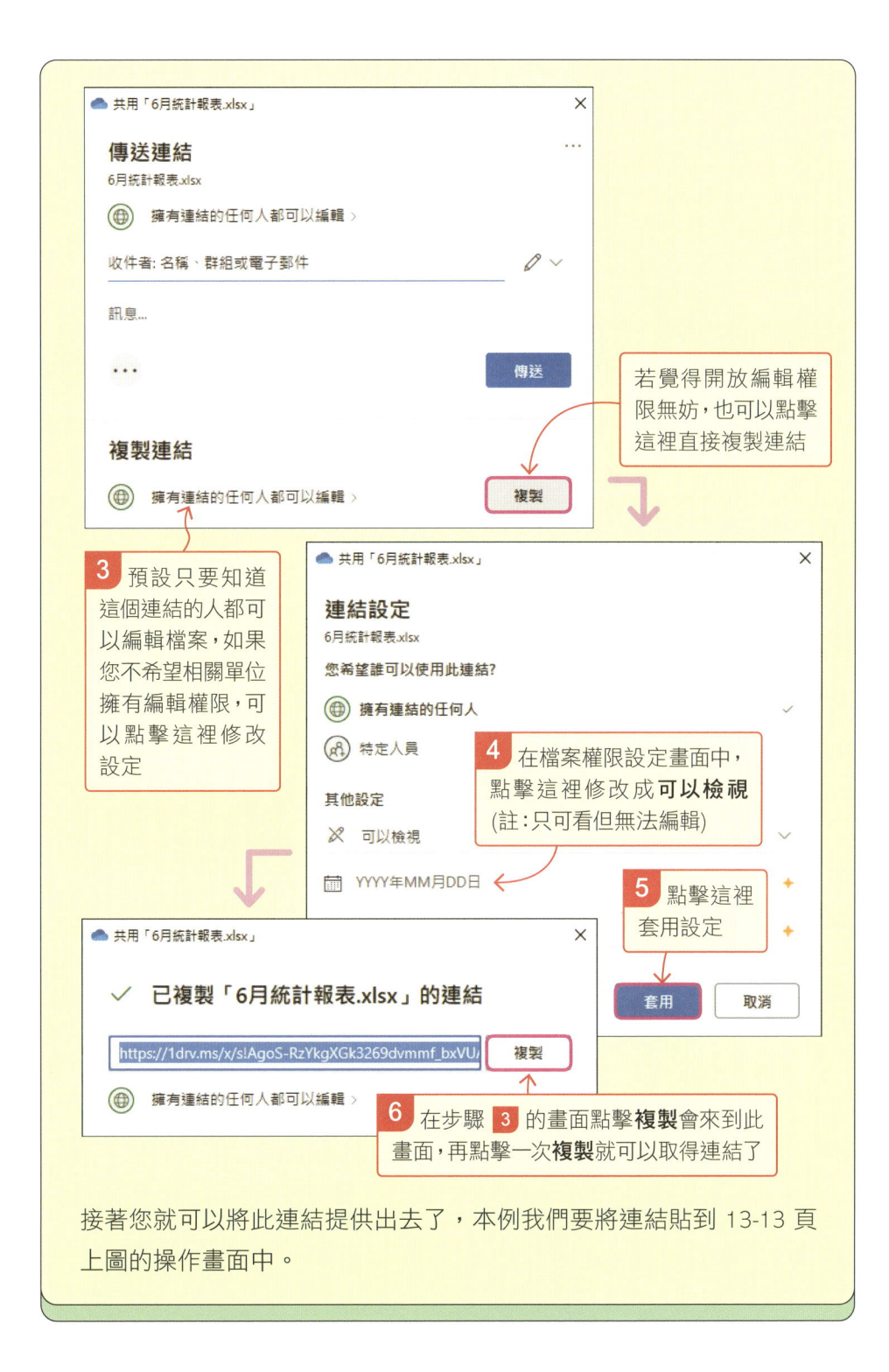

傳送連結
6月統計報表.xlsx

🌐 擁有連結的任何人都可以編輯 ›

收件者: 名稱、群組或電子郵件　　✏️ ˅

訊息...

···　　　　　　　　　　　　　　　　傳送

> 若覺得開放編輯權限無妨,也可以點擊這裡直接複製連結

複製連結

🌐 擁有連結的任何人都可以編輯 ›　　複製

3 預設只要知道這個連結的人都可以編輯檔案,如果您不希望相關單位擁有編輯權限,可以點擊這裡修改設定

共用「6月統計報表.xlsx」

連結設定
6月統計報表.xlsx

您希望誰可以使用此連結?

🌐 擁有連結的任何人　　　　✓

👥 特定人員

其他設定

❌ 可以檢視

📅 YYYY年MM月DD日

4 在檔案權限設定畫面中,點擊這裡修改成**可以檢視**
(註：只可看但無法編輯)

5 點擊這裡套用設定

套用　　取消

共用「6月統計報表.xlsx」

✓ 已複製「6月統計報表.xlsx」的連結

https://1drv.ms/x/s!AgoS-RzYkgXGk3269dvmmf_bxVU/　　複製

🌐 擁有連結的任何人都可以編輯 ›

6 在步驟 **3** 的畫面點擊**複製**會來到此畫面,再點擊一次**複製**就可以取得連結了

接著您就可以將此連結提供出去了,本例我們要將連結貼到 13-13 頁上圖的操作畫面中。

13-15

13-2 確認 Excel 自動化通知流程是否正常運作

設計好 Excel 自動化流程後,接著就做個測試,隨意修改 OneDrive 內的 Excel 報表檔,看先前在流程中所指定的信箱會不會收到更新通知:

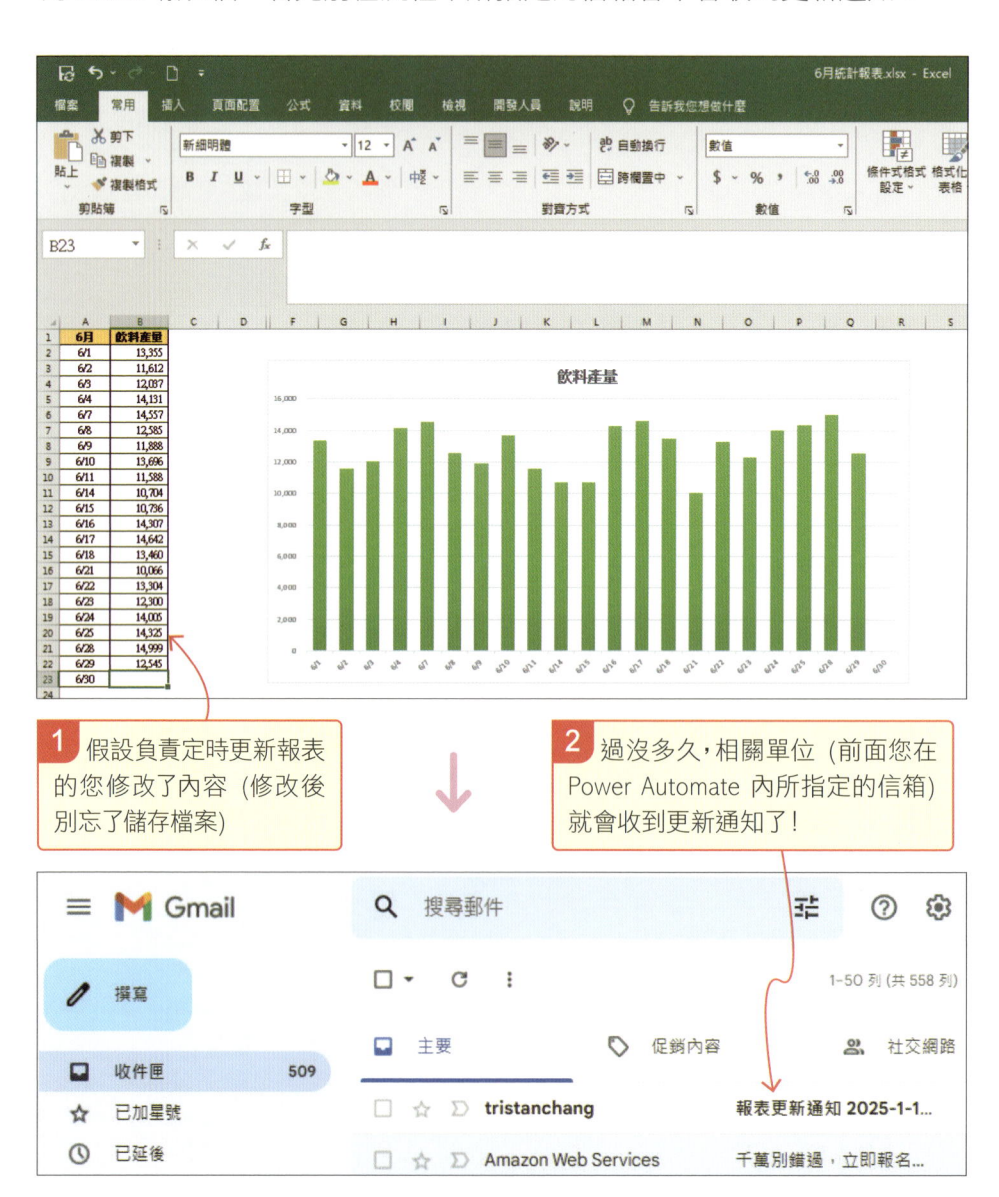

1 假設負責定時更新報表的您修改了內容 (修改後別忘了儲存檔案)

2 過沒多久,相關單位 (前面您在 Power Automate 內所指定的信箱) 就會收到更新通知了!

報表更新通知 2025-1-16T03:37:20.623Z

收件匣 ×

▢▢▢▢@gmail.com　　上午 11:37 (1 分鐘前)

寄給 我 ▼

檔案更新連結如下，謝謝！

下載最新報表

3 收信者可以點擊信中的連結線上瀏覽報表內容

5 他們若需要下載保存，只要點擊這裡執行**另存新檔 / 下載複本**就可以把報表檔下載回電腦了

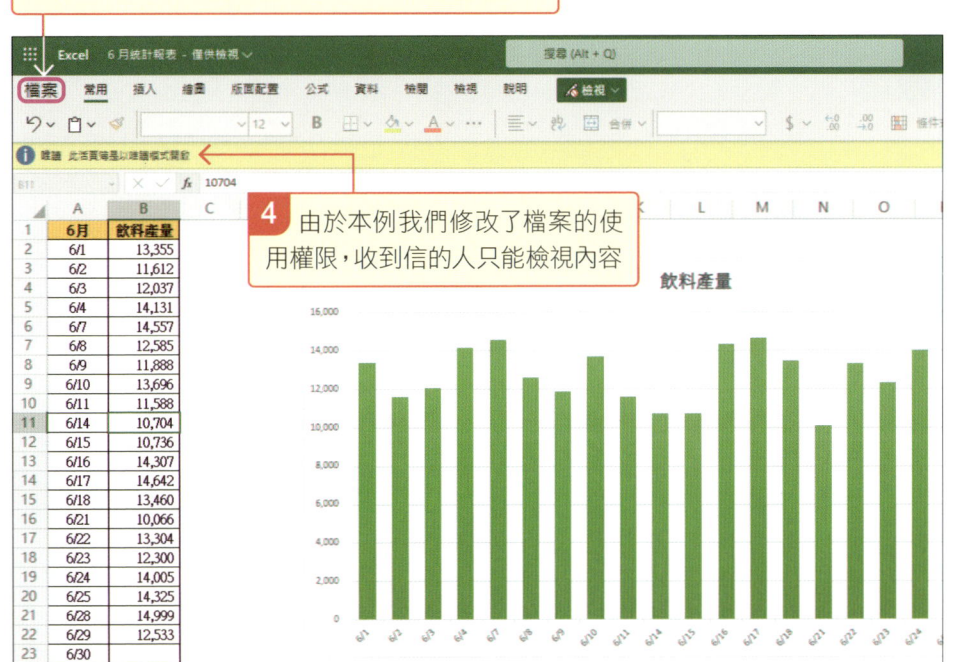

4 由於本例我們修改了檔案的使用權限，收到信的人只能檢視內容

6月	飲料產量
6/1	13,355
6/2	11,612
6/3	12,037
6/4	14,131
6/7	14,557
6/8	12,585
6/9	11,888
6/10	13,696
6/11	11,588
6/14	10,704
6/15	10,736
6/16	14,307
6/17	14,642
6/18	13,460
6/21	10,066
6/22	13,304
6/23	12,300
6/24	14,005
6/25	14,325
6/28	14,999
6/29	12,533
6/30	

TIP　依筆者實際測試 (註：即修改檔案後，測試看看指定的對象有沒有收到通知信)，當一次都設定妥當，Power Automate 的自動化通知有時候很即時，有時候會需要等個 5～10 分鐘才會啟動自動通知機制。

若您在操作時，發現自動化機制遲遲沒有運作，可別傻傻枯等，可以回到 Power Automate 檢查看看是否哪裡的設定出了問題：

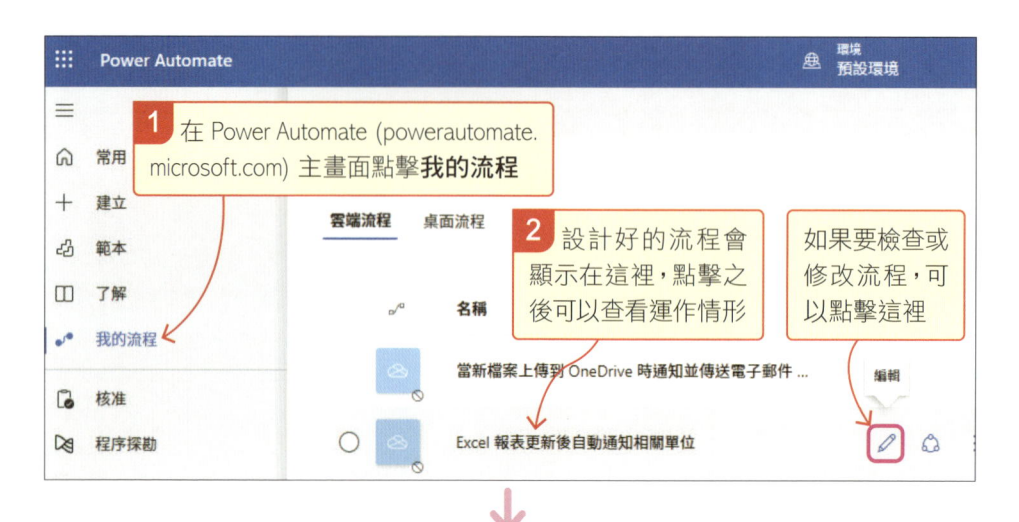

1 在 Power Automate (powerautomate.microsoft.com) 主畫面點擊**我的流程**

2 設計好的流程會顯示在這裡，點擊之後可以查看運作情形

如果要檢查或修改流程，可以點擊這裡

> **TIP** 依筆者經驗，有時候明明設定都正確，但自動化流程就是沒有運作，可以點擊上圖的**修改**圖示，之後什麼都不用做，重新點擊**儲存**後，再測試看看。

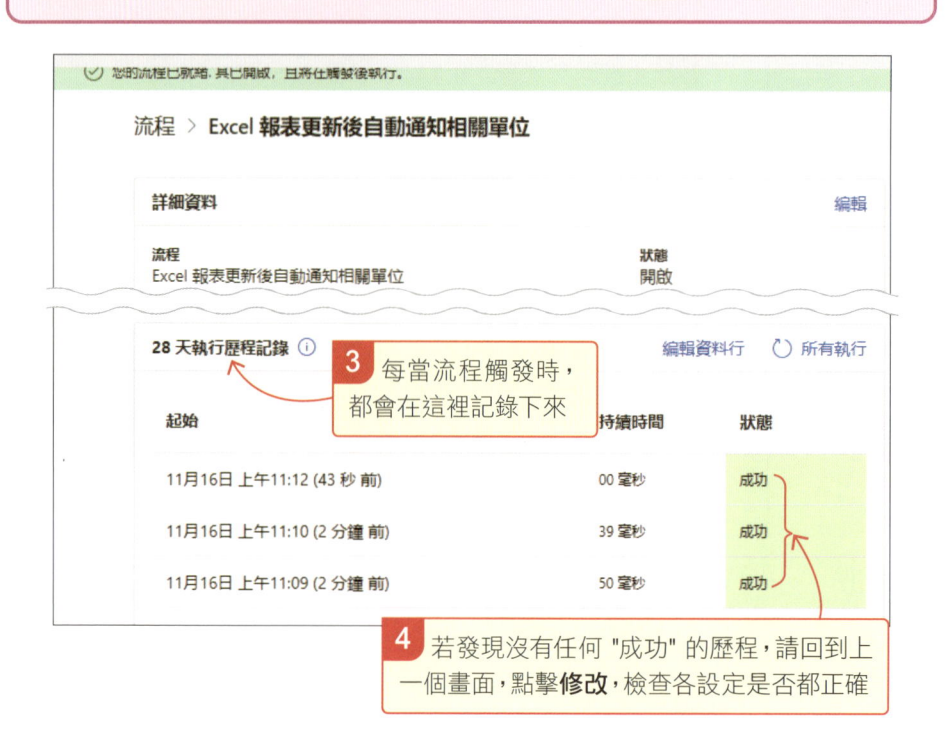

3 每當流程觸發時，都會在這裡記錄下來

4 若發現沒有任何 "成功" 的歷程，請回到上一個畫面，點擊**修改**，檢查各設定是否都正確

13-18

14

CHAPTER

Excel 跨平台流程串接（二）

全自動擷取網站資料到 Excel

14-1 熟悉自動化桌面流程工具
14-2 開始打造 Excel 自動化流程：
跨頁面抓網頁資料

前一章我們學會用 **Power Automate** 雲端服務設計出全自動化的 Excel 協作通知流程，需要注意的是，這是都是仰賴各種雲端服務的互動運作，然而在辦公室的例行工作上，相信許多人不見得有在用雲端服務，反而是 Excel、Word 等單機作業會比較多。很棒的是，Power Automate 中也有提供打造單機作業自動化的服務，稱為 **Power Automate Desktop** (微軟將其稱為 **Power Automate 桌面流程服務**)。Power Automate Desktop 是一套安裝在電腦上的工具，可以跟 Excel、瀏覽器等應用程式互動，控制其操作，便可依需求打造應用程式的自動化流程。

　　有鑑於日常 Excel 工作中有些操作會與網站連動，例如：每週固定時間從某網站複製資料，再貼到 Excel 做後續應用，這類涉及 Excel + 網頁瀏覽器的操作，Power Automate Desktop 就提供了模擬人工操作網頁的動作，可以幫我們自動點擊網站連結、自動抓取網頁資料貼回 Excel⋯，完全不用手動。這種從網頁中擷取特定內容或表格資料的動作，也稱為 **網路資料抓取** 或 **網路爬蟲**，其目的就是希望免除不斷手工複製貼上⋯複製貼上的麻煩，一鍵就將網頁上的資料統統匯整到手。本節就以此為例，介紹如何將電腦上經常重複的機械化工作統統自動化！

> ### 用 AI 寫爬蟲程式？
>
> 雖然目前也有不少網路爬蟲相關的 AI 工具問世 (例：browser.ai)，但經筆者使用下來，滿多要付費，而且需要手動成分還是不少，大多在抓完資料後，得手動匯出或複製貼回 Excel，談不上完全的自動化。
>
> 有人會說：「那請 AI 聊天機器人幫我們寫網路爬蟲程式啊！」，對初學者來說，那可能更辛苦了。依筆者經驗，凡涉及 **得連到目標網頁查看網頁結構，再擬妥爬蟲程式碼** 的情況，AI 聊天機器人所生成的程式大部分情況都無法一次成功。而且網頁技術千變萬化、也常可能改版，今天可以用來抓網頁資料的程式碼，搞不好明天就完全做廢。
>
> 接下頁

> 總之，對不熟悉網路爬蟲技術的人來說，即便有 AI 聊天機器人的協助，筆者不建議貿然切入「寫程式抓網頁資料」這種進階做法，反倒建議使用 Power Automate Desktop 這類工具來進行，因為要抓網頁哪個地方的資料都是清清楚楚的 (後面會看到示範)，也不用鑽研網頁原始碼，而且過程中還可以請 AI 聊天機器人提供一些規劃的思路 (見後述)，整體來說成功機率會比較大。而若想打造**一條鞭的資料擷取、整理流程**，可行性絕對比請 AI 撰寫程式來的高。

14-1 熟悉自動化桌面流程工具

　　Power Automate Desktop 在 Windows 10 系統上可以免費使用，Windows 11 中甚至已經內建，不需要安裝就可以使用。若您的電腦上還沒有，我們先帶您進行安裝，並在網頁瀏覽器上安裝相關擴充套件 (用來操控瀏覽器)，安裝好後，使用申請好的 Microsoft 帳號就可以登入使用。

在電腦上安裝 Power Automate Desktop

1 進入 https://flow.microsoft.com/zh-tw/desktop/ 網頁 並按下**免費開始**。

2 找到 Download the Power Automate installer… 的連結後，點擊就可以取得 Power Automate Desktop 的安裝檔。

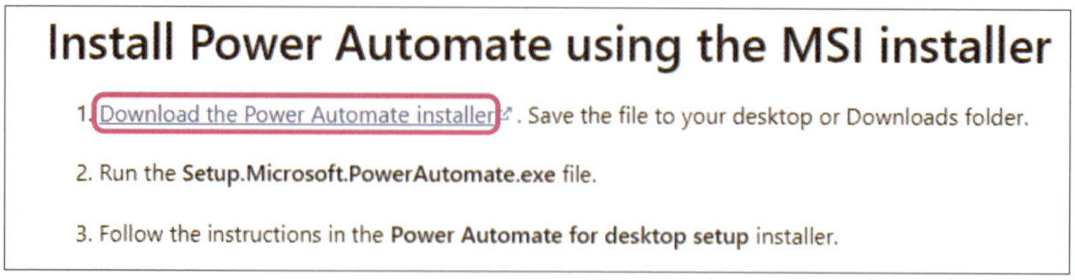

```
Install Power Automate using the MSI installer
1. Download the Power Automate installer. Save the file to your desktop or Downloads folder.
2. Run the Setup.Microsoft.PowerAutomate.exe file.
3. Follow the instructions in the Power Automate for desktop setup installer.
```

3 開啟安裝畫面後，點擊**下一步**，之後依畫面指示，都以預設值完成安裝即可。

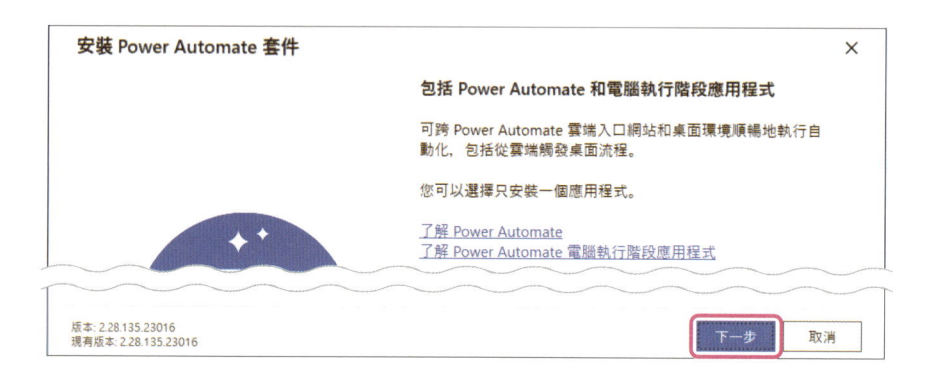

安裝 Power Automate 套件

包括 Power Automate 和電腦執行階段應用程式

可跨 Power Automate 雲端入口網站和桌面環境順暢地執行自動化，包括從雲端觸發桌面流程。

您可以選擇只安裝一個應用程式。

了解 Power Automate
了解 Power Automate 電腦執行階段應用程式

版本: 2.28.135.23016
現有版本: 2.28.135.23016

下一步   取消

安裝擴充功能 (用於操控網頁瀏覽器)

安裝好 Power Automate Desktop 後，也需要在瀏覽器中啟用擴充功能，後續才可以使用 Power Automate Desktop 打造瀏覽器相關的自動化流程。

1 在出現的畫面中，依您慣用的瀏覽器，點擊擴充功能的安裝連結。

安裝成功

一切準備就緒

只要再兩個步驟即可開始使用：

1. 啟用擴充功能

選擇一個或多個連結為您慣用的瀏覽器啟用擴充功能。

Google Chrome
Microsoft Edge
Mozilla Firefox

→ 依您慣用的瀏覽器，點擊擴充功能的安裝連結

2. 啟動電腦版 Power Automate

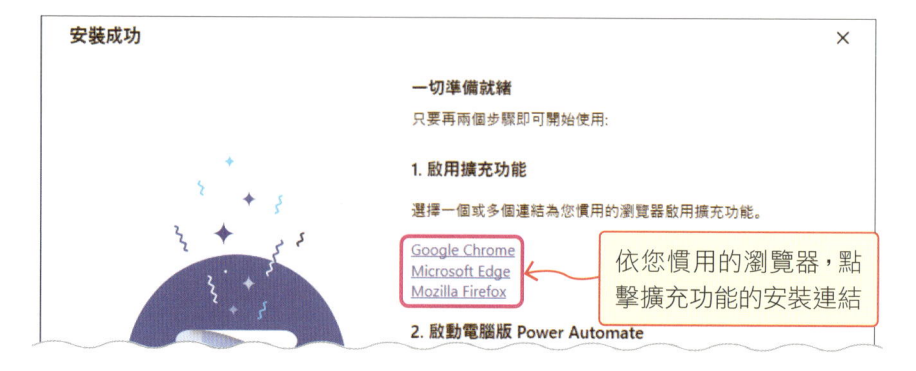

② 同樣地，依畫面指示，輕鬆就可以完成瀏覽器的擴充功能，如下圖是 Microsoft Edge 瀏覽器的安裝完成畫面。其他瀏覽器也是類似的安裝方式，此處就不贅述。

📗 開啟 Power Automate Desktop 並登入帳戶

相關的安裝工作都完成後，接著就可以開啟 Power Automate Desktop，登入 Microsoft 帳戶開始使用。

① 在**開始**工具列中點擊 Power Automate 來開啟該工具。若需頻繁使用，也可以在桌面上建立捷徑。

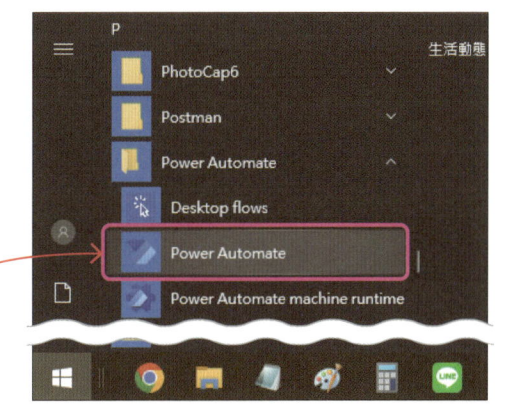

點擊「Power Automate」

② 開啟 Power Automate Desktop 進入起始畫面後，輸入 Microsoft 的帳戶及密碼進行登入。

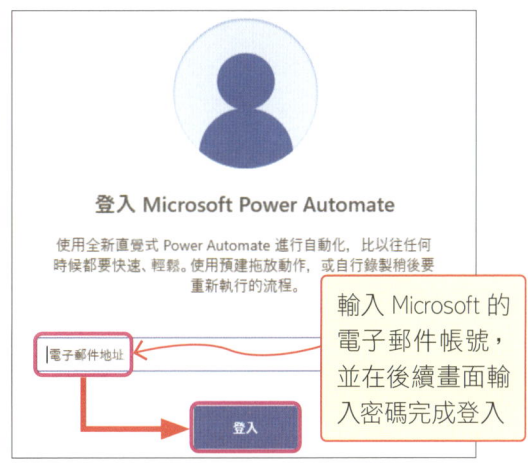

輸入 Microsoft 的電子郵件帳號，並在後續畫面輸入密碼完成登入

14-5

3 登入完成後,最後會來到 Power Automate Desktop 的主畫面,只要點擊下圖上方的**新流程**,就可以開始設計網頁操作的自動化流程。

> **TIP** 我們一直提到**流程**,在 Power Automate Desktop 上,流程就是由一個一個「**動作**」建構而成的。假設我們想設計一個「1 開啟 Excel」→「2 執行 Excel 巨集」→「3 關閉 Excel」的自動化流程,1→2→3 這 3 個連續動作所串起來的就是一個「**流程**」。
>
> 當然,流程的「順序」也很重要,不能設錯,不能把 1→2→3 設計成 2→1→3,Excel 還沒開啟前就要執行當中巨集當然是行不通的,此時整個流程就會出錯。

1 來熟悉一下主畫面的操作,首先點擊**新流程**

2 自行輸入一個易於辨識的流程名稱

3 按下**建立**

14-6

新的空白流程新增完成

4 建立好流程後，稍待一會兒，會顯示如下圖的**流程設計工具**，此工具由多個區塊組成，這裡就是我們設計 Excel 自動化流程的地方。

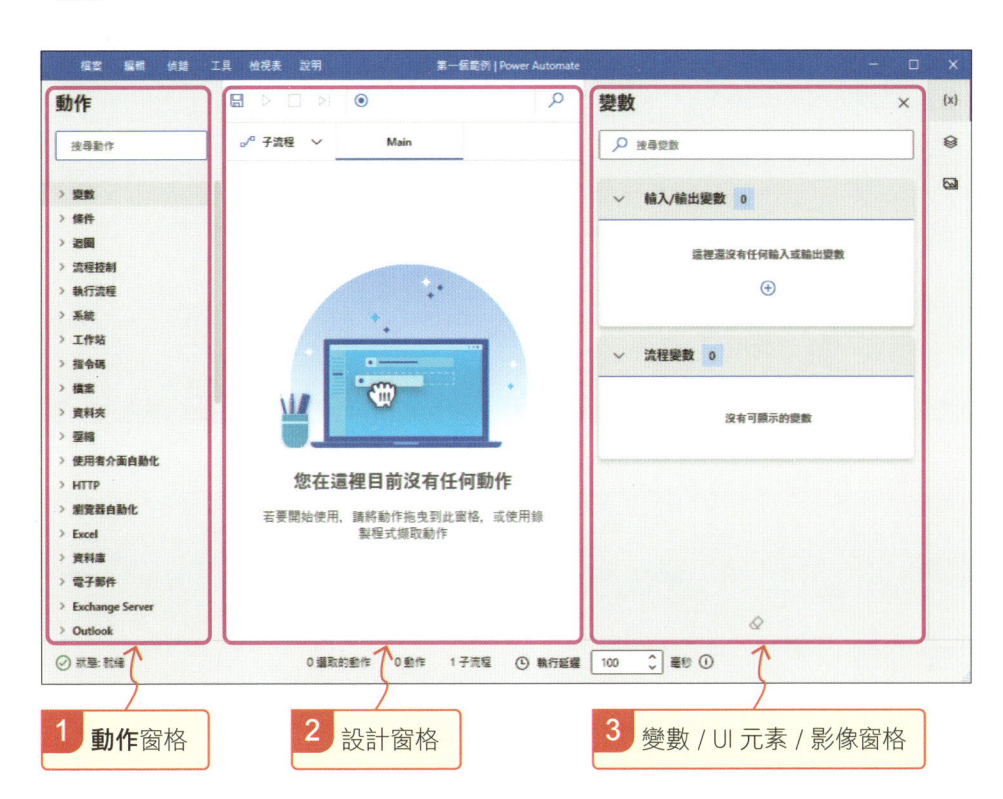

1 **動作**窗格　　2 設計窗格　　3 變數 / UI 元素 / 影像窗格

流程設計工具是編輯流程的所在地，設計過程中可以隨時執行「**檔案 / 儲存**」來保存結果，若關閉此視窗後，也可以隨時從 Power Automate Desktop 的主畫面重新開啟流程來編輯：

> 在主畫面點擊**編輯**圖示即可再次啟動流程設計工具

認識自動化流程設計工具的介面

流程設計工具主要分成三大區塊：

動作窗格

這裡是我們設計自動化流程的素材來源，前面提到，在 Power Automate Desktop 中，每一個流程都是由多個「**動作**」所組成，每一個動作會根據其功能做好分類。您也可以透過上方的搜尋欄位尋找想要的動作。

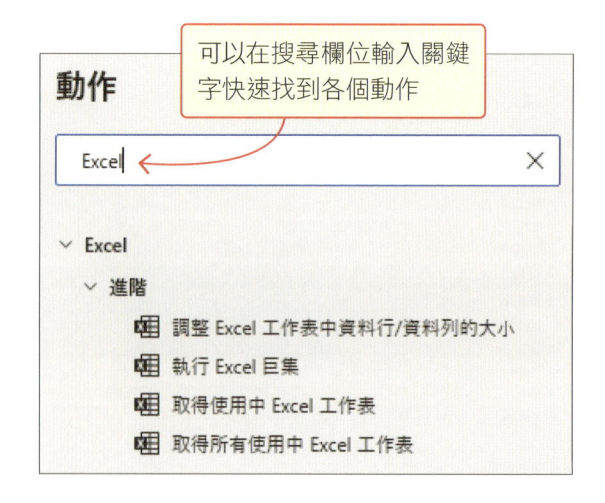

> 可以在搜尋欄位輸入關鍵字快速找到各個動作

設計窗格

設計窗格是編排流程的地方，只要將動作拖曳到設計窗格、或是在動作上直接點擊兩下，就可以快速將其加入到窗格中。拖曳一個動作時，可以選擇放置到已存在動作的上方或下方，以決定各動作的執行順序。所有已加入的動作都會顯示在設計窗格供您編排、設計。

例如目前流程中加入了 3 個動作

各動作的順序編號

變數 / UI 元素 / 影像頁次

流程設計工具最右側的這一區，是用來管理流程中的各種變數及元件的地方。在設計 Excel 自動化流程中，會經常需要到這裡檢查擷取到的資料內容是否正確 (例如流程是否有幫我們正確抓到 Excel 表格的內容)，或者有沒有操控到正確的元件 (例如我們想在指定的網頁中的某個連結、某段文字)，多做檢查才可避免流程出問題。

在這裡可以切換變數 / UI 元素 / 影像等 3 個頁次

TIP **變數**簡單來說是在自動化流程中用來儲存或傳遞資料，比如當流程自動開啟 Excel 並複製資料後，這些資料就會被存放在變數中，方便做篩選、刪除等運用，等一下我們實作範例時您會更清楚變數的用途。

14-9

14-2 開始打造 Excel 自動化流程：跨頁面抓網頁資料

以 MOMO 熱銷排行榜為例

大致熟悉 Power Automate Desktop 操作環境後，底下就以「**從網頁抓取資料**」為例，設計一個簡單的自動化流程。我們會帶您熟悉重要的**變數**概念以及幾個經常會用到的 Excel 自動操控動作。

1 本例有 3 種產品的排行處在不同的連結內，我們希望能先自動按上方的排行種類，然後再擷取該類排行的產品資料

2 最後將 3 個連結的資料自動存入 Excel 的不同工作表內

▲ MOMO 熱銷榜網站：https://m.momoshop.com.tw/ranking.momo

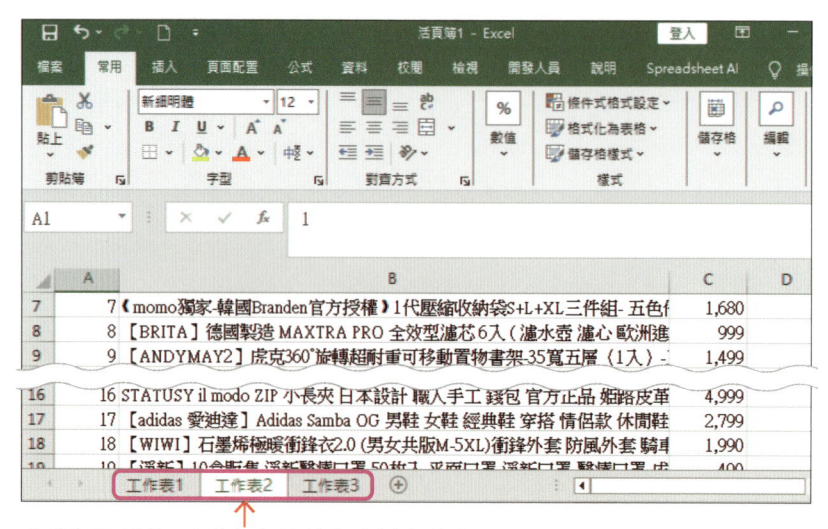

自動抓資料後，自動把各連結的資料存放在不同工作表存放

14-10

1. 自動化流程範例說明

本自動化範例會自動擷取 3 種排行的資料下來，分別存入 Day (本日熱銷)、Cheap (mo+好便宜)、New (新品搶鮮) 等 3 個變數。擷取網頁資料的做法底下會一一介紹，重點就是控制 Power Automate Desktop 自動依序點擊網頁上方的 3 個連結，然後再擷取資料存入 Excel。我們先大致看一下最終完成的流程畫面，讓您稍微有個概念：

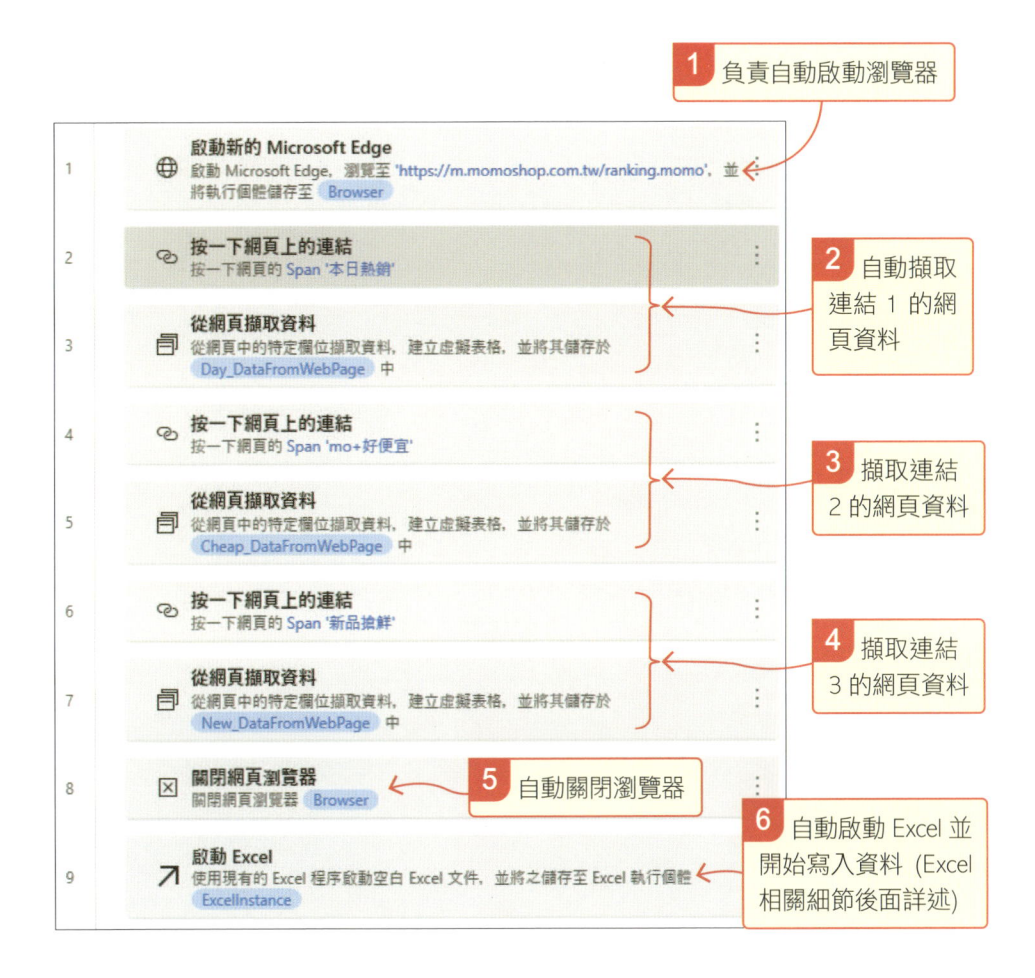

1	啟動新的 Microsoft Edge 啟動 Microsoft Edge，瀏覽至 'https://m.momoshop.com.tw/ranking.momo'，並將執行個體儲存至 Browser	**1** 負責自動啟動瀏覽器
2	按一下網頁上的連結 按一下網頁的 Span '本日熱銷'	**2** 自動擷取連結 1 的網頁資料
3	從網頁擷取資料 從網頁中的特定欄位擷取資料，建立虛擬表格，並將其儲存於 Day_DataFromWebPage 中	
4	按一下網頁上的連結 按一下網頁的 Span 'mo+好便宜'	**3** 擷取連結 2 的網頁資料
5	從網頁擷取資料 從網頁中的特定欄位擷取資料，建立虛擬表格，並將其儲存於 Cheap_DataFromWebPage 中	
6	按一下網頁上的連結 按一下網頁的 Span '新品搶鮮'	**4** 擷取連結 3 的網頁資料
7	從網頁擷取資料 從網頁中的特定欄位擷取資料，建立虛擬表格，並將其儲存於 New_DataFromWebPage 中	
8	關閉網頁瀏覽器 關閉網頁瀏覽器 Browser	**5** 自動關閉瀏覽器
9	啟動 Excel 使用現有的 Excel 程序啟動空白 Excel 文件，並將之儲存至 Excel 執行個體 ExcelInstance	**6** 自動啟動 Excel 並開始寫入資料 (Excel 相關細節後面詳述)

首先就請依 14-6 頁的說明，建立一個全新的空白流程，底下帶您逐步打造 **自動開啟瀏覽器 → 抓取網頁資料 → 回存 Excel** 的全自動化流程。

2. 啟動流程設計工具建立第一個動作：自動啟動 Edge 瀏覽器

> **TIP** 開始打造瀏覽器的自動化流程之前，請先確認已經在 14-1 節安裝 Power Automate Desktop 時，一併安裝好瀏覽器的擴充程式，若不確定是否已安裝，可以在 Power Automate Desktop 的**工具**選單中，找到**瀏覽器延伸模組**功能，再選取您想操作的瀏覽器來確認並安裝 (本例是用 Edge 瀏覽器)。

1 開啟流程設計工具後，首先最左邊的**動作**搜尋欄位中，輸入 "**啟動**"，就會出現相關的動作。這裡要用的是「**啟動新的 Microsoft Edge**」這個動作，它可以幫我們自動打開瀏覽器 (註：在此以 Edge 瀏覽器示範，依筆者測試 Chrome 瀏覽器有時會無法呼叫)。請將此動作拖曳到中間的設計窗格 (或是點擊兩下該動作也可以)。

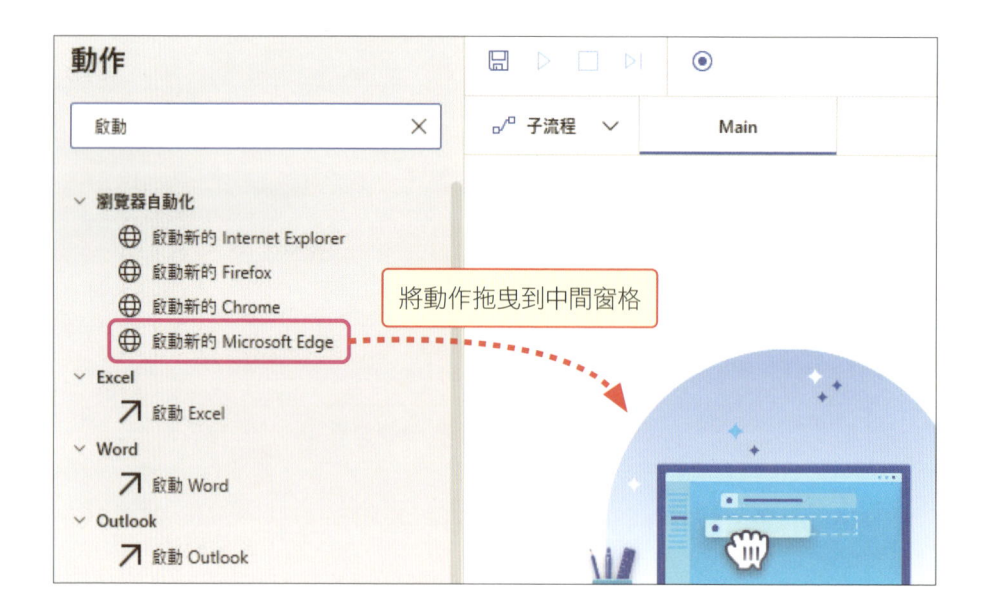

2 新增動作後，會自動跳出此動作的設定視窗，一個動作該如何設定，並讓各動作協同運作，這就是流程的設計重點。本例「**啟動新的 Microsoft Edge**」動作要設定的內容很簡單，就是指定**資料的所在網址**。

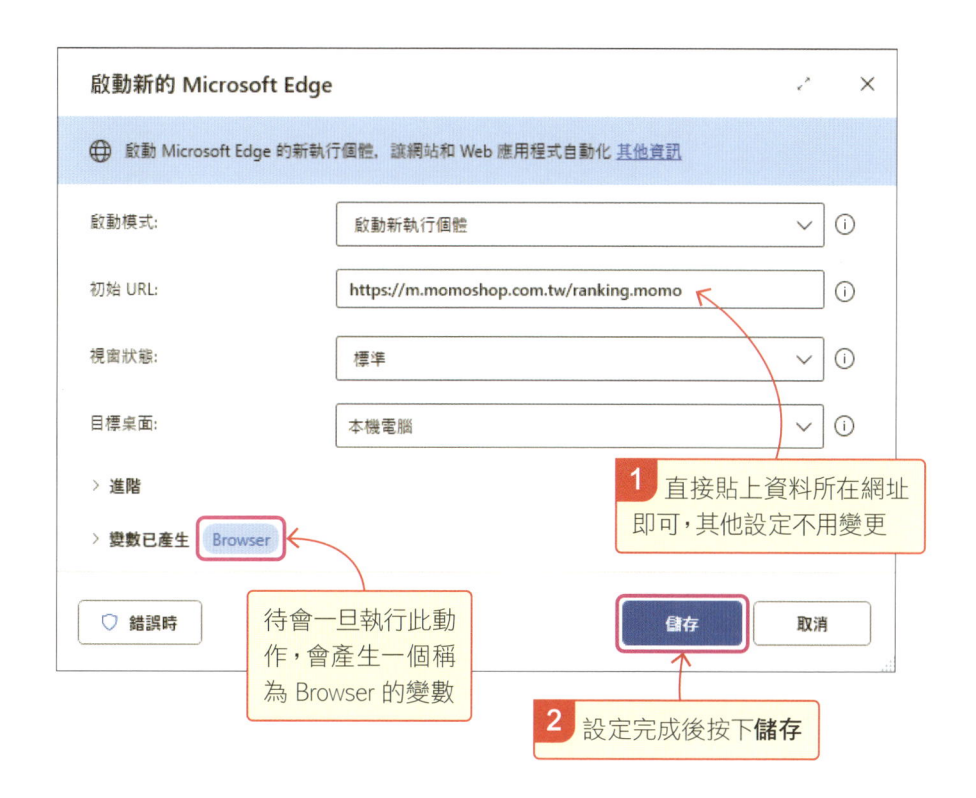

```
啟動新的 Microsoft Edge                                    ↗  ×

🌐 啟動 Microsoft Edge 的新執行個體，讓網站和 Web 應用程式自動化 其他資訊

啟動模式：           啟動新執行個體                    ▽  ⓘ

初始 URL：          https://m.momoshop.com.tw/ranking.momo  ⓘ

視窗狀態：           標準                             ▽  ⓘ

目標桌面：           本機電腦                          ▽  ⓘ

> 進階

> 變數已產生  [Browser]

🛡 錯誤時                                    [ 儲存 ]   [ 取消 ]
```

1 直接貼上資料所在網址即可，其他設定不用變更

待會一旦執行此動作，會產生一個稱為 Browser 的變數

2 設定完成後按下**儲存**

> **TIP** Browser 這個變數名稱是自動產生的，您也可以在上圖雙按 [Browser] 來更名，這裡維持預設值。
>
> 儲存後若想再次編輯上圖的動作，回到設計窗格後，點擊此動作兩下即可再次回到上圖的畫面做編輯。

3 目前我們在流程中加入了第 1 個動作，我們來執行這個流程看看。

14-13

1 點擊**執行**的圖示就可以執行流程

2 目前流程中只有一個動作，若有多個動作，會依這裡顯示的數字編號，一個一個依序執行

3 這是剛才編號 1 動作所產生的 Browser 變數，執行動作之前還是空的，可以留意待會執行後會有什麼變化

4 執行動作後，最底下的狀態列會依序顯示 "**狀態：正在剖析….**" → "**狀態：正在執行….**" 讓您了解執行的狀況。本例目前只有一個動作，執行流程後馬上就會完成。

正在執行中，若有錯誤，也會在最下面這裡提示執行錯誤，此時就要回頭檢查哪裡設定有誤

5 執行完成後，我們可以查看 Browser 變數中的資訊，看看剛才編號 1 這個動作幫我們完成什麼事。

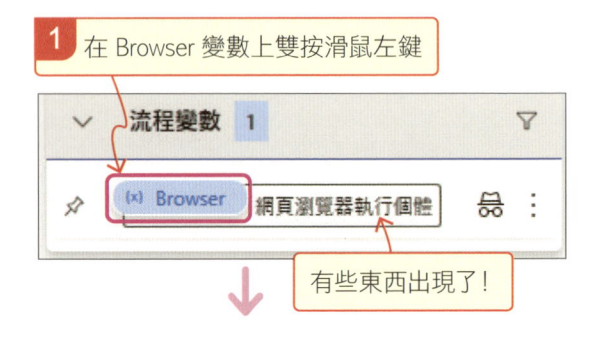

1 在 Browser 變數上雙按滑鼠左鍵

有些東西出現了！

14-14

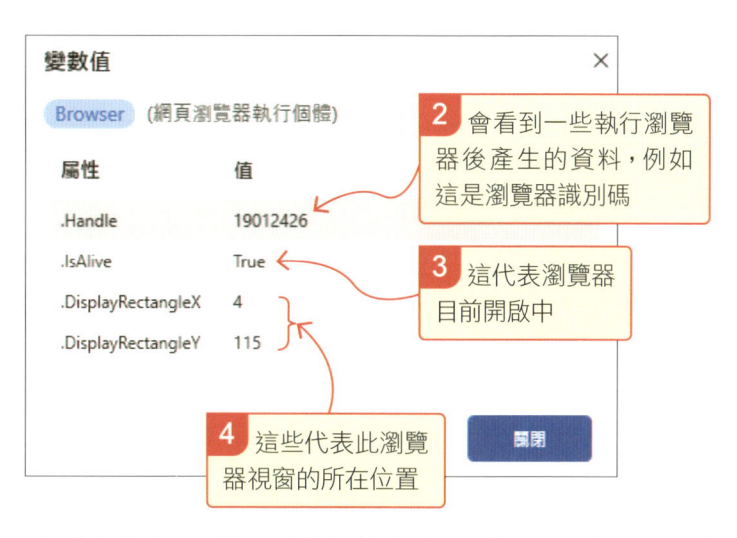

```
變數值                                    ×

Browser  (網頁瀏覽器執行個體)
                                    ┌─────────────────┐
屬性              值                 │ 2 會看到一些執行瀏覽 │
                                    │   器後產生的資料，例如│
.Handle          19012426           │   這是瀏覽器識別碼   │
.IsAlive         True               └─────────────────┘
.DisplayRectangleX    4             ┌─────────────────┐
.DisplayRectangleY    115           │ 3 這代表瀏覽器     │
                                    │   目前開啟中       │
                                    └─────────────────┘

                         ┌─────────────────┐
                         │ 4 這些代表此瀏覽  │         關閉
                         │   器視窗的所在位置 │
                         └─────────────────┘
```

認識變數的資料型別及屬性

變數就像一個儲存資料或數值的箱子，前面「**啟動新的 Microsoft Edge**」這個動作執行後，就會把啟動後得到的瀏覽器資訊通通存入 Browser 這個變數中，以後有需要用到這些資訊時就可以拿出來用。

上圖這個查看變數內容的動作，在設計流程中會經常用到，除了要確認各動作有沒有發揮作用，在使用變數中的資料之前，也最好先確認內容對不對。

此外，針對我們用動作所擷取到的資料，有兩個概念得稍微了解一下，那就是**資料型別**及**屬性**。

變數的資料型別

左頁下圖有看到，Browser 變數旁邊顯示著 "網頁瀏覽器執行個體" (白話來說就是瀏覽器視窗)，我們將其稱為 Browser 這個變數的「**資料型別 (Data Type)**」。**執行個體 (Instance)** 資料型別這是程式用語，有這個變數就能定位所要操作的瀏覽器視窗，如果電腦上同時開了兩個

接下頁

14-15

Edge 瀏覽器 (或兩個 Excel 視窗)，就會同時存在**執行個體 1** 與**執行個體 2**，每個執行個體會有獨一無二的 ID 號碼，用 ID 區分清楚才能精準控制所要操作的瀏覽器 (或 Excel 視窗)。

變數所代表的值可能是數字、文字、日期、清單…等各種類型的資料，當您日後使用變數設計一些進階的範例，就得區分清楚每一個變數是屬於什麼資料型別，例如想做運算時，我們不能將數字和文字一起做加法運算，得先通通轉換成數字的型別。而操作 Power Automate Desktop 時，畫面上也會經常看到某某變數值的資料型別供您確認。

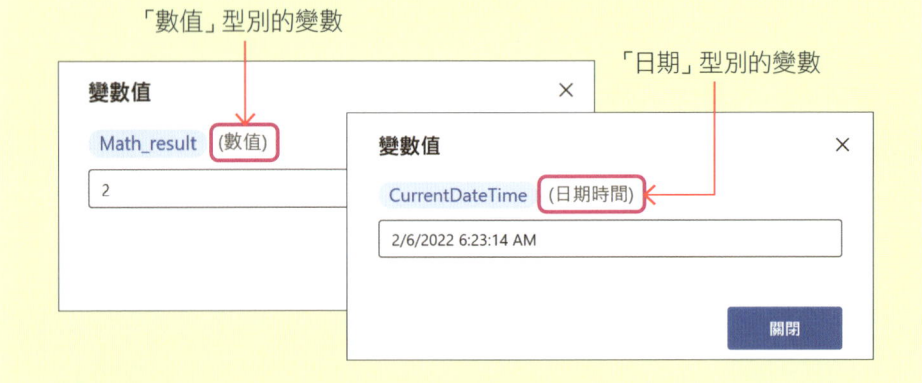

「數值」型別的變數

「日期」型別的變數

變數的屬性

而前一頁上圖 Browser 變數底下有顯示這個瀏覽器的附加資訊，在 Power Automate Desktop 中，將它們統稱為「網頁瀏覽器執行個體」這個資料型別的**屬性**，例如前頁所看到的，瀏覽器執行個體這種資料型別有「.Handle (ID 碼)」、「.IsAlive (是否啟動)」…等屬性。

了解一個變數有哪些屬性後，日後若有需要，可以用「**變數名稱.屬性**」來取得各種屬性的值，例如若需要可以用 Browser.Handle 來取得瀏覽器的「ID 碼」。「變數名稱.屬性」中的 . 句點您可以想成是「的」，所以「變數名稱.XX 屬性」就是「變數名稱的 **XX** 屬性」。關於屬性的概念，大概了解以上這些就夠了。

14-16

接著就是重頭戲,自動抓網頁上的資料。Power Automate Desktop 提供「**按一下網頁上的連結**」、「**從網頁擷取資料**」這兩個動作,可以幫我們輕鬆做到。以下流程的思路很簡單,由於我們有 3 個連結的資料要抓,因此總共會有 3 組「按一下網頁上的連結,接著從網頁擷取資料動作擷取資料」的動作。

3. 自動點擊第 1 個網頁連結

1 來建立第 1 組,首先在動作窗格找到「**按一下網頁上的連結**」動作,接著拖曳到設計窗格,接著如下設定這個動作。

新增動作到設計窗格

TIP 提醒:一定要拉曳到編號 1 動作的**下方**,因為是要接續操作編號 1 所產生的 Browser 變數,若放到編號 1 動作的上面,還沒有產生 Browser 變數 (開啟瀏覽器) 就按連結就不對了。

2 「**按一下網頁上的連結**」動作的關鍵設定就是「新增 UI 元素」,重點在於要選定連結。

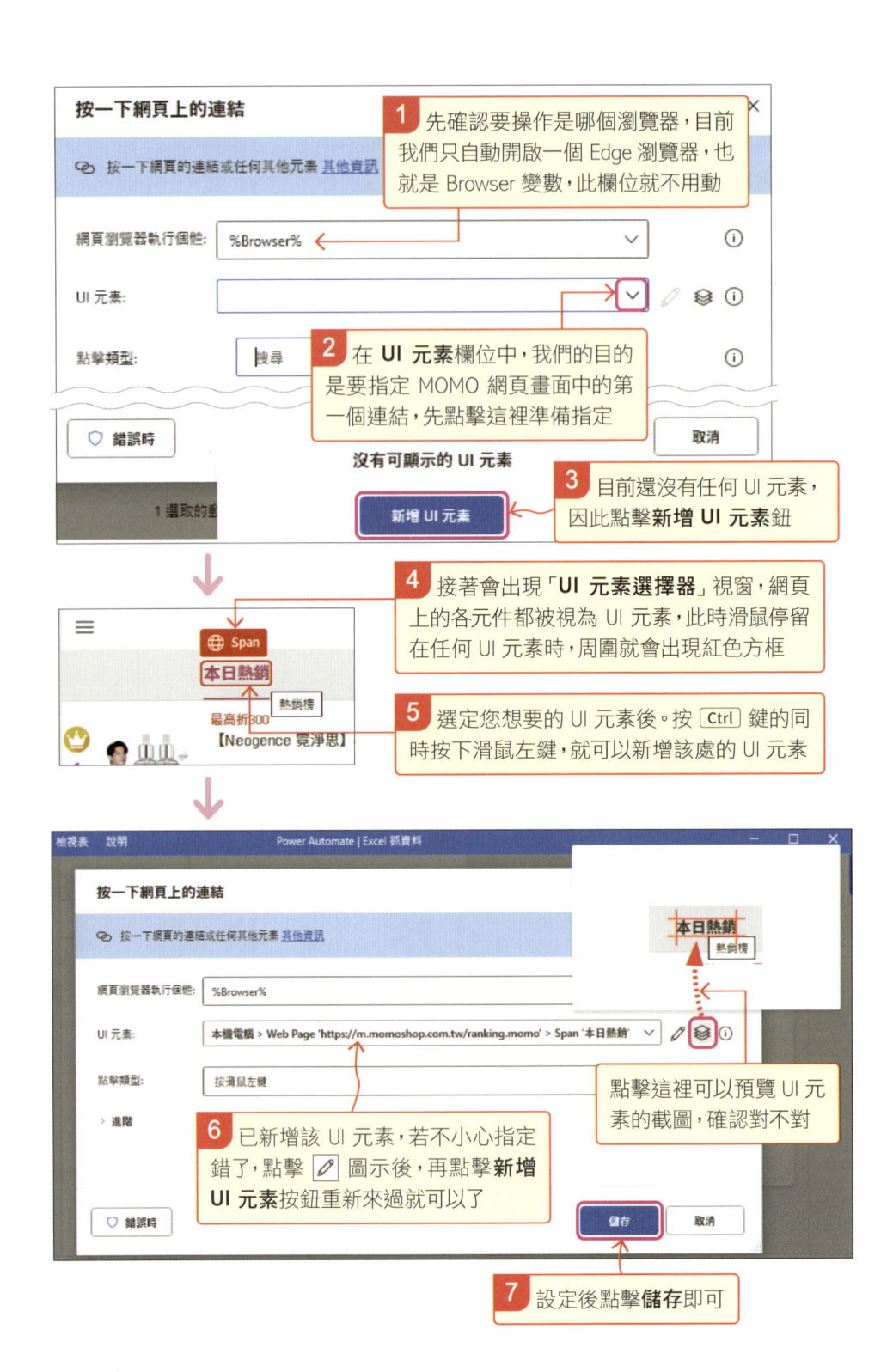

1 先確認要操作是哪個瀏覽器,目前我們只自動開啟一個 Edge 瀏覽器,也就是 Browser 變數,此欄位就不用動

2 在 **UI 元素**欄位中,我們的目的是要指定 MOMO 網頁畫面中的第一個連結,先點擊這裡準備指定

3 目前還沒有任何 UI 元素,因此點擊**新增 UI 元素**鈕

4 接著會出現「**UI 元素選擇器**」視窗,網頁上的各元件都被視為 UI 元素,此時滑鼠停留在任何 UI 元素時,周圍就會出現紅色方框

5 選定您想要的 UI 元素後。按 Ctrl 鍵的同時按下滑鼠左鍵,就可以新增該處的 UI 元素

6 已新增該 UI 元素,若不小心指定錯了,點擊 ✏ 圖示後,再點擊**新增 UI 元素**按鈕重新來過就可以了

點擊這裡可以預覽 UI 元素的截圖,確認對不對

7 設定後點擊**儲存**即可

14-18

4. 自動抓取第 1 個連結的網頁資料

1 目前已經模擬好自動點擊第一個連結，切換到了目標網頁，接著就可以用「**從網頁擷取資料**」動作，在下一頁會看到的**即時網頁助手**模式下一一擷取網頁內的資料。

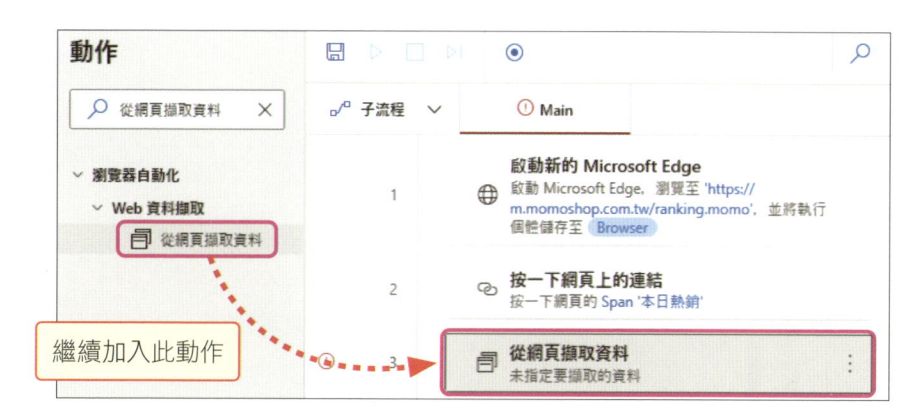

繼續加入此動作

2 開啟該動作的設定視窗後，**先不用做任何設定**，直接點擊瀏覽器上您想擷取的網頁，此時會自動跳出**即時網頁助手**，在網頁助手模式下，我們可以盡情測試要抓取的網頁範圍，並即時預覽結果。

① 開啟此動作的設定視窗

② 切到要擷取的網頁，就會跳出**即時網頁助手**

14-19

3 即時網頁助手模式下的操作很直覺,基本上您想要抓網頁內的什麼資料,就在該資料上按右鈕,選取**擷取元素值** >**文字…** (或可抓圖片網址的 src 等其他屬性) 功能,然後回到即時網頁助手預覽看看對不對,若錯了,可按上方的**重設**鈕重新抓取。

本例我們先要抓的是第一個連結的商品排行清單,即時網頁助手的操作示範如下:

1 在要擷取的起點 (本例為「左上」第 1 名那一格) 按右鈕選取**擷取元素值** > **文字…**

2 在左上格的「下一格 (第 2 名那一格)」做同樣的操作

14-20

3 助手很 AI！馬上知道我們是要擷取該整欄 (仔細看整欄的周圍都有綠色虛線，表示整欄都選到了)

4 在助手的視窗中可預覽結果

若錯了，可隨時點擊**重設**鈕重新抓取

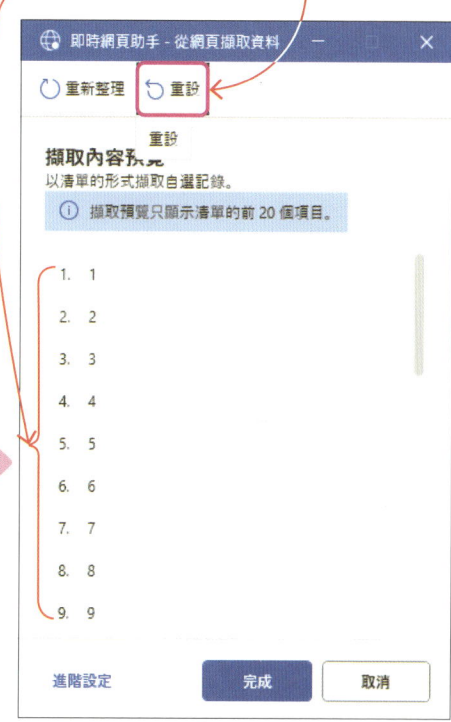

5 本例在圖中這 5 個綠框處做同樣操作，即可加入一整個網頁表格的資料

例如這裡擷取的是每項產品的價格

第 14 章　Excel 跨平台流程串接 (二) — 全自動擷取網站資料到 Excel

14-21

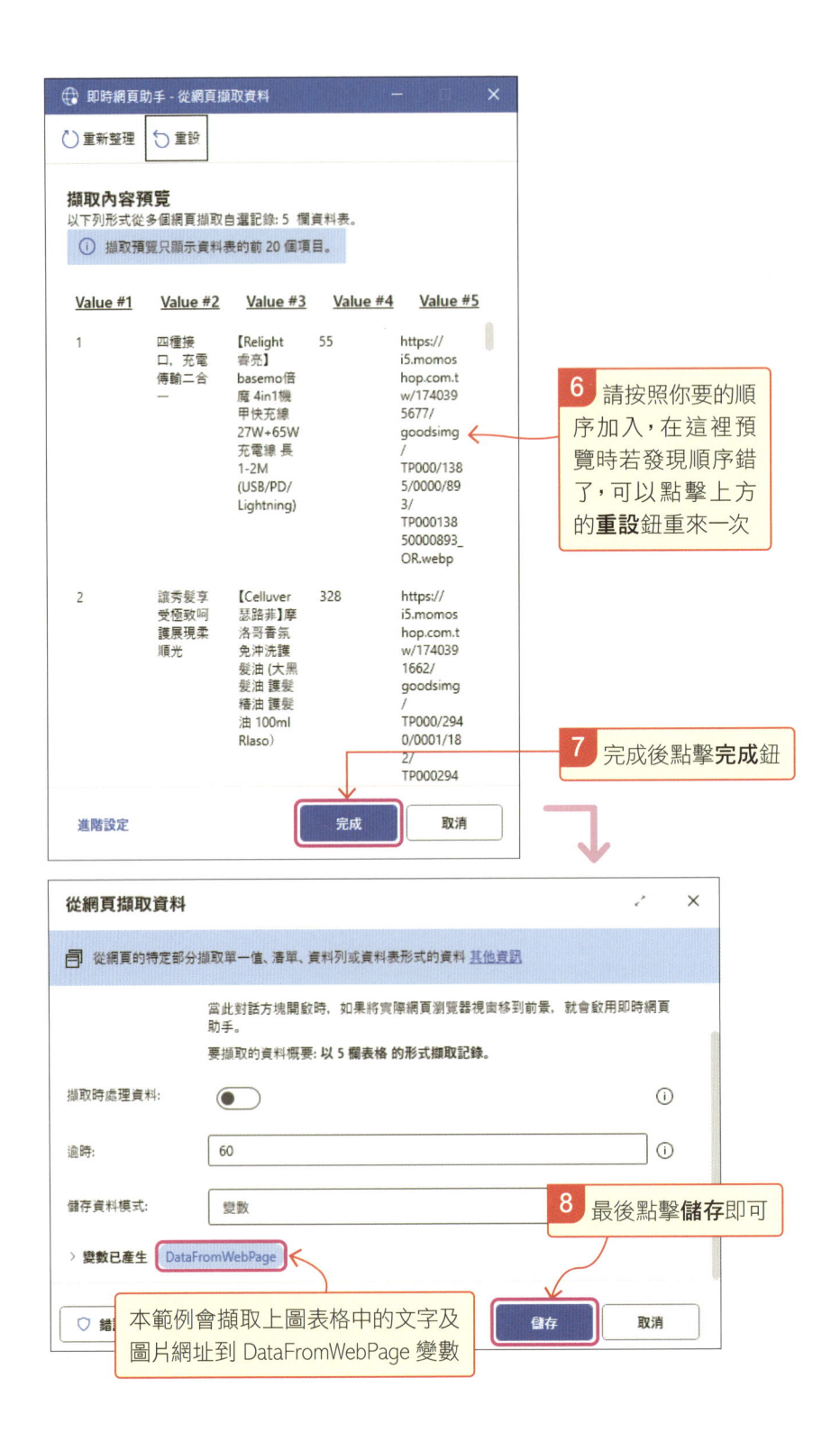

即時網頁助手 - 從網頁擷取資料

擷取內容預覽

以下列形式從多個網頁擷取自選記錄: 5 欄資料表。

> 擷取預覽只顯示資料表的前 20 個項目。

	Value #1	Value #2	Value #3	Value #4	Value #5
1	四種接口，充電傳輸二合一	【Relight睿克】basemo倍厲 4in1機甲快充線 27W+65W 充電線 長1-2M (USB/PD/Lightning)		55	https://i5.momoshop.com.tw/1740395677/goodsimg/TP000/1385/0000/893/TP00013850000893_OR.webp
2	讓秀髮享受極致呵護展現柔順光	【Celluver瑟路菲】摩洛哥香氛免沖洗護髮油 (大黑髮油 護髮植油 護髮油 100ml Rlaso)		328	https://i5.momoshop.com.tw/1740391662/goodsimg/TP000/2940/0001/182/TP000294

6 請按照你要的順序加入，在這裡預覽時若發現順序錯了，可以點擊上方的**重設**鈕重來一次

7 完成後點擊**完成**鈕

從網頁擷取資料

從網頁的特定部分擷取單一值、清單、資料列或資料表形式的資料 其他資訊

當此對話方塊開啟時，如果將實際網頁瀏覽器視窗移到前景，就會啟用即時網頁助手。

要擷取的資料概要: 以 5 欄表格 的形式擷取記錄。

擷取時處理資料：　〇

逾時：　60

儲存資料模式：　變數

> 變數已產生　`DataFromWebPage`

本範例會擷取上圖表格中的文字及圖片網址到 DataFromWebPage 變數

8 最後點擊**儲存**即可

14-22

5. 自動點擊 + 抓取第 2、3 個連結的網頁資料

完成第 1 個連結的資料擷取設定工作後，其他兩個連結的資料只要比照辦理即可。

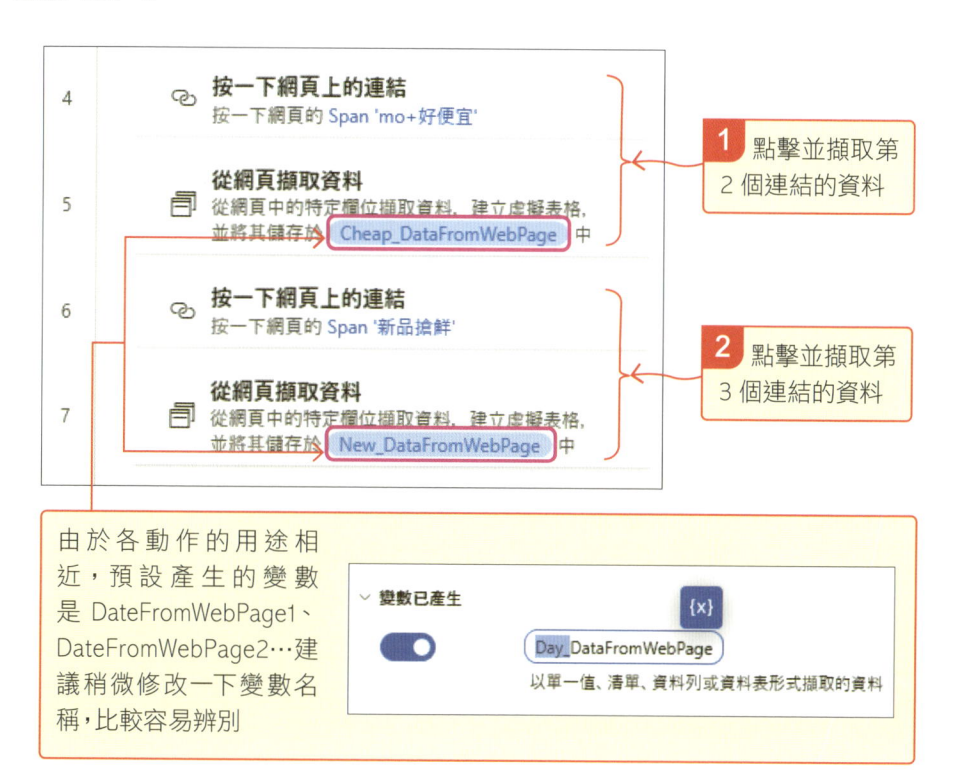

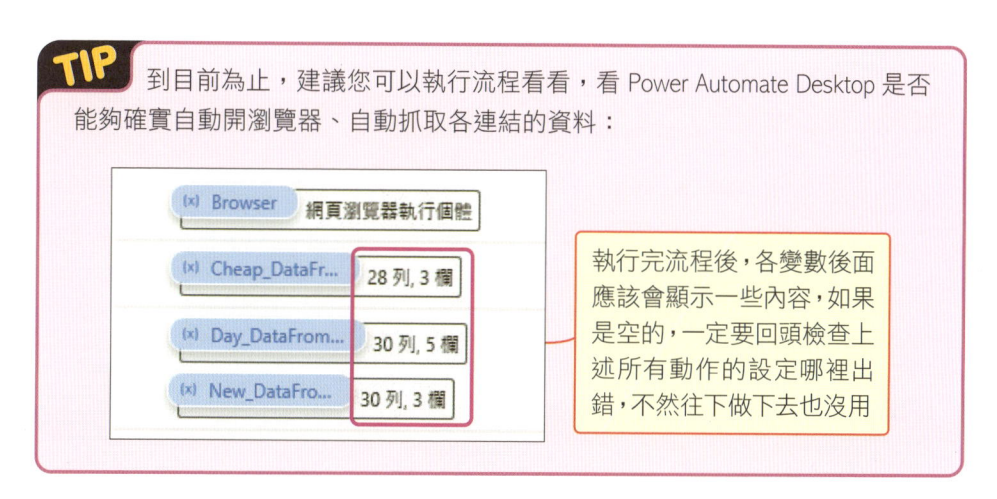

```
4   按一下網頁上的連結
    按一下網頁的 Span 'mo+好便宜'
                                    ① 點擊並擷取第
5   從網頁擷取資料                        2 個連結的資料
    從網頁中的特定欄位擷取資料，建立虛擬表格，
    並將其儲存於 Cheap_DataFromWebPage 中

6   按一下網頁上的連結
    按一下網頁的 Span '新品搶鮮'
                                    ② 點擊並擷取第
7   從網頁擷取資料                        3 個連結的資料
    從網頁中的特定欄位擷取資料，建立虛擬表格，
    並將其儲存於 New_DataFromWebPage 中
```

由於各動作的用途相近，預設產生的變數是 DateFromWebPage1、DateFromWebPage2…建議稍微修改一下變數名稱，比較容易辨別

> 變數已產生
>
> Day_DataFromWebPage
>
> 以單一值、清單、資料列或資料表形式擷取的資料

TIP 到目前為止，建議您可以執行流程看看，看 Power Automate Desktop 是否能夠確實自動開瀏覽器、自動抓取各連結的資料：

```
(x) Browser     網頁瀏覽器執行個體

(x) Cheap_DataFr...   28 列, 3 欄

(x) Day_DataFrom...   30 列, 5 欄

(x) New_DataFro...    30 列, 3 欄
```

執行完流程後，各變數後面應該會顯示一些內容，如果是空的，一定要回頭檢查上述所有動作的設定哪裡出錯，不然往下做下去也沒用

14-23

6. 自動關閉瀏覽器

將 3 個連結的網頁資料分別擷取到 Day_DataFromWebPage、Cheap_DataFromWebPage、New_DataFromWebPage 變數後，就可以讓瀏覽器自動關閉，Power Automate Desktop 也提供了「**關閉網頁瀏覽器**」的動作：

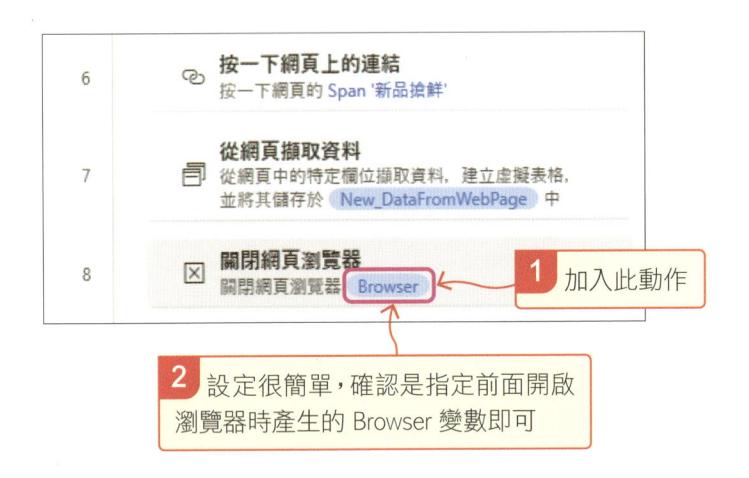

6	按一下網頁上的連結 按一下網頁的 Span '新品搶鮮'	
7	從網頁擷取資料 從網頁中的特定欄位擷取資料，建立虛擬表格， 並將其儲存於 New_DataFromWebPage 中	
8	關閉網頁瀏覽器 關閉網頁瀏覽器 Browser	**1** 加入此動作

2 設定很簡單，確認是指定前面開啟瀏覽器時產生的 Browser 變數即可

7. 自動啟動 Excel 並寫入資料

後續資料的運用就跟瀏覽器沒關係了，都是**自動操作 Excel** 的環節，下面我們來示範接續自動開啟 Excel，並自動新增工作表，一一將各連結的資料貼到工作表內。

1 首先，希望自動將連結 1 的資料寫入工作表。第一步，我們要 Power Automate Desktop 幫我們自動開啟 Excel，請找到「**Excel / 啟動 Excel**」動作，拖曳到設計窗格。

第 14 章 Excel 跨平台流程串接（二）—全自動擷取網站資料到 Excel

新增「**啟動 Excel**」動作

2 我們可以指定要開新檔案或是開啟舊檔，本例選擇開新檔案。如果是想開啟既有的檔案，改選擇**並開啟後續文件**，接著找到範例檔的路徑即可。

如這裡設定

此動作所產生的變數

14-25

3 接著要設計的動作是將連結 1 的資料 (Day_DataFromWebPage 變數) 寫入 Excel 工作表內。這裡要用到「**寫入 Excel 工作表**」動作。

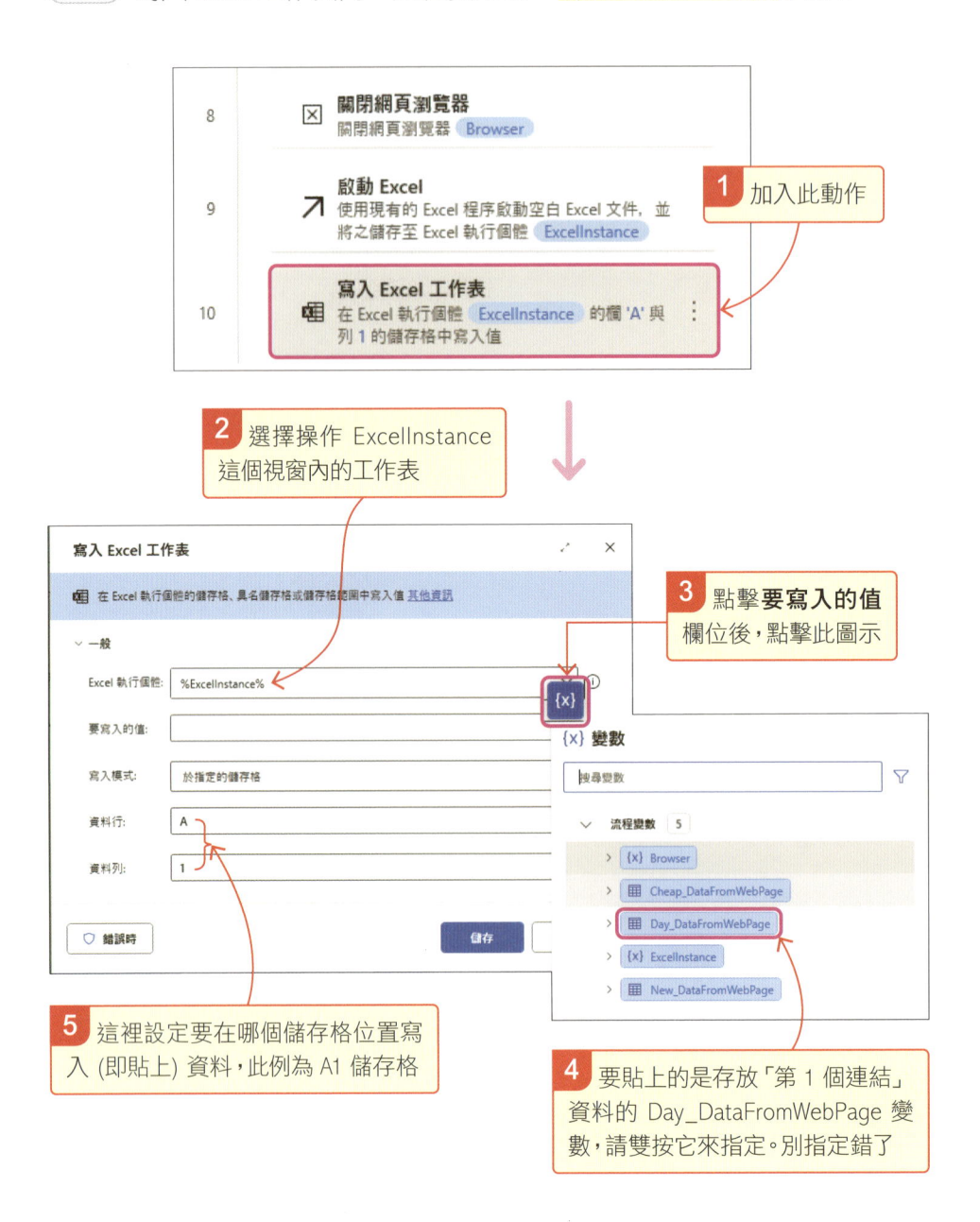

8	**關閉網頁瀏覽器** 關閉網頁瀏覽器 Browser	
9	**啟動 Excel** 使用現有的 Excel 程序啟動空白 Excel 文件，並將之儲存至 Excel 執行個體 ExcelInstance	**1** 加入此動作
10	**寫入 Excel 工作表** 在 Excel 執行個體 ExcelInstance 的欄 'A' 與列 1 的儲存格中寫入值	

2 選擇操作 ExcelInstance 這個視窗內的工作表

寫入 Excel 工作表

在 Excel 執行個體的儲存格、具名儲存格或儲存格範圍中寫入值 其他資訊

∨ 一般

Excel 執行個體：　%ExcelInstance%

要寫入的值：

寫入模式：　　　於指定的儲存格

資料行：　　　　A

資料列：　　　　1

○ 錯誤時　　　　　　　　　　　　　　　儲存

3 點擊**要寫入的值**欄位後，點擊此圖示

{x} 變數

搜尋變數

∨ 流程變數　5

　> {x} Browser
　> ▦ Cheap_DataFromWebPage
　> ▦ Day_DataFromWebPage
　> {x} ExcelInstance
　> ▦ New_DataFromWebPage

5 這裡設定要在哪個儲存格位置寫入 (即貼上) 資料，此例為 A1 儲存格

4 要貼上的是存放「第 1 個連結」資料的 Day_DataFromWebPage 變數，請雙按它來指定。別指定錯了

4 由於啟動 Excel 新檔時，預設只會有一個工作表，因此在寫入第 2 個連結的資料前，要先用「**加入新的工作表**」這個動作先新增一個空白工作表，才有辦法寫入連結 2 的資料。

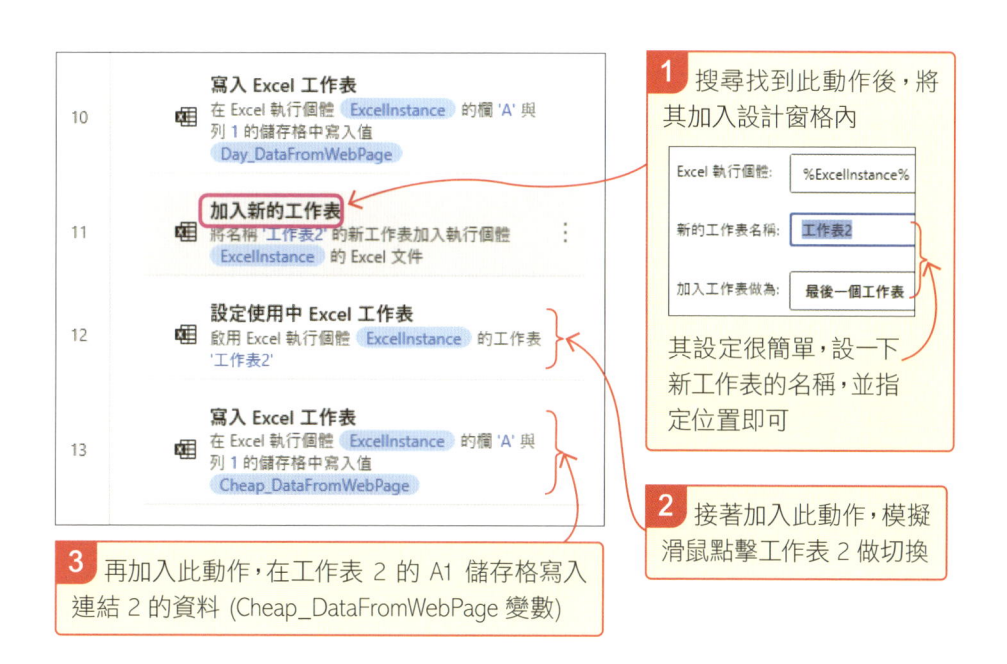

1 搜尋找到此動作後，將其加入設計窗格內

其設定很簡單，設一下新工作表的名稱，並指定位置即可

2 接著加入此動作，模擬滑鼠點擊工作表 2 做切換

3 再加入此動作，在工作表 2 的 A1 儲存格寫入連結 2 的資料 (Cheap_DataFromWebPage 變數)

5 連結 3 的資料只要比照辦理，一樣在寫入資料前，先新增空白的工作表即可，步驟都跟前面一樣。

自動將連結 3 的網頁資料寫入第 3 個工作表

14-27

8. 自動存檔、關閉 Excel

完成資料的寫入後，自動化任務就大功告成，最後可以再設計**自動存檔**、**自動關檔**等 Excel 動作。

```
16  寫入 Excel 工作表
    在 Excel 執行個體 ExcelInstance 的欄 'A' 與
    列 1 的儲存格中寫入值
    New_DataFromWebPage

17  儲存 Excel
    儲存已儲存至 ExcelInstance 的 Excel 文件

18  關閉 Excel
    關閉已儲存至 ExcelInstance 中的 Excel 執行
    個體
```

這些動作都很單純，尋找到後將它們加入設計窗格

指定好要操作的執行個體即可

TIP　「自動關閉 Excel」的動作建議在確認之前的流程都正常運作時，最後再加入，否則執行後每次都自動關閉檔案，不太好測試資料究竟有沒有寫入成功。

確認 Excel 自動化流程是否正確運作

到此我們的流程就設計好了，您可以試著執行流程看看：

1 按此執行

```
子流程        Main

1  啟動新的 Microsoft Edge
   啟動 Microsoft Edge，瀏覽至 'https://
   m.momoshop.com.tw/ranking.momo'，並將執
   行個體儲存至 Browser

2  按一下網頁上的連結
   按一下網頁的 Span '本日熱銷'
```

14-28

2 過程中您可以靜觀 Power Automate Desktop 幫我們自動開瀏覽器抓資料、開 Excel 寫入資料

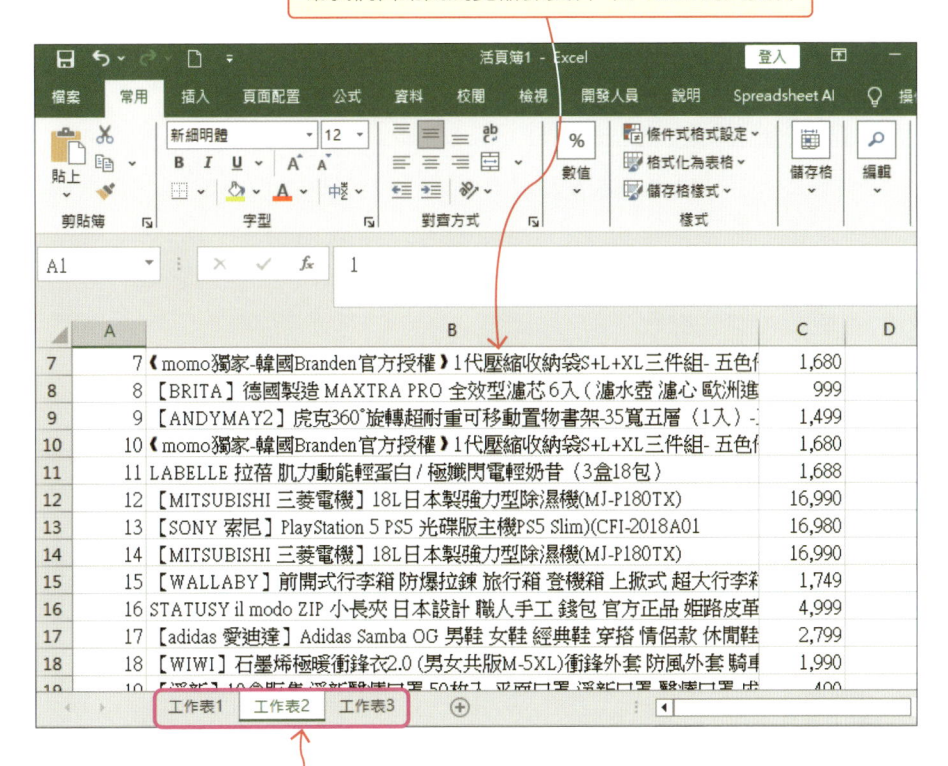

順利的話，應該可以在 3 個工作表中看到 3 個網頁資料依序被寫入儲存格內，**一切全自動！**

> **TIP** 以上就是用 Power Automate Desktop 自動操作瀏覽器抓資料、自動開 Excel 寫入資料的範例，看起來要做的事沒多複雜，只是不斷重覆疊加動作而已。不過初接觸時，很容易被各動作產生的眾多變數搞暈，為此最有效的做法就是多去查看每個動作執行後所產生的變數。並且，可以多在半路執行流程，確認到目前為止的每一步都正常運作，如此一來最終串起來的自動化流程就萬無一失囉！

Power Automate Desktop 繁瑣的流程能不能請 AI 幫忙規劃？！

本章最終所設計的 Power Automate Desktop 流程一步步串接看起來很理所當然，但當您著手設計自己的範例時，可能光規劃「流程」、在設計窗格中選定「動作」就會卡老半天 (Power Automate Desktop 提供的動作實在爆多！)，腦筋動得快的讀者可能會想，這些繁瑣的流程能不能請 AI 幫忙做啊！

據筆者調查，微軟的確有計劃將 **Copilot** 導入 Power Automate 服務 (https://learn.microsoft.com/zh-tw/power-automate/get-started-with-copilot)，使用者只需文字描述就能得到 AI 所提供的流程。但到本書截稿為止，此 AI 服務只有在英文版的 Power Automate 雲端平台看到，還沒下放到 Power Automate Desktop 桌面端工具。若現階段您想以其他 AI 聊天機器人來協助本章的作業，筆者的心得是不要期望太高，例如：

(附上示意圖)

我想用 Power Automate Desktop 實作以下內容，能否提供步驟給我參考：

本例 3 種排行處在不同的連結內，我們希望能先自動按上方的排行種類，然後再擷取該類排行的資料 1 最後將 3 個連結的資料自動存入 Excel 的不同工作表內

> 描述需求請 AI 聊天機器人 (本例是以 ChatGPT 為例) 協助

很棒的實作想法！這裡幫你整理一個完整 PAD (Power Automate Desktop) 流程範例步驟，讓你可以自動化完成：

需求拆解：

- 自動按不同的「本日熱銷」「mo+好便宜」「新品搶鮮」這三個分類按鈕。
- 每個分類下面擷取商品資料 (排名、標題、價格)。
- 存入 Excel，不同分類存到不同的工作表。

接下頁

📌 完整流程與PAD動作名稱

1 啟動瀏覽器並進入頁面

步驟	動作名稱	設定說明
1	啟動新的 Chrome 或 啟動新的 Microsoft Edge	設定網址為MOMO該頁面網址（每日熱銷那頁）。要用Edge或Chrome取決於你的環境。

2 點擊不同的排行分類連結

步驟	動作名稱	設定說明
2	按一下網頁中的元素	選取「本日熱銷」的Tab按鈕
3	等待網頁內容載入	設定最多10秒，讓商品列表載入完全
4	擷取網頁中的資料表	選取商品列表，擷取排名、名稱、價格等資料，存成 DataTable

AI 雖然提供動作名稱，但跟在 Power Automate Desktop 上面看到的對不太上，想照著做出來是不大可能

🎯 簡易流程結構參考

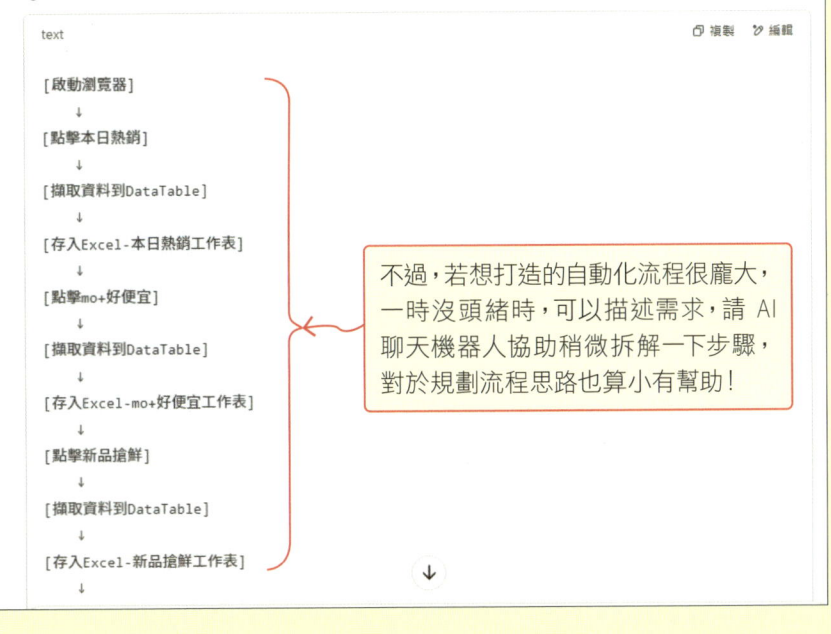

```text
[啟動瀏覽器]
    ↓
[點擊本日熱銷]
    ↓
[擷取資料到DataTable]
    ↓
[存入Excel-本日熱銷工作表]
    ↓
[點擊mo+好便宜]
    ↓
[擷取資料到DataTable]
    ↓
[存入Excel-mo+好便宜工作表]
    ↓
[點擊新品搶鮮]
    ↓
[擷取資料到DataTable]
    ↓
[存入Excel-新品搶鮮工作表]
    ↓
```

不過，若想打造的自動化流程很龐大，一時沒頭緒時，可以描述需求，請 AI 聊天機器人協助稍微拆解一下步驟，對於規劃流程思路也算小有幫助！

MEMO

A

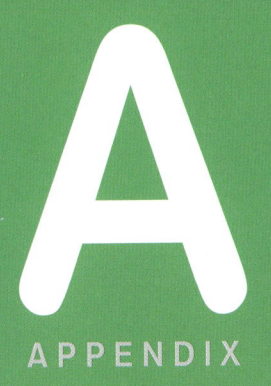

APPENDIX

本書常用 AI 工具的取得說明

A-1 AI 聊天機器人快速上手
A-2 GPT 商店的使用介紹

本書大部分 AI 工具的取得方式會在內文提及時一併說明。本附錄主要是針對使用頻率最高的 **AI 聊天機器人** 工具，說明取得及使用簡介。

A-1 AI 聊天機器人快速上手

目前當紅的 AI 聊天機器人非常多種，其中最火熱的要算是 **ChatGPT** 了。**ChatGPT** 是由 OpenAI 開發的一款基於大型語言模型的人工智能聊天機器人。自從其創立以來，不斷提升其對語言的理解能力和回應的準確度，掀起了一波 AI 浪潮。隨著強大的 ChatGPT 爆紅之後，各種以 AI 生成為核心的聊天機器人也不斷推陳出新，例如微軟的 **Copilot**、Google 的 **Gemini**、Anthropic 公司的 **Claude**、中國深度求索公司的 **DeepSeek**、xAI 的 **Grok**…等。

這些 AI 聊天機器人雖然各有特色，但用法都差不多，基本上就像文字傳訊聊天一樣，我們送出提示語 (prompt) 給 AI 問問題後，AI 能夠理解並生成接近人類水準的文本，無論是進行複雜對話、創意寫作、處理特定知識和文檔編輯等方面的表現都相當出色。如果您對 AI 聊天機器人的使用還不太熟悉，可以參考本節快速上手。

註冊各 AI 聊天機器人帳號來使用

在使用 AI 聊天機器人前，建議都**註冊一個帳號**來用，好處是可以保留跟 AI 對話的記錄，各 AI 聊天機器人的註冊及使用網址如下：

ChatGPT (免註冊也可使用)	https://chatgpt.com/
Copilot	https://copilot.microsoft.com/
Gemini	https://gemini.google.com/?hl=zh-TW
Claude	https://claude.ai/
DeepSeek	https://chat.deepseek.com
Grok (免註冊也可使用)	https://grok.com/

例：ChatGPT 的註冊畫面

例：Claude 的註冊畫面

▲ 大部分的註冊方式都支援 Google 帳號快速註冊連動，這部分依畫面指示操作即可

跟 AI 聊天機器人的第一次互動

底下我們就以 ChatGPT 為例做簡單的操作說明。跟 AI 聊天機器人基本的溝通方式就是**問、再追問**，可以直接在下方的對話框輸入任何問題：

1 連到 ChatGPT 網站 (https://chatgpt.com/)

2 在此輸入您想問的問題

附錄 A 本書常用 AI 工具的取得說明

A-3

> 本例的問題是這個 → Excel 工作有什麼 AI 工具可以幫忙

Excel 中有許多 AI 工具和功能，可以幫助提升工作效率、簡化數據處理，並提高決策質量。以下是一些 AI 工具和功能，您可以在 Excel 中使用：

1. Excel 智能填充（Flash Fill）

- 功能：Flash Fill 可以自動識別數據的模式，並根據您輸入的範例自動填充剩餘的單元格。
- 應用：例如，將姓名拆分為名和姓，或將日期格式統一。這樣可以大大減少手動處理數據的時間。

2. Power Query 和 Power Pivot

- 功能：這些工具可幫助您進行高效的數據提取、轉換和加載（ETL）。Power Query 使用了 AI 算法來簡化數據處理，而 Power Pivot 則能處理更大的數據集，並提供更強的數據分析功能。
- 應用：例如，將來自多個來源的數據合併並清理，然後用強大的數據建模功能進行分析。

3. Excel 中的 AI 驅動的數據分析（Insights）

- 功能：這是一個基於 AI 的功能，能夠快速提供有關數據集的洞察和趨勢。例如，它會建議可能的重要趨勢、異常值或模式。
- 應用：只需選擇數據範圍並點擊 "分析" 按鈕，F... 會自動分析並顯示有用的統計數據。

> 然後你就可以看到 ChatGPT 在畫面上快速回覆您的問題

ChatGPT

> **3** 想知道什麼可以繼續追問 → 自動化方面請多介紹一點

當談到 Excel 中的自動化，有許多方法可以減少手動操作，提高效率。以下是一些在 Excel 中進行自動化的方式：

1. Excel 中的 VBA（Visual Basic for Applications）自動化

- 什麼是 VBA：VBA 是 Excel 的內建編程語言，用戶可以通過編寫 VBA 代碼來自動化許多任務。它能夠控制 Excel 中的幾乎所有操作，從簡單的數據輸入到複雜的數據處理、格式設置、報告生成等。

- 應用範例：
    - 自動化數據處理：您可以編寫 VBA 腳本來自動化對大量數據的處理，例如根據條件篩選、排序、填充數據等。

> ChatGPT 會延續之前的內容，進一步解答你的問題

▶ A-4

就這麼簡單！這樣**一問一答**、**再問再答**其實就可以解決很多問題，因為比 Google 搜尋明確多了 (可以追問這一點更是 Google 無法取代的)。此外，雖然 ChatGPT、Grok 等聊天機器人可以免註冊使用，但建議還是先註冊並登入帳號，這樣你跟 AI 之間的對話內容才能保存下來，也才能使用本書介紹的相關功能。

> **TIP** 提醒一下，很多 AI 聊天機器人都有推出**付費升級帳號** (例如 ChatGPT 就有 ChatGPT Plus 帳號)，讓您可以使用能力更強的對話模型，或者使用一些新功能。本書絕大部分的功能只要使用各家 AI 的**免費帳號**即可操作，萬一非得付費才能用，也會介紹您改用其他工具來替代，因此付費相關做法就不多介紹了，有需要可自行參考各 AI 聊天機器人官網的購買說明。

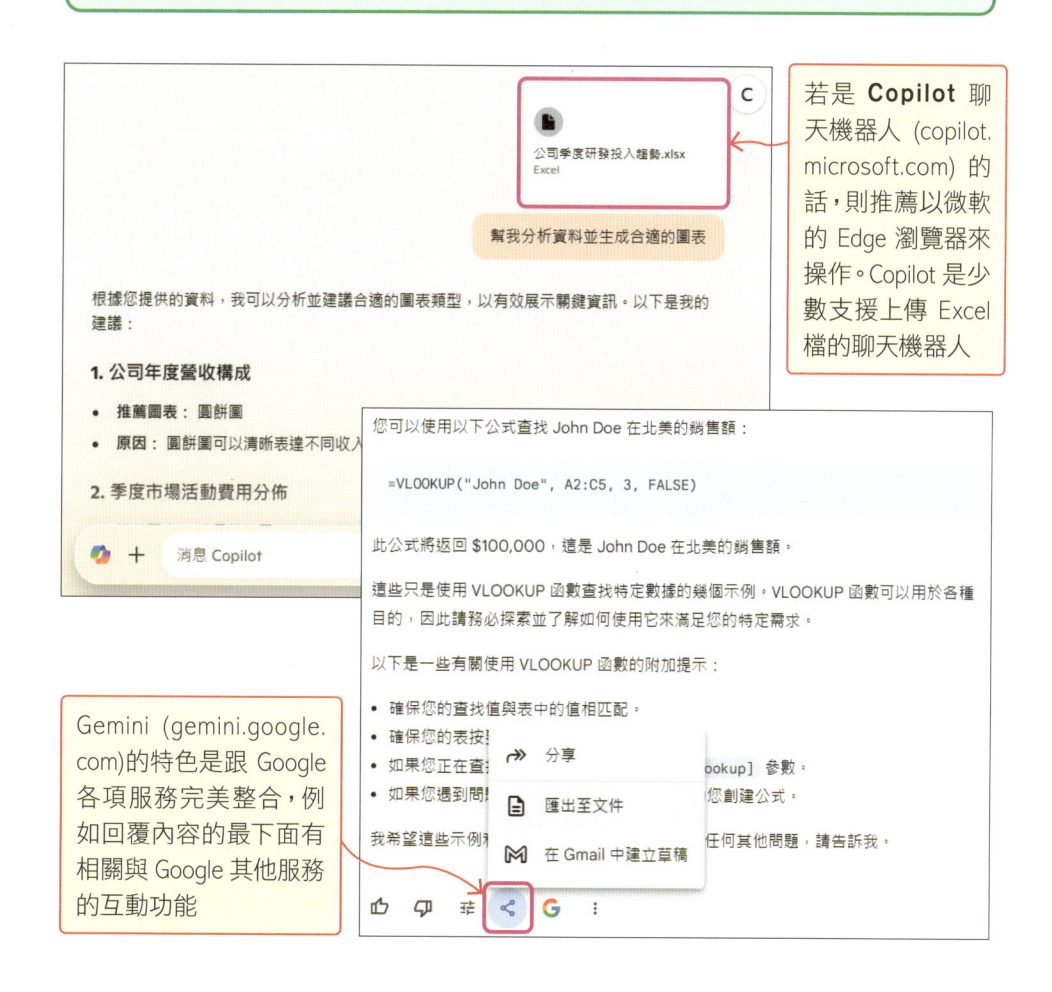

若是 **Copilot** 聊天機器人 (copilot.microsoft.com) 的話，則推薦以微軟的 Edge 瀏覽器來操作。Copilot 是少數支援上傳 Excel 檔的聊天機器人

Gemini (gemini.google.com)的特色是跟 Google 各項服務完美整合，例如回覆內容的最下面有相關與 Google 其他服務的互動功能

附錄 A 本書常用 AI 工具的取得說明

A-5

Claude (claude.ai) 聊天機器天在分析長篇論述很有一套,也支援多個檔案上傳比較,可以上傳多個檔案請 Claude 列出相近或不同的論述

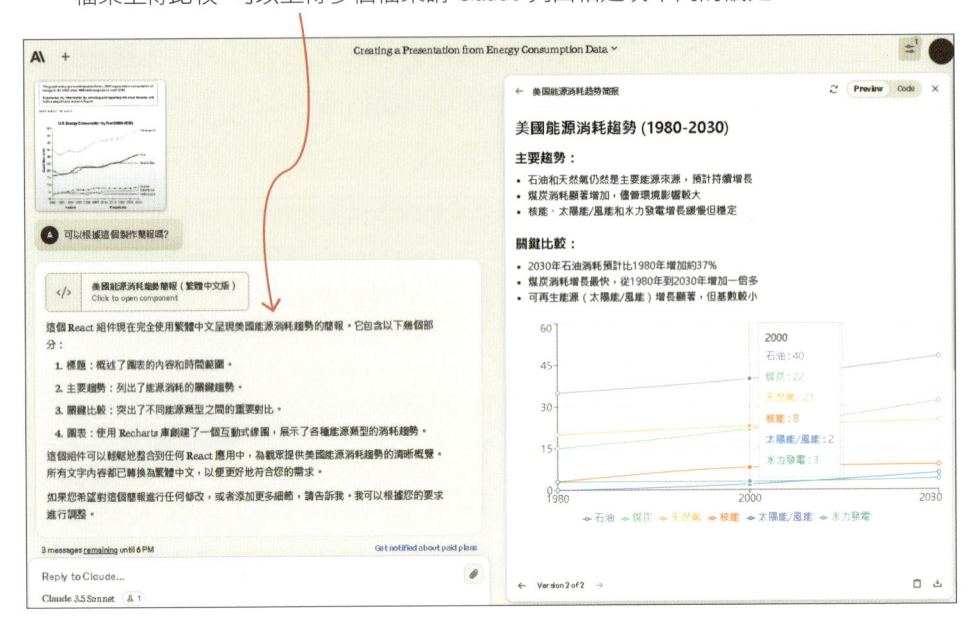

A-2 GPT 商店的使用介紹

GPT 商店 (GPT Store) 是由 OpenAI 推出的 **GPT 機器人**平台,專門提供多種 GPT 模型。不管您是 ChatGPT 免費版或 plus 付費版用戶,都可以在此分享和使用其他人所建立的模型。這個平台類似於蘋果 APP Store 或者 Google Play,還設有熱門下載排行榜,用戶可以根據自己的需求和類別來選擇不同的 GPT 模型。

到底什麼是 **GPT 機器人**呢?在跟 ChatGPT 溝通時,最好學一些**提示語 (prompt)** 的發問技巧,包括:角色扮演、指定輸出格式、先思考再回答...等,比較容易得到好的結果。GPT 則是各開發者們把這些技巧整合起來並事先設定好,打造出「針對特定目的」的智慧機器人。使用者可以把它當成某個領域的專家,用口語跟它溝通、問問題就可以,省去繁複提示工程的前置作業。我們帶您熟悉一下 GPT 商店的用法。

> **TIP** 本書第 7 章會使用 GPT 機器人 AI 當我們的 Excel 商業分析總規劃師，請務必好好熟悉以下內容喔！

📊 開啟 GPT 頁面

以帳號登入 ChatGPT (http://chatgpt.com) 頁面後，可以看到在左側欄位看到**探索 GPT** 的選項，點擊後右邊會切換到 GPT 商店的首頁：

點擊 → ChatGPT / 探索 GPT

沒看到探索 GPT 選項？

依筆者的使用經驗，若您開啟 ChatGPT 首頁時看不到**探索 GPT** 的選項，有可能是 OpenAI 暫時限制使用，此時似乎也沒有別的方法，就只能靜待開放，若急用的話就只能升級 Plus 會員了：

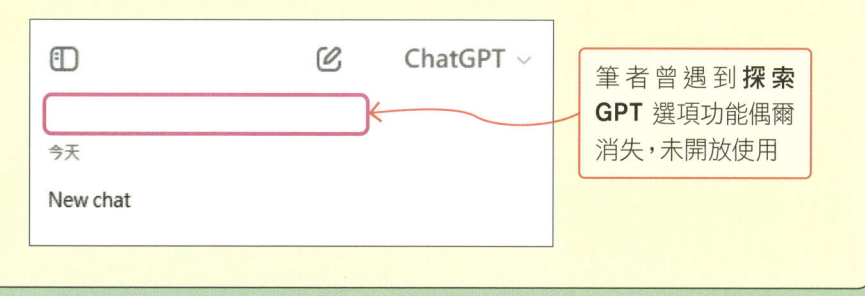

筆者曾遇到**探索 GPT** 選項功能偶爾消失，未開放使用

進入 **GPT 商店**首頁後，出現在最上方的是 GPT 商店的本周精選，然後是熱門的 GPT 機器人，最後會展示由 OpenAI 建立好的 GPT 機器人，每個項目下面都有簡單的介紹，讓使用者大致知道其用途：

GPT

探索並建立結合指令、額外知識庫和任何技能組合的 ChatGPT 自訂版本。

搜尋 GPT

熱門精選　寫作　生產力　研究與分析　教育　日常生活　程式設計

> 在商店中可以切換 GPT 機器人的分類

Featured
Curated top picks from this week

Expedia
Bring your trip plans to life – get there, stay there, find things to see and do.
作者：expedia.com

Video AI
4.1 ★ - AI video maker GPT - generate engaging videos with voiceovers in any language!
作者：invideo.io

網頁往下滑，可以看到由開發者們研發出來的熱門 GPT 機器人：

> 如果不確定哪個 GPT 機器人好用，可以參考這裡的排名

Trending
Most popular GPTs by our community

1. **image generator**
A GPT specialized in generating and refining images with a mix of professional and friendly tone.image...
作者：NAIF J ALOTAIBI

2. **Scholar GPT**
Enhance research with 200M+ resources and built-in critical reading skills. Access Google Scholar, PubMed, bioRxiv, arXiv,...
作者：awesomegpts.ai

3. **Write For Me**
Write tailored, engaging content with a focus on quality, relevance and precise word count.
作者：puzzle.today

4. **챗GPT**
한국 문화에 적합한 말하기 스타일을 사용하여 사용자에게 응답합니다.
作者：gptonline.ai

5. **Video AI**
4.1 ★ - AI video maker GPT - generate engaging videos with voiceovers in any language!
作者：invideo.io

6. **Logo Creator**
Use me to generate professional logo designs and app icons!
作者：community builder

> 網頁再往下拉則會看到 OpenAI 官方所開發的 GPT 機器人

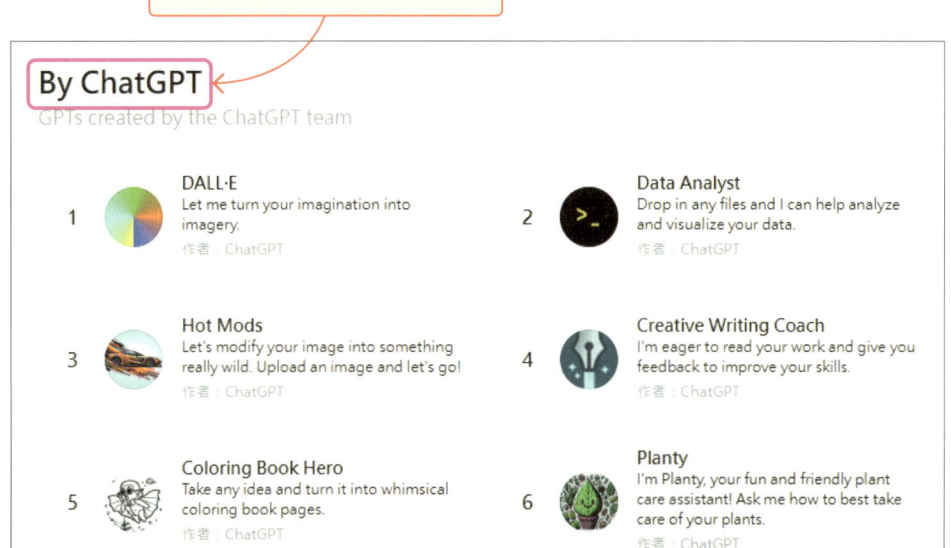

By ChatGPT
GPTs created by the ChatGPT team

1. **DALL·E** — Let me turn your imagination into imagery.
   作者：ChatGPT

2. **Data Analyst** — Drop in any files and I can help analyze and visualize your data.
   作者：ChatGPT

3. **Hot Mods** — Let's modify your image into something really wild. Upload an image and let's go!
   作者：ChatGPT

4. **Creative Writing Coach** — I'm eager to read your work and give you feedback to improve your skills.
   作者：ChatGPT

5. **Coloring Book Hero** — Take any idea and turn it into whimsical coloring book pages.
   作者：ChatGPT

6. **Planty** — I'm Planty, your fun and friendly plant care assistant! Ask me how to best take care of your plants.
   作者：ChatGPT

🔍 搜尋想要的 GPT 機器人

底下我們就示範如何使用商店內現成的 GPT。如果您已經知道 GPT 的名稱，透過最上面的搜尋框來搜尋即可：

GPT
探索並建立結合指令、額外知識庫和任何技能組合的 ChatGPT 自[訂版本]

🔍 Data Analysis & Report AI
全部

- **Data Analysis & Report AI** 💬 700K+
  Limitless, detailed data analysis & reporting with charts, graphs, and insights.
  作者：AiWebTools.Ai

- **Advanced Data Analysis** 💬 100K+
  Advanced data analysis assistant offering insights and guidance.
  作者：community builder

- **Data Analysis** 💬 25K+
  Drop in any files and I can help analyze and visualize your data.
  作者：xxyyai.com

1. 在此輸入您想找到 GPT 機器人 (這是第 7 章會介紹的 Excel 資料分析 AI 工具)

> 找到後，這裡可以查看此機器人的對話數，一般來說，對話數越多表示愈受好評

> 下方會列出可能的 GPT，滿多機器人的名稱會很像，若怕搞混，可由作者欄或圖示來確認是不是您要找的

附錄 A　本書常用 AI 工具的取得說明

A-9

[圖示說明]

開啟該 GPT 機器人的首頁，會有一些簡單的使用說明

2 點擊 GPT 提供的快捷按鈕，或者**開始聊天**可以開始用這個 GPT 機器人

GPT 機器人的使用介面說明

開啟 GPT 機器人的對話頁面後，如右頁上圖所示，可以看到跟一般的 ChatGPT 對話頁面完全一樣，只有畫面中間的圖示不太一樣，因為現在跟我們交談的不是那個通用的 ChatGPT，而是客製化後的 GPT 機器人。

而畫面左上方也會顯示您目前在用哪個 GPT 機器人，點擊後的選單功能也略有不同：

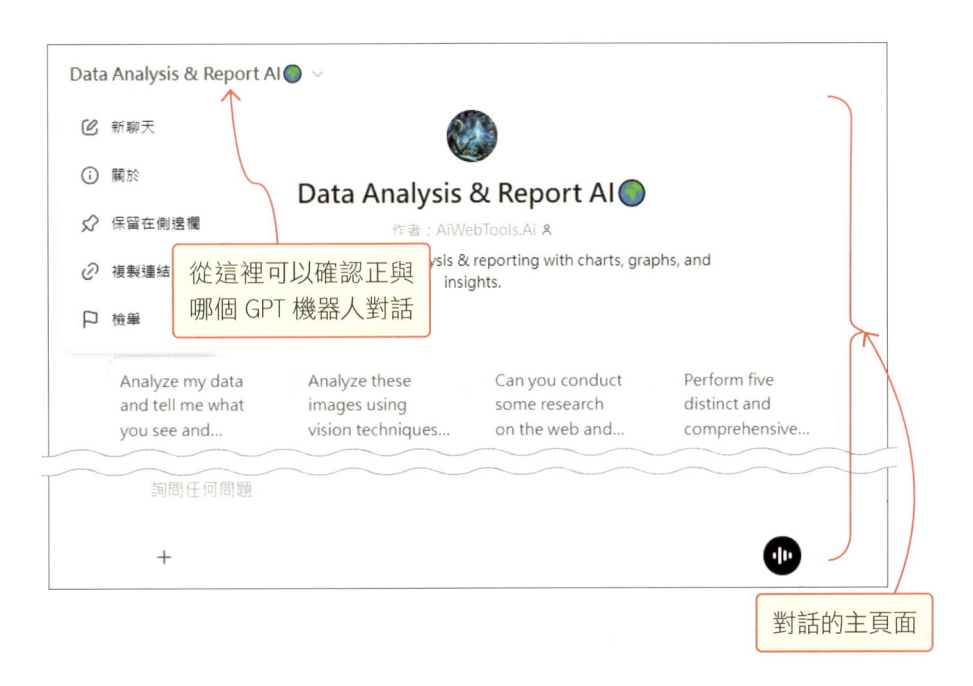

📋 以後如何快速開啟 GPT 機器人來使用

當您想使用某個 GPT 機器人時,如何快速從原本 ChatGPT 的聊天畫面切換到該 GPT 的聊天畫面呢?

首先,您近期使用的 GPT 機器人會顯示在左上方的**側邊欄**,方便您開啟使用:

另一個快速使用 GPT 機器人的方式，則是在跟 ChatGPT 的聊天畫面中輸入 **@** 來快速指定：

利用 @ 可以快速指定某個 GPT 機器人

我們來示範一下，只要是最近使用的、或者是現階段顯示在側邊欄的 GPT 機器人，都可以利用 @ 來呼叫：

若對話框上面沒任何 GPT 的名稱，就表示目前還是跟一般 ChatGPT 對談

1 輸入 @ 符號

2 接著就可以快速指定某個 GPT 機器人（如果沒有出現您最近使用的機器人，可以試著重新整理網頁看看）

指定好後 GPT 機器人會顯示在這裡，方便您識別

3 接著就可以跟這個 GPT 機器人聊天，請它幫我們做事了

B

APPENDIX

跟 AI 溝通前一定要懂的 Excel 基礎知識

B-1 具備 Excel 基礎知識,與 AI 互動會更順利
B-2 與 AI 聊天機器人互動的注意事項

在處理各項 Excel 任務時，AI 工具可以幫我們快速產生公式、撰寫 VBA 程式，甚至分析數據。然而，要讓 AI 發揮最大功用，希望讀者在與 AI 互動前，能夠具備**基本的 Excel 基礎**，這樣才可以有效地向 AI 提問，讓 AI 提供的解決方案更符合你的需求，避免無效的回應或錯誤的結果。底下就介紹一下閱讀本書您至少要了解的 Excel 基礎知識，打好與 AI 溝通的根基！

B-1 具備 Excel 基礎知識，與 AI 互動會更順利

活頁簿、**工作表**與**儲存格**是 Excel 的核心，不過很多人常常分不清楚活頁簿與工作表的關係，本節將說明這三者的關係，日後在與 AI 互動時，才能更精確的提出需求，或了解 AI 的回覆內容！

活頁簿與工作表

活頁簿其實就是一個 **Excel 檔案**，你可以在啟動 Excel 後按下**空白活頁簿**鈕建立新活頁簿檔案。一份活頁簿可以建立多個**工作表**來存放不同表單，而**工作表**則包含許多**儲存格**，儲存格是存放資料的地方。

活頁簿 / 工作表 / 儲存格的結構圖

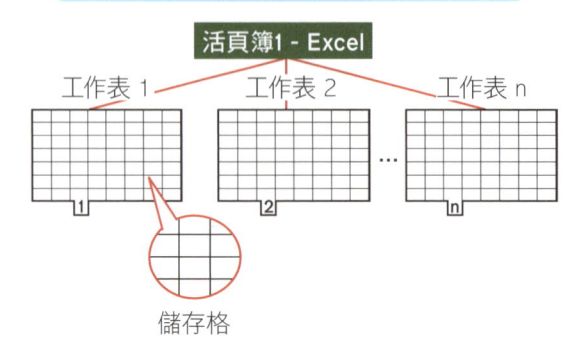

活頁簿1 - Excel

工作表 1　　工作表 2　…　工作表 n

儲存格

這就是一份**活頁簿檔案**，檔名預設為「活頁簿 1」

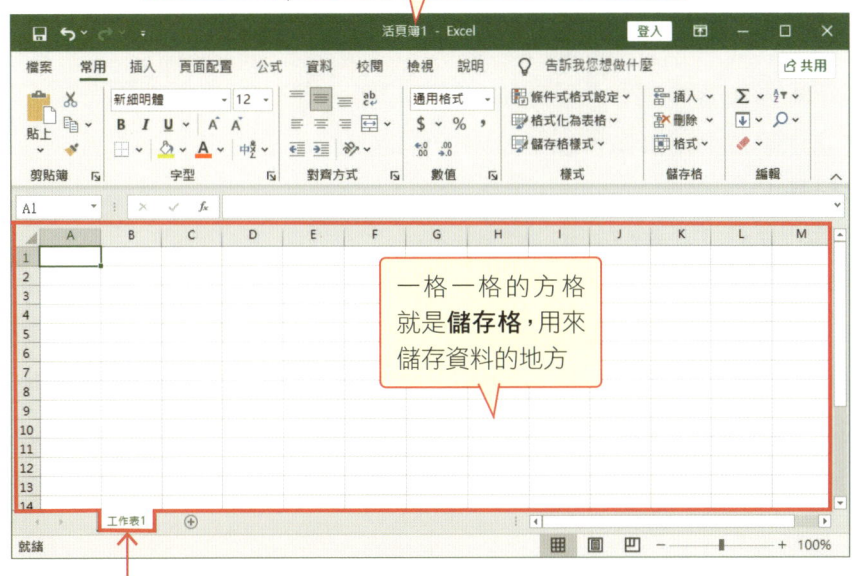

一格一格的方格就是**儲存格**，用來儲存資料的地方

這是一份**工作表**，名稱預設為「工作表 1」

> **TIP** 當你在與 AI 聊天機器人互動的過程中，AI 有時會回答像這樣的句子，「請在 xx 工作簿中建立工作表…」，由於 AI 聊天機器人在翻譯名詞上會略有不同，看到**工作簿**可別慌，其實指的就是**活頁簿**。

工作表索引標籤

每一份活頁簿中預設只有 1 張空白的工作表 (舊版的 Excel 預設有 3 張工作表)，其名稱為「工作表 1」，你可以按下視窗左下角的**新工作表**鈕 ⊕ 來建立新的工作表，後續新增的工作表會自動命名為「工作表 2」、「工作表 3」、…依此類推。

1 按下此鈕可建立新的工作表

2 新建立的工作表，會自動命名為「工作表 2」

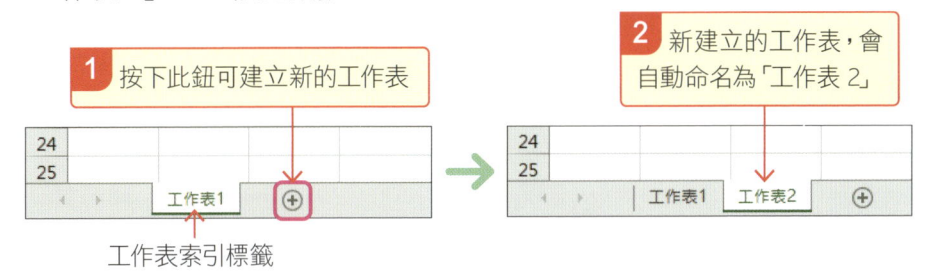

工作表索引標籤

附錄 B　跟 AI 溝通前一定要懂的 Excel 基礎知識

目前顯示在螢幕上的那張工作表稱為**作用中工作表** (有白色底色)，也就是你正在編輯的對象。若想要編輯其它工作表，只要按下該工作表的索引標籤即可將它切換成作用中工作表。

▲ 有白色底色的就是**作用中工作表**

儲存格與儲存格位址

工作表內的方格稱為**儲存格**，我們所輸入的資料便是存放在一個個的儲存格中。在工作表的上面有**欄標題** A、B、C、…，左邊則有**列標題** 1、2、3、…，將**欄標題**和**列標題**組合起來，就是儲存格的「位址」。

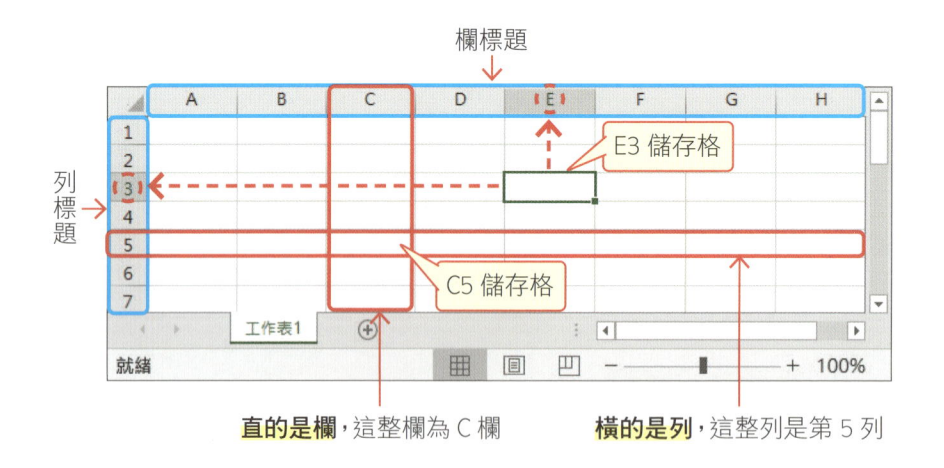

直的是欄，這整欄為 C 欄　　**橫的是列**，這整列是第 5 列

例如工作表最左上角的儲存格位於第 A 欄第 1 列，其位址便是 A1；同理，E 欄的第 3 列儲存格，其位址就是 E3。用滑鼠在 E3 儲存格點一下，儲存格的四周會以綠色粗線框起來，以標示此為**作用中儲存格** (activated cell)，我們輸入的資料便會存入該儲存格。

這裡可以查看儲存格的位址，目前選取的是 E 欄第 3 列儲存格，其位址為 E3

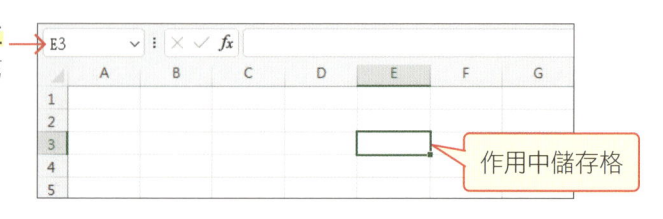

作用中儲存格

儲存格範圍的位址表示

不論是設定儲存格格式，製作統計表或是建立圖表、…等，都得先選取儲存格或儲存格範圍。儲存格範圍會以「左上角及右下角的儲存格位址」來表示，例如：B2:E5。當你在與 AI 聊天機器人互動時，看到這樣的表示，就知道要處理的範圍是從 B2 儲存格開始到 E5 儲存格。

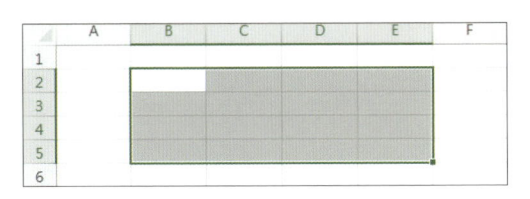

▲ 這就是 B2:E5 儲存格範圍

B-2 與 AI 聊天機器人互動的注意事項

在與 AI 聊天機器人互動時，由於機器翻譯的關係，有些用語跟名詞可能會跟我們平常的使用習慣不同，前一節有稍微提到工作簿跟活頁簿其實是同一個的問題，本節就列出其他常用的用語讓你對照。另外，本書很多 Excel 任務都會請 AI 聊天機器人生成公式來解決，將 AI 生成的公式複製到儲存格時，也請留意儲存格的「**相對參照**」與「**絕對參照**」問題。

常用語對照

與 AI 聊天機器人對話，使用中文或是「中文＋英文」都能溝通，不過 AI 的回答有時會與我們的慣用語或是與 Excel 中的命令不同，這是因為 Excel 經過多個版本的更新，某些功能名稱有所變更，在詢問 AI 時，**建議加上你所使用的 Excel 版本**，會得到比較精確的回覆。此外，由於 AI 的回答是根據不同的資料來源整理而成，翻譯的名詞也沒有經過統一，所以用詞上會與我們的習慣不同，以下整理幾個常見的用語對照。

B-5

- **欄、列**：在 AI 聊天機器人的回覆裡，常常會把 Excel 的欄與列弄反了。在繁體中文「欄」是指**直向**排列的資料，欄位名稱是以英文字母標示，「列」則是指**橫向**排列的資料，列的名稱是以數字標示，只要記得「**直欄、橫列**」就可以了。

  有些 AI 聊天機器人的回覆，會將「欄」以「行」表示，例如：請在第 3 行第 5 列輸入公式…。其實指的是第 3 欄第 5 列。

  此外，滿多時候 AI 聊天機器人會將「欄」稱為「列」(如右圖，其實指的就是 A 欄、D 欄)，雖然憑藉英文字母知道 AI 是在講「直」的欄，但還是要知道有這個問題。

  ▲ 這裡的「A 列」其實指的是「A 欄」

- **儲存格**：儲存格是 Excel 輸入資料的地方，AI 聊天機器人常會用「單元格」或是「Cell」來表示，下次只要看到「單元格」就知道是在講「儲存格」。

- **檔案**：在 Excel 畫面的最左側，有個**檔案**功能表，AI 聊天機器人常會翻譯為「文件」，下次如果看到「請點選**文件**裡的**選項**」，應該就知道是在指**檔案**功能表裡的**選項**。

  ▲ 有些 AI 聊天機器人會將「檔案」稱為「文件」

相對參照與絕對參照位址的概念

請 AI 聊天機器人生成公式後，如果後續要複製或搬移公式到其他位置，請特別留意「**參照位址**」的問題，以免造成計算結果錯誤。什麼是「參照位址」呢？請參考底下的說明。

公式中的參照位址有兩種，分別為**相對參照位址**與**絕對參照位址**。相對參照的表示法為：B1、C4；**絕對參照則須在儲存格位址前面加上 "$" 符號**，如：$B$1、$C$4。若是同時混用這兩種類型的位址，如：$B1，那就稱為**混合參照**，請一定要弄清楚相對與絕對參照的差別喔！

```
     B1      $B$1     $B1
```
- B1 → 相對參照位址
- $B$1 → 絕對參照位址
- $B1 → 混合參照(包含絕對參照欄及相對參照列)

在此用生活化的例子來說明，假設你要前往圖書館，但不知道確切地址也不知道該怎麼走，於是向路人打聽。結果得知從現在的位置往前走，碰到第一個紅綠燈後右轉，再直走約 100 公尺就到了，這就是「相對參照位址」的概念。

另外有人乾脆將實際地址告訴你，假設為「台北市杭州南路一段 15 號」，這個明確的地址就是「絕對參照位址」的概念，由於地址具有唯一性，所以不論你在什麼地方，根據這個絕對參照位址，找到的永遠是同一個地點。

將這兩者的特性套用在公式上，相對參照位址會隨著公式的位置而改變，而絕對參照位址則不管公式在什麼地方，它永遠指向同一個儲存格。

底下我們用一個訂單金額含稅及未稅的例子來說明。E2 的公式為 =D2*H1 (訂單金額 * 稅金)，將 E2 儲存格的公式往下複製到 E10 儲存格，除了 E2 儲存格以外，其他儲存格計算結果皆為 0，怎麼會這樣呢？

這是因為稅金的稅率「固定」放在 H1 儲存格，我們得固定參照 H1 儲存格才能得到正確的結果，但是剛才是以**相對參照**的方式複製 E2 的公式，使得 E3 儲存格的公式為 =D3*H2，E4 儲存格的公式為 =D4*H3、…依此類推，而由於 H2、H3、…這些儲存格沒有數值，所以計算後的結果為 0，不是我們要的結果。

	A	B	C	D	E	F	G	H	I
1	交貨日期	訂單編號	客戶名稱	訂單金額 (未稅)	訂單金額 (含稅)		稅金：	5%	
2	03/07	T631008	華擎科技	1,856,005	92,800				
3	03/13	T631015	台暘設計	985,321	=D3*H2				
4	03/20	S742651	建業電子	1,584,631	0				
5	03/24	S845313	世鋼投控	854,221	0				
6	04/02	T587313	健澤科技	785,645	0				
7	04/07	T564583	惠友電子	1,856,485	0				
8	04/10	S547863	友薈光電	1,058,486	0				

> E2=D2*H1
>
> 複製完公式，E3 這一格把 D3 乘上了 H2，但 H2 是空的，應該同樣是乘上 H1 才對

像這樣要固定參照某個儲存格資料，公式中的參照一定要改用**絕對參照**，也就是在參照儲存格前面加上「$」符號 (如本例在 E2 儲存格內要把 *H1 改成 *$H$1)，這樣複製 E2 公式到其他地方時才會永遠參照 H1 這一個儲存格資料。

	A	B	C	D	E	F	G	H	I
1	交貨日期	訂單編號	客戶名稱	訂單金額 (未稅)	訂單金額 (含稅)		稅金：	5%	
2	03/07	T631008	華擎科技	1,856,005	92,800				
3	03/13	T631015	台暘設計	985,321	=D3*$H$1				
4	03/20	S742651	建業電子	1,584,631	79,232				
5	03/24	S845313	世鋼投控	854,221	42,711				
6	04/02	T587313	健澤科技	785,645	39,282				
7	04/07	T564583	惠友電子	1,856,485	92,824				
8	04/10	S547863	友薈光電	1,058,486	52,924				

> 改成 =D2*$H$1 的絕對參照公式才對
>
> 複製到底下，這一格的 =D3*$H$1 公式就對了

為什麼要說這些呢？如果上面這個 E2 儲存格公式是由 AI 生成的，又 AI 給我們的是採相對參照的 =D2*H1 錯誤公式，若沒這兩頁的知識，執行出錯時您不見得知道問題出在哪。此時試著向 AI 反應 "執行錯誤"、"效果沒出來"…，AI 當然也有可能修正成正確的絕對參照公式 =D2*$H$1，但像這種情況筆者建議最好能憑藉這兩頁學到的知識自行 "糾" 出問題，否則連公式失效的原因出在哪都模模糊糊，「跟 AI 反應 → AI 修正成功」的過程一定會花很多時間！